高等职业教育工程机械类专业规划教材

Jixie Jichu
机械基础

沈 旭 主 编

钱晓琳 李云聪 副主编

孙厚芳[北京理工大学] 主 审

U0312362

人民交通出版社

内 容 提 要

本书内容由机械制造基础和机械设计基础两篇构成。根据当前高职高专的专业基础课程的教学改革需要,本书采纳了高职教学经验丰富的一线教师和工程技术人员的建议与意见,打破机械工程材料、机械制造工艺基础、公差与配合、工程力学、机械原理和机械零件六门传统课程界限,整合精练为认识金属材料、改善钢的性能、选用金属材料、加工毛坯和零件、检验加工精度、校核零件安全性、分析常用平面机构、分析常用机械传动形式、分析连接、分析轴系零部件十个项目。每个项目按任务驱动的形式展开课程内容,按照"知识目标→能力目标→任务描述→知识链接→任务实施→自我检测"六个环节编写。

本书为高等职业技术学院的工程机械运用与维护专业、工程机械技术服务与营销专业的教学用书,也可作为机械类其他专业的教学参考书,也可供工程技术人员参考。

图书在版编目(CIP)数据

机械基础/沈旭主编. —北京:人民交通出版社,2013.1
高等职业教育工程机械类专业规划教材
ISBN 978-7-114-10299-8

Ⅰ.①机…　Ⅱ.①沈…　Ⅲ.①机械学—
高等职业教育—教材　Ⅳ.①TH11

中国版本图书馆 CIP 数据核字(2013)第 005863 号

高等职业教育工程机械类专业规划教材

书　　名:	机械基础
著 作 者:	沈　旭
责任编辑:	夏　迎
文字编辑:	周　凯
出版发行:	人民交通出版社
地　　址:	(100011)北京市朝阳区安定门外外馆斜街 3 号
网　　址:	http://www.ccpress.com
销售电话:	(010)59757973
总 经 销:	人民交通出版社发行部
经　　销:	各地新华书店
印　　刷:	北京市密东印刷有限公司
开　　本:	787×1092　1/16
印　　张:	20.75
字　　数:	518 千
版　　次:	2013 年 1 月　第 1 版
印　　次:	2014 年 7 月　第 2 次印刷
书　　号:	ISBN 978-7-114-10299-8
定　　价:	56.00 元

(有印刷、装订质量问题的图书由本社负责调换)

总　序

中国高等职业教育在教育部的积极推动下，经过 10 年的"示范"建设，现已进入"标准化"建设阶段。

2012 年，教育部正式颁布了《高等职业学校专业教学标准》，解决了我国高等职业教育教什么，怎么教，教到什么程度的问题。为培养目标和规格、组织实施教学、规范教学管理、加强专业建设、开发教材和学习资源提供了依据。

目前，国内开设工程机械类专业的高等职业学校，大部分是原交通运输行业的院校，现交通职业学院，而且这些院校大都是教育部"示范"建设学校。人民交通出版社审时度势，利用行业优势，集合院校 10 年示范建设的成果，组织国内近 20 所开设工程机械类专业高等职业教育院校专业负责人和骨干教师，于 2012 年 4 月在北京举行"示范院校工程机械专业教学教材改革研讨会"。本次会议的主要议题是交流示范院校工程机械专业人才培养工学结合成果、研讨工程机械专业课改教材开发。会议宣布成立教材编审委员会，张铁教授为首届主任委员。会议确定了 8 种专业平台课程、5 种专业核心课程及 6 种专业拓展课程的主编、副主编。

2012 年 7 月，高等职业教育工程机械类专业教材大纲审定会在山东交通学院顺利召开。各位主编分别就教材编写思路、编写模式、大纲内容、样章内容和课时安排进行了说明。会议确定了 14 门课程大纲，并就 20 门课程的编写进度与出版时间进行商定。此外，会议代表商议，教材定稿审稿会将按照专业平台课程、专业核心课程、专业拓展课程择时召开。

本教材的编写，以教育部《高等职业学校专业教学标准》为依据；以培养职业能力为主线；任务驱动、项目引领、问题启智；教、学、做一体化；既突出岗位实际，又不失工程机械技术前沿；同时将国内外一流工程机械的代表产品及工法、绿色节能技术等融入其中。使本套教材更加贴近市场，更加适应"用得上，下得去，干得好"的高素质技能人材的培养。

本套教材适用于教育部《高等职业学校专业教育标准》中规定的"工程机械控制技术（520109）"、"工程机械运用与维护（520110）"、"公路机械化施工技术（520112）"、"高等级公路维护与管理（520102）"、"道路桥梁工程技术（520108）"等专业。

本套教材也可作为工程机械制造企业、工程施工企业、公路桥梁施工及养护企业等职工培训教材。

本套教材也是广大工程机械技术人员难得的技术读本。

本套教材是工程机械类专业广大高等职业示范院校教师、专家智慧和辛勤劳动的结晶。在此向所有参与者表示敬意和感谢。

高等职业教育工程机械类专业规划教材编审委员会

2013.1

前　言

　　本书根据工程机械运用与维护专业典型工作岗位的工作任务对专业基础知识和能力的要求,打破传统学科体系的课程界限,将机械工程材料、机械制造工艺基础、公差与配合、工程力学、机械原理和机械零件六门课程的内容进行了整合精练,使之能够满足工程机械运用与维护专业的学生掌握必要的机械专业基本知识的要求,同时为学生在今后学习和工作中可持续学习和知识迁移搭建扎实的专业基础知识平台。

　　本书具有以下主要特点:

　　(1)从工程应用到机械系统整体考虑,将多门专业基础课程的教学内容重新组合,有机地形成一个完整的综合课程系统,能够达到用较少的学时数完成学习机械专业基础知识的目的。

　　(2)本书内容由机械制造基础和机械设计基础两篇构成,分为认识金属材料、改善钢的性能、选用金属材料、加工毛坯和零件、检验加工精度、校核零件安全性、分析常用平面机构、分析常用机械传动形式、分析连接、分析轴系零部件十个项目。每个项目按任务驱动的形式展开,每个任务按照"知识目标→能力目标→任务描述→知识链接→任务实施→自我检测"六个环节编排课程内容,形成一个完整的闭环系统。

　　(3)在教材体系和内容安排上遵循认知和学习规律,重视工程实际应用,尽可能反映科技的最新发展动态,同时便于教师有计划地引导学生开展自主学习及研究学习,注重学生创新意识的熏陶和训练。

　　本书由南京交通职业技术学院沈旭主编,南京交通职业技术学院钱晓琳和山西交通职业技术学院李云聪担任副主编。编写分工如下:沈旭编写项目一、项目五和项目十;李云聪编写项目二和项目三;北京交通职业技术学院马连霞编写项目四;钱晓琳编写项目六和项目八;河南交通职业技术学院潘明存编写项目七;河南交通职业技术学院张正华编写项目九。此外,南京伟亿精密机械制造有限公司的孙乃刚先生和苏州嘉天利工程设备有限公司的吴金龙先生也在百忙之中抽出时间参与了课程标准的制定并审核了全书,在此深表感谢!

在本书的编写过程中,南京交通职业技术学院、山西交通职业技术学院、北京交通职业技术学院、河南交通职业技术学院等单位的领导和老师给予了编写组大力的支持和帮助,在此一并表示衷心的感谢!

由于编者水平有限,书中错误与不足之处在所难免,敬请使用本书的师生与读者批评指正,以便修订时改进。

编者

2012 年 10 月

目 录

第一篇　机械制造基础

第二篇　机械设计基础

第一篇

机械制造基础

机械基础是工程机械运用与维护专业和相关专业的一门必修专业基础课,在专业学习中起到承上启下的作用。学习本课程主要是为后续的专业核心课程,如工程机械内燃机构造与维修、工程机械底盘构造与维修等,提供必要的机械专业基本理论知识,并为今后的可持续发展提供必要的机械专业知识迁移平台。

机械基础作为一门综合化课程,其具有信息量大且新、内容精且散的特点。课程内容以"机械工程材料"为内容载体,以生产过程"材料→零(部)件→机构→机械"为导向,设置10个项目,28个任务。第一学期讲授以记忆性内容为主的机械制造基础篇;第二学期讲授以应用性内容为主的机械设计基础篇。

机械制造是机器制造工艺过程的总称,是指将原材料制成毛坯,再将毛坯加工成机械零件,最后由零件装配成机器的整个过程。注意,大部分冲压件、塑料件、陶瓷制品等主要使用模具将原料直接制成产品。机械制造的一般过程如图1-0-1所示。

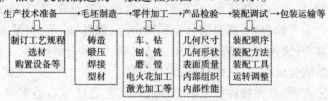

图 1-0-1 机械制造的一般过程

材料是人类用于制造器件、构件、机器或其他产品的物质。材料先于人类存在,是人类生活和生产的物质基础。利用材料也是人类进化的标志之一,任何工程技术都离不开材料的设计和制造工艺;一种新材料的出现,必将支持和促进当时社会文明的发展和技术的进步。

提及材料时,环看你的四周,相信仅几十秒,你就可以指出至少10种不同的材料。以手机为例:塑料外壳、液晶屏幕、锂电池、铜质接口、半导体芯片、玻璃摄像镜片。教室和宿舍是由钢铁和水泥等材料建成的,衣服是由棉、化纤等材料制作的,眼镜片由玻璃或树脂材料制成等。

材料有各种不同的分类方法,比较科学的方法是根据材料的结合键性质进行分类。机械工程材料一般分为:金属材料、陶瓷材料、高分子材料和复合材料四大类,见表1-0-1。其中,金属材料将是我们学习的重点。

机械工程材料的四大类   表 1-0-1

材料类别	材料组成	结合键	主要性能	举 例
金属材料	金属元素为主	金属键	导电、导热、延展性好、具有金属光泽	碳钢、铸铁、合金钢、铝合金、铜合金、钛合金等
陶瓷材料	金属与非金属的化合物为主	共价键离子键	熔点高、硬度大、化学稳定性好、绝缘、耐热、脆性大	普通陶瓷是硅和铝氧化物的硅酸盐材料;无机玻璃、玻璃陶瓷等
高分子材料(聚合物)	碳氢化合物为主	共价键分子键	绝缘、减振性好、密度小、耐蚀性较好	塑料、橡胶、合成纤维
复合材料	以上不同材料的组合	混合键	相比单一材料,在某些性能上具有绝对优势	玻璃钢、铝塑薄膜、梯度功能材料、抗菌材料等

工业生产中把金属分为黑色金属和有色金属两大类。黑色金属是铁和以铁为基体的合金,主要包括碳钢、铸铁、合金钢等;有色金属是除黑色金属以外的所有金属及其合金,主要包括铝合金、铜合金、钛合金、镍合金等。

工程材料是指用于机械工程、电器工程、建筑工程、化工工程、航空航天工程等领域材料的统称。人类使用材料的实质是使用材料所具有的一种或多种性能。材料的性能与材料的化学成分、组织、结构、加工工艺等多种因素相关,它们的关系如图 1-0-2 所示。

图 1-0-2　影响材料性能的多种因素关系图

　　进入 21 世纪,现代科学技术飞跃发展。材料技术、能源技术、信息技术成为现代人类文明的三大支柱。现在,世界上已有传统材料数十万种,并且新材料的品种正以每年大约 5% 的速度增长。在工程材料的研究和应用方面,传统钢铁材料不断扩大品种规模,不断提高质量并降低成本,在冶炼、浇铸、加工和热处理等工艺上不断革新,出现了炉外精炼、连铸连轧、控制轧制等新工艺。微合金钢、低合金高强度钢、双相钢等新钢种不断涌现;在非铁金属及其合金方面,出现了高纯高韧铝合金和钛合金,高温铝合金和钛合金,镍基、铁基、铬基高温合金,难熔金属合金及稀贵金属合金等;快速冷凝金属非晶和微晶材料、纳米金属材料、定向凝固柱晶和单晶合金等许多新型高性能金属材料、磁性材料、形状记忆合金等功能材料也层出不穷。

　　在机械加工工艺方面,各种特种加工和特种处理工艺方法也日益繁多。传统的机械制造工艺过程正在发生变化,如铸造、压力加工、焊接、热处理、胶接、切削加工、表面处理等生产环节采用高效专用设备和先进工艺,普遍实行工艺专业化和机械生产自动化;为适应产品更新换代周期短、品种规格多样化的需要,高效柔性加工系统获得迅速发展;计算机集成制造系统将计算机设计系统(CAD)、计算机辅助制造系统(CAM)与生产管理信息系统(MIS)综合成一个有机整体,实现了机械制造过程的高度自动化,极大提高了劳动生产率和社会经济效益。

项目一

认识金属材料

任务一　认识金属的主要性能

知识目标

1. 掌握金属材料的强度、塑性、硬度等力学性能指标的含义及测试方法。
2. 了解金属材料的物理性能、化学性能和工艺性能。

能力目标

1. 能根据相关指标初步判断金属材料的优劣。
2. 能正确识读技术资料中关于金属材料性能主要指标的符号及含义。

任务描述

根据学习和分析,回答以下问题:

(1)现测得长短两根 $d_0 = 10mm$ 圆形截面标准拉伸试样的 δ_{10} 和 δ_5 均为 25%,求两试样拉断后的标距长度是多少?哪根试样的塑性好?为什么?

(2)锉刀、黄铜管、硬质合金刀片、供应状态的钢材、耐磨工件的表面硬化层各采用什么硬度指标?

(3)为什么铜质文物相比铁质文物保存完整?

(4)为什么在多数零件图纸上的技术要求中会对材料的硬度有要求?

知识链接

金属是指具有良好的导电性和导热性,有一定的强度和塑性并具有光泽的物质,如铁、铝、铜等。金属材料是由金属元素或以金属元素为主组成的并具有金属特性的工程材料,它包括纯金属和合金两类。

纯金属在工业生产中虽然具有一定的用途,但由于它的强度、硬度一般都较低,而且冶炼困难,价格较高,因此,在使用上受到很大的限制。目前在工业生产中广泛使用的主要是合金材料。合金是指两种或两种以上的金属元素或金属与非金属元素组成的金属材料。例如,普通黄铜是由铜和锌两种金属元素组成的合金;非合金钢是由铁和碳两种元素组成的合金。与组成合金的纯金属相比,合金除具有更好的力学性能外,还可通过调整组成元素之间的比例,以获得一系列性能各不相同的合金,从而满足工业生产上不同的性能要求。

在现代工业生产中,金属材料由于其特有的性能被广泛应用,因此是工程材料的核心。了解金属材料知识,对于机械行业的技术人员掌握有关金属材料主要性能极为重要。通常,金属材料的性能分为使用性能和工艺性能。使用性能是指金属材料在使用过程中所表现出的特性,包括力学性能、物理性能和化学性能。工艺性能是指金属材料在制造加工过程中所表现出的特性,主要包括铸造性、锻造性、焊接性、热处理性以及切削加工性等。

一、金属的力学性能

机械零件和工具在使用过程中要受到各种外力作用,力学性能是指金属材料在外力作用下所表现出来的性能。金属力学性能的高低表征金属抵抗各种机械损害能力的强弱,是评定金属材料的主要判断依据,也是选材和进行安全性校核的主要依据。金属力学性能的主要指标有强度、塑性、硬度、冲击韧度和疲劳强度等。

1. 强度

强度是指材料在外力作用下,抵抗塑性变形和断裂的能力。

根据外力形式不同,强度可分为抗拉强度、抗压强度、抗弯强度、抗扭强度等。工程上,主要使用通过拉伸试验测得的屈服强度和抗拉强度作为金属材料的强度指标。

拉伸试验是指在拉伸试验机上用静拉伸力对试样进行轴向拉伸,直至试样断裂,测量试样在拉伸过程中的拉伸力 F 和伸长量 ΔL,记录装置将数据绘制成"力—伸长曲线",或称"F—ΔL曲线",通过分析图线得到相关力学性能指标。

通常采用圆柱形拉伸试样,如图 1-1 所示。图 1-1-1a)为未拉伸的试样,图 1-1-1b)为拉伸后的试样。试样分为短试样($L_0 = 5d_0$)和长试样($L_0 = 10d_0$)两种。

图 1-1-2 为退火低碳钢的力—伸长曲线,可以看出,试样从开始拉伸到断裂要经过:弹性变形阶段、屈服阶段、变形强化阶段、缩颈与断裂四个阶段。

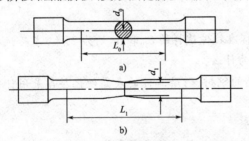

图 1-1-1　圆柱形拉伸试样

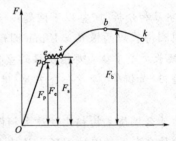

图 1-1-2　退火低碳钢的力—伸长曲线

(1)弹性变形阶段——oe 段:当拉伸力不超过 F_e 时,试样发生弹性变形。此时,如果卸载,试样仍能恢复到原来的尺寸。在图线中,完全呈直线的 op 段称为完全弹性阶段,这一阶段的拉伸力和伸长量成正比,即胡克定律 $F = k\Delta L$。在弹性变形阶段,有两个强度指标:

$$弹性极限\ \sigma_e = \frac{F_e}{A_0}$$

$$比例极限\ \sigma_p = \frac{F_p}{A_0}$$

式中：F_e——弹性变形阶段内的最大拉伸力，N；

　　　F_p——完全弹性阶段内的最大拉伸力，N；

　　　A_0——试样的原始面积，mm^2。

（2）屈服阶段——es 段：当拉伸力超过 F_e 后，试样将进一步伸长，此时，如果卸载，弹性变形消失，而另有一部分变形却不能消失，即在 e 点之后，试样开始发生塑性变形。es 段呈现水平或锯齿形线段，表明在拉伸力基本不变的情况下，试样却继续变形，这种现象称为"屈服"。在屈服阶段，有一个强度指标：

$$屈服极限/屈服强度/屈服点 \ \sigma_s = \frac{F_s}{A_0}$$

对于屈服现象不明显的材料，常以材料产生 0.2% 的塑性伸长时的拉伸力与试样原始面积比值作为屈服强度，称为"名义屈服点"或"条件屈服点"，用"$\sigma_{0.2}$"表示。

（3）变形强化阶段——sb 段：在屈服阶段后，拉伸力和伸长量之间以曲线形式增加，说明材料恢复抵抗外力的能力，故此阶段称为变形强化阶段。b 点对应的 F_b 是材料在断裂前所能承受的最大拉伸力。在变形强化阶段，有一个强度指标：

$$抗拉强度/抗拉极限 \ \sigma_b = \frac{F_b}{A_0}$$

抗拉强度 σ_b 是金属材料在静拉伸条件下的最大承载能力，也是金属材料由均匀塑性变形向局部集中塑性变形过渡的临界值。对于塑性金属来说，拉伸试样在承受最大拉应力 σ_b 之前，变形是均匀一致的；但超过 σ_b 后，金属就开始出现缩颈现象，即产生集中变形。

（4）缩颈与断裂阶段——bk 段：当拉伸力达到最大值 F_b 后，试样截面发生局部收缩的"缩颈"现象，直至到 k 点时被拉断。

工程上，屈服点 σ_s 和抗拉强度 σ_b 是材料极为重要的力学性能指标，是大多数机械零件选材和设计的依据。其中，塑性材料的极限应力为屈服点 σ_s；脆性材料的极限应力为抗拉强度 σ_b。工程上不仅希望所用的金属材料具有较高的屈服点 σ_s 和抗拉强度 σ_b，还希望其具有一定的屈强比 σ_s/σ_b。屈强比越小，零件的可靠性越高，即万一超载也不至于立即断裂；但屈强比过小，则材料强度的有效利用率就会太低。

2. 塑性

塑性是指材料在外力作用下，发生塑性变形但不破坏的能力。评定材料塑性的两个指标"断后伸长率"和"断面收缩率"也是通过拉伸试验测得的。

$$断后伸长率 \ \delta = \frac{L_1 - L_0}{L_0} \times 100\%$$

$$断面收缩率 \ \psi = \frac{A_0 - A_1}{A_0} \times 100\%$$

长、短试样的断后伸长率分别用"δ_{10}"、"δ_5"表示。通常，δ_5 要比 δ_{10} 大一些，两者不能直接比较。工程上，依据断后伸长率 δ_{10} 是否达到 5% 划分塑性材料和脆性材料。金属塑性对零件的加工和使用都具有重要的实际意义。塑性好的材料不仅能顺利地进行锻压、轧制等成型工艺；而且在使用时万一超载，由于塑性好，能避免突然断裂，增加了材料的可靠性。所以，大多数机械零件除要求具有较高的强度外，还必须具有一定的塑性。

3. 硬度

硬度是指金属表面抵抗局部变形，特别是塑性变形、压痕或划痕的能力。硬度是衡量金属软硬程度的一种性能指标。

1）确度测试方法

硬度测定方法有压入法、划痕法、回弹高度法等，其中压入法的应用最为普遍。压入法是在规定的静态试验力作用下，将压头压入金属材料表面层，然后根据压痕的面积大小或深度测定其硬度值。在压入法中，根据试验力、压头和表示方法的不同，常用的硬度测试方法有布氏硬度(HB)、洛氏硬度(HR)和维氏硬度(HV)。

（1）布氏硬度。如图1-1-3所示，布氏硬度试验是用一定直径的钢球，以规定的试验力压入试样表面，经规定的保持时间后，去除试验力，测量试样表面的压痕直径d，然后根据公式(1-1-1)计算硬度值。一般根据所测得的d值从布氏硬度表中直接查出硬度值。

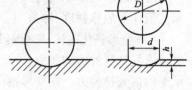

$$HBS(HBW) = 0.102 \times \frac{2F}{\pi D(D - \sqrt{D^2 - d^2})} \qquad (1\text{-}1\text{-}1)$$

式中：F——试验力，N；

D——球压头的直径，mm；

图1-1-3　布氏硬度试验原理

d——压痕直径，mm。

由公式(1-1-1)可知，布氏硬度值是球面压痕单位表面积上的平均压力，但一般不标出单位，只写明硬度数值即可。材料越硬，压痕直径越小，所测得的布氏硬度值越大。选择淬火钢球压头时，用"HBS"表示，适用于测定布氏硬度值在450以下的材料；选择硬质合金球压头时，用"HBW"表示，适用于测定布氏硬度值在450～650之间的材料。

布氏硬度试验的优点是由于金属表面压痕大，能在较大范围内反映材料的平均硬度，测定的数据比较准确、稳定、数据重复性强，适用于测定铸铁、有色金属及经退火、正火和调质处理钢材的硬度；缺点是由于其压痕大，易损伤成品的表面，因此不宜测定太小或太薄的试样。

（2）洛氏硬度。洛氏硬度试验是用顶角为120°的金刚石圆锥体或直径为1.588mm(1/16″)的淬火钢球压入试样表面。试验时，压头接触到试样表面后，先加初试验力，然后加主试验力，保持一段时间后，去除主试验力，在保留初试验力的情况下，根据试样压痕深度来衡量金属的硬度大小。

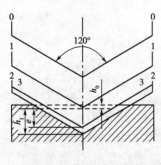

如图1-1-4所示，0—0为金刚石压头还没有和试样接触时的位置，1—1为压头在初试验力作用下压入试样深度h_0的位置，2—2为再加上主试验力后，压头又压入试样深度h_1的位置，3—3为去除主试验力，保持初试验力，在金属的弹性变形消失后，压头最后在试样中残余压痕深度为e的位置。洛氏硬度的计算公式为：

$$HR = C - \frac{e}{0.002} \qquad (1\text{-}1\text{-}2)$$

图1-1-4　洛氏硬度试验原理

式中：e——残余压痕深度，mm；

C——常数，压头为金刚石圆锥压头时$C = 100$，压头为淬火钢球时$C = 130$。

由公式(1-1-2)可知，材料越硬，残余压痕深度e越小，所测得的洛氏硬度值越大。金刚石圆锥压头适用于淬火钢等较硬材料的硬度测定；淬火钢球压头适用于退火件、有色金属等较软材料的硬度测定。根据压头和试验力的不同，洛氏硬度常用 A、B、C 三种标尺，其试验规范见表 1-1-1。

洛氏硬度试验规范   表 1-1-1

标尺	压　　头	总载荷	测量范围	应 用 举 例
HRA	顶角 120°金刚石圆锥体	588.4 N	70~80	碳化物、硬质合金、淬火钢、浅层表面硬化钢
HRB	φ1.588mm(1/16″)淬火钢球	980.7 N	25~100	软钢、铜合金、铝合金、铸铁
HRC	顶角 120°金刚石圆锥体	1471 N	20~67	淬火钢、调质钢、深层表面硬化钢

洛氏硬度试验在生产中广泛应用，其特点是：压痕小，对试样表面损伤小，常用来直接检验成品或半成品的硬度；试验操作简便，可以直接从试验机上显示出硬度值，省去了烦琐的测量、计算和查表等工作。但是，由于压痕小，硬度值的准确性不如布氏硬度，因此，通常选取不同位置的测量数次，取平均值作为被测金属的洛氏硬度值。

（3）维氏硬度。维氏硬度测试原理（图 1-1-5）与布氏硬度基本相似，也是以单位压痕表面积上的平均压力进行测量。不同的是，压头是锥面夹角为 136°的金刚石正四棱锥体，以选定的试验力压入试样表面，经规定保持时间后，去除试验力，在试样表面上压出一个正四棱锥体压痕，测量压痕两对角线的平均值 d，根据公式（1-1-3）计算硬度值。一般根据所测得的 d 值从维氏硬度表中直接查出硬度值。

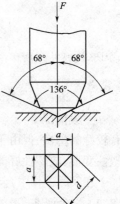

$$HV = 0.1891 \frac{F}{d^2} \qquad (1-1-3)$$

式中：F——试验力，N；

　　　d——压痕两对角线的平均值，mm。

布氏硬度试验不适合测定硬度较高的金属。洛氏硬度试验虽可用来测定各种金属的硬度，但由于采用了不同的压头、总试验力和标

图 1-1-5　维氏硬度试验原理

尺，硬度值彼此没有联系，因此不能直接换算。而维氏硬度试验适用范围宽，从极软的材料到极硬的材料都可以测量，可对从软到硬的各种金属进行连续一致的硬度标度。维氏硬度试验尤其适用于渗碳或渗氮零件表面层硬度的测量，结果精确可靠。但需要测量对角线长度，然后查表或计算，而且试样表面的质量要求高。所以，维氏硬度试验测量效率较低，没有洛氏硬度方便，不适用于大批测试，也不适合测量组织不均匀的材料，如灰铸铁。

2）三种硬度的标注举例

（1）150HBS10/1000/30 表示：用直径 10mm 的淬火钢球，在 9.8kN（1000kgf）试验力作用下保持 30s 测得的布氏硬度值为 150。

（2）500HBW5/750 表示：用直径 5mm 的硬质合金球，在 7.35kN（750kgf）试验力作用下保持 10~15s 测得的布氏硬度值为 500。

（3）50HRC 表示：用 C 标尺测得的洛氏硬度值为 50。

（4）640HV30 表示：用 294.2N（30kgf）试验力保持 10~15s 测得的维氏硬度值为 640。

（5）640HV30/20 表示：用 294.2N（30kgf）试验力保持 20s 测得的维氏硬度值为 640。

4．冲击韧度

强度、塑性、硬度这三个力学性能指标是在静态力作用下测定的。但有些零件在工作过程中受到的是冲击载荷，如冲床的冲头等，这些工件除要有足够的强度、塑性、硬度外，还应有足够的冲击韧度。冲击载荷是指加载速度很快且作用时间很短的突发性载荷。金属抵抗冲击载荷而不破坏的能力称为冲击韧度。

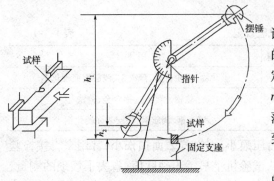

图 1-1-6 一次摆锤冲击试验原理

冲击韧度常用一次摆锤冲击试验来测定,其试验原理如图 1-1-6 所示。试验时,将带有缺口的试样安放在试验机的机架上,使缺口位于两固定支座中间,并背向摆锤的冲击方向。将质量为 m 的摆锤升高到规定高度 h_1,然后让摆锤自由落下将试样冲断。由于惯性,摆锤继续向前升高到高度 h_2。

用试样缺口处横截面的单位面积上所吸收的冲击功作为材料的冲击韧度值,用"α_{KV}"或"α_{KU}"表示,即:

$$\alpha_{KV}(\alpha_{KU}) = \frac{W_{KV}(W_{KU})}{A} = \frac{mg(h_1 - h_2)}{A} \tag{1-1-4}$$

式中:$W_{KV}(W_{KU})$——试样的冲击吸收功,J^2;

A——试样缺口处的横截面面积或脆性材料不开缺口时的试样横截面面积,mm^2。

一般情况下,$\alpha_{KV}(\alpha_{KU})$ 值越大,材料的冲击韧度越好。$\alpha_{KV}(\alpha_{KU})$ 值越高的材料一般都具有较好的塑性;但由于在静载荷作用下能充分变形的材料,在冲击载荷下不一定能迅速地进行塑性变形,故塑性好的材料 $\alpha_{KV}(\alpha_{KU})$ 值不一定高。

在实际工作中,金属经过一次冲击断裂的情况极少。许多零件在工作时都要经受小能量多次冲击。金属在多次冲击下的破坏过程是由裂纹产生、裂纹扩张和瞬时断裂三个阶段组成的,其破坏是每次冲击损伤积累发展的结果,不同于一次冲击的破坏过程。由于在一次冲击条件下测得的冲击韧度不能完全反映这些零件或金属的性能指标,因此提出了小能量多次冲击试验。

图 1-1-7 为多次冲击弯曲试验原理,试验时将试样放在试验机支座上,使试样受到锤头的小能量多次冲击。测定被测试样在一定冲击力下,开始出现裂纹和最后破裂的冲击次数,并以此作为其多次冲击抗力指标。研究结果表明:多次冲击抗力取决于金属的强度和塑性,小能量多次冲击的脆断问题,主要取决于金属的强度;大能量多次冲击的脆断问题主要取决于金属的塑性。

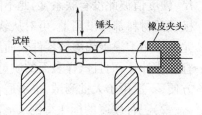

图 1-1-7 多次冲击弯曲试验原理

5. 疲劳强度

有许多机械零件(如齿轮、弹簧等)是在大小和方向随时间发生变化的交变应力下工作的,此时,零件所承受的应力通常都低于材料的屈服强度。零件在交变载荷作用下经过长时间工作发生破坏的现象称为金属的疲劳。

金属在循环交变应力作用下能经受无限次循环而不断裂的最大应力值,称为金属的疲劳强度或疲劳极限。图 1-1-8 为某金属的疲劳曲线,横坐标表示循环次数 N,纵坐标表示交变应力 σ。从该曲线可以看出,金属材料承受的交变应力越大,疲劳破坏前能承受交变应力的循环次数越少;当循环交变应力减少到某一数值时,曲线接近水平,即金属材料可以承受无限次循环而不破坏。于是,工程实践中一般都指定循环基数:对于黑色金属,循环基数为10^7;对于有色金属,循环基数为10^8。对称循环交变应力状态的疲劳强度符号为"σ_{-1}",脉动循环交变应力状态的疲劳强度符号为"σ_0"。

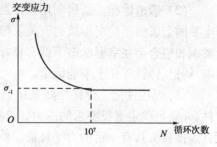

图 1-1-8 某金属的疲劳曲线

由于大部分机械零件的损坏都是由疲劳造成的,因此消除或减少疲劳失效,对于提高零件使用寿命有着重要意义。影响疲劳强度的因素很多,除设计时在结构上注意减小零件应力集中外,还应改善零件表面粗糙度,尽量消除内部组织缺陷(气孔、夹杂物等)。采用表面热处理,如高频淬火、表面形变强化(喷丸、滚压、内孔挤压等)、化学热处理(渗碳、渗氮、碳氮共渗)等都可改变零件表层的残余应力状态,提高零件的疲劳强度。

二、金属的物理性能和化学性能

1. 物理性能

物理性能是指金属材料固有的属性,包括密度、熔点、导热性、导电性、热膨胀性和磁性等。物理性能对金属的用途有所限制,对工艺性能也有一定的影响。例如,在航空工业领域中,密度是选材的关键性能指标之一。在制订铸造、锻造、焊接和热处理工艺时,必须考虑金属的导热性,防止金属材料在加热或冷却过程中形成过大的内应力,造成金属材料发生变形或开裂。

2. 化学性能

化学性能是指金属材料在室温或高温时抵抗各种化学介质作用所表现出来的性能,包括耐腐蚀性、抗氧化性和化学稳定性等。在机械制造中,金属材料不但要满足金属的力学性能、物理性能的要求,同时也要求具有一定的化学性能,尤其是要求耐腐蚀、耐高温的机械零件,更应重视金属的化学性能。

(1)耐腐蚀性。金属在常温下抵抗氧、水及其他化学介质腐蚀破坏作用的能力,称为耐腐蚀性。金属的耐腐蚀性是一个重要的性能指标,尤其对在腐蚀介质(如酸、碱、盐、有毒气体等)中工作的零件,其腐蚀现象比在空气中更为严重。在选择材料制造这些零件时,应特别注意金属的耐腐蚀性,并采用耐腐蚀性良好的金属或合金制造。

(2)抗氧化性。金属在加热时抵抗氧化作用的能力,称为抗氧化性。金属的氧化随温度升高而加速,例如钢材在铸造、锻造、热处理、焊接等热加工作业时,氧化比较严重。这不仅造成金属材料过量的损耗,也会形成各种缺陷,为此常采取措施避免金属材料发生氧化。

(3)化学稳定性。化学稳定性是金属的耐腐蚀性与抗氧化性的总称。金属在高温下的化学稳定性称为热稳定性。在高温条件下工作的设备部件(如锅炉、加热设备、汽轮机、喷气发动机等)需要选择热稳定性好的金属材料来制造。

三、金属的工艺性能

工艺性能是指材料在制造加工过程中所表现出的特性,反映了用某种加工方法加工材料的难易程度。

(1)铸造性能。金属在铸造成型过程中获得外形准确、内部健全铸件的能力称为铸造性能。铸造性能包括流动性、吸气性、收缩性和偏析等。在金属材料中,灰铸铁和青铜的铸造性能较好。

（2）锻造性能。金属利用锻压加工方法成型的难易程度称为锻造性能。锻造性能的好坏主要同金属的塑性变形抗力有关。塑性越好，变形抗力越小，金属的锻造性能就越好。例如，黄铜和铝合金在室温状态下就有良好的锻造性能；非合金钢在加热状态下锻造性能较好；而铸钢、铸铝、铸铁等几乎不能锻造。

（3）焊接性能。焊接性能是指金属在限定的施工条件下被焊接成按规定设计要求的构件，并满足预定服役要求的能力。焊接性能好的金属能获得没有裂缝、气孔等缺陷的焊缝，并且焊接接头具有一定的力学性能。低碳钢具有良好的焊接性能，高碳钢、不锈钢、铸铁的焊接性能较差。

（4）切削加工性能。切削加工性能是指金属在切削加工时的难易程度。切削加工性能好的金属对切削使用的刀具磨损量小，可以选用较大的切削用量，加工表面也比较光洁。切削加工性能与金属的硬度、导热性、冷变形强化等因素有关。金属硬度在 170～230HBS 时，最易切削加工。铸铁、铜合金、铝合金及非合金碳钢都具有较好的切削加工性能，而高合金钢的切削加工性能较差。

（5）热处理性能。热处理性能是指金属通过热处理改善其性能的难易程度。热处理性能好的金属，其热处理工艺简单，不易变形或开裂，质量稳定。

任务实施

根据观察和分析，回答以下问题：

（1）现测得长短两根 $d_0 = 10\text{mm}$ 圆形截面标准拉伸试样的 δ_{10} 和 δ_5 均为 25%，求两试样拉断后的标距长度是多少？哪根试样的塑性好？为什么？

答：$\delta_5 = \dfrac{L_{1(5)} - L_{0(5)}}{L_{0(5)}} \times 100\% = \dfrac{L_{1(5)} - 5d_0}{5d_0} \times 100\% = 25\% \Rightarrow L_{1(5)} = 6.25d_0 = 62.5(\text{mm})$

$\delta_{10} = \dfrac{L_{1(10)} - L_{0(10)}}{L_{0(10)}} \times 100\% = \dfrac{L_{1(10)} - 10d_0}{10d_0} \times 100\% = 25\% \Rightarrow L_{1(10)} = 12.5d_0 = 125(\text{mm})$

设长试样为 A，短试样为 B。因为同一种材料的 $\delta_5 > \delta_{10}$，则 $\delta_{5A} > \delta_{10A}$。由已知，$\delta_{5B} = \delta_{10A}$，所以 $\delta_{5A} > \delta_{5B}$，即长试样的塑性比短试样好。

（2）锉刀、黄铜管、硬质合金刀片、供应状态的钢材、耐磨工件的表面硬化层各采用什么硬度指标？

答：锉刀的硬度指标为洛氏硬度 HRC；黄铜管的硬度指标为洛氏硬度 HRB；硬质合金刀片的硬度指标为洛氏硬度 HRA；供应状态的钢材的硬度指标为布氏硬度 HBS；耐磨工件的表面硬化层的硬度指标为维氏硬度 HV。

（3）为什么铜质文物相比铁质文物保存完整？

答：因为铜及铜合金的化学稳定性比铁及铁合金的化学稳定性好，不易产生腐蚀，所以铜质文物相比铁质文物保存完整。在生产实际中，为防止钢铁材料在自然环境下腐蚀，表面经常采取电镀、搪瓷、刷防锈漆等措施。

（4）为什么在多数零件图纸上的技术要求中会对材料的硬度有要求？

答：零件材料的硬度是决定零件性能的重要因素之一。它反映零件能适应工作条件对其提出的抗局部变形，特别抗塑性变形、压痕或划痕以及耐磨的能力要求。同时也反映零件的制造工艺性和经济性。

一、填空题

1. 金属的性能分为_____性能和_____性能。

2. 金属的使用性能包括_____性能、_____性能和_____性能。

3. 金属的力学性能的主要指标有_____、_____、_____、_____等。

4. 屈服点用符号_____表示;抗拉强度用符号_____表示;断后伸长率用符号_____表示;断面收缩率用符号_____表示;布氏硬度用符号_____表示;洛氏硬度C标尺用符号_____表示;冲击吸收功用符号_____表示;冲击韧度用符号_____表示。

5. 650HBW5/750表示用直径为_____mm、材质为_____的压头,在_____kgf的压力下,保持_____s,测得的_____硬度值为_____。

6. 疲劳断裂的过程包括_____、_____和_____。

7. 金属的物理性能包括_____、_____、_____、_____等。

8. 金属的化学性能包括_____、_____、_____。

9. 金属的工艺性能主要有_____、_____、_____、_____、_____等。

10. 硬度测定的压入法是在规定的_____试验力作用下,将压头压入金属材料_____,然后根据压痕的_____或_____测定其硬度值。

二、选择题

1. 拉伸试验时,试样拉断前能承受的最大应力称为材料的_____。

   A. 屈服点   B. 抗拉强度   C. 弹性极限   D. 拉断极限

2. 测定淬火钢件的硬度,一般常选用_____来测试。

   A. 布氏硬度计   B. 洛氏硬度计   C. 维氏硬度计

3. 做疲劳试验时,试样承受的载荷为_____。

   A. 静态力   B. 冲击载荷   C. 循环载荷

4. 金属抵抗永久变形和断裂的能力,称为_____。

   A. 硬度   B. 塑性   C. 强度   D. 刚度

5. 金属的_____越好,则其锻造性能就越好。

   A. 硬度   B. 塑性   C. 强度   D. 韧度

6. 工程上划分塑性材料和脆性材料的依据是_____。

   A. 硬度是否达到350HBS

   B. 断后伸长率 δ_{10} 是否达到5%

   C. 抗拉强度是否达到500MPa

   D. 断面收缩率 ψ_{10} 是否达到5%

7. 一般工程零件的图样上常标注材料的_____,作为技术要求和检验零件的主要依据。

   A. 硬度   B. 塑性   C. 强度   D. 疲劳强度

8. 通常,材料的硬度在_____范围内时,切削性能良好。

   A. 200～300HBS   B. 70～80HRA   C. 40～45HRC   D. 170～230HBS

9. 承受_____作用的零件容易可能出现疲劳断裂。

   A. 静拉力   B. 静压力   C. 冲击力   D. 交变应力

10. 用拉伸试验可测定金属的_____。

A. 硬度　　　　　　B. 塑性　　　　　　C. 强度　　　　　　D. 强度和塑性

三、判断题

1. 所有金属在拉伸试验时都会出现显著的屈服现象。　　　　　　　　　（　　）
2. 塑性变形能随载荷的去除而消失。　　　　　　　　　　　　　　　　（　　）
3. 当布氏硬度试验的试验条件相同时,压痕直径越小,则金属的硬度就越低。（　　）
4. 低碳钢的焊接性能优于高碳钢。　　　　　　　　　　　　　　　　　（　　）
5. 一般金属在低温时比高温时的脆性大。　　　　　　　　　　　　　　（　　）
6. 测试 HBW 硬度时使用淬火钢球。　　　　　　　　　　　　　　　　（　　）
7. 小能量多次冲击抗力的大小主要取决于金属的强度高低。　　　　　　（　　）
8. 强度高的工程材料不会产生变形,强度低的工程材料则会产生变形。　（　　）
9. 抗拉强度是材料断裂前承受的最大应力。　　　　　　　　　　　　　（　　）
10. 金属材料的极限应力是抗拉强度。　　　　　　　　　　　　　　　　（　　）

四、简答题

1. 画出退火低碳钢的力—伸长曲线,并简述其拉伸变形的几个阶段。
2. 订正下列硬度标注方法:HBS210～240　　　450～480HBS　　　HRC15～20　　　HV30
3. 布氏硬度试验有哪些优缺点?
4. 有一钢材的短试样,其直径为 10 mm。当拉伸力达到 18840N 时,试样产生屈服现象;拉伸力达到 36110N 时,试样产生缩颈现象,然后被拉断。拉断后的标距长度为 73mm,断裂处直径为 6.7 mm,求该试样的 σ_s、σ_b、δ_5、ψ_5。

五、课外调研

1. 综合本章内容,你如何理解“物尽其用”的含义?
2. 观察你周围的工具、器皿和机械设备等,分析其制造材料的性能与使用要求的关系。

任务二　探究金属的组织结构

知识目标

1. 了解常见金属的晶格类型以及金属和合金的结晶过程。
2. 掌握晶粒大小对力学性能的影响及细化晶粒的方法。
3. 掌握铁碳合金的基本组织、符号及性能。
4. 掌握简化铁碳合金相图的含义及其在机械制造方面的应用。

能力目标

1. 能分析纯铁的同素异构转变。
2. 能运用简化铁碳合金相图分析平衡状态下铁碳合金的组织和性能。

任务描述

根据观察和分析,回答以下问题:

(1)在进行轧制和锻造时,为什么通常将钢材加热到 1000～1250℃?

（2）为什么绑扎物体时一般用镀锌低碳钢丝，而起重机起吊重物用的钢丝绳则是用60钢或70钢制成？

（3）一般情况下，工程上想要晶粒小还是晶粒大的金属？为什么？

知识链接

研究表明，金属材料的性能与金属的化学成分和内部组织结构有着密切的联系。同一种材料，加工工艺不同将具有不同的内部结构，从而具有不同的性能。因此，研究金属与合金的内部结构及其变化规律，是了解金属材料性能、正确选用金属材料、合理确定加工方法的基础。

一、纯金属的晶体结构

固态物质可分为晶体与非晶体两类：晶体物质的组成微粒呈规则排列，如金刚石、石墨及一般固态金属材料等；非晶体物质的组成微粒是无规则地堆积在一起，如玻璃、沥青、石蜡、松香等。此外，现代材料工程也制成了具有特殊性能的非晶体状态的金属材料。

把晶体内部原子近似地视为刚性质点，用一些假想的直线将各质点中心连接起来，形成一个空间格子。这种抽象的用于描述原子在晶体中排列形式的空间几何格子，称为晶格。能够充分反映原子排列特点的晶格最小几何单元称为晶胞。

在已知的80多种金属元素中，大部分金属的晶体结构属于表1-1-2中所列出的三种类型。

常见金属的晶格类型　　　　　　　　　　　　　　　　表1-1-2

晶格类型	体心立方晶格	面心立方晶格	密排六方晶格
晶格示意图			
晶胞内原子数	$\frac{1}{8} \times 8 + 1 = 2$	$\frac{1}{8} \times 8 + \frac{1}{2} \times 6 = 4$	$\frac{1}{6} \times 12 + \frac{1}{2} \times 2 + 3 = 6$
典型金属	$\alpha - Fe$、Cr、Li、W、V、Na、$\beta - Ti$、Nb、Mo	$\gamma - Fe$、Al、Cu、Au、Ag、Ni、Pb	Mg、Cd、Zn、Be、$\alpha - Ti$

如果一块晶体内部的原子排列方向完全一致，则称这块晶体为单晶体，如图1-1-9a）所示。只有采用特殊方法才能获得单晶体，如单晶硅、单晶锗等。实际使用的金属材料即使体积很小，其内部仍包含了许多颗粒状的小晶体，各小晶体中原子排列的方向不尽相同。这种由许多晶粒组成的晶体称为多晶体，如图1-1-9b）所示。多晶体材料内部晶体学位向相同的晶体称为晶粒，两晶粒之间的交界处称为晶界。一般的金属都是多晶体结构，故通常测出的性能都是各个位向不同的晶粒的平均性能，结果就使金属显示出各向同性。

研究发现，实际金属中存在各种各样的晶体缺陷。根

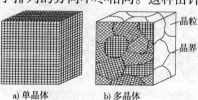

a）单晶体　　　b）多晶体

图1-1-9　单晶体和多晶体

据几何特点,晶体缺陷可分为以下三种:

(1)点缺陷是晶体中呈点状的缺陷。常见的点缺陷是空位和间隙原子,如图 1-1-10a)所示。

(2)线缺陷使晶体中呈线状的缺陷。线缺陷主要是指各种类型的位错。位错可认为是晶格中一部分晶体相对于另一部分晶体发生局部滑移造成的。图 1-1-10b)为一种简单的刃型位错。

(3)面缺陷是晶体中呈面状分布的缺陷。常见的面缺陷是晶界和亚晶界,如图 1-1-10c)所示。

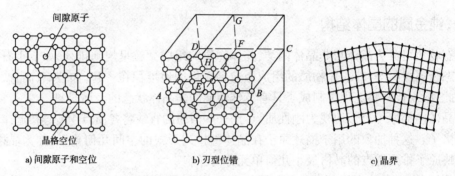

a) 间隙原子和空位　　　b) 刃型位错　　　c) 晶界

图 1-1-10　金属的晶格缺陷

实际金属晶体内的各种缺陷会造成金属的晶格畸变,晶格畸变对金属的塑性变形起阻碍作用,从而使金属材料的强度和硬度都有所提高。

二、合金的晶体结构

实际生产中,大量使用的金属材料是合金。合金是指由两种或两种以上元素,且其中至少有一种是金属元素,所组成的具有金属特性的物质。例如,黄铜是铜与锌组成的合金,钢铁是铁和碳组成的合金。组成合金的最基本的独立的物质称为组元。组元可以是元素,也可以是稳定的化合物。合金系是由给定的组元,但按不同比例配制而成的一系列合金。相是指在一个合金系中具有相同的物理性能和化学性能,并与该合金系的其余部分以界面分开的物质部分。例如,在铁碳合金中 Fe 为一个相,Fe_3C 为另一个相;水和冰的化学成分虽然相同,但其物理性能不同,故水和冰为两个相。组织是指用金相观察方法,在金属及其合金内部看到的涉及晶体或晶粒的大小、方向、形状、排列状况等组成关系的构造情况。

研究发现,合金的性能取决于组织,而组织又首先取决于合金中的相。根据合金中各组元间的相互作用不同,固态合金的相有固溶体和金属化合物两大类。

(1)固溶体。合金在固态下由组元间相互溶解而形成的晶体相称为固溶体,即某一组元(溶剂)的晶格中溶入了其他组元(溶质)的原子。溶剂组元基本保持原有的晶格类型。

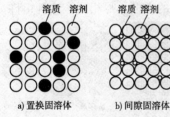

a) 置换固溶体　　b) 间隙固溶体

图 1-1-11　固溶体

根据溶质原子在溶剂晶格中所占位置的不同,可将固溶体分为置换固溶体和间隙固溶体。当溶质原子代替一部分溶剂原子占据溶剂晶格部分结点位置时就形成了置换固溶体,如图 1-1-11a)所示。溶质原子在溶剂晶格中不占据溶剂结点位置,而是嵌入各结点之间的间隙内时就形成了间隙固溶体,如图 1-1-11b)所示。只有在溶质原子与溶剂原子半径的比值小于 0.59 时,才能形成间隙固溶体。实践证明,大多数合金都只能有限固溶,且溶解度随着温度的升高而增加。当两组元晶格类型相同、原子半径相差很小时,才可以无限互溶。

无论是置换固溶体,还是间隙固溶体,异类原子的溶入都使固溶体溶剂的晶格发生畸变,增加位错运动的阻力,使固溶体的强度、硬度提高。这种通过溶入溶质原子形成固溶体,从而使合金强度、硬度升高的现象称为固溶强化。实践证明,只要适当控制固溶体中溶质的含量,就能在显著提高金属材料强度的同时仍然使其保持较高的塑性和韧性。固溶强化是强化金属材料的重要途径之一。

(2)金属化合物。金属化合物是指合金中各组元之间发生相互作用而形成化合物。金属化合物具有与其构成组元晶格截然不同的特殊晶格,熔点高、硬而脆。合金中出现金属化合物时,通常能显著提高合金的强度、硬度和耐磨性,但塑性和韧性也会明显地降低。一般很少单独使用金属化合物,它主要是合金中的强化相,与固溶体适当配合可以获得良好的综合力学性能。

在合金中,由两相或两相以上组成的多相组织,称为机械混合物。在机械混合物中,各组成相仍保持着它原有晶格类型和性能。在显微镜下,可以明显地分辨出各组成部分的形态。机械混合物的性能介于各组成相性能之间,与各组成相的性能以及相的数量、形状、大小和分布状况等密切相关。

三、纯金属和合金的结晶

除粉末冶金产品外,大多数的金属原材料都是经过熔化、冶炼和浇注而获得的。通过凝固形成晶体的过程称为结晶。金属结晶形成的组织直接影响着金属的性能。

1. 纯金属的结晶

纯金属的结晶是在一定温度下进行的。从图 1-1-12a)的纯金属极缓慢冷却曲线可见,当冷却到某一温度时,在冷却曲线上出现水平线段,这个水平线段所对应的温度就是金属的理论结晶温度 T_0。从图 1-1-12b)的纯金属实际冷却曲线可以看出,金属在实际结晶过程中,必须冷却到理论结晶温度 T_0 以下才开始结晶,这种现象称为过冷。理论结晶温度 T_0 和实际结晶温度 T_1 之差

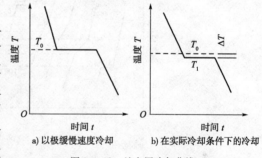

a) 以极缓慢速度冷却　　b) 在实际冷却条件下的冷却

图 1-1-12　纯金属冷却曲线

ΔT,称为过冷度。研究表明,金属结晶时的过冷度并不是一个恒定值,其与冷却速度有关,冷却速度越大,过冷度就越大,金属的实际结晶温度就越低。在实际生产中,金属结晶必须在一定的过冷度下进行,过冷是金属结晶的必要条件。

金属结晶是一个不断形成晶核,同时晶核不断长大的过程,如图 1-1-13 所示,金属液在达到结晶温度时,首先形成一些极细小的微晶体——晶核。随着时间的推移,已形成的晶核不断长大。与此同时,又有新的晶核形成、长大,直至金属液全部凝固。凝固结束后,各个晶核长成的晶粒彼此相互接触、相互咬合在一起,结晶过程终止。

金属结晶后形成由许多晶粒组成的多晶体。一般情况下,晶粒愈细小,金属的强度、硬度就愈高,塑性、韧性就愈好。因此,生产实践中总是希望使金属及其合金获得较细的晶粒组织。这种用细化晶粒来提高材料强度的方法,称为细晶强化。

在生产中,为了获得细小的晶粒组织,常采用以下方法:

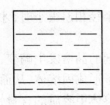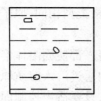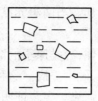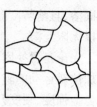

图 1-1-13 金属结晶过程的示意图

（1）加快金属液的冷却速度，从而增大过冷度。例如，降低浇注温度；采用蓄热大和散热快的金属铸型；局部加冷铁以及采用水冷铸型等，但这些措施对大型铸件效果不明显。

（2）变质处理。所谓变质处理就是在浇注前，以少量粉末物质加入金属液中，促进形核，以改善金属组织和性能的方法。这类物质可起晶核的作用，从而细化晶粒。

（3）采用机械振动、超声波振动和电磁振动等，可使生长中的枝晶破碎，使晶核数增多，从而细化晶粒。

2. 合金的结晶

合金与纯金属结晶有相似之处：合金结晶仍为晶核形成和晶核长大两个过程；合金结晶时也需要一定的过冷度；合金结晶后也形成多晶晶体。合金与纯金属结晶的不同之处是：

（1）纯金属结晶是在恒温下进行的，只有一个临界点。而合金则绝大多数都是在一个温度范围内进行结晶的，有两个临界点——结晶的开始温度与结晶的终止温度，如图 1-1-14a)所示。只有在某一特定成分的合金系中才会出现一个临界点。

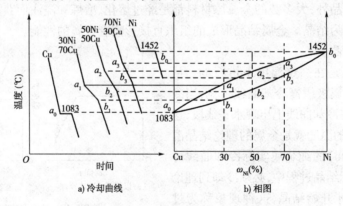

a) 冷却曲线　　　　b) 相图

图 1-1-14 用热分析法测定的 Cu-Ni 相图

（2）合金在结晶过程中，在局部范围内其化学成分有变化，存在偏析现象。

（3）合金结晶后可形成不同类型的固溶体、金属化合物或机械混合物。

由于合金结晶比纯金属结晶复杂很多，通常是建立合金相图表示的，图 1-1-14b)是 Cu-Ni 合金相图。合金相图是研究合金成分、温度和组织结构之间变化规律的重要工具，利用合金相图可以正确制订热加工的工艺参数。

四、铁碳合金的基本组织

1. 纯铁的同素异构转变

大多数金属结晶完成后，其晶格类型就不会再发生变化。但也有少数金属，如铁、锰、钛等，在结晶成固态后继续冷却时，晶格类型会发生变化。同一种元素在固态下由一种晶格转变为另一种晶格的转变过程，称为同素异构转变或称同素异晶转变。从图 1-1-15 纯铁的冷却曲线可以看出,纯铁液在1538℃结晶后具有体心立方晶格,称为δ-Fe;当固态的δ-Fe冷却到1394℃时,发生同素异构转变,由体心立方晶格的δ-Fe转变为面心立方晶格的γ-Fe;再冷却到912℃时,原子排列方式又由面心立方晶格转变为体心立方晶格,称为α-Fe。纯铁的同素异构转变过程可由下式表示:

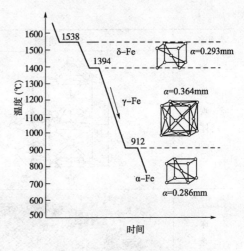

图1-1-15 纯铁的冷却曲线

$$\delta-Fe \xrightleftharpoons{1394℃} \gamma-Fe \xrightleftharpoons{912℃} \alpha-Fe$$

同素异构转变是通过原子的重新排列来完成的,实质上是个重结晶过程,有如下特点:

(1)同素异构转变是由晶核的不断形成和晶核的不断长大两个基本过程来完成的,新晶核优先在原晶界处生成。

(2)同素异构转变时有过冷现象,具有较大的过冷度。

(3)同素异构转变是在固态下进行的,有结晶潜热产生,在冷却曲线上出现水平线段。

(4)同素异构转变时常伴有金属的体积变化。

同素异构转变是纯铁的一个重要特性,它是钢铁能够进行热处理的理论依据。

2.铁碳合金的基本组织

经缓慢冷却得到的平衡铁碳合金,在固态下的基本组织有:铁素体、奥氏体、渗碳体、珠光体和莱氏体五种。这五种铁碳合金基本组织性能见表1-1-3。

铁碳合金的基本组织   表1-1-3

组织	显 微 组 织	性 能 特 点
铁素体 F	C溶于α-Fe中形成的体心立方晶格的间隙固溶体。显微镜下呈明亮的多边形晶粒组织,边界较圆滑	α-Fe的溶碳量很小:727℃时,$w_C=0.0218\%$;室温时,$w_C=0.0008\%\approx0$ 铁素体的性能几乎和纯铁相同,强度和硬度低,塑性和韧性好($\sigma_b\approx180\sim280$MPa;$\sigma_{0.2}\approx100\sim170$MPa;$50\sim80$HBS;$\delta\approx30\%\sim50\%$;$\psi\approx70\%\sim80\%$;$\alpha_k=160\sim200$J/cm^2)
奥氏体 A	C溶于γ-Fe中形成的面心立方晶格的间隙固溶体。高温金相显微镜下呈多边形晶粒组织,但晶界比F平直	γ-Fe的溶碳量较大:1148℃时,$w_C=2.11\%$;727℃时,$w_C=0.77\%$ 奥氏体的强度和硬度较高,塑性和韧性好($\sigma_b\approx400$MPa;$160\sim200$HBS;$\delta\approx40\%\sim50\%$)。大多数钢材都要加热至高温奥氏体状态后再进行压力加工 奥氏体属于铁碳合金的稳定的高温组织。当缓冷至727℃时,奥氏体发生共析反应,全部转变为其他类型的组织

组织	显微组织	性能特点
渗碳体 Fe₃C	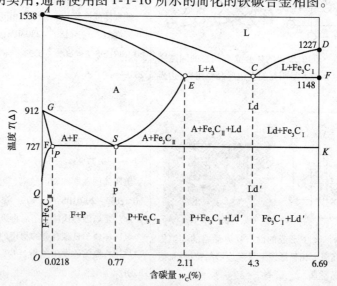	铁和碳化合而成的具有复杂正交点阵晶格的金属化合物。显微组织呈片状、粒状、网状或板条状等 $w_C = 6.69\%$，熔点为1227℃，硬度高，脆性大，塑性与韧性极低（$\sigma_b \approx 30MPa; 800HBW; \delta \approx 0; \psi \approx 0$） 渗碳体是碳在铁碳合金中的主要存在形式，是亚稳定的金属化合物。在一定条件下，渗碳体可分解出的石墨，对铸铁的生产有意义
珠光体 P		A从高温缓慢冷却时发生共析转变，生成F和Fe₃C的机械混合物P。其显微组织立体形状为F薄层和Fe₃C薄层交替重叠的层状组织 $w_C = 0.77\%$，P性能介于F和Fe₃C之间，有一定的强度和塑性，硬度适中，有一定韧性，综合力学性能较好（$\sigma_b \approx 750MPa; 180HBS; \delta \approx 20\% \sim 25\%; \alpha_k = 30 \sim 40J/cm^2$）
莱氏体 Ld		$w_C = 4.3\%$ 的铁碳合金从液态缓冷至1148℃时，将发生共晶反应，同时从液体中结晶出A和Fe₃C的机械混合物——高温莱氏体Ld 由于A在727℃时转变为P，在727℃以下时高温莱氏体Ld转变为由P和Fe₃C组成的低温莱氏体Ld′ $w_C = 4.3\%$，莱氏体性能与渗碳体相似，硬度高（700HBW），脆性大，塑性与韧性极差

五、简化的铁碳合金相图

铁碳合金相图是研究在极其缓慢冷却的平衡条件下，铁碳合金成分、温度和组织结构之间的变化规律的重要工具，利用合金相图可以预估铁碳合金组织和性能，可以正确制订热加工的工艺参数。为简明实用，通常使用图1-1-16所示的简化的铁碳合金相图。

图 1-1-16　简化的铁碳合金相图

1. 主要特性点

简化的铁碳合金相图中,主要特性点的含义见表1-1-4。

铁碳合金相图的主要特性点 表 1-1-4

特性点	温度(℃)	含碳量 w_C(%)	含 义
A	1538	0	纯铁的熔点
C	1148	4.3	共晶点,$Liquid_{4.3} \underset{1148℃}{\overset{}{\rightleftharpoons}} A_{2.11} + Fe_3C$
D	1227	6.69	渗碳体的熔点
E	1148	2.11	C 在 $\gamma - Fe$ 中的最大溶解度
G	1148	0	纯铁的异构转变点,$\alpha - Fe_{2.11} \underset{912℃}{\overset{}{\rightleftharpoons}} \gamma - Fe$
P	912	0.0218	C 在 $\alpha - Fe$ 中的最大溶解度
S	727	0.77	共析点,$A_{0.77} \underset{727℃}{\overset{}{\rightleftharpoons}} F_{0.0218} + Fe_3C$

2. 主要特性线

简化的铁碳合金相图中,主要特性线的含义见表1-1-5。

铁碳合金相图的主要特性线 表 1-1-5

特性线	含 义
ACD	液相线,ACD 线以上合金处于液态,AC 线以下结晶出 A,CD 线以下结晶出 Fe_3C
$AECF$	固相线,$AECF$ 线以下合金为固态
GS	A_3 线,$w_C < 0.77\%$ 的铁碳合金冷却时,从 A 中析出 F 的开始线
ES	A_{cm} 线,C 在 $\gamma - Fe$ 中的溶解度曲线,$w_C > 0.77\%$ 的铁碳合金冷却时,在此线以下从 A 中析出 Fe_3C
ECF	共晶转变线,$Liquid_{4.3} \underset{1148℃}{\overset{}{\rightleftharpoons}} A_{2.11} + Fe_3C$
PSK	A_1 线,共析转变线,$A_{0.77} \underset{727℃}{\overset{}{\rightleftharpoons}} F_{0.0218} + Fe_3C$
PQ	C 在 $\alpha - Fe$ 中的溶解度曲线

3. 铁碳合金的分类

根据含碳量和室温组织的不同,铁碳合金一般分为工业纯铁、碳钢和白口铸铁三类,见表1-1-6。

铁碳合金的分类 表 1-1-6

分类	工业纯铁	碳 钢			白 口 铸 铁		
		亚共析钢	共析钢	过共析钢	亚共晶白口铸铁	共晶白口铸铁	过共晶白口铸铁
含碳量（%）	$w_C < 0.0218$	$0.0218 < w_C \leqslant 2.11$			$2.11 < w_C < 6.69$		
		$0.0218 < w_C < 0.77$	$w_C = 0.77$	$0.77 < w_C \leqslant 2.11$	$2.11 < w_C < 4.3$	$w_C = 4.3$	$4.3 < w_C < 6.69$
室温组织	F	F + P	P	$P + Fe_3C$	$P + Fe_3C + Ld'$	Ld'	$Ld' + Fe_3C$

4. 含碳量对铁碳合金性能的影响

室温下,铁碳合金由铁素体和渗碳体两个相组成。铁素体是软韧相,渗碳体是强化相,由铁素体和渗碳体薄层组成的珠光体兼有两者优点,综合力学性能良好。

从图 1-1-17 中可以看出,当钢中含碳量 $w_C < 0.99\%$ 时,随着含碳量的增加,珠光体数量增加,碳钢的强度、硬度逐渐上升,塑性、韧性不断下降;当钢中含碳量 $w_C > 0.99\%$ 后,此时硬度继续增高,但沿晶界呈网状分布的渗碳体割裂基体,故使碳钢的强度迅速下降。碳钢的塑性和韧性是随着含碳量的增加而不断降低的。实际生产中,为了保证足够的强度、一定的塑性和韧性,碳钢的含碳量一般不超过 1.4%。

含碳量 $w_C > 2.11\%$ 的白口铸铁,由于组织中存在大量的渗碳体,硬度和脆性很高,难以切削加工,除用作轧辊、球磨机的铁球等耐磨件外,很少有其他应用。

5. 铁碳合金相图的应用

在工程上,铁碳合金相图为选材及制订铸、锻、焊、热处理等热加工工艺提供了重要的理论依据(图 1-1-18)。

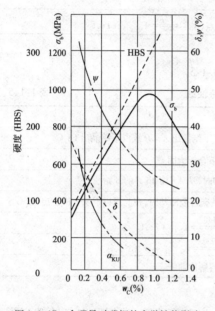

图 1-1-17　含碳量对碳钢的力学性能影响

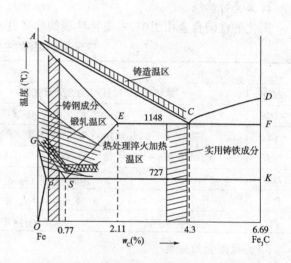

图 1-1-18　铁碳合金相图与热加工工艺规范关系图

任务实施

根据观察和分析,回答以下问题:

(1)在进行轧制和锻造时,为什么通常将钢材加热到 1000～1250℃?

答:钢处于奥氏体状态时,钢材强度低、塑性高,便于塑性变形。因此,轧制和锻造钢材的温度最好选择在单相奥氏体区的温度范围内。首先,始轧和始锻的温度不能太高,以免钢材氧化严重和发生奥氏体晶界熔化,一般控制在固相线以下的 100～200℃。其次,终轧和终锻的温度不能过高,否则得到的组织晶粒粗大;但终轧和终锻的温度也不能过低,否则钢材因塑性不够产生裂纹。所以,生产实际中,轧制和锻造碳钢时,通常将钢材加热到 1000～1250℃,且钢材的终轧和终锻温度为 750～850℃。

(2)为什么绑扎物体时一般用镀锌低碳钢丝,而起重机起吊重物用的钢丝绳则是用 60 钢或 70 钢制成?

答:绑扎物体时,为了便于操作,铁丝需要塑性极好,易变形,强度可以低一些。起重机起吊重物时,为了有可靠的承载力,要求钢丝绳强度要高,韧性要好。低碳钢丝在室温下的组织是大部分铁素体和少量珠光体,所以塑性极好,强度也满足一般要求。60钢或70钢在室温下的组织是少量铁素体和大量珠光体,所以强度、韧性都好,适于用作起吊重物的钢丝绳。

(3)一般情况下,工程上想要晶粒小还是晶粒大的金属?为什么?

答:一般情况下,人们想要晶粒细小的金属。因为晶粒越细小,晶界面越多越曲折,塑性变形分散在更多的晶粒中进行,塑性变形抗力增大,变形也更加均匀,内应力集中小;而且晶粒细小,晶粒间犬牙交错,不利于裂纹的传播和发展。所以,一般情况下,晶粒越细小,金属的强度、硬度就越高,塑性、韧性就越好,因此,生产实践中总是希望使金属及其合金获得较细的晶粒组织。

自我检测

一、填空题

1. 晶体与非晶体的根本区别在于_____。

2. 金属晶格的基本类型有_____、_____与_____三种。铜为_____,镁为_____,$\alpha-Fe$ 为_____。

3. 根据几何形态,实际金属的晶体缺陷有_____、_____、_____三类。其中,间隙原子属于_____,位错属于_____,晶界属于_____。

4. 金属结晶的过程是一个_____和_____的过程。

5. 金属结晶的必要条件是_____,金属的实际结晶温度不是一个恒定值。

6. 金属结晶时_____越大,过冷度越大,金属的_____温度就越低。

7. 金属的晶粒愈细小,其强度、硬度_____,塑性、韧性_____。

8. 固态合金的相有_____与_____两大类。在合金中,由两相或两相以上组成的多相组织,称为_____。

9. 根据溶质原子在溶剂晶格中所占据的位置不同,固溶体可分为_____和_____两类。在大多数情况下,溶质在溶剂中的溶解度随着温度升高而_____。

10. 写出下列铁碳合金组织的符号:
铁素体_____奥氏体_____渗碳体_____珠光体_____高温莱氏体_____低温莱氏体_____

11. 珠光体是由_____和_____组成的机械混合物;高温莱氏体是由_____和_____组成的机械混合物;低温莱氏体是由_____和_____组成的机械混合物。

12. 奥氏体在1148℃时,碳的质量分数为_____;在727℃时,碳的质量分数为_____。

13. 碳的质量分数为_____的铁碳合金称为共析钢,当加热后冷却到 S 点(727℃)时,会发生_____转变,从奥氏体中同时析出_____和_____的混合物,称为_____。

14. 奥氏体和渗碳体组成的共晶产物称为_____,其碳的质量分数为_____。

15. 根据室温组织不同,钢分为_____、_____、_____三种。这三种钢的室温组织依次为_____、_____、_____。

二、选择题

1. 组成合金的组元可以是_____。
A. 金属元素　　　B. 非金属元素　　　C. 化合物　　　D. 以上答案都正确

2. α—铁和铬是_____;铝和铜是_____;铁素体是_____;奥氏体是_____晶格。
A. 体心立方晶格　　B. 面心立方晶格　　C. 密排立方晶格　　D. 体心正方晶格

3. 实际金属晶体结构中的原子空位属于晶体缺陷中的_____。

A. 点缺陷   B. 线缺陷   C. 面缺陷   D. 间隙原子

4. 固溶强化的基本原因是_____。

A. 晶粒变细   B. 晶格畸变   C. 晶格发生位错   D. 晶格类型发生变化

5. 增加冷却速度,可使金属结晶的过冷度_____。

A. 提高   B. 降低   C. 不变   D. 不确定

6. $Fe-Fe_3C$ 状态图中,SE 线代号为_____,PSK 线代号为_____,GS 线代号为_____。

A. A_1 B. A_{cm} C. A_3 D. A_2

7. $Fe-Fe_3C$ 状态图中,共析线是_____,共晶线是_____。

A. ECF 线   B. ACD 线   C. PSK 线   D. ES 线

8. 钢与铸铁的分界点的碳的质量分数为_____;共析钢的含碳量为_____。

A. 6.67%   B. 4.3%   C. 2.11%   D. 0.77%

9. 含碳量为 0.4% 的钢在室温下的平衡组织为_____。

A. P   B. F+P   C. F   D. $P+Fe_3C$

10. 过共析钢的平衡组织中的二次渗碳体的形状是_____。

A. 网状   B. 球状   C. 片状   D. 块状

11. Ld 是一种____,P 是一种____,F 是一种____,Fe_3C 是一种____,A 是一种____。

A. 固溶体   B. 金属化合物   C. 机械混合物

12. 实际生产中,金属冷却时_____。

A. 实际结晶温度总是低于理论结晶温度   B. 实际结晶温度总是高于理论结晶温度

C. 实际结晶温度总是等于理论结晶温度   D. 实际结晶温度与理论结晶温度无关

13. 要求高硬度和耐磨性好的工具,应选用_____制造。

A. 低碳钢   B. 中碳钢   C. 高碳钢

14. 变质处理的目的是_____。

A. 改变晶体结构   B. 改变晶粒成分   C. 细化晶粒   D. 减少杂质

15. 合金中相的种类为_____。

A. 间隙固溶体   B. 机械混合物   C. 固溶体和金属化合物

三、判断题

1. 纯铁在 780℃ 时为面心立方晶格的 $\gamma-Fe$。   (   )

2. 实际金属的晶体结构不仅是多晶体,而且还存在着多种缺陷。   (   )

3. 纯金属和合金的结晶过程都是一个恒温过程。   (   )

4. 固溶体的晶格仍然保持溶剂的晶格类型。   (   )

5. 过冷是金属结晶的充分条件。   (   )

6. 共析转变和共晶转变都是在恒温下进行的。   (   )

7. 金属在固态下都具有同素异构转变。   (   )

8. 铁素体是面心立方晶格。   (   )

9. 接近共晶成分的合金一般铸造性能较好。   (   )

10. 钢的锻造加热温度一般应选在单相奥氏体区。   (   )

11. 白口生铁的室温组织中含有大量莱氏体,导致其塑性下降,因此不适宜锻造。   (   )

12. 金属化合物的特性是硬而脆,莱氏体就是硬而脆,故莱氏体属于金属化合物。   (   )

13. 渗碳体中碳的质量分数约为 6.67% ~6.69%。 （　　）

14. 碳溶于 α－Fe 中所形成的间隙固溶体，称为奥氏体。 （　　）

15. 铁碳合金相图中的组元是 Fe 和 Fe_3C。 （　　）

四、简答题

1. 金属结晶的过程是什么？与纯金属相比合金的结晶有何特点？

2. 金属在结晶时，影响晶粒大小的主要因素是什么？

3. 何为金属的同素异构转变？试画出纯铁的结晶冷却曲线和晶体结构变化图。

4. 什么是固溶体？什么是金属化合物？它们的结构特点和性能特点各是什么？

5. 简述碳的质量分数为 0.4% 和 1.2% 的铁碳合金从液态冷至室温时的结晶过程。

五、相互交流与研讨

1. 针对铁碳合金状态图，同学之间互相提问，以熟悉状态图的各个相区组成。

2. 把含碳量为 0.45% 的钢和含碳量为 4.0% 的白口铸铁都加热到 1000 ~1200℃，两者能否都能进行锻造？为什么？

3. 通过学习和查阅资料，相互探讨一下材料的宏观性能与微观结构的关系。

项目二

改善钢的性能

上一项目中提到的铁碳合金是在缓慢冷却条件下得到的平衡组织。然而,在大多数情况下,平衡状态下的钢铁性不能满足使用要求,所以,生产实践中需要通过一些工艺充分发挥材料的潜能,改善钢的性能,最常用的工艺就是热处理和合金化。

任务一 热处理钢材

知识目标

1. 掌握钢在加热和冷却时的组织转变规律。
2. 掌握退火、正火、淬火、回火、表面热处理等工艺的目的、方法及应用。
3. 了解热处理的工序位置及其主要作用。

能力目标

1. 能根据零件的工作条件、性能要求和化学成分,合理选用热处理工艺。
2. 能初步理解并说明典型零件的加工工艺路线中热处理工艺的目的。

任务描述

根据学习和分析,请为下列零件选择合适的热处理工艺。
(1)锉刀。
(2)活塞销。
(3)传动齿轮。
(4)车辆变速齿轮。

知识链接

热处理是在固态下,将金属材料或工件以一定的加热速度加热到预定的温度,保温一定的时间,再以预定的冷却速度进行冷却,从而获得预期的组织结构和性能的工艺。热处理是机械制造过程中的重要工序,它可以改善零件的组织和性能,充分发挥材料潜力,从而提高零件的使用寿命。一般情况下,各类机床中需进行热处理的零件占总质量的60%~70%;运输机械中占70%~80%;轴承、各种工模具等几乎都要进行热处理。

热处理过程中,金属的形状没有明显变化,但是其内部发生了组织或相的转变,性能也相应发生了改变。加热温度、保温时间、冷却速度是热处理过程中的三个主要工艺参数。总体来说,热处理的主要作用有:改变工件的内部组织和性能;改变工件表层的成分、组织和性能;消除或降低加工过程中造成的各种缺陷,如偏析、内应力等,最终目的是使工件便于加工或者满足使用要求。

随着工业生产和科技进步,热处理的工艺方法日益增多,但基本原理是一致的。根据热处理的目的、加热和冷却方法的不同,钢的常用热处理工艺分类见图1-2-1。

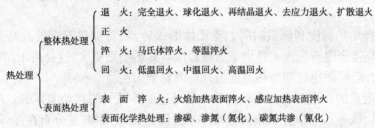

图1-2-1 钢的常用热处理工艺分类

机械零件的加工是按照一定的加工工艺路线进行的。合理安排热处理的工序位置,对于保证零件的加工质量和改善其性能都具有重要的作用。热处理按其工序位置和目的的不同,可分为预备热处理和最终热处理。预备热处理是指为调整原始组织,以保证工件最终热处理和切削加工质量,包括退火、正火、调质等。最终热处理是指使钢件达到要求的使用性能的热处理,包括淬火和回火、渗碳、渗氮等。

一、钢在加热和冷却时的组织转变

在加热或冷却过程中,合金发生相变的温度称为相变点或临界点。在图1-2-2中,A_1、A_3、A_{cm}是钢在平衡条件下的临界点。实际生产中的加热和冷却不是缓慢进行的,存在过冷度和过热度。为了区别钢在实际加热和冷却时的相变点,加热时在"A"后加注"c";冷却时加注"r"。因此,实际加热时的临界点标为Ac_1、Ac_3、Ac_{cm};冷却时标为Ar_1、Ar_3、Ar_{cm}。

1. 钢在加热时的组织转变

以共析钢为例说明钢在加热时的组织转变。共析钢的室温组织是珠光体,即铁素体和渗碳体两相组成的机械混合物。铁素体具有体心立方晶格,在A_1点时含碳量$w_C = 0.0218\%$;渗碳体具有复杂正交点阵晶格,含碳量$w_C = $

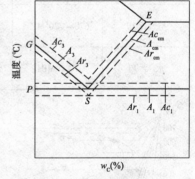

图1-2-2 铁碳合金的相变点或临界点

6.69%。加热到临界点A_1以上,珠光体转变为奥氏体,具有面心立方晶格,含碳量$w_C = 0.77\%$。由此可见,珠光体向奥氏体的转变过程中必须进行碳原子的扩散和铁原子的晶格重构,即发生相变。

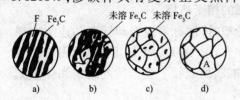

图1-2-3 共析钢加热时的奥氏体形成过程

如图1-2-3所示,珠光体向奥氏体转变分为四个阶段:奥氏体晶核的形成(图1-2-3a);奥氏体晶核的长大及渗碳体的溶解(图1-2-3b);残余渗碳体的完全溶解(图1-2-3c);奥氏体化学成分的均匀化(图1-2-3d)。可见,奥氏体的形成也是形核和核长大的过程。

钢在热处理时需要一定的保温时间,一是为了把零件热透,二是为获得化学成分均匀的奥氏体,以便在冷却时得到良好的组织和性能。由铁碳合金相图可以看出,亚共析钢需加热到 Ac_3 以上,过共析钢需加热到 Ac_{cm} 以上,并保温适当时间,才能得到化学成分均匀单一的奥氏体。

钢加热后得到的奥氏体晶粒越细小,则冷却转变产物的晶粒也较细小,力学性能也会比较好。在生产中,采用以下措施来控制奥氏体晶粒的长大,从而获得细小均匀的奥氏体晶粒。

(1)合理选择加热温度和保温时间。奥氏体形成后,随着加热温度的升高和保温时间的延长,奥氏体晶粒将会逐渐长大。特别是加热温度对其影响则更大,这是由于晶粒长大是通过原子扩散进行的,而扩散速度随加热温度的升高而急剧加快。

(2)加入一定量的合金元素。晶粒的长大是通过晶界原子的移动实现的。加入合金元素(如铬、钨、钼、钒、钛等),可以在钢中形成难溶于奥氏体的碳化物,并分布在晶界上,对原子移动起到阻碍作用,从而抑制了奥氏体晶粒长大。此外,在钢中加入硼和少量稀土元素,可吸附在晶界上,也可限制晶粒的长大。

2. 钢在冷却时的组织转变

实践证明:同一化学成分的钢在加热到奥氏体状态后,若采用不同的冷却方法和冷却速度进行冷却,将得到形态不同的各种组织,从而获得不同的性能(表1-2-1)。

$w_C = 0.45\%$ 的钢加热至840℃后,以不同方法冷却的力学性能   表1-2-1

冷却方法	σ_b	σ_s	δ	ψ	硬　度
炉内冷却	530 MPa	280 MPa	32.5%	49.3%	160~200HBS
空气冷却	670~720 MPa	340 MPa	15%~18%	45%~50%	170~240HBS
水冷却	1000 MPa	720 MPa	7%~8%	12%~14%	52~58HRC

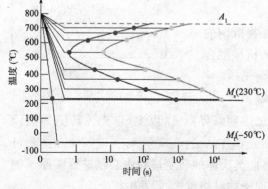

图1-2-4 共析钢等温冷却转变的C曲线

这种现象已不能用平衡状态的铁碳合金相图来解释,因为冷却速度的提高使合金脱离了平衡状态。在非缓慢冷却的情况下,奥氏体要过冷到 A_1 温度以下才能完成转变。在 A_1 温度以下存在的奥氏体称为过冷奥氏体。过冷奥氏体有较强的相变趋势。

在冷却时,钢有等温冷却转变和连续冷却转变两种方式。图1-2-4是共析钢等温冷却转变的C曲线,所获得转变产物的组织和性能见表1-2-2。

转变温度	转变产物及代号		组织成分及形态		层片间距	产物硬度
$A_1 \sim 650℃$	珠光体	珠光体 P	片状 F + 片状 Fe₃C	粗片状	约 0.3μm	<25HRC
$650 \sim 600℃$		索氏体 S		细片状	约 0.1~0.3μm	25~35HRC
$600 \sim 550℃$		托氏体 T		极细片状	约 0.1μm	35~40HRC
$550 \sim 350℃$	贝氏体	上贝氏体 $B_上$	板条 F + 板条间颗粒 Fe₃C 的羽毛状		—	40~45HRC
$350℃ \sim M_s$		下贝氏体 $B_下$	针状 F + 内部颗粒 Fe₃C 的黑片针状		—	45~50HRC
$M_s \sim M_f$	马氏体 M		C 在 $\alpha - Fe$ 中的 过饱和固溶体	低碳板条状马氏体	—	约 40HRC
				高碳凸透镜状马氏体	—	>55HRC

在生产实践中,过冷奥氏体大都是在连续冷却过程中转变的。图 1-2-5 是连续冷却转变的 CCT 曲线。对比可见,由于连续冷却抑制了贝氏体的产生,所以 CCT 曲线比 C 曲线少一半。此外,v_k 恰好与曲线鼻尖相切,是过冷奥氏体全部进行马氏体转变的最小速度,称为马氏体临界冷却速度。影响马氏体临界冷却速度 v_k 的主要因素是钢的化学成分。

马氏体转变的特点为:过冷奥氏体转变为马氏体是一种非扩散型转变,形成速度很快;只冷却到室温时,其转变是不彻底的,要残留少量的奥氏体;转变是在一个温度范围内完成的,在某一温度下停留不能增加马氏体的数量;马氏体形成时体积膨胀,在钢中造成很大的内应力,严重时将使零件开裂。

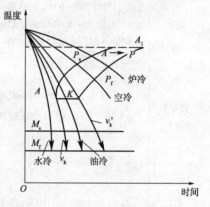

图 1-2-5 连续冷却转变的 CCT 曲线

二、退火与正火

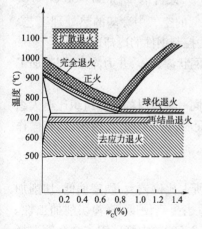

图 1-2-6 退火和正火的加热温度范围

1. 退火

退火是将钢加热到适当温度,保温一定时间,然后缓慢冷却(一般为随炉冷却)的热处理工艺,又称"焖火"。

退火的目的主要为:降低钢的硬度,提高塑性,以利于切削加工及冷变形加工;细化晶粒,消除铸、锻、焊等加工引起的组织缺陷,均匀钢的组织及成分,改善钢的性能,为后续的加工和热处理做好组织准备;消除钢的内应力,以防止变形和开裂。

根据钢的化学成分和退火目的不同,常用的退火方法有完全退火、球化退火、去应力退火、扩散退火和再结晶退火等。常用退火方法的加热温度范围如图 1-2-6 所示,各退火方法的工艺、目的及应用见表 1-2-3。

退火方法	工　艺	目　的	应　用
完全退火	加热到 $Ac_3 + 30 \sim 50℃$，保温一定时间，随炉冷却。一般冷却至 500℃ 左右可出炉空冷	得到细小而均匀的平衡组织（铁素体＋珠光体），降低钢的硬度，细化晶粒，消除内应力，改善切削加工性	主要用于亚共析钢。一般主要用于中碳钢和低、中碳合金钢的锻件、铸件、热轧型材以及中小型焊接件
球化退火	加热到 $Ac_1 + 20 \sim 30℃$，保温一定时间，以小于 50℃/h 的冷却速度随炉冷却。一般冷却至 500℃ 左右可出炉空冷	得到渗碳体呈球形颗粒弥散分布在铁素体基体上的球状珠光体。降低硬度，提高塑性，改善切削加工性能，为最终热处理做好组织准备	主要用于共析钢和过共析钢，如工具钢和轴承钢等。如果钢中的网状渗碳体过多，则在球化退火之前先进行正火
去应力退火	缓慢加热到 Ac_1 以下适当温度（钢件 500 ~ 650℃，铸件 500 ~ 550℃，焊件 500 ~ 600℃），保温一定时间，以 20 ~ 50℃/h 的冷却速度随炉冷却。一般冷却至 300℃ 左右可出炉空冷	加热温度低于相变温度 A_1，因此去应力退火过程中不发生组织转变。消除工件中的残余应力，以稳定钢件的尺寸，减少变形，防止开裂	适用于各种钢铁，例如机床床身，内燃机汽缸体，冷卷弹簧等
再结晶退火	加热到 Ac_1 以下 50 ~ 150℃ 或 $T_{再} + 30 \sim 50℃$，保温一定时间后，缓慢冷却	使经过冷塑性变形后的晶粒重新结晶成均匀的等轴晶粒，以消除形变强化和残余应力，达到消除加工硬化，恢复金属塑韧性，以利于进一步变形加工	适用于各种经过冷塑性变形的金属，在变形后和变形加工过程中都可应用再结晶退火。如在钢丝拉拔过程中需进行再结晶退火
扩散退火	加热至 1050 ~ 1150℃，保温 10 ~ 20h，然后缓慢冷却	消除偏析，使化学成分和组织均匀化。但由于加热温度高、时间长，会引起奥氏体晶粒严重粗化，必须再进行完全退火或正火，细化晶粒，消除过热	主要用于质量要求高的一些优质合金钢及偏析较严重的合金钢铸件及钢锭、锻件

2. 正火

正火是将钢加热到完全奥氏体化（亚共析钢 $Ac_3 + 30 \sim 50℃$，共析钢 $Ac_1 + 30 \sim 50℃$，过共析钢 $Ac_{cm} + 30 \sim 50℃$），保温适当时间后，在空气流动速度较低的空气中冷却的热处理工艺。对于大型工件也可采用吹风、喷雾和调节钢件堆放距离等方法控制钢件的冷却速度。

正火与退火的目的基本相同，正火也可以细化晶粒，消除网状渗碳体，并为淬火、切削加工等后续工序做好组织准备。

正火的奥氏体化温度高；冷却速度快，过冷度较大，因此，同一种钢材的正火组织比退火组织细、强度和硬度高。正火得到的是以索氏体为主的组织。同时，正火与退火相比，具有操作简便、生产周期短、生产效率高、成本低等特点。

在生产中，正火主要应用于以下场合：

（1）改善切削性能。低碳钢和低碳合金钢退火后铁素体所占比例较大，硬度偏低，切削加工时都有"粘刀"现象，而且表面粗糙度也较大。而正火能适当提高硬度，改善切削加工性。因此，低碳钢和低碳合金钢选择正火作为预备热处理；而 $w_C > 0.5\%$ 的中高碳钢和合金钢选择退火作为预备热处理。

（2）消除网状碳化物，为球化退火做组织准备。对于过共析钢，正火加热到 Ac_{cm} 以上，可使网状碳化物充分溶解到奥氏体中，空气冷却时碳化物来不及充分析出，因而消除了网状碳化物组织，同时细化了珠光体组织，有利于以后的球化处理。

（3）用于普通结构零件或某些大型非合金钢工件的最终热处理，以代替调质处理，如铁道车辆的车轴。

（4）用于淬火返修件，消除应力，细化组织，防止重新淬火时产生变形与开裂。

三、淬火和回火

1. 淬火

淬火是将亚共析钢加热到 Ac_3 以上 30～50℃，共析钢和过共析钢加热到 Ac_1 以上 30～50℃，保温一定时间，然后以适当速度冷却获得马氏体或下贝氏体组织的热处理工艺。

淬火的目的是获得马氏体或下贝氏体组织，提高钢的硬度、强度和耐磨性，然后配合不同温度的回火，获得所需的使用性能。淬火是发挥材料性能潜力的重要手段之一。

碳钢淬火的加热温度范围，如图 1-2-7 所示。

淬火时为了得到足够的冷却速度，以保证过冷奥氏体越过珠光体和上贝氏体转变区域，尽可能向马氏体及下贝氏体转变，又不致由于冷却速度过大而引起零件内应力增大，造成零件变形和开裂，因此，应合理选用冷却介质。常用的淬火冷却介质有水、盐水、碱水、油、熔盐、熔碱等。常用淬火方法的冷却速度如图 1-2-8 所示。

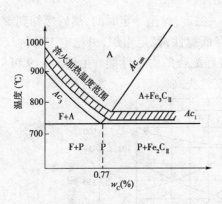

图 1-2-7　碳钢淬火的加热温度范围

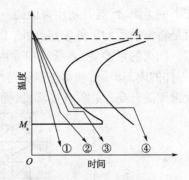

①单介质淬火；②双介质淬火；
③马氏体分级淬火；④贝氏体等温淬火

图 1-2-8　常用淬火方法的冷却速度

常用的淬火方法有以下四种：

（1）单介质淬火——将奥氏体化的钢件在一种淬火介质中冷却的方法，如图 1-2-8①所示，主要适用于形状简单的钢件。例如，碳钢在水中淬火、合金钢在油中淬火等。

（2）双介质淬火——将奥氏体化的钢件先浸入冷却能力较强的介质中，在组织即将发生马氏体转变时立即转入冷却能力弱的介质中冷却的方法，如图 1-2-8②所示。其主要适用于中等复杂形状的高碳钢工件和较大尺寸的合金钢工件。

（3）马氏体分级淬火——将奥氏体化的钢件先浸入温度稍高于或稍低于 M_s 点的盐浴或碱浴中，保持适当时间，在钢件整体与盐浴或碱浴的温度相同后，取出空冷。获得马氏体组织的方法,如图1-2-8③所示。马氏体分级淬火能够减小工件中的热应力,并缓和相变产生的组织应力,减少了淬火变形,适用于尺寸比较小且形状复杂的工件的淬火。

(4)贝氏体等温淬火——将奥氏体化的钢件先快冷到下贝氏体转变温度区间,等温保持一段时间,使过冷奥氏体转变为下贝氏体的方法,如图1-2-8④所示。贝氏体等温淬火后,工件的淬火应力与变形小,具有较高的韧性、塑性和耐磨性,可用来处理各种中、高碳钢和合金钢制造的小型复杂工件。

对于量具、精密轴承、精密丝杠、精密刀具等,均应在淬火之后进行冷处理,以消除残余奥氏体。冷处理是将淬火的工件冷却到室温后,立即继续在0℃以下的低温介质中冷却的方法。冷处理的主要目的是消除和减少残余奥氏体、稳定工件尺寸、获得更多的马氏体。

淬透性是评定钢淬火质量的一个重要参数,它是指在规定条件下试样淬硬深度和硬度分布表征的材料特性。淬透性是钢材的一种属性,是指钢淬火时获得马氏体的能力。通常,钢的临界速度越低,其淬透性越好。钢淬火后可以获得较高硬度,不同化学成分的钢淬火后所得马氏体组织的硬度值是不相同的。钢在理想条件下淬火所能达到的最高硬度称为淬硬性。淬硬性主要取决于淬火加热时固溶于奥氏体中的含碳量。奥氏体中碳的含量越高,钢的淬硬性越高,即淬火后硬度值越高。必须注意,淬硬性和淬透性是两个不同的概念:淬火后硬度高的钢,不一定淬透性就高;而淬火后硬度低的钢,不一定淬透性就低。

2. 回火

钢件淬火后虽然强度、硬度高,但很脆,残余内应力大,组织不稳定,如不及时处理,将会引起工件的变形,甚至开裂,这将影响零件的精度和性能。因此,淬火后的工件必须经过回火处理才能使用。回火是紧接着淬火的一道工序,通常也是最后一道热处理工序,是决定工件最终使用状态下的组织、性能及使用寿命的一道关键工序。

回火是将淬硬后的工件加热到Ac_1以下的某一温度,保温一定时间,然后冷却到室温的热处理工艺。回火的目的是:降低或消除内应力,降低脆性;稳定组织,以稳定工件的尺寸和形状;调整工件的内部组织,获得强度和韧性之间较好配合的力学性能。由图1-2-9可见,淬火钢随回火温度的升高,强度、硬度降低,而塑性与韧性提高。

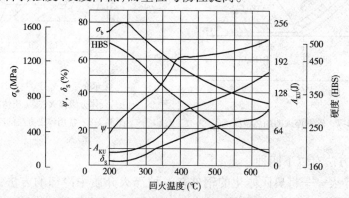

图1-2-9　40钢的回火温度和力学性能关系

随着回火温度的升高,淬火组织将发生一系列变化。根据组织转变情况,回火一般分为四个阶段:马氏体分解(≤200℃)、残余奥氏体分解(200~300℃)、碳化物转变(250~400℃)、碳化物的聚集长大和铁素体的再结晶(>400℃)。回火是一个由非平衡组织向平衡组织转变的过程,这个过程是依靠原子的迁移和扩散进行的。回火温度越高,扩散速度就越快;反之,扩散速度就越慢。

按回火温度范围,回火分为低温回火、中温回火和高温回火三种,具体见表1-2-4。

常用回火方法的组织、性能及应用　　　　　　　　　　　　　　　表1-2-4

回火方法	加热温度	组织及性能	应　用
低温回火	150～250℃	回火马氏体 $M_{回}$（过饱和度降低的 M + 弥散的碳化物） 保持了淬火组织的高硬度（58～62HRC）和耐磨性,降低了淬火应力,减小了钢的脆性	低温回火主要用于高碳钢、合金工具钢制造的刃具、量具、冷作模具、滚动轴承及渗碳件、表面淬火件等
中温回火	350～500℃	回火托氏体 $T_{回}$（极细小颗粒渗碳体 + 铁素体）硬度为35～50HRC,大大降低了淬火应力,获得了高的弹性极限和屈服强度,并具有一定的韧性	中温回火主要用于处理弹性元件,如各种卷簧、板簧、弹簧钢丝等。有些受小能量多次冲击载荷的结构件,为了提高强度,增加小能量多冲抗力,也采用中温回火
高温回火	500～650℃	回火索氏体 $S_{回}$（细颗粒渗碳体 + 铁素体）硬度为24～38HRC,淬火应力可完全消除,强度较高,有良好的塑性和韧性,具有良好的综合力学性能	高温回火主要用于中碳结构钢、低合金结构钢制作的轴类、连杆、螺栓、齿轮等承受交变载荷或冲击的重要零件。此外,还常作为表面淬火和化学热处理的前处理工序

注:生产中,把"淬火 + 高温回火"的复合热处理工艺称为调质处理。

四、钢的表面热处理

表面热处理是一种对工件表面进行硬化的热处理方法,其主要目的是改变工件表面的成分或组织,提高表面的硬度和耐磨性,而心部仍保持良好的强度、塑性和韧性。根据硬化机理不同,表面热处理分为表面化学热处理和表面淬火两大类。

1. 表面化学热处理

表面化学热处理是将工件置于适当的活性介质中加热、保温,使一种或几种元素渗入到表层,以改变表层的化学成分、组织和性能的热处理工艺。表面化学热处理与表面淬火相比,其特点是表层不仅有组织的变化,而且还有化学成分的变化。

化学热处理由分解、吸收和扩散3个基本过程所组成:渗入介质在高温下通过化学反应进行分解,形成渗入元素的活性原子;渗入元素的活性原子被钢的表面吸附;被吸附的活性原子由钢的表层逐渐向内扩散,形成一定深度的扩散层。目前在机械制造业中,最常用的化学热处理是渗碳、渗氮和碳氮共渗。

(1)渗碳。为提高工件表层碳的质量分数,并在其中形成一定的碳含量梯度,将工件在渗碳介质中加热、保温,使碳原子渗入的化学热处理工艺称为渗碳。

渗碳钢一般是 w_C =0.10%～0.25%的低碳钢和低碳合金钢,如15、20、20r、20CrMnTi 等钢。钢渗碳后表层的 w_C 可达 0.8%～1.1%,渗碳层深度一般为 0.5～2.5mm。渗碳后的工件一定要进行淬火和低温回火,使钢工件表面获得高的硬度（56～64HRC）、耐磨性和疲劳强度,而心部仍保持一定的强度和良好的韧性。因此,渗碳被广泛应用于要求表面硬而心部韧的工件上,如变速齿轮、凸轮轴、活塞销等,这类零件表面磨损严重,同时承受较大的冲击载荷。

根据渗碳时介质的物理状态不同,渗碳可分为气体渗碳、固体渗碳和液体渗碳,其中气体渗碳应用最广泛。

(2)渗氮。在一定温度下于一定介质中,使氮原子渗入工件表层的化学热处理工艺,称为渗氮。渗氮的目的是为了提高工件表层的硬度、耐磨性、热硬性、耐腐蚀性和疲劳强度。

渗氮处理广泛应用于各种高速转动的精密齿轮、高精度机床主轴、交变循环载荷作用下要求疲劳强度高的零件（如高速柴油机曲轴）以及要求变形小和具有一定耐热、抗腐蚀能力的耐磨零件（如阀门）等。但是渗氮层薄而脆，不能承受冲击和振动，而且渗氮处理生产周期长，生产成本较高。钢件渗氮后不需淬火硬度就可达到 68～72HRC。目前常用的渗氮方法有气体渗氮和离子渗氮两种。零件不需要渗氮的部分应镀锡或镀铜保护，也可预留 1 mm 的余量，在渗氮后磨去。

（3）碳氮共渗。在奥氏体状态下同时将碳、氮原子渗入工件表层，并以渗碳为主的化学热处理工艺，称为碳氮共渗。根据工艺温度不同，可分为低温（520～580℃）、中温（760～880℃）和高温（900～950℃）碳氮共渗，其目的主要是提高工件表层的硬度和耐磨性。

2. 表面淬火

表面淬火是指仅对工件表层进行淬火的工艺，其目的是使工件表面获得高硬度和耐磨性，而心部保持较好的塑性和韧性，以提高其在扭转、弯曲等交变载荷或在摩擦、冲击、接触应力大等工作条件下的使用寿命。表面淬火主要用于中碳钢和中碳低合金钢，它不改变工件表面化学成分，而是采用快速加热方式，使工件表层迅速奥氏体化，使心部仍处于临界点以下，并随之淬火，使表层硬化。目前应用最多的是感应加热表面淬火和火焰加热表面淬火，见表 1-2-5。

表面淬火后的工件需要进行低温回火，但回火温度比普通低温回火温度稍低，其目的是为了降低淬火应力。生产中，有时采用自回火法，即当工件淬火冷至 200℃ 左右时，停止喷水，利用工件中的余热达到回火的目的。

感应加热表面淬火和火焰加热表面淬火   表 1-2-5

方法	工艺	示意图	特点及应用
感应加热表面淬火	依靠感应电流的热效应，使工件表层在几秒钟内快速加热到淬火温度，然后迅速冷却，使工件表面层淬硬		加热时间短，一般只需几秒到几十秒，工件基本无氧化、脱碳，且变形小。奥氏体晶粒细小，淬火后获得细小马氏体组织，使表层比一般淬火硬度高 2～3 HRC，且脆性较低。表面淬火后，在淬硬的表面层中存在较大的残余压应力，提高了工件的疲劳强度。热效率高，生产率高，易实现机械化、自动化，适于大批生产的齿轮、轴等。但感应加热设备投资大，维修调试比较困难
火焰加热表面淬火	利用氧乙炔或其他可燃气燃烧的火焰对工件表层加热，随之快速冷却		淬硬层深度一般为 2～6mm。若淬硬层过深，往往使工件表面严重过热，产生变形与裂纹。操作简便，不需要特殊设备，成本低。但生产率低，工件表面容易过热，质量较难控制，因此使用受到一定限制。其主要用于单件或小批生产的各种齿轮、轴、轧辊等

根据电流频率不同,感应加热表面淬火分为高频、中频、工频和超音频四类,见表1-2-6。

感应加热表面淬火的分类　　　　　　　　　　　　表1-2-6

分类	频率范围	淬硬层深度	应用范围
高频加热	100～1000 kHz(常用200～300 kHz)	0.2～2 mm	中小型轴、销等圆柱形零件,如小模数齿轮
超音频加热	30～60 kHz	2.5～3.5 mm	中小模数齿轮,花键轴等
中频加热	1～10 kHz(常用2.5～8 kHz)	2～10 mm	大中型轴、销等圆柱形零件,如大模数齿轮
工频加热	50 Hz	10～20 mm	大型零件,直径大于300mm的轧辊及轴类

任务实施

根据学习和分析,请为下列零件选择合适的热处理工艺:

(1)锉刀;(2)活塞销;(3)传动齿轮;(4)车辆变速齿轮。

答:(1)锉刀是手工锉削工具,工作时锉刀与工件表面有剧烈摩擦,但基本上无冲击,因此只要求其表面硬度要高,耐磨性要好。锉刀常用 T12 钢制造。加工工艺路线为下料→锻造→预备热处理→机械加工→滚刃→最终热处理。由于 T12 属于过共析钢,坯料在锻造后内应力较大,硬度较高,切削加工性较差,且存在网状二次渗碳体。理论上,锉刀的预备热处理应先进行正火再球化退火。但由于锉刀精度要求不高,实际生产中直接进行球化退火作为预备热处理,消除内应力,改善切削性能。机械加工和滚刃后,再进行淬火＋低温回火作为最终热处理使其硬度达到 58～62HRC 以上。

(2)活塞销在工作时同时受到冲击载荷、交变载荷和表面摩擦作用,因此心部具有足够的塑性、韧性和一定的强度,而表面要求具有高的硬度和耐磨性。活塞销的常用制造材料为 20 钢,属于低碳钢。在下料锻造后,其预备热处理采用正火,改善切削加工性。机械加工后的最终热处理应先进行渗碳处理,提高工件表层的碳含量,然后再进行淬火＋低温回火。经上述热处理后,活塞销的表面为回火马氏体,心部为珠光体和铁素体,可满足使用性能要求。

(3)传动齿轮是传递力矩和转速的重要零件,它主要承受一定的弯曲力和周期性冲击力,除承受的载荷较大外,其工作情况和活塞销相似,在工作时同时受到冲击载荷、交变载荷和表面摩擦作用,因此心部具有足够的塑性、韧性和一定的强度,而轮齿表面要求具有高的硬度和耐磨性。传动齿轮的常用制造材料为 45 钢,属于中碳钢,加工工艺路线为:下料→锻造→正火→粗加工→调质→精加工→高频感应加热表面淬火和低温回火→精磨。在下料锻造后,其预备热处理采用正火,消除锻造时产生的内应力,细化组织,改善切削加工性。齿形粗加工后,采用调质处理,保证心部有足够的强度和韧性,能够承受较大的弯曲应力和冲击载荷,并为齿面的表面淬火做好组织准备。齿形精加工后,采用高频感应加热表面淬火,提高齿表面的硬度、耐磨性和疲劳强度;然后进行低温回火,消除应力,防止磨削加工时产生裂纹,并使齿面保持高硬度和耐磨性。经上述热处理后,传动齿轮的表面为回火马氏体,心部为珠光体和铁素体,可满足使用性能要求。

(4)车辆变速齿轮在工作时同时受到冲击载荷、交变载荷和表面摩擦作用,因此要求心部具有足够的塑性、韧性,以及一定的强度及硬度,而表面要求具有高的硬度和耐磨性。车辆变速齿轮制造材料为 20CrMnTi,加工工艺路线为:下料→锻造→正火→机械加工→渗碳→淬火＋低温回火→喷丸→校正花键孔→磨齿。正火属于预备热处理,其主要目的是消除锻造毛坯的内应力,改善切削加工性,所以安排在粗加工之前,同时正火还可均匀组织,细化晶粒,为以后的热处理做好组织准备。渗碳安排在齿形加工之后,以保证齿面的含碳量及渗碳层厚度的要求。渗碳后进行整体的淬火＋低温回火,以保证齿面硬度可达 58～62HRC,同时心部也得到低碳回火马氏体,具有较高的强度和韧性,硬度可达 33～48HRC。

自我检测

一、填空题

1. 热处理工艺过程由_____、_____和_____3 个阶段组成。

2. 共析钢的奥氏体化过程可分为_____,_____,_____,_____4 个阶段。

3. 共析钢在等温转变过程中,其高温转变产物有:_____,_____和_____。

4. 贝氏体分_____和_____两种,其中有工业用途的是_____。

5. 马氏体是_____固溶体。

6. 整体热处理的主要工艺有_____、_____、_____、_____。

7. 退火的典型冷却方式是_____。常用的退火方法有_____、_____和_____等。

8. 正火的典型冷却方式是_____。低碳钢进行正火的主要目的是_____;过共析钢进行正火的主要目的是_____。

9. 球化退火主要用于_____和_____。

10. 亚共析钢的淬火温度为_____,共析钢和过共析钢的淬火温度为_____。

11. 常用的淬火方法有_____、_____、_____和_____等。

12. 调质处理是指_____加_____的热处理工艺,钢件经调质处理后,可获得良好的_____性能。

13. 钢的_____越低,其淬透性越好。奥氏体中碳的含量越高,钢的_____越高。

14. 淬火钢在回火时的组织转变过程可分为_____,_____,_____和_____四个阶段。

15. 按温度范围,可将回火分为_____回火、_____回火和_____回火三种。

16. 表面热处理有_____和_____两种。

17. 常用的表面淬火方法有_____表面淬火和_____表面淬火。

18. 表面化学热处理是由_____,_____和_____三个基本过程所组成。

19. 感应加热表面淬火时,电流频率越高,淬硬层越_____。

20. 渗碳后的工件一定要进行_____和_____,才能达到表面高硬度及耐磨的目的。

二、选择题

1. 过冷奥氏体是在_____温度以下仍然存在,尚未转变的奥氏体。

A. M_s B. M_f C. A_1 D. A_3

2. 为了改善渗碳钢的切削加工性,应采用_____作为预备热处理。为了改善碳素工具钢的切削加工性,应采用_____作为预备热处理。

A. 完全退火   B. 球化退火   C. 正火   D. 去应力退火

3. 化学热处理方法和整体热处理方法的基本原因在于_____。

A. 加热温度   B. 组织变化   C. 冷却速度   D. 改变表面化学成分

4. 临界冷却速度是指获得_____组织的最小冷却速度。

A. 全部马氏体   B. 全部铁素体   C. 部分托氏体   D. 部分索氏体

5. 过共析钢的淬火加热温度应选择在_____,亚共析钢的淬火加热温度则应选择在_____。

A. $Ac_1 + 30 \sim 50℃$　　B. $Ac_{cm} + 30 \sim 50℃$　　C. $Ac_3 + 30 \sim 50℃$　　D. Ac_{cm}以下

6. 调质处理是_____的复合热处理工艺。

A. 淬火 + 低温回火　　B. 淬火 + 中温回火　　C. 淬火 + 高温回火　　D. 淬火 + 退火

7. 钢淬火后的硬度主要取决于_____。

A. 加热温度　　　　　　B. 冷却速度　　　　　　C. 保温时间　　　　　　D. 碳的含量

8. 现制造一汽车传动齿轮,要求表面具有高硬度、耐磨性和高的疲劳强度,心部具有良好的韧性,应采用_____。

A. T10 钢经淬火 + 低温回火　　　　　　B. 45 钢经调质处理

C. 20CrMnTi 钢经渗碳、淬火 + 低温回火　　D. 灰铸铁经时效处理

9. 中温回火后的组织为_____。

A. 回火马氏体　　B. 回火索氏体　　C. 回火托氏体　　D. 回火珠光体

10. 过共析钢的正火加热温度为_____。

A. $Ac_3 + 30 \sim 50℃$　　B. $Ac_1 + 30 \sim 50℃$　　C. $Ac_{cm} + 30 \sim 50℃$　　D. Ac_1以下

三、判断题

1. 淬火钢随回火温度的增高,其强度和硬度也增高。　　　　　　　　　　　（　　）

2. 共析钢加热至奥氏体化后,其冷却时形成的组织主要取决于加热温度。　（　　）

3. 奥氏体的晶核是在铁素体和渗碳体的交界处形成的。　　　　　　　　　（　　）

4. 马氏体转变是在等温冷却条件下进行的。　　　　　　　　　　　　　　（　　）

5. 退火和正火一般安排在粗加工后,精加工之前。　　　　　　　　　　　（　　）

6. 淬火时奥氏体转变为马氏体会发生体积膨胀,产生应力导致钢件变形与开裂。（　　）

7. 渗碳钢是中碳钢或中碳合金钢。　　　　　　　　　　　　　　　　　　（　　）

8. 退火比正火冷却速度快,所以同一种钢材的退火组织晶粒细小,力学性能高。（　　）

9. 同一种钢材在相同加热条件下,水淬比油淬的淬透性好,小件比大件的淬透性好。（　　）

10. 过共析钢不适宜进行完全退火,因为加热到 Ac_{cm} 以上后缓冷时,会沿奥氏体晶界析出网状二次渗碳体,使钢件韧性降低。
　　　　　　　　　　　　　　　　　　　　　　　　　　　　　　　　（　　）

四、简答题

1. 奥氏体、过冷奥氏体与残余奥氏体三者之间有何区别?

2. 确定下列钢件的退火方法,并说明退火目的和退火后的组织:

（1）经冷轧的 15 钢钢板;　　　　　　　　（2）ZG270 – 500 的铸造齿轮;

（3）锻造过热的 60 钢锻坯;　　　　　　　（4）具有片状渗碳体的 T12 钢坯。

3. 用原为平衡状态的 45 钢制成三个相同的试样,分别进行如下热处理,请将三个试样的硬度排序,并说明原因:

（1）试样 1 加热至 700℃,保温一段时间后水冷;

（2）试样 2 加热至 760℃,保温一段时间后水冷;

（3）试样 3 加热至 840℃,保温一段时间后水冷。

4. 什么是马氏体?板条状低碳马氏体和片状高碳马氏体在力学性能上有什么不同?

5. 淬火的目的是什么?回火的目的是什么?工件淬火后为什么要及时回火?

五、讨论题

用低碳钢和中碳钢制造齿轮,为了获得表面具有高的硬度和耐磨性,心部具有一定的强度和韧性,各采取怎样的热处理?热处理后组织和性能有何差别?

任务二 合金化钢材

知识目标

1. 了解常见杂质元素对钢性能的影响。
2. 了解常见合金元素对钢性能的影响。

能力目标

能根据钢的成分,初步分析钢的性能。

任务描述

根据学习和分析,请回答以下问题:

(1)钢的质量等级通常是根据什么划分的?

(2)为什么高速钢 W18Cr4V 在锻造后,在空气中冷却就可以获得马氏体组织?

(3)为什么不锈钢中铬的质量分数不低于 13%?Cr12MoV 钢是不锈钢吗?不锈钢是否在任何介质中都是不锈的?

知识链接

碳钢中除铁和碳两种主要元素外,还含有少量的硅、锰、硫、磷、氢等杂质元素,它们主要来自铁矿石、炉料和脱氧剂等,难以除尽。而且,为了改善钢的某种性能,在钢冶炼时有目的地加入一种或几种合金元素(如铬、镍、钒等),从而得到性能更为优良的合金钢。

一、杂质元素对钢性能的影响

硅和锰是钢中的有益元素,都是炼钢时脱氧剂的主要元素。脱氧剂能把钢中的 FeO 还原成铁,消除 FeO 对钢的不良影响,能改善钢的质量。其中,硅的脱氧作用比锰要强,硅可增加钢液的流动性。硅和锰大部分能溶解于铁素体中,形成置换固溶体使铁素体强化,从而提高钢的强度和硬度,但会降低钢的塑性和韧性。此外,锰还可以与硫化合,形成 MnS,以减轻硫的有害作用,降低钢的脆性,改善钢的热加工性能。一般碳钢中,硅的质量分数不超过 0.5%;锰的质量分数一般为 0.25% ~ 0.8%,最高可达 1.2%。

硫和磷是钢中的有害元素,主要是炼钢时由矿石和燃料带进钢中的。硫使钢产生"热脆",必须严格控制 w_S 在 0.055% 以下。在固态下,S 不溶于 Fe,以 FeS 的形式存在,形成分布在晶界上的低熔点(985℃)的共晶体(Fe + FeS)。当钢材在 1000 ~ 1200℃ 进行热压力加工时(如锻造),由于共晶体熔化,从而导致热加工时开裂。此外,硫还容易导致焊缝产生热裂,产生气孔和疏松。磷使钢产生冷脆,必须严格控制 w_P 在 0.045% 以下。一般磷能全部溶于铁素体中,提高了强度和硬度;但在低温下却使塑性和韧性急剧下降,产生低温脆性。钢中磷的质量分数即使只有千分之几,也会因析出脆性化合物 Fe_3P 而使钢的脆性增加,特别是在低温时更为显著,因此要限制磷的质量分数。磷的存在也同样使钢的焊接性能变坏,但适量的磷与铜配合可提高钢材的耐大气腐蚀性。在易切削钢中可适当提高磷和硫的含量,脆化铁素体,改善钢材的切削加工性。

氧、氢和氮是钢中常存的气体杂质元素。氧在钢中以氧化物形式存在，氧化物与基体结合力弱，不易变形，易成为疲劳裂纹源。室温下，氢在钢中的溶解度很低。当氢在钢中以原子态溶解时，降低韧性，引起氢脆。当氢在缺陷处以分子态析出时，会产生很高内压，形成微裂纹。室温下，氮在铁素体中溶解度很低，钢中过饱和氮在常温放置一段时间后以 FeN、Fe_4N 形式析出使钢变脆，这种现象称为时效脆化。加钛、钒、铝等元素可使氮固定，消除时效脆化倾向。

二、合金元素对钢性能的影响

为了改善钢的某些性能或使之具有某些特殊性能，在炼钢时有意加入的元素，称为合金元素。含有一种或数种有意添加的合金元素的钢，称为合金钢。钢中加入的合金元素主要有：硅、锰、铬、镍、钨、钼、钒、钛、铝、硼及稀土元素等。

1. 合金元素对钢基本相的影响

（1）合金元素溶于铁素体，起到固溶强化作用。非碳化物形成元素及过剩的碳化物形成元素都溶于铁素体，形成合金铁素体。溶入铁素体的合金元素，由于原子大小及晶格类型都与铁不同，因此使铁素体晶格发生不同程度的畸变，使铁素体的强度、硬度有所提高；但是当合金元素超过一定的质量分数后，韧性和塑性会显著降低。与铁素体有相同晶格类型的合金元素，如 Cr、Mo、W、V、Nb 等强化铁素体的作用较弱；而与铁素体具有不同晶格类型的合金元素，如 Si、Mn、Ni 等元素强化铁素体的作用较强。当 Si、Mn 的质量分数低于 1% 时，既能强化铁素体，又不明显降低韧性。当 Ni 的质量分数不超过 5%、Cr 的质量分数不超过 1.5% 时，不仅能强化铁素体，还能提高韧性，这就是铬镍钢具有优良的综合力学性能的原因。

（2）合金元素与碳形成碳化物，起到强化相作用。合金元素与碳的亲和力从大到小顺序为：Ti、Zr、Nb、V、W、Mo、Cr、Mn、Fe。碳化物的稳定性、熔点、硬度及耐磨性高，因此，提高了钢的强度、硬度和耐磨性。

2. 合金元素对铁碳合金相图的影响

Ni、Mn、Co、C、N 等是扩大奥氏体相区的元素。当 $w_{Mn} > 13\%$ 或 $w_{Ni} > 9\%$ 时，铁碳合金相图的 S 点降到 0℃ 以下，则钢在室温下为单相奥氏体组织，称奥氏体钢。Cr、Mo、Si、Ti、W、Al 等是缩小奥氏体相区的元素。当 $w_{Cr} > 13\%$ 时，奥氏体相区消失，钢在室温下为单相铁素体组织，称铁素体钢。此外，所有合金元素均使 E 点和 S 点左移，即使这两点的含碳量下降，使碳含量比较低的钢出现过共析组织（如 4Cr13）或共晶组织（如 W18Cr4V）。

3. 合金元素对钢热处理的影响

（1）大多数合金元素减缓了加热时奥氏体的形成。合金钢的奥氏体形成过程，基本上与非合金钢相同，也包括奥氏体的形核、长大、碳化物的溶解和奥氏体的均匀化。在奥氏体形成过程中，除 Fe、C 原子扩散外，还有合金元素原子的扩散。由于合金元素的扩散速度较慢，且大多数（除 Ni、Co 外）均减慢碳的扩散速度，加之合金碳化物比较稳定，不易溶入奥氏体中，因此，合金元素在不同程度上减缓了奥氏体的形成。所以，为了获得均匀的奥氏体，大多数合金钢都需加热到较高的温度并需较长时间的保温。此外，除 Mn、P 外，大多数合金元素阻碍了奥氏体晶粒长大。

（2）大多数合金元素提高了钢的淬透性。除 Co 外，凡溶入奥氏体的合金元素均使 C 曲线右移，从而提高了淬透性。常用提高淬透性的元素为 Mn、Si、Cr、Ni、B。而且除 Co、Al 外，所有元素都使 M_s、M_f 下降。

（3）大多数合金元素提高了钢的耐回火性。合金钢与非合金钢相比，回火的各个转变过程都将推迟到更高的温度。在相同的回火温度下,合金钢的硬度高于非合金钢,使钢在较高温度下回火时仍能保持高硬度。这种淬火钢件在回火时抵抗软化的能力,称为耐回火性。合金钢有较好的耐回火性。若在相同硬度下,合金钢的回火温度则要高于非合金钢的回火温度,更有利于消除内应力,提高韧性,因此,合金钢可获得更好的综合力学性能,如图1-2-10所示。

（4）部分合金元素使钢产生回火时二次硬化。某些含有较多W、Mo、V、Cr、Ti元素的合金钢,在500~600℃高温回火时,高硬度的碳化物（如W_2C、Mo_2C、VC、Cr_7C_3、TiC等）以微小颗粒状态析出并弥散在钢的组织中,使钢的硬度升高,这种铁碳合金在一次或多次回火后提高其硬度的现象称为二次硬化,如图1-2-11所示。高速钢和高铬钢在回火时都会产生二次硬化现象,这对于提高它们的热硬性有直接影响。此外,W和Mo还可防止回火脆性。

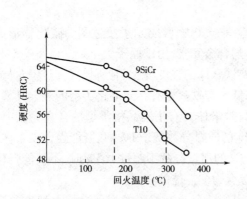

图1-2-10　合金钢和碳钢的硬度与回火温度关系

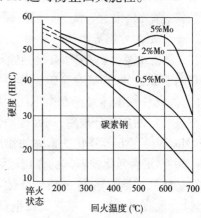

图1-2-11　钼对钢回火硬度的影响（$w_C = 0.35\%$）

综上所述,合金钢的力学性能比碳钢好,这主要是因为合金元素提高了钢的淬透性和耐回火性,以及细化奥氏体晶粒,使铁素体固溶强化效果增强。合金元素的作用大多都要通过热处理才能发挥出来,因此,合金钢多在热处理状态下使用。

任务实施

根据学习和分析,请回答以下问题:

（1）钢的质量等级通常是根据什么划分的?

答:钢的质量等级一般可以按冶金质量等级分类,其主要指标是含硫量和含磷量的高低,含硫量和含磷量越低,质量等级越高。此外,钢的质量等级也可由不同温度下的冲击性能决定,钢材耐受冲击的温度越低,质量等级越高。

（2）为什么高速钢W18Cr4V在锻造后,经空气冷却就可以获得马氏体组织?

答:因为高速钢W18Cr4V中加入了大量的钨（$w_W \approx 18.0\%$）及一定量的铬和钒（$w_{Cr} \approx 4.0\%$,$w_V < 1.5\%$）,这些合金元素加热时溶入奥氏体中,使奥氏体的稳定性增加,奥氏体等温转变曲线位置右移,从而使钢的马氏体临界冷却速度降低到空冷的速度,故高速钢W18Cr4V锻造后经空气冷却就可以获得马氏体组织。

（3）为什么不锈钢中铬的质量分数不低于13%?Cr12MoV钢是不锈钢吗?不锈钢是否在任何介质中都是不锈的?

答:铬可以提高钢基体的电极电位,使钢呈现单一组织,还可以生成致密的氧化膜,从而使钢的耐腐蚀性大大提高。Cr12MoV钢中的铬含量小于13%（$w_{Cr} \approx 12.0\%$）,所以Cr12MoV钢不是不锈钢,在学习完项目三后可知,Cr12MoV钢是冷作模具钢。

不锈钢不是在任何介质中都是不锈的,其抗腐蚀能力的大小是随钢的化学成分、组织状态、加工状态、使用条件及环境介质类型而改变的。例如,当不锈钢长期置于在一些酸性环境中,使其表面的氧化膜遭到破坏,不锈钢就会生锈。

自我检测

一、填空题

1. 钢中所含有害杂质元素主要是_____和_____。

2. 不锈钢为了达到耐腐蚀的目的,其铬的质量分数必须大于_____。

3. 合金元素在钢中的存在形式主要有_____;_____。

4. 硫元素使钢产生_____;磷元素使钢产生_____。_____元素可以与硫化合减轻硫的有害作用,降低钢的脆性,改善钢的热加工性能。

5. 氧在钢中以_____形式存在,易成为疲劳裂纹源。

6. 当氢在钢中以原子态溶解时,降低韧性,引起_____。当氢在缺陷处以分子态析出时,会产生很高内压,形成_____。

7. 在钢中加如_____、_____、_____等元素可使氮固定,消除_____倾向。

8. 除_____、_____外,大多数合金元素在不同程度上减缓了奥氏体的形成,故大多数合金钢都需加热到较高的温度并需较长时间的保温。

9. 除_____外,凡溶入奥氏体的合金元素均使C曲线右移,使钢的临界冷却速度_____,从而提高了淬透性。

10. 除_____、_____外,大多数合金元素都使M_s、M_f下降,增加了残余奥氏体的含量。

11. 在相同的回火温度下,合金钢的硬度_____非合金钢。

12. 淬火钢件在回火时抵抗软化的能力,称为_____。

13. 高速钢和高铬钢在回火时都会产生_____现象,可提高它们的热硬性。

14. _____和_____可防止钢的回火脆性。

15. 合金钢的力学性能比碳钢好,合金钢多在_____状态下使用。

二、简答题

1. 与非合金钢相比,合金钢有哪些优点?

2. 合金元素在钢中以什么形式存在?对钢的性能有哪些影响?

3. 为什么碳的质量分数相同的合金钢比碳素钢淬火加热温度高、保温时间长?

4. 合金元素对钢的回火转变有哪些影响?

5. 为什么要严格控制钢中的硫、磷含量?

三、课外调研

通过查阅相关网络资料,了解非合金钢和合金钢的应用和价格。

项目三

选用金属材料

金属材料,尤其是钢铁材料,在国民经济建设的各个方面都有着重要作用。这是由于金属材料具有比其他材料更优越的性能,能够适应生产和科学技术发展的需要。常用金属材料的分类见图1-3-1。黑色金属是以铁或以铁为主而形成的金属材料,如钢和铸铁等;有色金属是除黑色金属以外的其他金属,如铜、铝和镁等。

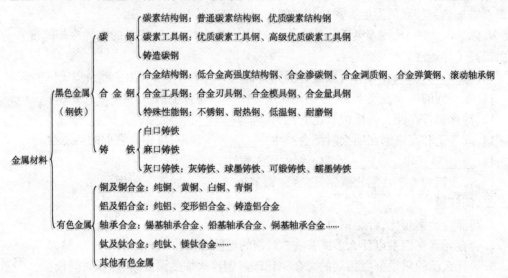

图1-3-1 常用金属材料的分类

除常用金属材料外,在机械制造工业中还出现了许多新型的高性能金属材料,如非晶态金属材料、纳米金属材料、单晶合金以及新型金属功能材料,如永磁合金、形状记忆合金、超细金属隐身材料等。

任务一 选用碳钢

知识目标

1.掌握碳钢的分类、主要成分、牌号和典型应用。

2.掌握各类碳钢的成分、组织和性能之间的关系。

能力目标

1.能正确解释常用碳钢牌号中数字和符号的含义。
2.能根据零件的工作条件及性能要求,合理选用碳钢和其热处理工艺。

任务描述

根据学习和分析,请为下列零件选择制造材料及主要热处理工艺:
(1)钢结构厂房。
(2)内燃机的凸轮。
(3)游标卡尺。

知识链接

碳钢,又被称为碳素钢或非合金钢,是指以铁为主要元素,含碳量不超过2.11%,并含有少量非人为刻意加入的其他元素的铁碳合金。实际生产中,为了保证足够的强度、一定的塑性和韧性,碳钢的含碳量一般不超过1.4%。碳钢具有价格低、工艺性能好、力学性能可以满足一般使用要求的优点,是工业生产中用量较大的金属材料。

碳钢的常用分类方法有以下3种:

(1)按用途分类:

①碳素结构钢——主要用于制造各种工程结构件(如桥梁、船舶、建筑构件等)和机械零件(如齿轮、轴、螺母、弹簧等)。碳素结构钢的含碳量一般小于0.70%。

②碳素工具钢——主要用于制造工具,如刃具、模具、量具等。碳素工具钢的含碳量一般大于0.70%。

(2)按冶金质量等级分类:

①普通质量碳钢($w_S \leqslant 0.050\%$,$w_P \leqslant 0.045\%$)。

②优质碳钢($w_S \leqslant 0.030\%$,$w_P \leqslant 0.035\%$)。

③高级优质碳钢($w_S \leqslant 0.020\%$,$w_P \leqslant 0.030\%$)。

④特级质量碳钢($w_S \leqslant 0.015\%$,$w_P \leqslant 0.025\%$)。

(3)按含碳量分类:

①低碳钢($w_C \leqslant 0.25\%$)。

②中碳钢($0.25\% < w_C \leqslant 0.60\%$)。

③高碳钢($w_C > 0.60\%$)。

此外,钢材还可以从其他方法进行分类,如按专业(锅炉用钢、桥梁用钢、矿用钢等)、按冶炼方法等进行分类。而且,在生产实际中,上述分类方法往往交叉使用。

一、普通碳素结构钢

普通碳素结构钢的牌号为"Q + 最低屈服点",如Q195,Q235 等。

普通碳素结构钢的价格便宜,多用于要求不高的一般工程构件和机械零件。通常轧制成钢板或各种型材(圆钢、方钢、工字钢、角钢、钢筋等)。

常用普通碳素结构钢的牌号、主要成分、力学性能及用途见表 1-3-1。

常用普通碳素结构钢的牌号、主要成分、力学性能及用途   表 1-3-1

牌号	质量等级	主要化学成分				脱氧方法	力学性能（钢材厚度小于16mm）			用途举例
		$w_C(\%)$	$w_{Mn}(\%)$	$w_S(\%)$	$w_P(\%)$		σ_S(MPa)	σ_b(MPa)	$\delta_5(\%)$	
				不大于						
Q195	—	0.06 ~ 0.12	0.25 ~ 0.50	0.050	0.045	F、b、Z	195	315 ~ 390	33	制作铁丝、钉子、铆钉、钢管、屋面板及轻负荷的冲压件
Q215	A	0.09 ~ 0.15	0.25 ~ 0.55	0.050	0.045	F、b、Z	215	335 ~ 410	31	
	B			0.045						
Q235	A	0.14 ~ 0.22	0.30 ~ 0.65	0.050	0.045	F、b、Z	235	375 ~ 460	26	制作板材、钢筋、型材、一般工程构件、受力不大的机械零件，如销轴、拉杆、螺栓、连杆等
	B	0.12 ~ 0.20	0.30 ~ 0.70	0.045						
	C	≤0.18	0.35 ~ 0.80	0.040	0.040	Z				
	D	≤0.17		0.035	0.035	TZ				
Q255	A	0.18 ~ 0.28	0.40 ~ 0.70	0.050	0.045	F、b、Z	255	410 ~ 510	24	制作承受中等荷载的普通机械零件，如链轮、拉杆、心轴、键、齿轮、传动轴等
	B			0.045						
Q275	—	0.28 ~ 0.38	0.50 ~ 0.80	0.050	0.045	b、Z	275	490 ~ 610	20	

注：F——沸腾钢；b——半镇静钢；Z——镇静钢；TZ——特殊镇静钢。在牌号中，Z、TZ 一般省略。

二、优质碳素结构钢

优质碳素结构钢的牌号为两位数字，这两位数字表示平均含碳量的万分之几，如 08、40 等。如果锰的含量较高（0.7% ~ 1.2%）时，则在数字后加"Mn"，如 65Mn 等。如果是沸腾钢，则在数字后加"F"，如 08F、15F 等。

优质碳素结构钢的有害杂质少（w_S ≤ 0.030%，w_P ≤ 0.035%），强度、塑性、韧性均比普通碳素结构钢好，主要用于制造重要的机械零件。

常用优质碳素结构钢的牌号、主要成分、力学性能及用途见表 1-3-2。

常用优质碳素结构钢的牌号、主要成分、力学性能及用途   表 1-3-2

牌号	w_C(%)	力学性能							用途举例
		σ_s(MPa)	σ_b(MPa)	δ_5(%)	ψ(%)	α_K(J/cm²)	硬度（HBS）		
							热轧	退火	
		不小于					不大于		
08F	0.05 ~ 0.11	175	295	35	60	—	131	—	属于冷冲压钢，塑性好、强度低、焊接性能好，主要是制作薄板，用于制造冷冲压零件和焊接件，如铆钉、垫圈等
08	0.05 ~ 0.12	195	325	33	60	—	131	—	
10F	0.07 ~ 0.14	185	315	33	55	—	137	—	
10	0.07 ~ 0.14	205	335	31	55	—	137	—	

牌号	w_C (%)	力学性能							用途举例
		σ_s (MPa)	σ_b (MPa)	δ_5 (%)	ψ (%)	α_K (J/cm^2)	硬度 (HBS)		
							热轧	退火	
		不小于					不大于		
15F	0.12~0.19	205	355	29	55	—	143	—	属于渗碳钢,强度较低,塑性、韧性较高,冷冲压性和焊接性很好,可以制造各种受力不大但要求高韧性的零件,如焊接容器、螺钉、杆件、轴套等,还可用作冷冲压件和焊接件。经渗碳淬火后,表面硬度可达60HRC以上,耐磨性好,而心部具有一定的强度和韧性,可用于制造要求表面硬度高、耐磨并承受冲击载荷的零件,如凸轮、销轴等
15	0.12~0.19	225	375	27	55	—	143	—	
20	0.17~0.24	245	410	25	55	—	156	—	
25	0.22~0.30	275	450	23	50	90	170	—	
30	0.27~0.35	295	490	21	50	80	179	—	属于调质钢,经过热处理后具有良好的综合力学性能,主要用于制作要求强度、塑性、韧性都较高的零件,如齿轮、套筒、轴类零件。在机械制造中应用非常广泛,40、45钢的应用最广泛
35	0.32~0.40	315	530	20	45	70	197	—	
40	0.37~0.45	335	570	19	45	60	217	187	
45	0.42~0.50	355	600	16	40	50	229	197	
50	0.47~0.55	375	630	14	40	40	241	207	
55	0.52~0.60	390	645	13	35	—	255	217	
60	0.57~0.65	400	675	12	35	—	225	229	属于弹簧钢,经过热处理后可获得高的弹性极限和高的硬度,主要用于制造尺寸较小的弹簧、弹性零件及耐磨零件
65	0.62~0.70	410	695	10	30	—	225	229	
65Mn	0.62~0.70	430	735	9	30	—	285	229	
70	0.67~0.75	420	715	9	30	—	269	220	
75	0.72~0.80	880	1080	7	20	—	285	241	
80	0.77~0.85	930	1080	6	30	—	285	241	
85	0.82~0.90	980	1130	6	30	—	302	255	

注:表中未列出的高含锰量钢(15Mn~60Mn)与相应钢号的普通含锰量钢相比,其淬透性和强度稍高。

三、碳素工具钢

碳素工具钢的牌号为"T+数字",数字表示含碳量的千分之几,如T8、T12等。如果是高级优质碳素工具钢,在数字后加"A",如T12A等。

碳素工具钢的平均含碳量在0.65%以上,硫、磷杂质含量少,经淬火+低温回火后,硬度高,耐磨性好,但塑性较低。碳素工具钢常用于制造手工工具、低速机用刀具、量具和小型模具等。碳素工具钢随着平均含碳量的增高,其耐冲击性越差。

常用碳素工具钢的牌号、主要成分、力学性能及用途见表1-3-3。

牌号	主要化学成分			力学性能		用途举例
	w_C （%）	w_{Si} （%）	w_{Mn} （%）	退火后硬度 （HBS） 不大于	淬火工艺要求	
T7	0.65～0.74	≤0.35	≤0.40	187	淬火温度：800～820℃ 淬火介质：水 淬火后硬度不小于 62 HRC	用于制造承受冲击，要求韧性较好，较高硬度和耐磨性的工具，如木工工具、剪刀、手锤、斧子、简单冲模、凿岩工具等。T8Mn 因 Mn 含量比较高，淬透性较好，可制造截面较大的工具
T8	0.75～0.84		≤0.40		淬火温度：780～800℃ 淬火介质：水 淬火后硬度不小于 62 HRC	
T8Mn	0.80～0.90		0.40～0.60			
T9	0.85～0.94	≤0.35	≤0.40	192	淬火温度：760～780℃ 淬火介质：水 淬火后硬度不小于 62 HRC	用于制造承受冲击，韧性中等，高硬度和耐磨性的工具，如冲头、木工工具、凿岩工具等
T10	0.95～1.04	≤0.35	≤0.40	197	淬火温度：760～780℃ 淬火介质：水 淬火后硬度不小于 62 HRC	用于制造不受剧烈冲击，有一定韧性及锋利刃口的工具，如车刀、刨刀、冲头、岩石钻头、手锯条、刻锉刀的凿子等
T11	1.05～1.14			207		
T12	1.15～1.24	≤0.35	≤0.40	207	淬火温度：760～780℃ 淬火介质：水 淬火后硬度不小于 62 HRC	用于制造不受冲击，要求高硬度、高耐磨的工具，如锉刀、刮刀、丝锥、铰刀、剃刀、量规、刻刀等
T13	1.25～1.35			217		

四、铸造碳钢

铸造碳钢的牌号为"ZG + 最低屈服点 - 最低抗拉强度"，如 ZG200 - 400 表示屈服点不小于 200MPa、抗拉强度不小于 400MPa 的铸钢。

在生产中有许多形状复杂、力学性能要求高的零件，很难用锻压等方法成型，用铸铁铸造又难以满足力学性能要求，通常选用铸造碳钢用铸造的方法获得铸钢件。随着铸造技术的进步，铸钢件在组织、性能、精度等方面已接近锻钢件，可在不切削或少量切削后使用，大量节约了钢材和成本。铸造碳钢广泛用于制造重型机械的某些零件，如轧钢机机架、水压机横梁、锻锤、砧座等。

铸造碳钢的平均含碳量一般都在 0.15% ～0.60% 之间。若含碳量过高，则钢的塑性差，且铸造时易产生裂纹。铸造碳钢的最大缺点是熔化温度高、流动性差、收缩率大，而且在铸态时晶粒粗大，因此铸钢件都需要进行热处理。

常用铸造碳钢的牌号、主要成分、力学性能及用途见表 1-3-4。

常用铸造碳钢的牌号、主要成分、力学性能及用途　　　　表 1-3-4

牌号	主要化学成分			力学性能					用途举例
	w_C （%）	w_{Si} （%）	w_{Mn} （%）	δ_s （MPa）	σ_b （MPa）	δ_5 （%）	ψ （%）	α_K （J/cm²）	
	不大于			不小于					
ZG200 - 400	0.20	0.50	0.80	200	400	25	40	6	用于制造受力不大，要求韧性较好的零件，如机座、变速器箱体等

牌号	主要化学成分			力学性能					用途举例
	w_C (%)	w_{Si} (%)	w_{Mn} (%)	δ_s (MPa)	σ_b (MPa)	δ_5 (%)	ψ (%)	α_K (J/cm²)	
	不大于			不小于					
ZG230-450	0.30	0.50	0.90	230	450	22	32	4.5	用于制造受力不大,要求韧性较好的零件,如砧座、外壳、轴承盖、阀体等
ZG270-500	0.40	0.50	0.90	270	500	18	25	3.5	用于制造轧钢机机架、连杆、箱体、缸体、曲轴等
ZG310-570	0.50	0.60	0.90	310	570	15	21	3	用于制造受力较大的耐磨零件,如大齿轮、制动轮、辊子、棘轮等
ZG340-640	0.60	0.60	0.90	340	640	10	18	2	用于制造承受重载荷的耐磨零件,如起重机齿轮、轧辊、棘轮、联轴器等

任务实施

根据学习和分析,请为下列零件选择制造材料及主要热处理工艺:

(1)钢结构厂房;(2)内燃机的凸轮;(3)游标卡尺。

答:(1)钢结构厂房的骨架要承受一定载荷,施工时要便于切割和焊接;钢结构厂房的屋面板所承受的载荷一般不大,强度和硬度要求不高,但焊接性能要求良好,价格要经济。因此,钢结构厂房的骨架采用普通碳素结构钢 Q235 所轧制的角钢、工字钢等型材,钢结构厂房的屋面板采用普通碳素结构钢 Q195 所轧制的薄板,都不需要进行热处理。

(2)内燃机中的凸轮转动时,通过推动从动件推杆控制内燃机进气孔和排气孔的有规律协调开合。凸轮的尺寸不大,工作时承受一定的冲击,同时与从动件推杆之间有摩擦,应选用表面耐磨,心部又具有一定韧性的材料制造。因此,内燃机中的凸轮选用优质碳素结构钢中的 20 钢或 25 钢制造,预备热处理采用正火,最终热处理采用渗碳 + 淬火 + 低温回火,从而获得表面耐磨,心部又具有一定韧性的性能。

(3)游标卡尺属于手工量具,工作时仅受到摩擦磨损,几乎不承受载荷和冲击作用,但要求有较高的硬度和耐磨性,从而保证尺寸精度。因此,采用碳素工具钢中的 T12 制造游标卡尺,预备热处理采用正火 + 球化退火,最终热处理采用淬火 + 低温回火。

自我检测

一、填空题

1.非合金钢按含碳量高低可分为_____、_____、_____三类。

2.非合金钢按用途可分为_____、_____两类。

3.对于 T12A 钢,按用途分类属于_____钢,按含碳量高低分类属于_____,按质量等级分类属于_____。

4.对于 45 钢,按用途分类属于_____钢,按质量等级分类属于_____。

5.铸造碳钢 ZG270 - 500 的屈服点不小于_____,抗拉强度不小于_____。

二、选择题

1.10F 钢的平均含碳量约为_____,T10A 钢的平均含碳量约为_____。

A.0.01%   B.0.10%   C.1.0%   D.10.0%

2.在下列 3 种钢中,_____钢的弹性最好;_____钢的硬度最高;_____钢的塑性最好。

A. T10   B. 20   C. 65

3.普通质量碳钢、优质碳钢、高级优质碳钢和特级质量碳钢是按_____进行区分的。

A. 冶金质量等级 B. 主要性能 C. 使用特性 D.用途和性能

4.选择制造下列零件的材料:冷冲压件_____;齿轮_____;小弹簧_____。

A.08F   B.70   C.45

5.选择制造下列工具的材料:木工工具_____;锉刀_____;手工锯条_____。

A. T8A   B. T10   C. T12

6.普通碳素结构钢 Q235 的"235" 表示_____不小于235MPa。

A. 抗拉强度   B. 屈服强度   C. 断后伸长率 D. 疲劳强度

7.中碳钢的含碳量为_____。

A.0.77% ~2.11% B.0.021% ~2.11% C.0.25% ~0.60% D.0.60% ~2.11%

8.为了保证足够的强度、一定的塑性和韧性,碳钢的含碳量一般不超过_____。

A.0.77%   B.2.11%   C.1.0%   D.1.4%

9.铸造碳钢的平均含碳量一般都在_____之间。若含碳量过高,则钢的塑性差,且铸造时易产生裂纹。

A.0.15% ~0.60% B.1.0% ~1.5% C.0.50% ~1.0% D.0.60% ~2.11%

10.15F 钢中的"F"表示该钢是_____。

A. 沸腾钢   B.半镇静钢   C.镇静钢   D.特殊镇静钢

三、判断题

1.高碳钢的质量优于中碳钢,中碳钢的质量优于低碳钢。   (   )

2.碳素工具钢都是优质或高级优质钢。   (   )

3.碳素工具钢的碳的质量分数一般都大于0.65%。   (   )

4.工程用铸造碳钢可用于铸造生产形状复杂而力学性能要求较高的零件。 (   )

5.45 钢按含碳量高低分类属于中碳钢,按用途分类属于工具钢。   (   )

6.T12 钢属于高级优质钢,65Mn 属于优质碳素结构钢。   (   )

7.锰元素不仅能提高钢的强度,还可以改善钢的热加工性能。   (   )

8.沸腾钢是脱氧不完全的钢,其强度大于镇静钢。   (   )

9.碳素工具钢随着平均含碳量的增高,其耐冲击性越好。   (   )

10.普通碳素结构钢大多数是在热轧空冷状态下使用。   (   )

四、讨论题

由于材料仓库的管理混乱,导致错用钢材,讨论在下列情况下,会出现什么问题:

(1)把 Q215 钢当作 45 钢制成齿轮。

(2)把 30 钢当作 T13 钢制成锉刀。

(3)把 20 钢当作 65 钢制成弹簧。

任务二　选用合金钢

1.掌握合金钢的分类、主要成分、牌号和典型应用。

2.掌握各类合金钢的成分、组织和性能之间的关系。

1.能正确解释常用合金钢牌号中数字和符号的含义。

2.能根据零件的工作条件及性能要求,合理选用合金钢和其热处理工艺。

根据学习和分析,请为下列零件选择制造材料及主要热处理工艺:

(1)车辆变速齿轮。

(2)滚动轴承。

(3)指状铣刀。

(4)热锻模具。

(5)天然气集气管道。

(6)挖掘机履带板。

碳钢虽然具有良好的力学性能,冶炼和加工容易,价格便宜,但淬透性差,热硬性不高,不能满足一些更高或特殊的性能要求,因此在机械行业中还广泛应用合金钢。合金钢是为了改善钢的某种性能,在冶炼碳钢时,有目的地加入一种或几种合金元素所形成的钢。常加入的合金元素有:硅、锰、铬、镍、钼、钨、钒、钛、铝、硼及稀土。

合金钢的常用分类方法有以下3种:

(1)按用途分类:

①合金结构钢——主要用于制造各种重要的工程结构件和机械零件,包括低合金高强度结构钢、合金渗碳钢、合金调质钢、合金弹簧钢和滚动轴承钢等。

②合金工具钢——主要用于制造各种工具,包括合金刃具钢、合金模具钢和合金量具钢。

③特殊性能钢——主要用于制造满足特殊物理性能和化学性能的工程结构件和机械零件,包括不锈钢、耐热钢和耐磨钢等。

(2)按合金元素的总含量分类:

①低合金钢($w_{Me} < 5\%$)。

②中合金钢($5\% \leqslant w_{Me} \leqslant 10\%$)。

③高合金钢($w_{Me} > 10\%$)。

(3)按正火后的组织分类:珠光体钢、马氏体钢、奥氏体钢和铁素体钢等。

一、合金结构钢

1.低合金高强度结构钢

低合金高强度结构钢的含碳量一般较低($w_C < 0.25\%$),从而保证其具有良好的塑性、韧

性、焊接性和冷成型性。低合金高强度结构钢的合金元素以锰为主,此外,还有钒、钛、铝、铌等元素,一般 $w_{Me} < 3\%$ 。其中,锰的主要作用是提高钢的强度;钒、钛、铌的主要作用是细化晶粒;铜和磷的主要作用是提高钢的耐腐蚀性;微量稀土元素可以脱硫、去气、净化钢材,改善韧性和工艺性能。

与普通碳素结构钢相比,低合金高强度结构钢具有较高的强度,足够的塑性和韧性,良好的焊接性、冷成型性和较好的耐腐蚀性,而且价格与普通碳素结构钢接近。因此,低合金高强度结构钢广泛用于制造桥梁、车辆、船舶、建筑钢筋等承载大、自重轻、强度高的工程结构件。

低合金高强度结构钢大多数在热轧空冷状态下使用,使用时一般只需经过塑性变形和焊接,不需要进行专门的热处理。除重要场合要改善焊接接头时,可对焊接接头处进行正火。

低合金高强度结构钢牌号为"Q + 最低屈服点",如 Q345、Q420 等。常用低合金高强度结构钢的牌号、主要成分、力学性能及用途见表 1-3-5。

常用低合金高强度结构钢的牌号、主要成分、力学性能及用途　　　　表 1-3-5

牌号	质量等级	w_C（%）	力学性能（钢材厚度小于16mm）				用途举例
			σ_s（MPa）	σ_b（MPa）	σ_s（%）	A_{kv}（J）	
Q295	A	0.09 ~ 0.12	295	390 ~ 570	23	—	制造车辆冲压覆盖件、建筑构件、低及低腐蚀性的容器、管道或罐体、小型船舶等
	B					34	
Q345	A	0.12 ~ 0.18	345	470 ~ 630	21	—	制造重型车辆冲压覆盖件、中低压及低腐蚀性的容器、管道或罐体、厂房钢架、矿山设备、电厂设备等
	B				21	34	
	C					34	
	D				22	34	
	E					27	
Q390	A	0.10 ~ 0.16	390	490 ~ 650	19	—	制造中高压锅炉汽包、中高压化工容器、大型船舶、桥梁、车辆、起重机等
	B				19	34	
	C					34	
	D				20	34	
	E					27	
Q420	A	0.14 ~ 0.15	420	520 ~ 680	18	—	制造大型焊接结构、大型桥梁、管道、液氮罐车、高压容器、大型船舶、电站设备等
	B				18	34	
	C					34	
	D				19	34	
	E					27	
Q460	C	0.10 ~ 0.15	460	550 ~ 720	17	34	经淬火和回火后,用于制造大型挖掘机、起重运输机械、钻进平台、大型焊接结构等
	D					34	
	E					27	

注:质量等级由不同温度下的冲击性能决定,A级不做冲击试验,B、C、D、E 分别在 +20℃、0℃、-20℃、-40℃做冲击试验。

2. 合金渗碳钢

合金渗碳钢经过热处理后，表面具有高硬度(58～64HRC)和高耐磨性，心部仍保持较高强度和良好的塑性和韧性，主要用于制造表面承受强烈磨损，同时整体又承受冲击载荷作用的中小零件，如变速齿轮、齿轮轴和活塞销等。常用合金渗碳钢的牌号、力学性能及用途见表1-3-6。

合金渗碳钢的含碳量较低($w_C \approx 0.10～0.25\%$)，从而保证渗碳件心部具有足够高的塑性和韧性。铬、镍、锰、硼的主要作用是提高钢的淬透性，使零件在渗碳淬火后表面和心部都得到强化；钨、钼、钒、钛的主要作用是细化晶粒，抑制高温渗碳时的晶粒长大。

合金渗碳钢的低碳成分造成钢材加工时容易"粘刀"，为改善切削加工性能，在粗加工前，合金渗碳钢的预备热处理应采用正火。在半精加工后，为保证表面的高硬度和高耐磨性，合金渗碳钢的最终热处理应采用渗碳+淬火+低温回火。

合金渗碳钢的牌号为"两位数字+合金元素符号+数字"。最前面的两位数字表示平均含碳量的万分之几。合金元素符号后的数字表示合金的平均含量，标注规则为：当合金元素含量 <1.5% 时，不标数字；当合金元素含量在 1.5%～2.5% 之间时，标数字"2"；当合金元素含量在 2.5%～3.5% 之间时，标数字"3"；以此类推。例如，20CrMnTi 表示平均含碳量 $w_C \approx 0.20\%$，铬、锰、钛的平均含量都小于 1.5%；20Mn2B 表示平均含碳量 $w_C \approx 0.20\%$，平均含锰量在 1.5%～2.5% 之间，平均含硼量小于 1.5%。

常用合金渗碳钢的牌号、力学性能及用途　　　　表1-3-6

牌号	经渗碳+二次淬火+低温回火后的力学性能					用途举例
	σ_s (MPa)	σ_b (MPa)	δ_5 (%)	ψ (%)	α_K (J/cm²)	
	不小于					
20Cr	540	835	10	40	60	用于制造截面尺寸较小、形状复杂但受力不大的零件，如机床齿轮、齿轮轴、活塞销等
20MnV	590	785	10	40	70	
20CrMnTi	853	1080	10	45	70	用于制造截面尺寸较小、承受高速、中载或重载的重要零件，如车辆变速齿轮、凸轮、齿轮轴、蜗杆、气门顶杆、牙嵌离合器等
20SiMnVB	980	1175	10	45	70	
20Cr2Ni4	1080	1175	10	45	80	用于制造承受高负荷的重要零件，如大型渗碳齿轮、飞机发动机齿轮、曲轴和花键轴等
18Cr2Ni4WA	835	1175	10	45	100	

3. 合金调质钢

合金调质钢在调质处理后，从心部到表层都具有高的强度和良好的塑性和韧性，即具有良好的综合力学性能。它主要用于制造受力复杂、承受载荷较大的重要机械零件，如发动机轴、连杆及传动齿轮等。常用合金调质钢的牌号、力学性能及用途见表1-3-7。

合金调质钢的含碳量中等($w_C \approx 0.25\%～0.50\%$)，含碳量过低，不易淬硬，回火后的强度和硬度不够；含碳量过高，则韧性不足。铬、镍、锰、硅、硼的主要作用是提高钢的淬透性和强度；钒、钛、钨、钼的主要作用是防止淬火加热时的过热，细化晶粒，提高钢的回火稳定性(淬火钢在回火时抵抗软化的能力)。

采用合金调质钢制作的零件一般是通过锻造得到毛坯,为改善锻造后的组织,细化晶粒,消除锻造内应力和改善切削加工性,并为随后的调质处理做好组织准备,合金调质钢的预备热处理应采用正火或退火。一般来说,对于含合金元素少的调质钢(如40Cr)应采用正火;对于含合金元素较多的调质钢应采用退火。为获得良好的力学性能,合金调质钢最终热处理应采用调质,即淬火 + 高温回火。对于表层有更高的硬度、耐磨性和疲劳强度要求的零件,还需在调质后进行表面淬火或渗氮。

合金调质钢的牌号和合金渗碳钢的牌号相同,也是"两位数字 + 合金元素符号 + 数字"。例如,40Cr 表示平均含碳量 $w_C \approx 0.40\%$,铬的平均含量小于 1.5%;35CrMo 表示平均含碳量 $w_C \approx 0.35\%$,铬、钼的平均含量小于 1.5%。

常用合金调质钢的牌号、力学性能及用途　　　　　　　表 1-3-7

牌号	经调质后的力学性能					用途举例
	σ_s (MPa)	σ_b (MPa)	δ_5 (%)	ψ (%)	α_K (J/cm²)	
	不小于					
40Cr	785	980	9	45	60	用于制造重要的调质件,如车辆半轴、机床齿轮、轴、外花键、曲轴、连杆、螺栓等
40MnB	785	980	10	45	60	
30CrMnSi	900	1100	10	45	50	用于制造高速重载的重要零件,如飞机起落架、联轴器、离合器、冷气瓶
35CrMo	835	980	12	45	80	用于制造重载的重要轴类零件,如大型电机轴、轧钢机的曲轴等,是40CrNi钢的代用钢
38CrMoAlA	1080	1180	14	50	90	用于制造需氮化的耐磨高强度零件,如镗杆、磨床主轴、精密丝杠、高压阀门、量规等
40CrMnMo	800	1000	10	45	80	用于制造重型机械中承受高负荷、冲击载荷的高强度零件,如直升机的旋翼轴、汽轮机轴等
40CrNiMoA	835	980	12	55	78	

4. 合金弹簧钢

合金弹簧钢主要用于制造各种机器和仪表中的弹簧和弹性元件。弹簧是利用其在工作时产生的弹性变形来吸收能量,以缓和振动和冲击;或将弹性变形势能逐步释放,以驱动其他零件完成规定的动作。因此,要求弹簧材料具有高的弹性极限、屈强比和疲劳强度,以及足够的塑性和韧性。55 钢、65 钢、70 钢等优质碳素结构钢也可以用作弹簧材料,但因其淬透性差、强度低,只能用来制造截面较小、受力较小的弹簧。合金弹簧钢则可制造截面较大、屈服点较高的重要弹簧。常用合金弹簧钢的牌号、力学性能及用途见表 1-3-8。

合金弹簧钢的含碳量中等偏高($w_C \approx 0.45\% \sim 0.70\%$),含碳量过低,则弹性极限、疲劳强度和硬度不够;含碳量过高,则塑性和韧性降低,疲劳强度也下降。硅、锰的主要作用是提高钢的淬透性和屈强比,但硅易使钢表面产生脱碳,降低疲劳强度,锰易使钢加热时出现过热。因此,重要弹簧还要加入铬、钨、钒等使钢不仅有更高的淬透性和耐回火性,同时不易脱碳和过热,具有更高的高温强度和韧性。钒还可以细化晶粒,提高韧性。

弹簧的尺寸不同,成型工艺会不同,采用的热处理方法也不同。

(1)冷成型弹簧——当弹簧直径或板簧厚度小于 8～10mm 时,一般采用冷成型工艺,亦称冷缠、冷卷或冷绕。冷成型弹簧通常在冷成型前对钢丝进行拉拔强化,冷成型后不进行淬火处理,只需在 250～300℃ 进行去应力退火,以消除内应力,并使弹簧定型。

(2)热成型弹簧——当弹簧直径或板簧厚度大于 10mm 时,一般采用热成型工艺。一般在淬火加热时成型,即将弹簧钢丝加热至比平常淬火温度高出 50～80℃,在此温度下热卷成型,然后利用余热立即进行淬火 + 中温回火。为了提高弹簧的疲劳强度,热处理之后可对弹簧进行喷丸处理,以消除表面缺陷,并使表面产生残余压应力。

此外,弹簧钢也可以进行淬火 + 低温回火,用以制造高强度的耐磨件,如弹簧夹头、机床主轴等。

合金弹簧钢的牌号和合金渗碳钢的牌号及合金调质钢的牌号都相同,也是"两位数字 + 合金元素符号 + 数字"。例如,60Si2Mn 表示平均含碳量 $w_C \approx 0.60\%$,平均含硅量在 1.5%～2.5% 之间,平均含锰量小于 1.5%。

常用合金调质钢的牌号、力学性能及用途　　　　　　表 1-3-8

牌号	经淬火 + 中温回火后的力学性能				用途举例
	σ_s（MPa）	σ_b（MPa）	δ_5（%）	ψ（%）	
	不小于				
55Si2Mn	785	980	9	45	用于制造直径为 20～30mm,工作温度在 230℃ 以下的弹簧、车辆减振板簧等。其中,60Si2Mn 应用最广泛
60Si2Mn	785	980	10	45	
50CrVA	900	1100	10	45	用于制造直径为 30～50mm,应力大,工作温度在 400℃ 以下的重要弹簧,如阀门弹簧、气门弹簧、活塞弹簧等
60Si2CrVA	835	980	12	45	用于制造直径或厚度小于 50mm,工作温度在 250℃ 以下的重载弹簧和板簧等
55SiMnMoVNb	1080	1180	14	50	用于制造厚度小于 75mm,工作温度在 250℃ 以下的重载车辆板簧等

5. 滚动轴承钢

滚动轴承钢经热处理后具有高硬度(61～65HRC)、高耐磨性、高弹性极限、高接触疲劳强度,足够的韧性和一定的抗腐蚀能力,是用来制造滚动轴承的滚动体和内外圈的专用钢。由于滚动轴承钢的化学成分与工具钢接近,除了制造滚动轴承外,也经常用于制造各种精密的量具、冷冲压模具、丝杠、冷轧辊和高精度的轴类等耐磨零件。常用滚动轴承钢的牌号、化学成分、硬度及用途见表 1-3-9。

滚动轴承钢的含碳量较高($w_C \approx 0.95\%$～1.15%),以保证滚动轴承钢具有高强度、高硬度,并形成足够的碳化物以提高耐磨性。滚动轴承钢一般加入 0.40%～1.65% 的铬,主要为了提高淬透性,并形成细小且均匀分布的粒状碳化物,从而提高了钢的硬度、接触疲劳强度和耐磨性。在制造大型滚动轴承时,还向钢中加入硅和锰,可以提高弹性极限和强度,并进一步提高淬透性。由于硫和磷形成的非金属夹杂物会降低钢的接触疲劳强度，因此滚动轴承钢必须严格控制硫和磷的含量，滚动轴承钢都是高级优质钢。

滚动轴承是通过锻造得到毛坯，为改善锻造后的组织、消除锻造内应力和改善切削加工性，又由于其高碳成分，滚动轴承钢的预备热处理应采用球化退火。为了提高轴承的硬度和耐磨性，滚动轴承钢的最终热处理应采用淬火 + 低温回火。对于精密轴承，为稳定尺寸，保证长期存放和使用中不变形，淬火后立即进行一次冷处理，以减少残余奥氏体，并在低温回火后及磨削后进行人工时效的稳定化处理，消除磨削产生的内应力，进一步稳定尺寸。

滚动轴承钢的牌号是"G + Cr + 数字 + 合金元素符号 + 数字"。"Cr"后的数字表示平均铬含量的千分之几。合金元素符号后的数字表示合金的平均含量，标注规则与合金渗碳钢相同。例如，GCr15SiMn 表示平均含铬量为 1.5%，硅、锰的平均含量小于 1.5%。

常用滚动轴承钢的牌号、化学成分、硬度及用途　　　表 1-3-9

牌号	w_C（%）	w_{Cr}（%）	经淬火 + 低温回火后的硬度（HRC）	用 途 举 例
GCr9	1.00 ~ 1.10	0.90 ~ 1.20	62 ~ 66	用于制造直径小于 20mm 的滚珠、滚柱、滚针。GMnMoVRE 是 GCr9 的代用钢
GMnMoVRE	0.95 ~ 1.05	—		
GCr9SiMn	1.00 ~ 1.10	0.90 ~ 1.25	61 ~ 65	用于制造厚度小于 14mm、外径小于 250mm 的轴承套圈；直径为 25 ~ 50mm 的滚珠；直径为 25mm 左右的滚柱
GCr15	0.95 ~ 1.05	1.40 ~ 1.65	62 ~ 66	
GCr15SiMn	0.95 ~ 1.05	1.40 ~ 1.65	61 ~ 65	用于制造厚度大于 14mm、外径大于 250mm 的轴承套圈；直径大于 50mm 的滚珠；直径大于 25mm 的滚柱

二、合金工具钢

碳素工具钢容易加工，价格便宜，但其热硬性差（温度高于 200℃ 时，硬度和耐磨性显著降低），淬透性低，且容易变形和开裂。因此，尺寸大、精度高、形状复杂及工作温度高的工具都应采用合金工具钢制造。合金工具钢按用途分为合金刃具钢、合金模具钢和合金量具钢三大类。

1. 合金刃具钢

合金刃具钢主要用来制造刀具，如车刀、铣刀、钻头等。作为切削工具，要求刃具钢具有高的硬度、耐磨性和热硬性，足够的强度、塑性和韧性。按工作时切削速度的快慢，合金刃具钢分为低合金刃具钢和高速钢两种。

（1）低合金刃具钢。低合金刃具钢是在碳素工具钢的基础上加入少量合金元素得到的。低合金刃具钢的含碳量较高（$w_C \approx 0.75\% ~ 1.50\%$），以保证钢的淬硬性和形成合金碳化物的需要。硅和锰的主要作用是提高淬透性，增加强度；钨和钒除了可以提高硬度和耐磨性外，还可以细化晶粒，从而改善刃具的强韧性。因此，低合金刃具钢的淬透性比碳素工具钢好，淬火冷却可在油中进行，使变形和开裂倾向减小。但由于所加的合金元素主要是提高淬透性的元素，且加入量不大，故低合金刃具钢仍不具备热硬性的特点，一般刃部的工作温度不能超过 250 ~ 300℃，只适合低速切削，制作板牙、丝锥、铰刀等低速切削且切削量小的刀具。常用低合金刃具钢的牌号、化学成分、硬度及用途见表 1-3-10。

由于其高碳成分,为减少内应力,改善切削加工性和为淬火做准备,低合金刃具钢的预备热处理应采用球化退火。若组织中网状碳化物较多,在球化退火前应先正火消除网状碳化物。为获得所需的力学性能,低合金刃具钢的最终热处理应采用淬火 + 低温回火,一般硬度可达 60 ~ 65HRC。

低合金刃具钢的牌号是"一位数字 + 合金元素符号 + 数字"。最前面的一位数字表示平均含碳量的千分之几,但是当含碳量≥1.0%时则不用标出。合金元素符号后的数字表示合金的平均含量,标注规则与合金渗碳钢相同。例如,9SiCr 表示平均含碳量 $w_C \approx 0.90\%$,平均含硅量和平均含锰量都小于 1.5%;CrWMn 表示平均含碳量 $w_C \geq 1.0\%$,平均含硅量、平均含铬量和平均含钨量都小于 1.5%。

常用低合金刃具钢的牌号、化学成分、硬度及用途　　　　　　表 1-3-10

牌号	化学成分					淬火 + 低温回火硬度	用途举例
	w_C (%)	w_{Si} (%)	w_{Mn} (%)	w_{Cr} (%)	$w_{其他}$ (%)		
9Mn2V	0.85 ~ 0.95	≤0.40	1.70 ~ 2.00	—	w_V 0.10 ~ 0.25	60 ~ 62 HRC	用于制造小冲模、剪刀、冷压模、样板、量规、板牙、丝锥、铰刀、精密丝杠、磨床主轴等
9SiCr	0.85 ~ 0.95	1.20 ~ 1.60	0.30 ~ 0.60	0.95 ~ 1.25		60 ~ 62 HRC	用于制造耐磨性高、切削不剧烈且变形小的刀具,如板牙、丝锥、钻头、铰刀、齿轮铣刀、拉刀等,或者冷冲模及冷轧辊等
CrWMn	0.90 ~ 1.05	≤0.40	0.80 ~ 1.10	0.90 ~ 1.20	w_W 1.20 ~ 1.60	60 ~ 62 HRC	用于制造要求淬火变形小的刀具,如拉刀、长丝锥、量规、高精度冷冲模等
Cr2	0.95 ~ 1.10	≤0.40	≤0.40	1.30 ~ 1.65	—	60 ~ 62 HRC	用于制造低速、走刀量小,切削软质材料的刀具,如车刀、插刀、铣刀、铰刀等,或者量具、样板、量规、偏心轮、钻套、拉丝模和大尺寸冷冲模等
CrW5	1.25 ~ 1.50	≤0.30	≤0.30	0.40 ~ 0.70	w_W 4.50 ~ 5.50	64 ~ 65 HRC	用于制造低速切削硬金属的刀具,如车刀、刨刀、铣刀、丝锥等
9Cr2	0.85 ~ 0.95	≤0.40	≤0.40	1.30 ~ 1.70	—	62 ~ 65 HRC	用于制造变形小、长且形状复杂的切削刀具,如拉刀、长丝锥、长铰刀、专用铣刀、量规及形状复杂、高精度的冷冲模等

(2)高速钢。与低合金刃具钢刀具相比,高速钢刀具可以进行高速切削,故被称为"高速钢"。高速钢刀具的热硬性高,在高速切削时,刃部温度升高到600℃时,硬度仍然维持在55 ~ 60HRC 以上,从而切削时能长时间保持刃口锋利,故被称为"锋钢"。高速钢还具有高的强度、硬度和淬透性。淬火时,高速钢在空气中冷却也能得到马氏体组织,故又被称为"风钢"、"白钢"。高速钢刀具的切削速度比一般工具钢高得多,强度也比碳素工具钢和低合金工具钢高约30% ~ 50%,但高速钢的导热性差,在热加工时要特别注意。

高速钢的含碳量高较高($w_C \approx 0.70\% ~ 1.25\%$),并加入大量的强碳化物形成元素铬、钨、钒、钼等,合金元素总量大于10%,属高合金工具钢。高含碳量是为了在淬火后获得高碳马氏体,并保证形成足够的合金碳化物,从而保证高速钢具有高硬度、高耐磨性和良好的热硬性。Cr 主要是提高淬透性,对提高热硬性和回火稳定性也有一定作用;V 的作用是提高热硬性并能细化晶粒和提高耐磨性;W、Mo 是提高耐回火性、热硬性及耐磨性的主要元素。

由于其高碳成分,为减少内应力,改善切削加工性和为淬火做准备,高速钢的预备热处理应采用球化退火。但由于高速钢的组织中含有大量鱼骨状的粗大碳化物和网状碳化物,一般正火和球化退退化无法消除,故在球化退火前应多次多方向反复锻造以粉碎粗大的碳化物组织。为获得最好的组织和性能,高速钢的最终热处理采用高温淬火 + 多次高温回火。此外,高速钢刀具再经渗氮、碳氮共渗、气相沉积 TiC、TiN 等工艺,可进一步提高其使用寿命。高速钢主要用于制造各种切削刀具,也可用于制造某些重载冷作模具和结构件(如柴油机的喷油嘴偶件)。但是,高速钢价格高,热加工工艺复杂,因此,应尽量节约使用。

高速钢的牌号一般不标注含碳量,合金元素后的数字含义与前所述的合金结构钢相同。例如,W18Cr4V 表示平均含碳量 $w_C \approx 0.7\% \sim 0.8\%$;平均含钨量为 $17.5\% \sim 18.5\%$,平均含铬量为 $3.5\% \sim 4.5\%$,平均含钒量小于 1.5%。常用高速钢的牌号、含碳量、热处理及用途见表 1-3-11。

常用高速钢的牌号、含碳量、热处理及用途　　　　　　　　　　表 1-3-11

牌号	$w_C(\%)$	热处理及硬度	用途举例
W18Cr4V	0.70 ~ 0.80	1260 ~ 1280℃淬火,油冷,≥63HRC 550 ~ 570℃三次回火,63 ~ 66HRC	制造一般高速切削用车刀、刨刀、钻头、铣刀等
W9Mo3Cr4V	0.77 ~ 0.87	1210 ~ 1230℃淬火,油冷,≥63HRC 540 ~ 560℃三次回火,≥63HRC	通用型高速钢
W6Mo5Cr4V2	0.80 ~ 0.90	1220 ~ 1240℃淬火,油冷,≥63HRC 550 ~ 570℃三次回火,63 ~ 66HRC	制造要求耐磨性和韧性良好配合、形状复杂的高速切削刀具,如钻头、丝锥、铣刀、拉刀、齿轮刀具等

2. 合金模具钢

模具钢是用来制造各种模具的工具钢。根据使用工况不同,分为冷作模具钢、热作模具钢和塑料模具钢。

(1)冷作模具钢。冷作模具钢是用于制造在冷态下(即再结晶温度以下)使金属变形或分离的模具用钢,如拉丝模、冷冲模、冷镦模、冷挤压模等。冷作模具在工作时受到很大的及反复的压力、弯曲力和冲击力,模具表面和坯料之间还存在摩擦,因此冷作模具钢要求具有较高的硬度和耐磨性、高强度、高抗疲劳性、足够的韧性和良好的工艺性能,大尺寸模具还要求具有较好的淬透性。

冷作模具钢的成分特点是高碳高铬。高碳($w_C \geq 1.0\%$)保证钢淬火后具有高硬度和高耐磨性;铬、钼、钒等的主要作用是提高耐磨性、淬透性和回火稳定性。为减少内应力,改善切削加工性和为淬火做准备,由于其高碳成分,冷作模具钢的预备热处理应采用球化退火。为获得所需的力学性能,最终热处理采用一次硬化法和二次硬化法。一次硬化法是采用较低淬火温度和低温回火,可获得高硬度和高耐磨性,淬火变形小,一般用于承受较大载荷和形状复杂的模具。二次硬化法是采用高淬火温度和多次高温回火,可获得高的热硬性和耐磨性,但韧性较差。一般用于承受强烈摩擦的模具。

冷作模具钢牌号与低合金刀具钢牌号相同,也是"一位数字 + 合金元素 + 数字"。最前面的一位数字表示平均含碳量的千分之几,当 $w_C \geqslant 1.0\%$ 时则不用标出。合金元素后的数字含义与前所述的合金结构钢相同。例如,Cr12MoV 表示 $w_C \geqslant 1.0\%$,$w_{Cr} \approx 11.5\% \sim 12.5\%$,平均含钼量和平均含钒量都小于 1.5%。

一般尺寸较小的冷作模具钢可以用碳素工具钢、低合金刃具钢和滚动轴承钢制造,如 T10A、T12、9SiCr、CrWMn、GCr15 等。大型冷作模具必须采用淬透性好的冷作模具钢制造。常用冷作模具钢为 Cr12 型钢,其牌号、热处理和用途见表 1-3-12。

常用冷作模具钢的牌号、热处理和用途 表 1-3-12

牌号	热处理及硬度	用途举例
Cr12	980℃淬火,油冷,62～65 HRC 180～220℃回火,60～62 HRC	用于制造耐磨性高、尺寸大的模具,如冷冲模、冲头、滚丝模、拉丝模
	1080℃淬火,油冷,45～50HRC 500～520℃三次回火,59～60HRC	
C12MoV	1030℃淬火,油冷,62～63HRC 160～180℃回火,61～62 HRC	用于制造截面较大、形状复杂、工作负荷较重的各种冷冲模及螺纹搓丝板等
	1120℃淬火,油冷,41～50HRC 510℃三次回火,60～61HRC	

(2)热作模具钢。热作模具钢是用于制造在热态下(再结晶温度以上或液态)使金属变形或成型的模具用钢,如热锻模、热挤压模、压铸模等。热作模具在工作时受到较大的及反复的压力、弯曲力和冲击力,模具表面和坯料之间还存在摩擦,同时被反复的加热和冷却,因此热作模具钢要求在高温下具有较高的强度和韧性、足够的硬度和耐磨性、良好的耐热疲劳性、抗氧化性及导热性。

热作模具钢含碳量中等,一般 $w_C \approx 0.3\% \sim 0.6\%$,保证具有良好的强度和韧性。铬、锰、镍、钼、钨等主要作用提高淬透性、回火稳定性和抗热疲劳性。为减少内应力,改善切削加工性和为淬火做准备,热作模具钢的预备热处理应采用退火。为获得所需的力学性能,最终热处理采用淬火后中温或高温回火。常用热作模具钢的牌号、热处理和用途见表 1-3-13。

热作模具钢牌号与低合金刃具钢牌号相同,也是"一位数字 + 合金元素 + 数字"。最前面的一位数字表示平均含碳量的千分之几。合金元素后的数字含义与前所述的合金结构钢相同。例如,5CrMnMo 表示平均含碳量 $w_C \approx 0.5\%$;平均含铬、锰、钼量都小于 1.5%。

常用热作模具钢的牌号、热处理和用途 表 1-3-13

牌号	热处理及硬度	用途举例
5CrMnMo	820～860℃淬火,油冷,≥50 HRC 560～580℃回火,324～364 HBS	用于制造中小性热锻模
5CrNiMo	830～860℃淬火,油冷,≥47HRC 530～550℃回火,364～402 HBS	用于制造形状复杂、承受较大冲击的大中型热锻模
3Cr2W8V	1050～1100℃淬火,油冷,≥50HRC 560～580℃三次回火,44～48HRC	用于制造高温下工作、冲击载荷不大的模具,如压铸模、热挤压模、有色金属成型模等

(3)塑料模具钢。塑料模具钢是用于制造加工塑料制品的模具用钢。一些发达国家已经有了专门的塑料模具钢材系列,目前我国还没有形成独立的塑料模具钢系列,故成分分析和牌号暂无标准,主要引进国外已通用的钢种。常用塑料模具钢的牌号和用途见表 1-3-14。

塑料制品的强度、硬度和熔点比金属件低,因而塑料模具钢的力学性能要求不高;但是塑料制品的形状复杂、尺寸精密、表面光洁,成型过程中还可能产生某些腐蚀性气体,塑料模具的主要失效形式为模具表面质量下降,因而塑料模具钢应具有良好的加工工艺性,便于进行切削或电火花加工,易于蚀刻各种图案、文字和符号;良好的抛光性,抛光后表面应达到高镜面度($R_a \approx 0.1 \sim 0.012 \mu m$),硬度较高($\geq 45 \sim 55HRC$);良好的耐磨性和足够的强度和韧性;良好的焊接性,便于进行模具修补;良好的耐蚀性等。

常用塑料模具钢的牌号和用途

表 1-3-14

类别	牌　号	用途举例
淬硬型	T10A、9SiCr、CrWMn、GCr15、C12MoV	用于制造负荷较大的热固性塑料模具和注射模
渗碳型	20Cr、12CrNi3A	用于制造冷挤压塑料模具
预硬型	3CrMo(美国 P20)	用于制造复杂、精密塑料模具
	3Cr2NiMo(美国 P4410)	用于制造截面厚度大于 250mm 的塑料模具
	4Cr2MnNiMo(瑞典 718)	用于制造截面厚度大于 400mm 的塑料模具
时效硬化型	18Ni	用于制造精度高、超镜面、型腔复杂、大截面、大批量生产的塑料模具
	06Ni6CrMoVTiAl(06Ni)	用于制造精度较高又必须淬硬的精密塑料模具
	10Ni3CuAlMoS(PMS)	用于制造生产透明塑料制品的模具和各种热塑性塑料成型模具
耐腐蚀型	4Cr13、9Cr18、1Cr17Ni2	用于制造成型过程中会产生腐蚀性气体或含有腐蚀性介质的塑料模具

3. 合金量具钢

量具钢是用于制造量具(如卡尺、千分尺、样板、块规等)的钢材。量具工作时承受的外力很小,主要承受摩擦,故量具本身应具备极高的尺寸精度和稳定性,具有高的硬度和耐磨性,以及在特殊环境下的耐蚀性。量具钢没有单独的专用钢种,碳素工具钢、合金工具钢和滚动轴承钢都可以制造量具。

量具钢的热处理基本上依照钢种的热处理方法,但由于量具对尺寸精度和稳定性要求很高,因此在热处理过程中应尽量减小变形,在使用过程中保证组织稳定,因此同精密滚动轴承一样,在淬火后要立即进行冷处理,使残余奥氏体转变为马氏体,减少残余奥氏体,增加尺寸稳定性;回火或磨削后进行长时间的低温时效,消除残余内应力,稳定组织。

常用量具钢的牌号和用途见表 1-3-15。

常用量具钢的牌号和用途

表 1-3-15

类别	常用牌号	用途举例
碳素工具钢	T10A、T12A	制造尺寸小、精度要求不高、形状简单的量规、塞规、样板等
优质碳素结构钢	15、20、20Cr(渗碳)	制造精度要求不高、耐冲击的卡板、样板、钢直尺等
	55、60、65Mn(表面淬火)	
	38CrMoAlA(渗氮)	
低合金刃具钢	CrMn、CrWMn、9SiCr	制造块规、螺纹塞规、环规、样柱和样套等
滚动轴承钢	GCr15	制造精密的块规、塞规和样柱等
冷作模具钢	Cr12	
不锈钢	4Cr13、9Cr18	制造精度要求高且耐腐蚀性的量具

三、特殊性能钢

特殊性能钢是指具有特殊物理性能、化学性能或力学性能的合金钢,其种类很多,在机械行业中应用较多的有不锈钢、耐热钢、耐磨钢、超高强度钢等。

1. 不锈钢

在自然环境或一定工作介质中具有耐腐蚀性的钢材称为不锈钢。不锈钢的耐蚀性会随着含碳量的增加而降低,因此大多数不锈钢的含碳量比较低。不锈钢加入的合金元素主要是铬和镍,只有铬的含量超过12.5%时才有良好的耐蚀性,镍主要是与铬配合调整组织。

按化学成分的不同,不锈钢主要有铬不锈钢、铬镍不锈钢和铬锰不锈钢等。按使用时的组织特征,不锈钢主要有马氏体型不锈钢、铁素体型不锈钢、奥氏体型不锈钢等。常用不锈钢的牌号、化学成分、热处理及用途见表1-3-16。

常用不锈钢的牌号、化学成分、热处理方法及用途　　　　　　表1-3-16

类别	牌号	化学成分				热　处　理	用途举例
		w_C (%)	w_{Cr} (%)	w_{Ni} (%)	$w_{其他}$ (%)		
马氏体型	1Cr13	≤0.15	11.5 ~13.5	—	—	950~1000℃淬火,油冷 700~750℃回火,快冷	制作抗弱腐蚀性介质、承受冲击的零件,如汽轮机叶片、水压机机阀等
	3Cr13	0.26 ~0.40	12.0 ~14.0	—	—	920~980℃淬火,油冷 600~750℃回火,快冷	制作较高硬度和耐磨性的医疗器械、耐磨刃具、量具、轴承、阀门、阀座等
	3Cr13Mo	0.28 ~0.35	12.0 ~14.0	—	w_{Mo} 0.5~1.0	1025~1075℃淬火,油冷 200~300℃回火,快冷	制作高温及高耐磨性的热油泵轴、轴承、阀门、弹簧等
铁素体	1Cr17	≤0.12	16.0 ~18.0	—	—	780~850℃退火, 空冷或缓冷	制作建筑内部装饰、日用品、重油燃烧部件、家用电器等
	00Cr30Mo2	≤0.03	28.5 ~32.0	—	w_{Mo} 1.5~2.5	900~1000℃淬火,快冷	耐腐蚀性很好,制作苛性碱设备及有机酸设备
奥氏体	1Cr18Ni9	≤0.15	17.0 ~19.0	8.0 ~10.5	—	1010~1150℃淬火,快冷 (固溶处理)	制作装饰部件及耐有机酸、碱溶液的设备及管道等
	0Cr19Ni9	≤0.08	18.0 ~20.0	8.0 ~10.5	—	1010~1150℃淬火,快冷 (固溶处理)	用于食品设备、一般化工设备、原子能工业

不锈钢牌号与低合金刃具钢牌号相同,是"数字+合金元素+数字"。最前面的数字表示平均含碳量的千分之几。但当含碳量≤0.08%时,用"0"表示;当含碳量≤0.03%时,用"00"表示。后面的数字含义与前所述的合金结构钢相同。例如,1Cr13表示平均含碳量w_C≈0.10%,平均含铬量w_{Cr}≈13.0%;0Cr18Ni9表示平均含碳量w_C≤0.08%,平均含铬量w_{Cr}≈18.0%,平均含镍量w_{Ni}≈9.0%。

2. 耐热钢

在高温下具有一定的热稳定性和高温强度的钢称为耐热钢。耐热钢中主要含有铬、硅、铝等合金元素,这些元素在高温下与氧作用,在钢的表面形成一层致密的高熔点氧化膜,能有效地保护钢在高温下不被氧化。加入Mo、W、Ti等元素是为了阻碍晶粒长大,提高钢的高温强度。按性能不同,耐热钢可分为抗氧化钢和热强钢。

抗氧化钢,如3Cr18Mn12Si2N、2Cr20Mn9Ni2Si2N等,主要用于长期在高温下工作,但强度要求不高的零件,如加热炉、渗碳炉的零件、传送带和料盘等。

热强钢不仅要求在高温下具有良好的抗氧化性,而且要求具有较高的高温强度。例如,15CrMo是典型的锅炉钢,可制造在350℃以下工作的零件;1Cr11MoV、1Cr12WMoV有较高的热强性、良好的减振性及组织稳定性,用于汽轮机叶片、螺栓紧固件等;4Cr9Si2钢用于制造600℃以下工作的汽轮机叶片、发动机排气阀;4Cr14Ni14W2Mo钢用于制造工作温度不高于650℃的内燃机重载荷排气阀。

3. 耐磨钢

耐磨钢主要用于制造要求具有高的耐磨性并在高冲击、高压力条件下工作的零件,如履带板、挖掘机铲齿、破碎机牙板、铁路道岔、防弹板等。高锰钢是一种重要的耐磨钢,其典型钢种为ZGMn13型($w_C \approx 0.9\% \sim 1.45\%$,$w_{Mn} \approx 11.0\% \sim 14.0\%$)。高锰钢极易产生加工硬化,使切削加工困难,因此大多数高锰钢零件都是铸造成型的。

高锰钢的铸态组织为奥氏体和粗网状碳化物,韧性和耐磨性低,不能直接使用。需要对高锰钢采用"水韧处理"的热处理方法,即将钢加热至1000~1100℃,使碳化物全部溶解到奥氏体中,然后水冷得到单相的奥氏体组织。经过水韧处理后的铸件强度和硬度不高(180~230HBS),塑性、韧性很好,此时钢的耐磨性并不好,工作时若受到强烈冲击、巨大的压力或摩擦,表面因塑性变形而产生强烈加工硬化并诱发马氏体转变,使表面硬度提高至52~56HRC,耐磨性也大大提高,而心部仍为奥氏体组织,保持良好的塑性和韧性。当旧表面磨损后,新露出的表面又可在冲击和摩擦作用下形成新的耐磨层。因此,高锰钢具有很高的耐磨性和抗冲击能力,但在一般工作条件下并不耐磨。

4. 超高强度钢

超高强度钢是指$\sigma_s > 1380$MPa、$\sigma_b > 1500$MPa的特殊质量合金结构钢,是在合金调质钢的基础上,加入多种合金元素进行复合强化而产生的,主要用于航空和航天工业。例如,35Si2MnMoVA钢,其抗拉强度可达1700MPa,用于制造飞机的起落架、框架、发动机曲轴等;40SiMnCrWMoRE钢工作在300~500℃时仍能保持高强度、抗氧化性和抗热疲劳性,用于制造超音速飞机的机体构件。

任务描述

根据学习和分析,请为下列零件选择制造材料及主要热处理工艺:
(1)车辆变速齿轮;(2)滚动轴承;(3)指状铣刀;(4)热锻模具;(5)天然气集气管道;(6)挖掘机履带板。

答:相关零件选择制造材料及主要热工艺,见表1-3-17。

相关零件选择制造材料及主要热工艺   表1-3-17

序号	零件名称	材料类型	材料牌号	热处理工艺
1	车辆变速齿轮	合金渗碳钢	20Cr 20CrMnTi	预备:正火 最终:渗碳、淬火 + 低温回火
2	滚动轴承	滚动轴承钢	GCr15 GCr9	预备:球化退火 最终:淬火 + (冷处理) + 低温回火 + 人工时效

序号	零件名称	材料类型	材料牌号	热处理工艺
3	指状铣刀	高速钢	W18Cr4V W9Mo3Cr4V	预备:多次多方向反复锻造后球化退火 最终:高温淬火 + 多次高温回火 + 渗氮或气相沉积
4	热锻模具	热作模具钢	5CrNiMo 3Cr2W8V	预备:退火 最终:淬火 + 中温或高温回火
5	天然气集气管道	不锈钢	00Cr30Mo2	固溶处理
6	挖掘机履带板	耐磨钢	ZGMn13	水韧处理

自我检测

一、填空题

1. 合金结构钢包括_____钢、_____钢、_____钢、_____钢、_____钢。

2. 合金渗碳钢的含碳量较低($w_C \approx 0.10\% \sim 0.25\%$),目的是_____。铬、镍、锰、硼的主要作用是_____;钨、钼、钒、钛的主要作用是_____。

3. 按用途不同,合金工具钢可分为_____、_____和_____。

4. 合金渗碳钢的最终热处理是_____、_____和_____。

5. W18Cr4V 钢是_____钢,W 的主要作用是_____,Cr 的主要作用是_____,V 的主要作用是_____。其最终热处理采用_____和_____。

6. 滚动轴承钢的预备热处理采用_____,为了提高轴承的硬度和耐磨性,滚动轴承钢的最终热处理采用_____和_____。对于精密轴承,为稳定尺寸,保证长期存放和使用中不变形,淬火后立即进行_____,以减少残余奥氏体,并在低温回火后及磨削后进行_____稳定化处理,消除磨削产生的内应力,进一步稳定尺寸。

7. 不锈钢加入的合金元素主要是_____和_____。只有铬的含量超过_____时才有良好的耐蚀性,_____主要是与铬配合调整组织。

8. 60Si2Mn 是_____钢,其最终热处理方法是_____和_____。

9. 高速钢刀具在切削温度达 600℃时,仍能保持高的_____和_____。

10. 钢的耐热性包括_____和_____两个方面。

二、选择题

1. 工件渗碳后要经过_____,才能达到表面硬度高而耐磨的目的。

A. 淬火 + 低温回火　　B. 淬火 + 中温回火　　C. 淬火 + 退火　　D. 淬火 + 高温回火

2. 高速钢进行锻造的目的是_____。

A. 打碎粗大的鱼骨状碳化物　　　　B. 获得纤维组织

C. 达到所要求的形状　　　　　　　D. 提高硬度

3. 不锈钢中的 Cr 含量大于 12.5% 是为了_____。

A. 提高淬透性　　　　　　　　B. 提高铁的电极电位,形成良好的钝化膜

C. 提高钢的再结晶温度   D. 提高硬度

4. 制造锉刀、小型冷作模具，应采用_____。

A. 40Cr 钢　调质   B. HT200　时效处理

C. 20CrMnTi 钢　渗碳 + 淬火 + 低温回火   D. T12 钢　淬火 + 低温回火

5. 制造直径 25mm 的连杆，要求整个截面上具有良好的综合力学性能，应采用_____。

A. 40Cr 钢　调质   B. 45 钢　正火

C. 65Si2Mn 钢　淬火 + 中温回火   D. 20Cr 钢　渗碳 + 淬火 + 低温回火

6. 制作耐酸容器，应采用_____。

A. W18Cr4V　固溶处理   B. 1Cr18Ni9Ti　稳定化处理

C. 1Cr18Ni9Ti　固溶处理   D. 1Cr17　固溶处理

7. 弹簧钢丝冷卷成型后，应进行_____。

A. 淬火 + 高温回火   B. 淬火 + 中温回火

C. 去应力退火   D. 完全退火

8. 高锰钢水韧处理后的组织为_____。

A. 马氏体   B. 奥氏体   C. 贝氏体   D. 索氏体

9. 对于要求综合力学性能良好的轴、齿轮等重要零件，应选择_____制造。
对于要求有一定强度，同时要求耐磨和耐冲击的零件，应选择_____制造。

A. 合金渗碳钢   B. 合金调质钢   C. 合金弹簧钢   D. 合金工具钢

10. 高速钢的淬火加热温度高，多在 1200℃ 以上，目的是_____。

A. 使奥氏体晶粒充分长大   B. 使大量合金碳化物溶入奥氏体中

C. 提高钢的强度   D. 改善钢的韧性

11. 高速钢淬火后进行多次高温回火的目的是_____。

A. 减少残余奥氏体的量   B. 降低淬火应力

C. 提高强度和韧性   D. 以上答案都正确

12. 为获得良好的耐腐蚀性，不锈钢中的含碳量应_____。

A. 高   B. 大于合金元素的含量

C. 中等   D. 低

13. 将下列合金钢牌号归类：

耐磨钢_____；合金弹簧钢_____；合金模具钢_____；不锈钢_____。

A. 60Si2MnA   B. ZGMn13   C. Cr12MoV   D. 2Cr13

14. 为下列零件正确选材：

（　）机床主轴	A. 1Cr18Ni9
（　）车辆变速齿轮	B. GCr15
（　）麻花钻头	C. 40Cr
（　）滚动轴承	D. 20CrMnTi
（　）储酸槽	E. 60Si2MnA
（　）医用手术刀片	F. ZGMn13 – 3

( )高精度丝锥	G. Cr12MoVA
( )热锻模	H. CrWMn
( )冷冲模	I. 1Cr17
( )坦克履带	J. W18Cr4V
( )板弹簧	K. 5CrNiMo

三、判断题

1. Q235 和 Q345 都是普通质量的碳素结构钢。 （　）
2. 大部分低合金钢和合金钢的淬透性比碳素钢好。 （　）
3. GCr15 钢是滚动轴承钢，其铬的质量分数是 15%。 （　）
4. Cr12MoVA 钢是不锈钢。 （　）
5. 3Cr2W8V 钢一般用来制造冷作模具。 （　）
6. 弹簧在热处理后，进行喷丸处理的目的是提高疲劳强度。 （　）
7. 滚动轴承钢只能用来制造滚动轴承。 （　）
8. 合金渗碳钢的常用最终热处理是渗碳、淬火和高温回火。 （　）
9. 高锰耐磨钢在任何工作条件下都具有很高的耐磨性和抗冲击能力。 （　）
10. 金属变形加工的冷态和热态是根据室温划分的。 （　）

四、简答题

1. 为什么滚动轴承钢的成分是高碳低铬的？为保证精密滚动轴承的尺寸和性能稳定性，需要采取哪些措施？

2. 什么是钢的热硬性？钢的热硬性和二次硬化有何关系？

3. 用 40Cr 钢代替 20CrMnTi 钢制造车辆变速传动齿轮，调质处理后高频淬火再低温回火，会出现什么结果？

4. Cr12 型冷作模具钢的两种最终热处理方法各适用于什么场合？

5. 请说明下列钢的牌号中数字和符号的含义，并从供选零件中确定钢的用途和最终热处理，见表 1-3-18。

铜牌号含义、用途及最终热处理 　　　　　　　　　　表 1-3-18

钢　　号	牌号含义	用途	最终热处理
20			
45			
65Mn			
T12A			
20CrMnTi			
40Cr			
Q235			
Q345			

钢　　号	牌号含义	用途	最终热处理
Cr12MoV			
GCr15			
ZGMn13－4			
9SiCr			
3Cr13			
5CrNiMo			
W18Cr4V			
1Cr18Ni9Ti			
60Si2Mn			

供选零件:坦克履带、机床主轴、锉刀、机车齿轮、汽车传动轴、桥梁、丝锥、铣刀、小型弹簧、冷冲压件、汽车板簧、滚动轴承的滚动体、钢筋、螺纹搓丝板、热锻模、加热炉管、医疗器械。

五、课外调研

深入现场和借助相关网络资料,了解非合金钢和合金钢在生活和机械制造中的应用。

任务三　选用铸铁

知识目标

1. 掌握铸铁的分类、主要成分、牌号和典型应用。
2. 掌握各类铸铁的成分、组织和性能之间的关系。

能力目标

1. 能正确解释常用铸铁牌号中数字和符号的含义。
2. 能根据零件的工作条件及性能要求,合理选用铸铁和其热处理工艺。

任务描述

根据学习和分析,请为下列零件选择制造材料及主要热处理工艺:

(1)机床床身。

(2)内燃机曲轴。

(3)内燃机排气管。

知识链接

铸铁是指主要由铁、碳、硅组成的合金系的总称,其中含碳量超过了在共晶温度时奥氏体对碳的最大固溶量,即 $w_C > 2.11\%$。铸铁具有良好的铸造性能、减磨性能、吸振性能、切削加工性能及低的缺口敏感性,而且生产工艺简单、成本低廉,经合金化后还具有良好的耐热性和耐腐蚀性等,广泛应用于机械设备和产品中。特别是稀土镁球墨铸铁的出现,打破了钢与铸铁的使用界限,过去不少用非合金钢和合金钢创造的重要零件,如曲轴、连杆、齿轮等,现在都可用球墨铸铁制造。但由于铸铁强度、塑性和韧性较差,所以铸铁不能通过锻造、轧制、拉丝等塑性加工方法成型,主要采用铸造和切削加工得到毛坯和零件。

根据碳在铸铁中存在的形式不同,铸铁分为三类:

①灰口铸铁。碳全部或大部分以石墨形式存在,断口呈灰黑色,是工业上最常用的铸铁。根据石墨的存在形式不同,灰口铸铁又分为灰铸铁、球墨铸铁、可锻铸铁、蠕墨铸铁四种(图1-3-2)。

 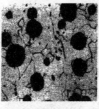 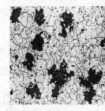 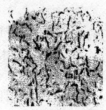

a) 灰铸铁　　　　　b) 球墨铸铁　　　　　c) 可锻铸铁　　　　　d) 蠕墨铸铁

图1-3-2　灰口铸铁中石墨存在的四种形式

②白口铸铁。碳主要以渗碳体形式存在,断口呈银白色,硬而脆,很难进行切削加工,一般很少直接使用。在某些特殊场合需要零件具有高耐磨性,如气门顶杆、球磨机的磨球、轧辊等,可使零件表面获得一定深度的白口层。此外,白口铸铁可通过石墨化或氧化脱碳的可锻化处理成为可锻铸铁。

③麻口铸铁。碳部分以石墨形式存在,部分以渗碳体形式存在,断口呈灰白相间,脆性较大,很少使用。

综上所述,碳在铁碳合金中有两种存在形式:一是渗碳体,$w_C \approx 6.69\%$;二是自由状态的石墨,用符号"G"表示,$w_C = 100\%$。石墨强度($\sigma_b \approx 20MPa$)、硬度(3~5HBS)、塑性($\delta \approx 0$)和韧性都很低。常用铸铁的组织可以看成在钢的基体上与不同形状、数量、大小及分布的石墨组成,石墨的存在使铸铁的力学性能下降,如抗拉强度、屈服点、塑性和韧性比钢低,但抗压强度与钢相当。石墨的数量越多、越粗大,分布不均匀,石墨边缘部位越尖锐,则铸铁的力学性能越差。但是,石墨的存在又赋予铸铁钢所不及的优良性能,如良好的铸造性能、减磨性能、吸振性能、切削加工性能及低的缺口敏感性。

铸铁中的碳以石墨形式析出的过程称为石墨化。影响铸铁石墨化的因素较多,其中化学成分和冷却速度是影响石墨化的主要因素。碳和硅都是强烈促进石墨化的元素,碳和硅的含量越大,铸铁就越容易石墨化;但碳和硅的含量过大会使石墨数量增多并粗化,从而导致力学性能下降。因此,在铸件壁厚一定的条件下,调整铸铁中碳和硅的含量是控制组织和性能的基本措施之一。硫是强烈阻碍石墨化的元素,并使铁液的流动性降低;磷是微弱促进石墨化的元素,但会使铸铁的脆性增大,因此在铸铁生产中也需要严格控制硫和磷的含量。若冷却速度较快,碳原子来不及充分分散,石墨化难以充分进行,就容易产生白口铸铁组织;若冷却速度慢,碳原子有时间充分扩散,有利于石墨化过程充分进行,就容易获得灰铸铁组织。薄壁铸件在成型过程中冷却速度快,容易产生白口铸铁组织;厚壁铸件在成型过程中冷却速度慢,容易获得灰铸铁组织。

一、灰铸铁

灰铸铁的组织是在钢的基体上分布着片状石墨。根据基体不同,灰铸铁可分为铁素体灰铸铁、铁素体—珠光体灰铸铁、珠光体灰铸铁三种,如图1-3-3所示。

a) 铁素体灰铸铁　　　　　b) 铁素体—珠光体灰铸铁　　　　　c) 珠光体灰铸铁

图1-3-3　灰铸铁显微组织

灰铸铁的性能主要取决于基体的类型和片状石墨的数量、形状、大小及分布状况。当石墨存在的状态一定时,铁素体灰铸铁具有较高的塑性,但强度、硬度和耐磨性较低;珠光体灰铸铁的强度和耐磨性都较高,但塑性较低;铁素体—珠光体灰铸铁的力学性能介于两者之间。由于石墨的强度、硬度和塑性都很低,因此灰铸铁中存在的石墨,就相当于在钢的基体上布满了大量的孔洞和裂缝,割裂了基体组织的连续性,减小了基体金属的有效承载面积;而且在石墨的尖角处易产生应力集中,造成铸件局部损坏,并迅速扩展形成脆性断裂。这就是灰铸铁的抗拉强度和塑性比同样基体的钢低得多的原因。若片状石墨愈多、愈粗大,分布愈不均匀,则强度和塑性就愈低。但要注意,铸件在承受压力时,由于石墨不会缩小有效承载面积,不会产生缺口应力集中现象,故铸铁的抗压强度与钢相近。

为了提高灰铸铁的力学性能,必须细化和减少石墨片,在生产中常用的方法就是孕育处理(亦称变质铸铁),即在铁液浇注之前,往铁液中加入少量的孕育剂(硅铁或硅钙合金),使铁液内同时生成大量均匀分布的石墨晶核,改变铁液的结晶条件,使灰铸铁获得细晶粒的基体和细片状石墨组织。孕育铸铁的强度有很大的提高,并且塑性和韧性也有所提高,常用来制造力学性能要求较高、截面尺寸变化较大的大型铸件。

铸铁的热处理只能改变铸铁的基体组织,而不能改变石墨的形状、大小和分布情况。因此,灰铸铁的热处理一般都用于消除铸件的内应力和白口组织,稳定铸件尺寸和提高铸件工作表面的硬度及耐磨性。灰铸铁的常用热处理方法有:

(1)去应力退火(时效处理)。铸件在冷却过程中因各部位的冷却速度不同会产生一定的内应力。去应力退火是将铸件缓慢加热到500~600℃,保温一定时间,然后随炉缓冷至300℃以下出炉空冷,这种退火方法也被称为人工时效。对大型铸件可采用自然时效,即将铸件在露天下放置一年以上,使铸造应力缓慢松弛,从而使铸件尺寸稳定。

(2)软化退火。铸件在其表面或某些薄壁处易出现白口组织,故需利用软化退火消除白口组织,改善其切削加工性能。软化退火是将铸件缓慢加热到850~950℃,经1~3h保温,使渗碳体分解($Fe_3C \rightarrow A + G$),然后随炉冷却至400~500℃出炉空冷,得到铁素体灰铸铁或铁素体—珠光体灰铸铁。

(3)正火。正火是将铸件加热到850~920℃,经1~3h保温后,出炉空冷,得到珠光体灰铸铁。

(4)表面淬火。表面淬火的目的是提高铸件表面硬度和耐磨性。例如,机床导轨、缸体内壁等铸件经表面淬火后硬度可达50~55HRC。常用的表面淬火有火焰加热表面淬火、高频与中频感应加热表面淬火和电接触加热表面淬火等。

灰铸铁的牌号为"HT + 数字",数字表示抗拉强度的最低值。例如,HT100 表示最低抗拉强度为 100MPa 的灰铸铁。常用灰铸铁的牌号、力学性能及用途见表 1-3-19。

常用灰铸铁的牌号、力学性能及用途　　　　　　　　　　　　表 1-3-19

类型	牌号	力学性能		用途举例
		σ_b（MPa）	硬度（HBS）	
F 灰铸铁	HT100	100	143 ~ 229	用于制造低载荷和不重要的零件,如盖、外罩、手轮、支架等
F－P 灰铸铁	HT150	150	163 ~ 229	用于制造承受中等载荷的零件,如底座、工作台、齿轮箱、阀体等
P 灰铸铁	HT200	200	170 ~ 241	用于制造承受较大载荷的零件,如汽缸体、机床床身、联轴器、齿轮、活塞油缸等
	HT250	250		
孕育铸铁	HT300	300	187 ~ 225	用于制造承受高负荷的重要零件,如主轴箱、卡盘、高压油缸、泵体、凸轮、大型发动机的汽缸体等
	HT300	350	197 ~ 269	

二、球墨铸铁

球墨铸铁的组织是在钢的基体上分布着球状石墨。球墨铸铁是由普通灰铸铁熔化的铁液经过球化处理后得到的,即在铁液出炉后且浇注前加入一定量的球化剂(稀土镁合金等)和孕育剂,使石墨呈球状析出。根据基体不同,球墨铸铁可分为铁素体球墨铸铁、铁素体—珠光体球墨铸铁、珠光体球墨铸铁、下贝氏体球墨铸铁四种,如图 1-3-4 所示。

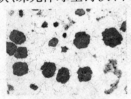

　a) 铁素体球墨铸铁　　　　　b) 铁素体—珠光体球墨铸铁　　　　　c) 珠光体球墨铸铁

图 1-3-4　球墨铸铁显微组织

球墨铸铁的力学性能与基体的类型和球状石墨的数量、形状、大小及分布状况有关。由于球状石墨对基体的割裂作用最小,又无应力集中作用,所以球墨铸铁基体的强度、塑性和韧性可以充分发挥。石墨球的圆整度越好、球径越小,分布越均匀,则球墨铸铁的力学性能就越好。但是,球墨铸铁的基体组织对其性能的影响起主导作用。球墨铸铁与灰铸铁相比,有较高的强度和良好的塑性与韧性。球墨铸铁的某些性能方面还可与钢相媲美,如屈服点比碳素结构钢高,疲劳强度接近中碳钢。同时,球墨铸铁还具有与灰铸铁相类似的优良性能。此外,球墨铸铁通过各种热处理,可以明显地提高其力学性能,但球墨铸铁的收缩率较大,流动性稍差,对原材料及处理工艺要求较高。

球墨铸铁的热处理工艺性能较好,凡是钢可以进行的热处理工艺,一般都适合于球墨铸铁,而且球墨铸铁通过热处理改善性能的效果比较明显。球墨铸铁常用的热处理工艺有:

(1)退火。退火可得到铁素体球墨铸铁,提高其塑性和韧性,改善切削加工性能,消除内应力。

（2）正火。正火可得到珠光体球墨铸铁，提高其强度和耐磨性。

（3）调质。调质可得到回火索氏体基体的球墨铸铁，从而获得高的综合力学性能，适用于柴油机连杆、曲轴等零件。

（4）下贝氏体等温淬火。下贝氏体等温淬火可得到下贝氏体基体的球墨铸铁，从而获得高强度、高硬度和高韧性的综合力学性能，适用于形状复杂、易变形或易开裂的零件，如齿轮、凸轮轴等。

球墨铸铁的牌号为"QT＋数字－数字"，第一组数字表示抗拉强度的最低值，第二组数字表示伸长率的最低值。常用球墨铸铁的牌号、力学性能及用途见表1-3-20。

常用球墨铸铁的牌号、力学性能及用途   表1-3-20

| 类别 | 牌号 | 力学性能 | | | | 用途举例 |
		σ_b （MPa）	$\sigma_s/\sigma_{0.2}$ （MPa）	δ （%）	硬度 （HBS）	
F 球墨铸铁	QT400－15	400	250	15	130～180	用于制造汽车轮毂、驱动桥壳体、差速器壳体、拨叉、铁路垫板、阀体、阀盖等
	QT450－10	450	310	10	160～210	
F－P 球墨铸铁	QT500－7	500	320	7	170～230	用于制造内燃机的机油泵齿轮、铁路车辆轴瓦、飞轮等
P 球墨铸铁	QT700－2	700	420	2	225～305	用于制造柴油机曲轴、凸轮轴、连杆、汽缸套、气门座、机床主轴、矿车车轮等
	QT800－2	800	480	2	245～335	
B下 球墨铸铁	QT900－2	900	600	2	280～360	用于制造汽车的螺旋锥齿轮、转向节、传动轴、内燃机曲轴、凸轮轴等

三、可锻铸铁

可锻铸铁的组织是在钢的基体上分布着团絮状石墨，俗称"玛钢、马铁"。可锻铸铁是由一定成分的白口铸铁经长时间可锻化退火，使渗碳体分解而获得团絮状石墨的。根据基体不同，可锻铸铁分为黑心/铁素体可锻铸铁和白心/珠光体可锻铸铁，如图1-3-5所示。由于可锻铸铁中的石墨呈团絮状，对基体的割裂作用较小，因此它的力学性能比灰铸铁有所提高，但可锻铸铁并不能进行锻压加工。

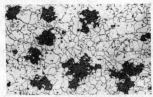
a）黑心/铁素体可锻铸铁

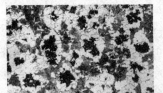
b）白心/珠光体可锻铸铁

图1-3-5　可锻铸铁显微组织

可锻铸铁具有较高的强度和低温韧性,适于制造薄壁、形状复杂要求有一定韧性的小型铸件,甚至可以制造仅数十克或壁厚在2mm以下的铸件,如水管接头、汽车后桥壳、轮毂、减速器壳等。但由于但石墨化退火时间太长(几十小时),能源消耗大,成本较高,可锻铸铁的应用受到了限制,已逐渐被球墨铸铁替代。

可锻铸铁的牌号为"KT + H/Z + 数字 – 数字",H表示黑心/铁素体可锻铸铁,Z表示珠光体可锻铸铁,第一组数字表示抗拉强度的最低值,第二组数字表示伸长率的最低值。常用可锻铸铁的牌号、力学性能及用途见表1-3-21。

常用可锻铸铁的牌号、力学性能及用途 表1-3-21

类别	牌 号	力 学 性 能			用 途 举 例
		σ_b (MPa)	δ (%)	硬度 (HBS)	
黑心/F 可锻铸铁	KTH300 – 6	300	6	不大于 150	水管弯头、三通管件、低压阀门
	KTH330 – 8	330	8		扳手、农具、车辆后桥壳、轮壳
	KTH350 – 10	350	10		轮壳、减速器壳、转向节壳、制动器、铁道零件
	KTH370 – 12	370	12		
P 可锻铸铁	KTZ450 – 6	450	6	150 ~ 200	用于制造载荷较高的耐磨零件,如曲轴、连杆、齿轮、轴套、万向接头、棘轮、传动链条、矿车车轮等
	KTZ550 – 4	550	4	180 ~ 230	
	KTZ650 – 2	650	2	210 ~ 260	
	KTZ700 – 2	700	2	240 ~ 290	

四、蠕墨铸铁

蠕墨铸铁的组织是在钢的基体上分布着短小的蠕虫状石墨,是在高碳硅的共晶或过共晶铁液中加入蠕化剂(稀土镁钛合金、稀土镁钙合金等)和孕育剂,经蠕化处理后获得的。蠕虫状石墨对基体产生的应力集中与割裂现象明显减小,因此,蠕墨铸铁的力学性能优于基体相同的灰铸铁而低于球墨铸铁,而且蠕墨铸铁在铸造性能、导热性能等方面都要比球墨铸铁好。因此,蠕墨铸铁常用于制造受热循环载荷、要求组织致密、强度较高、形状复杂的大型铸件,如机床的立柱、柴油机的汽缸盖、缸套、排气管等。

蠕墨铸铁的牌号为"RuT + 数字",数字表示抗拉强度的最低值。常用蠕墨铸铁牌号、力学性能及用途见表1-3-22。

常用蠕墨铸铁的牌号、力学性能及用途 表1-3-22

类别	牌号	力 学 性 能				用 途 举 例
		σ_b (MPa)	$\sigma_s/\sigma_{0.2}$ (MPa)	δ (%)	硬度 (HBS)	
F 蠕墨铸铁	RuT260	260	195	3	121 ~ 197	增压机废气进气壳体、汽车底盘零件等
F – P 蠕墨铸铁	RuT300	300	240	1.5	140 ~ 217	排气管、变速器箱体、汽缸盖、液压件等重型机床床身,大型齿轮箱体、盖、座、飞轮、起重机卷筒等
	RuT340	340	270	1.0	170 ~ 249	

类别	牌号	力学性能				用途举例
		σ_b (MPa)	$\sigma_s/\sigma_{0.2}$ (MPa)	δ (%)	硬度 (HBS)	
P 蠕墨铸铁	RuT380	380	300	0.75	193~274	活塞环、制动盘、钢珠研磨盘、吸淤泵体等
	RuT420	420	335		200~280	

任务实施

根据学习和分析,请为下列零件选择制造材料及主要热处理工艺:

(1)机床床身;(2)内燃机曲轴;(3)内燃机排气管。

答:相关零件选择制造材料及主要热处理工艺,见表1-3-23。

相关零件选择制造材料及主要热处理工艺   表1-3-23

序号	零件名称	材料类型	材料牌号	热处理工艺
1	机床床身	灰铸铁	HT200 HT250	预备:去应力退火 最终:中频感应加热表面淬火
2	内燃机曲轴	球墨铸铁	QT700-2 QT800-2	预备:正火 最终:感应加热表面淬火或氮化处理
3	内燃机排气管	蠕墨铸铁	RuT300	去应力退火

自我检测

一、填空题

1.根据碳的存在形式及断口色泽,铸铁分为_____、_____、_____三大类。

2.根据石墨的存在形态,灰口铸铁分为_____、_____、_____、_____。

3.灰铸铁具有良好的_____性、_____性、_____性、_____性及低的_____性等。

4.可锻铸铁是由_____经可锻化处理,使_____分解获得_____状石墨的铸铁。

5._____和_____是强烈促进石墨化的元素,_____是强烈阻碍石墨化的元素。

二、选择题

1.对铸铁进行热处理只能改变_____。

A.石墨的形状   B.石墨的大小   C.基体组织   D.石墨的数量及分布

2.灰铸铁的性能特点是_____。

A.良好的铸造性能

B.良好的减磨性和吸振性

C.良好的切削加工性和低的缺口敏感性

D.以上答案都正确

3. 灰铸铁的石墨呈_____,可锻铸铁的石墨呈_____,蠕墨铸铁的石墨呈_____。

A. 片状　　　　B. 球状　　　　C. 团絮状　　　　D. 蠕虫状

4. 灰铸铁 HT300 牌号中"300"表示是_____的最低值。

A. 抗拉强度　　B. 屈服强度　　C. 断后伸长率　　D. 塑性

5. 灰铸铁床身薄壁处出现白口组织,造成切削困难,解决的办法是_____。

A. 改用球墨铸铁　B. 正火　　　C. 软化退火　　　D. 等温淬火

6. 提高灰铸铁耐磨性应选用_____。

A. 整体淬火

B. 表面淬火

C. 等温淬火

D. 渗碳 + 淬火 + 低温回火

7. 提高灰铸铁的力学性能应采用_____。

A. 孕育处理　　　B. 调质处理　　C. 冷处理　　　D. 淬火

8. 球墨铸铁进行调质处理的目的是_____。

A. 改变石墨的形态　　　　　　B. 获得珠光体基体

C. 改变石墨分布状况　　　　　D. 获得回火索氏体基体

9. 为下列零件正确选材:

机床床身_____;汽车后桥外壳_____;柴油机曲轴_____;排气管_____。

A. RuT300　　　B. QT700 – 2　　C. KTH350 – 10　　D. HT300

10. 强烈促进石墨化的元素是_____。

A. S 和 P　　　B. C 和 Si　　　C. Si 和 Mn　　　D. Cr 和 V

三、判断题

1. 可锻铸铁比灰铸铁的塑性好,可以进行锻压加工。　　　　　　　　（　　）

2. 在可锻铸铁中,石墨呈球状。　　　　　　　　　　　　　　　　（　　）

3. 厚壁铸铁件的表面硬度总比其内部高。　　　　　　　　　　　　（　　）

4. 热处理可以改变铸铁的基体组织,但不能改变石墨的形状、大小和分布情况。（　　）

5. 白口铸铁硬度高,可以用作刀具材料。　　　　　　　　　　　　（　　）

四、简答题

1. 什么是铸铁? 试述石墨形态对铸铁性能的影响。

2. 影响铸铁石墨化的因素有哪些?

3. 球墨铸铁、可锻铸铁、蠕墨铸铁各是如何获得的?

4. 精密机床的灰铸铁床身在铸造后立即进行切削,发现加工后的变形量超差,应采取什么措施予以防止?

5. 下列牌号各表示什么铸铁? 牌号中的数字表示什么意义?

（1）HT250;（2）QT700 – 2;（3）KTH330 – 08;（4）KTZ450 – 06;（5）RuT420。

五、课外调研

观察铸铁在日常生活和生产中的应用,查阅有关资料分析铸铁在推进社会文明进步中的地位和作用。

任务四 选用有色金属

1. 掌握铝合金、铜合金、轴承合金和硬质合金的分类。
2. 掌握铝合金、铜合金、轴承合金和硬质合金的主要成分、牌号和典型应用。

1. 能正确解释常用有色金属牌号中数字和符号的含义。
2. 能根据零件的工作条件及性能要求,合理选用有色金属材料。

根据学习和分析,请为下列零件选择制造材料:

(1)内燃机活塞。

(2)飞机螺旋桨。

(3)挖掘机的液压系统阀体。

(4)2500kW 发动机的轴承。

(5)加工不锈钢所用的刀具。

(6)舰艇耐压壳体。

(7)子弹弹壳。

金属分为黑色金属和有色金属两大类。通常,把铁或以铁为主而形成的材料,称为黑色金属;除黑色金属以外的其他金属称为有色金属。有色金属的种类很多,由于其冶炼较困难,成本较高,故产量和使用量远不如黑色金属多。但是,由于有色金属具有的某些特殊物理、化学性能,因而使其成为现代工业中一种不可缺少的重要的工程材料,并被广泛用于机械制造、航空、航海、化工、电气等部门。常用的有色金属有:铝及铝合金、铜及铜合金、钛及钛合金、滑动轴承合金、硬质合金等。

一、铝及铝合金

铝及铝合金是应用最广的有色金属,其产量仅次于钢铁,广泛用于电气、车辆、化工、航空工业等。

1. 纯铝

铝含量不低于 99.00% 时为纯铝。纯铝是银白色的轻金属,其密度小(2.7 g/cm^3)、熔点低($660℃$),结晶后具有面心立方晶格,有良好的导电和导热性能;铝和氧的亲和力强,容易在其表面形成致密的氧化薄膜,能有效地防止金属的继续氧化,故在大气中有良好的耐腐蚀性;纯铝的塑性好($\psi = 80\%$),但强度低($\sigma_b = 80 \sim 100 \text{MPa}$);由于无同素异构转变,故用热处理不能强化,冷变形是提高其强度的唯一方法。经冷变形强化后,纯铝的强度可提高到 $\sigma_b = 150 \sim 250 \text{MPa}$,而塑性则下降到 $\psi = 50\% \sim 60\%$。

纯铝主要用于熔炼铝合金,制造电线、电缆、电容等电子元件,以及要求导热、耐腐蚀好,强度不高的装饰件和器皿等。

纯铝的牌号用 1×××四位数字及字符组合表示,牌号中的最后两位数字表示铝的最低质量分数中小数点后面的两位数,牌号中的第二位数字或字符表示原始纯铝或铝合金的改型情况,数字"0"或字母"A"表示原始合金,如果是"1~9"或"B~Y"表示对原始合金的改型情况。例如,1A99 表示 $w_{Al}=99.99\%$ 的原始纯铝;1035 表示 $w_{Al}=99.35\%$ 的原始纯铝。

2. 铝合金

铝合金是以铝为基础,加入一种或几种其他元素(铜、镁、硅、锰、锌等)构成的合金。在生产实践中,人们发现向纯铝加入适量的合金元素,则可得到具有较高强度的铝合金,若再经过冷加工或热处理,其抗拉强度可进一步提高到 500MPa 以上。而且,铝合金的比强度(抗拉强度与密度的比值)高,有良好的耐腐蚀性和可加工性,因此在航空工业中得到广泛应用。根据工艺性能和成分,常用铝合金的分类如图 1-3-6 所示。

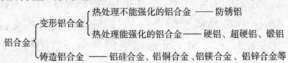

图 1-3-6 常用铝合金的分类

(1)变形铝合金。变形铝合金一般都由冶金厂加工成各种规格型材(板、带、管、线等)。常用变形铝合金的牌号、性能及用途见表 1-3-24。

常用变形铝合金的牌号、性能及用途 　　　　　　　　　　　　表 1-3-24

类别	牌号	合金系	性　能	用途举例
防锈铝	5A02	Al－Mg	热处理不能强化,只能通过冷压力加工提高其强度。具有适中的强度和优良的塑性,并具有很好的耐腐蚀性,塑性和焊接性能良好	用于制造在液体中工作,承受中等载荷的焊接件、冷冲压件、容器、防锈蒙皮等
	3A21	Al－Mn		用于制造可塑性和焊接性要求较高,在液体或气体介质中工作的低荷载零件,如油罐、油箱、导管、生活用器皿、容器、饮料罐等
硬铝	2A11	Al－Cu－Mg	经固溶和时效处理后能获得相当高的强度,但耐腐蚀性比纯铝差,更不耐海洋大气的腐蚀,常在硬铝板材表面包覆一层纯铝后使用	用于制造承受中等荷载的构件,如空气螺旋桨叶片;局部镦粗的零件,如螺栓、铆钉等
	2A12			用于制造承受较高载荷的构件,如飞机的骨架零件、蒙皮、翼梁、铆钉等在 150℃ 以下工作的零件
	2B11			主要用作铆钉、螺栓等零件
超硬铝	7A03	Al－Zn－Cu－Mg	在硬铝基础上加锌而成,其强度高于硬铝,但耐腐蚀性较差,经固溶和人工时效后,是室温下强度最高的铝合金	用于制造受力结构中的铆钉
	7A04			用于制作受力大的重要构件及高载荷零件,如飞机大梁、桁架、翼肋、活塞、加强框、起落架、螺旋桨叶片等
	7A09			

类别	牌号	合金系	性　能	用途举例
锻铝	2A50	Al－Cu－Mg－Si	热塑性较好,适于采用压力加工,如锻压、冲压等;强度等力学性能与硬铝相近,耐热性较好	用于制造形状复杂、承受中等载荷的锻件和冲压件,如内燃机活塞、离心式压力机叶片、叶轮、圆盘及其他在高温下工作的复杂锻件
	2A70			
	2A80			
	2A14			用于制造承受高负荷但形状简单的锻件和模锻件

　　(2)铸造铝合金。与变形铝合金相比,铸造铝合金中的合金元素含量较高,具有良好的铸造性能,但塑性与韧性较差,不能进行压力加工。铸造铝合金可采用变质处理细化晶粒,即在液态合金液中加入占合金质量 1% ~3% 的混合盐(2/3NaF + 1/3NaCl),盐和液态铝合金相互作用细化晶粒,从而提高铝合金的力学性能,使其抗拉强度提高 30% ~40% ,伸长率提高 2% 。铸造铝合金的牌号为"ZAl + 合金元素 + 数字",数字表示合金平均含量的百分之几。例如,ZAlSi12 表示 Si(硅)含量约为 12% 的 Al－Si 系铸造铝合金。常用铸造铝合金的代号、性能及用途见表 1-3-25。

常用变形铝合金的代号、性能及用途　　　　　表 1-3-25

类别	牌号	合金系	性　能	用途举例
铝硅合金(硅铝明)	ZL102	Al－Si	流动性好,铸件致密,不易产生铸造裂纹,但由于不能用热处理强化,故强度不高	用于制造仪表、抽水机壳体等低载荷,200℃以下工作的气密性零件
	ZL101	Al－Si－Mg	流动性好,铸件致密,不易产生铸造裂纹,因加入铜、镁、锰等元素使合金强化,并可通过热处理进一步提高力学性能,故强度较高	可用作内燃机活塞、汽缸体、汽缸头、汽缸套、风扇叶片、形状复杂的薄壁零件以及电机、仪表的外壳、油泵壳体等
	ZL105	Al－Si－Mg－Cu		
	ZL108	Al－Si－Mg－Cu－Zn		
铝铜合金	ZL201	Al－Cu	强度较高,加入镍、锰等,可提高其耐热性,铸造性和耐腐蚀性较差	用于制造高强度或高温条件下工作的零件,如内燃机汽缸、活塞、支臂等
铝镁合金	ZL301	Al－Mg	耐腐蚀性良好,可用作在腐蚀介质条件下工作的铸件。密度小,强度和韧性较高,切削性好,工件表面粗糙度低	用于制造工作温度小于150℃,在大气或海水中工作,承受大振动荷载的零件,如氨用泵体、泵盖及海轮配件等
铝锌合金	ZL401	Al－Zn－Si	铸造性、切削性和焊接性良好,尺寸稳定,有较高强度,价格便宜	用于制造工作温度小于200℃,形状复杂的医疗器械、仪表零件、飞机零件和日用品等

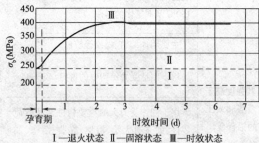

图 1-3-7　铝合金(w_{Cu}=4%)的自然时效曲线

Ⅰ—退火状态　Ⅱ—固溶状态　Ⅲ—时效状态

3. 铝合金的热处理

　　钢淬火后,硬度和强度立即提高,塑性立即下降。但对于能热处理强化的铝合金则不同,固溶处理后塑性与韧性显著提高,硬度和强度却不能立即提高;在室温放置一段时间后,硬度和强度才显著提高,塑性与韧性则明显下降,如图 1-3-7 所示。这种合金的性能随时间而发生显著变化的现象,称为时效。这是因为铝合金固溶处理后,获得的过饱和固溶体是不稳定的,有析出第二相金属化合物的趋势。时效分为自然时效和人工时效:在室温下进行的时效称为自然时效;在加热条件下进行的时效称为人工时效。

铝合金的常用热处理方法有软化处理、固溶处理和时效等。软化处理可消除加工硬化,恢复塑性变形能力;消除铸件的内应力和成分偏析。固溶处理可获得均匀的过饱和固溶体。时效可使固溶处理后铝合金达到最高的强度,固溶处理+时效是强化铝合金的主要途径。

二、铜及铜合金

1. 纯铜

纯铜呈玫瑰红色,表面易形成紫红色的氧化铜膜,故俗称"紫铜"。由于纯铜是用电解方法提炼出来的,故又称"电解铜"。纯铜的熔点为1083℃,密度为8.96 g/cm³,具有面心立方晶格,无同素异构转变,无磁性,具有很高的导电性、导热性和耐腐蚀性(抗大气和海水腐蚀),在含CO_2的湿空气中,其表面易生成俗称"铜绿"的绿色薄膜。纯铜的抗拉强度不高(σ_b = 200 ~ 400MPa),硬度较低,但塑性很好(δ = 45% ~ 50%),容易进行压力加工。纯铜经冷塑性变形后,可提高其强度,但塑性有所下降。

纯铜的牌号有T1、T2、T3三种,无氧纯铜有Tu1、Tu2两种,顺序号数字越大,纯度越低。纯铜中常含有铅、铋、氧、硫和磷等杂质元素,它们对铜的力学性能和工艺性能有很大的影响,尤其是铅和铋的危害最大。纯铜的强度低,不宜作为结构件材料,主要用于制造电线、电缆、铜管、电真空器材以及作为冶炼铜合金的原料。

2. 铜合金

工业上广泛使用的是铜合金。根据工艺性能和成分,常用铜合金的分类如图1-3-8所示。

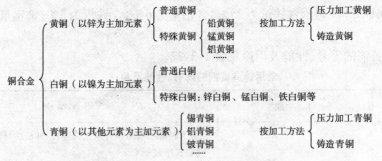

图1-3-8 常用铜金的分类

(1)压力加工黄铜。压力加工普通黄铜的牌号为"H+数字",数字表示铜含量的百分之几。例如,H70表示铜含量为70%,锌含量为30%的压力加工普通黄铜。普通黄铜色泽美观,在海水和大气环境下有良好的耐腐蚀性,加工性能好。普通黄铜的力学性能与含锌量密切相关。当含锌量较低时,随着含锌量的增加,固溶强化效果明显增强,使黄铜的强度、硬度提高,同时还保持较好的塑性,此时的黄铜适合于冷变形加工。当含锌量达到30% ~ 32%时,塑性达到最高值;含锌量达到45%时,强度达到最大值;之后明显下降,含锌量达到47%时,强度和塑性已降至很低,基本无使用价值。

压力加工特殊黄铜的牌号为"H+除Zn以外的主加元素符号+数字-数字",第一组数字表示铜含量的百分之几,第二组数字表示除Zn以外的主加元素含量的百分之几。例如,HPb59-1表示铜含量为59%,铅含量为1%的铅黄铜。常用压力加工黄铜的牌号、性能及用途见表 1-3-26。

常用压力加工黄铜的牌号、性能及用途　　　　　　　　表 1-3-26

牌号	性　　　能	用途举例
H80	呈金黄色,有"金色黄铜"之称。强度较低,压力加工性能较好,在大气和淡水中有较高的耐腐蚀性	用于制造造纸网、薄壁管、波纹管、奖杯涂料、建筑装饰用品等
H68 H70	强度高,塑性好,冷成型性能好,可用深冲压加工,有"弹壳黄铜"之称	用于制造复杂的冷冲压件、散热器外壳、弹壳、导管、波纹管、轴套等
H62	有较高的强度,热加工性能与切削性能都好,具有焊接性好、耐腐蚀、价格较便宜等优点	工业上应用较多,常用于制造散热器、油管、垫片、螺钉、弹簧、销钉等
HSn90 – 1 HSi80 – 3 HMn58 – 2 HPb59 – 1	与同等含铜量的普通黄铜相比,锰黄铜具有更高的强度和硬度,并具有一些特殊性能,如耐蚀性和耐磨性等 铅能改善黄铜的切削加工性 硅能提高黄铜的强度和硬度 锡能提高黄铜的强度和在海水中的耐腐蚀性,锡黄铜有"海军黄铜"之称	用于制造车辆、船舶、精密电器的弹性套管及其他耐蚀或减磨零件 用于制造热冲压及切削零件,如销子、垫圈、衬套、喷嘴等

（2）铸造黄铜。铸造黄铜的牌号为"ZCuZn + 数字 + 其他主加元素符号 + 数字",第一组数字表示锌含量的百分之几,第二组数字表示除 Zn 以外的其他主加元素含量的百分之几。例如,ZCuZn25Al6Fe3Mn3 表示含锌量为 25% ,含铝量为 6% ,含铁量为 3% ,含锰量为 3% 的铸造黄铜。

常用铸造黄铜的牌号、性能及用途见表 1-3-27。

常用铸造黄铜的牌号、性能及用途　　　　　　　　表 1-3-27

牌号	性　　能	用途举例
ZCuZn38		用于制造一般结构件及耐蚀零件,如法兰、阀座、螺杆、螺母、手柄、日用五金等
ZCuZn25Al6Fe3Mn3	具有优良的铸造性能和较高的力学性能,切削性能好,可以焊接,耐蚀性较好,但有应力腐蚀开裂倾向	用于制造耐磨板、滑块、蜗轮、螺栓等
ZCuZn40Mn2		用于制造在淡水、海水、蒸汽中工作的零件,如阀体、阀杆、泵管接头等
ZCuZn33Pb2		用于制造煤气和给水设备的壳体、仪器的构件等

（3）白铜。白铜的牌号为"B + 数字",数字表示镍和钴含量的百分之几。例如,B19 表示镍和钴含量为 19% 的普通白铜。特殊白铜的牌号为"B + 除 Ni 和 Co 以外的主加元素符号 + 数字 – 数字",第一组数字表示镍和钴含量的百分之几,第二组数字表示除 Ni 和 Co 以外的主加元素含量的百分之几。例如,BMn3 – 12 表示镍和钴含量为 3% ,锰含量为 12% 的锰白铜。
常用白铜的牌号、性能及用途见表 1-3-28。

牌号	性　能	用途举例
B19	具有优良的塑性、很好的耐腐蚀性、耐热性和特殊的电性能	用于制造精密机械零件和电气元件,在蒸汽、海水中工作的耐蚀性零件
BA16-1.5	可热处理强化,有较高的强度和良好的弹性	用于制造重要用途的弹簧
BFe30-1	具有良好的力学性能。在海水、淡水、蒸汽中具有高的耐腐蚀性	用于制造在高温、高压、高速下工作的零件
BMn3-12	高的电阻率、低的电阻温度系数,电阻长期稳定性高,又称"康铜"	工作温度小于100℃的电阻仪器、精密电工测量仪器

(4)压力加工青铜。除了黄铜、白铜外,其他的铜合金都称为青铜。青铜是人类历史上应用最早的合金,因铜与锡的合金呈青黑色而得名。压力加工青铜的牌号用"Q+主加元素符号+数字"表示,数字依次表示主加元素和其他加入元素含量的百分之几。例如,QSn4-3 表示含锡量约为4%,其他元素含量为3%的压力加工锡青铜。常用压力加工青铜的牌号、性能及用途见表1-3-29。

牌号	性　能	用途举例
QSn4-3	锡青铜具有良好的强度、硬度、耐腐蚀性和铸造性能。含锡量小于8%的青铜具有较好的塑性和适宜的强度,适用于压力加工;而含锡量大于10%的青铜由于塑性差,只适用铸造。工业用锡青铜的含锡量一般在3%~14%之间	用于制造弹性元件、管件、化工机械中的耐磨零件和抗磁零件
QSn6.5-0.1		用于制造弹簧、接触片、振动片、精密仪器的耐磨零件
QSn4-4		用于制造重要的减磨零件,如轴承、轴套、蜗轮、丝杠、螺母等
QAl7 QAl9-4	与锡青铜和黄铜相比,具有更高的强度、耐腐蚀性和耐磨性,是使用最多的青铜,价格便宜,色泽美观	用于制造重要用途的弹性元件、耐磨零件,如轴承、蜗轮、齿圈,在蒸汽及海水中工作的高强度和耐腐蚀零件
QBe2	铍青铜有很好的综合性能,不仅有高的强度、硬度、弹性、耐磨性、耐腐蚀性和耐疲劳性,还有高的导电性、导热性、耐寒性,无铁磁性以及撞击不产生火花的特性。通过淬火和时效强化处理,抗拉强度 $\sigma_b \approx 1176 \sim 1470MPa$,硬度可达350~400HBS,远远超过其他的铜合金,甚至可与高强度钢相媲美	用于制造弹性元件、耐磨零件和其他重要零件,如钟表齿轮、弹簧、电接触器、电焊机电极、航海罗盘、防爆工具以及在高温、高速下工作的轴承和轴套等。铍是稀有金属,价格高昂,生产工艺较复杂,成本很高,在应用上受到限制。在铍青铜中加入钛,可减少铍的含量,降低成本,改善其工艺性能
QSi3-1	具有较高的力学性能和耐腐蚀性能,良好的冷、热压力加工性能,铸造性能也较好	用于制造耐腐蚀、耐磨零件,如齿轮等,还用于长距离架空的电话线和输电线等

(5)铸造青铜。铸造青铜的牌号为"ZCu+主加元素符号+数字+其他加入元素符号+数字",数字表示加入元素含量的百分之几。例如,ZCuSn10Zn2 表示含锡量约为10%,含锌量约为2%的铸造锡青铜。常用铸造青铜的牌号、性能及用途见表1-3-30。

牌号	性能	用途举例
ZCuSn5Pb5Zn5	优良的耐蚀性，中等强度，耐磨性和减磨性优于其他铜合金	用于制造较高负荷、中速的耐磨、耐蚀零件，如轴瓦、缸套、蜗轮等
ZCuSn10P1	良好的耐磨性和耐蚀性，强度较高	用于制造高负荷、高速的耐磨零件，如轴瓦、衬套、齿轮等
ZCuPb30	良好的自润滑性能，易切削，铸造性能差	用于制造高速双金属轴瓦等
ZCuAl9Mn2	优良的耐蚀性，较高的强度和韧性	用于制造耐蚀、耐磨件，如齿轮、衬套等

铸造锡青铜结晶温度间隔大，流动性较差，不易形成集中性缩孔，而易形成分散性的微缩孔，是有色合金中铸造收缩率最小的合金，适于铸造对外形及尺寸要求较高的铸件以及形状复杂、壁厚较大的零件。因此，铸造锡青铜是自古至今制作艺术品普遍采用的常用铸造合金。但因锡青铜的致密度较低，不宜用作要求高密度和高密封性的铸件。锡青铜的耐腐蚀性比纯铜和黄铜都高，耐磨性也很好，多用于制造耐磨零件，如轴瓦、轴套、蜗轮和与酸、碱、蒸汽等接触的零件。

三、钛及钛合金

钛的应用历史不长，在 20 世纪 50 年代才开始投入工业生产和应用，但其发展非常迅速。由于钛具有密度小、强度高、比强度高、耐高温和耐腐蚀等优点，而且矿产资源丰富，所以钛已成为航空、航天、化工、造船、医疗卫生和国防等部门广泛使用的材料。

1. 纯钛

纯钛呈银白色，其密度小（$4.508g/cm^3$）、熔点较高（$1668℃$），热膨胀系数小。纯钛塑性好，强度低，容易加工成型。结晶后有同素异构转变：

$$\alpha - Ti（密排六方）\stackrel{880℃}{\Longleftrightarrow} \beta - Ti（体心立方）$$

钛与氧和氮的亲和力较大，非常容易与氧和氮结合形成一层致密的氧化物和氮化物薄膜，其稳定性高于铝及不锈钢的氧化膜，故钛的耐腐蚀性比不锈钢更优良，尤其是抗海水的腐蚀能力非常突出。

工业纯钛的牌号有 TA1、TA2、TA3 三种，顺序号越大，杂质含量就越多。纯钛在航空工业中主要用于制造飞机骨架、蒙皮、发动机部件；在化工工业中主要用于制造热交换器、泵体、搅拌器等。

2. 钛合金

为了提高钛在室温下的强度和在高温下的耐热性等，常加入铝、锆、钼、钒、锰、铬、铁等合金元素，以得到不同类型的钛合金。按使用状态时的组织不同，工业钛合金可分为 α 型、β 型和（α + β）型三种钛合金。其中，（α + β）型钛合金可以适应各种不同的用途，是目前应用最广泛的一种钛合金。

钛合金的牌号为"T + 类型代号 + 顺序号"，类型代号分别用 A、B、C 分别表示 α 型、β 型、（α + β）型。例如，TC4 表示 4 号（α + β）型钛合金。常用钛合金的牌号、力学性能及用途见表 1-3-31。

类别	牌号	合金含量	室温下力学性能不小于				用途举例
			状态	σ_b（MPa）	δ（%）	弯曲角	
α 型钛合金	TA5	$w_{Al}=4\%$ $w_B=0.005\%$	退火	686	12～20	60	用于制造在 500℃下工作的零件，如飞机蒙皮、骨架零件、压气机壳体、叶片等
	TA6	$w_{Al}=5\%$				40～50	
β 型钛合金	TB2	$w_{Mo}=5.0\%$ $w_V=5.0\%$ $w_{Cr}=8.0\%$ $w_{Al}=3.0\%$	淬火	980	20	120	用于制造在 350℃下工作的零件，如压气机叶片、轴、轮盘等重载旋转件，以及飞机的飞轮构件等
			淬火 + 时效	1324	8	—	
（α+β）型钛合金	TC4	$w_{Al}=6.0\%$ $w_V=4.0\%$		902	10～12	30～35	用于制造在 400℃下工作的零件、锻件、各种容器、泵、低温部件、舰艇耐压壳体、坦克履带等
	TC10	$w_{Al}=6.0\%$ $w_V=6.0\%$ $w_{Sn}=2.0\%$ $w_{Cu}=0.5\%$ $w_{Fe}=0.5\%$	退火	1059	8～10	25	用于制造在 450℃下工作的零件，如飞机结构零件、起落架、导弹发动机外壳、武器结构件等

四、滑动轴承合金

与滚动轴承相比，由于滑动轴承具有制造、修理和更换方便，与轴颈接触面积大，承受载荷均匀，工作平稳，无噪声等优点，所以应用很广。滑动轴承合金是指具有良好耐磨和减磨性能、用于制造滑动轴承的铸造合金。

滑动轴承由轴承体和轴瓦组成，轴瓦直接与轴颈接触。在转动中轴瓦和轴之间存在不可避免的磨损，而轴是机器上重要的零件，更换比较困难，所以应尽量使轴的磨损最小，而让轴瓦磨损。为此，轴瓦材料应满足以下要求：

(1)具有足够的强度和塑性、韧性，以承受轴颈处较大的压力，并抵抗冲击和振动。

(2)具有适当的硬度，以免轴的磨损量加大。

(3)具有较小的摩擦系数和良好的磨合性（指轴和轴瓦在运转时互相配合的性能）。

(4)能储存润滑油，以保持正常的润滑状态。

(5)具有良好的导热性与耐腐蚀性，防止轴和轴承发生咬合，抵抗润滑油的腐蚀。

(6)具有良好的铸造性能和压力加工性能。

滑动轴承合金理想的组织是：在软基体上分布硬质点，或在硬基体上分布软质点。这样在轴承工作时，软的组成部分很快被磨损，下凹的区域可以储存润滑油，使表面形成连续的油膜；硬质点则凸出以支撑轴颈，使轴承与轴颈的实际接触面积大为减少，减少轴承摩擦，使轴承具有良好的耐磨性。软基体组织有较好的磨合性与抗冲击、抗振动的能力，但这类组织的承载能力较低，锡基和铅基轴承合金属于此类组织，其组织状态如图 1-3-9 所示。硬基

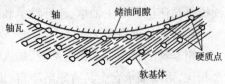

图 1-3-9　滑动轴承合金理想组织

体组织能承受较高的载荷,但磨合性较差,铜基和铝基等轴承合金属于此类组织。

1. 锡基轴承合金(锡基巴氏合金)

锡基轴承合金是以锡(Sn)为基础,加入锑(Sb)、铜等元素组成的合金。锑溶入锡形成的固溶体作为软基体,化合物 $SnSb$ 和 Cu_6Sn_5 作为硬质点。

锡基轴承合金具有适中的硬度、低的摩擦系数、较好的塑性和韧性、优良的导热性和耐腐蚀性等,常用于制造重要的轴承,如制造汽轮机、发动机、压缩机等的高速轴承。但由于锡是稀缺贵金属,成本较高,因此应用受到一定限制。

2. 铅基轴承合金(铅基巴氏合金)

铅基轴承合金是以铅为基础,加入锑、锡、铜等元素组成的轴承合金。共晶组织作为软基体,化合物 $SnSb$ 和 Cu_3Sn 作为硬质点。

铅基轴承合金的强度、硬度、韧性均低于锡基轴承合金,摩擦系数较大,故只用于中等载荷的低速轴承,如车辆的曲轴轴承、电动机、空压机、减速器的轴承等。铅基轴承合金由于价格便宜,应尽量用它替代锡基轴承合金。

常用锡基轴承合金、铅基轴承合金的牌号、化学成分及用途见表1-3-32。

常用锡基轴承合金、铅基轴承合金的牌号、化学成分及用途 表1-3-32

类别	牌号	主要化学成分				硬度≥ (HBS)	用途举例
		w_{Sb} (%)	w_{Cu} (%)	w_{Pb} (%)	w_{Sn} (%)		
锡基轴承合金	ZChSnSb8Cu4	7~8	3~4	—	其余	24	用于制造一般大型机器的轴承及重载车辆发动机轴承
	ZChSnSb11Cu6	10~12	5.5~6.5	—	其余	27	用于制造3700kW以上的涡轮压缩机、涡轮泵和高速内燃机的轴承
铅基轴承合金	ZChPbSb16Cu2	15~17	1.5~2.5	其余	15~17	30	用于制造中等载荷和冲击的中速轴承,如车辆曲轴轴承、连杆轴承,也用于制造高温轴承
	ZChPbSb15Sn10	14~16	—	其余	9~11	24	用于制造工作温度小于120℃、无显著冲击载荷的重载高速轴承,如车辆曲轴轴承、750kW以下的电动机轴承等

3. 铜基轴承合金(铸造铅青铜)

通常使用铜基轴承合金(铸造铅青铜)作为锡基轴承合金的替代品。例如,ZCuPb30是含铅量约为30%的铸造铅青铜。铅和铜在固态时互不溶解,因此铜基轴承合金的室温显微组织是 Cu+Pb,Cu 作为硬基体,颗粒状 Pb 作为软质点。铸造铅青铜可以承受较大的压力,具有良好的耐磨性、导热性为锡基轴承合金的6倍、高的疲劳强度,并能在 300~320℃ 的较高温度下工作。铸造铅青铜广泛用于制造高速、重载荷下工作的轴承,如航空发动机、大功率汽轮机、柴油机等高速机器的主轴承、连杆轴承和活塞销套。

4. 铝基轴承合金

铝基轴承合金是以铝为基础,加入锑、锡、镁等元素组成的轴承合金。与锡基、铅基轴承合金相比,铝基轴承合金具有原料丰富、价格低廉、导热性好、疲劳强度高和耐腐蚀性好等优点,而且能连续轧制生产,故广泛用于高速重载下工作的车辆柴油机轴承。铝基轴承合金的主要缺点是线膨胀系数较大,运转时易与轴咬合,尤其在冷启动时危险性更大。铝基轴承合金硬度较高,轴易磨损,需相应提高轴的硬度。常用的铝基轴承合金有铝锑镁合金和铝锡合金,如高锡铝基轴承合金 ZAlSn6Cu1Ni1。

除上述滑动轴承合金外,灰铸铁也可以用于制造低速、不重要的轴承,钢基体作为硬基体,石墨作为软质点并起一定的润滑作用。

五、硬质合金

硬质合金是通过粉末冶金工艺生产的,是将难熔的金属碳化物(如碳化钨、碳化钛等)粉末和黏结剂(主要是钴)混合,加压成型后经高温烧结而成的。

硬质合金具有以下的特点:

(1)硬度高、热硬性好、耐磨性好。常温硬度可达81HRC,在 900 ~ 1000℃的高温下仍保持此较高硬度;而高速钢在 600 ~ 650℃时就会失去其在室温下的 55 ~ 60HRC 硬度。因此,硬质合金刀具的切削速度比高速钢可提高 4 ~ 7 倍,刀具寿命可提高 5 ~ 80 倍,能够切削硬度高达 50HRC 的硬质材料。

(2)抗压强度高。常温抗压强度可达 6000MPa,900℃时的抗压强度可达 1000MPa。

(3)耐腐蚀性和抗氧化性好。

(4)线膨胀系数小,电导率和热导率与钢铁相近。

(5)抗弯性能差,只有高速钢的 1/3 ~ 1/2,且韧性较差,脆性大。

因此,通常将硬质合金制成一定形状的刀片镶焊在钢质刀体上。目前,使用最多的刀具材料就是高速钢和硬质合金。

按成分不同,硬质合金分为钨钴类、钨钴钛类、钨钽铌类、碳化钛基类等。常用硬质合金的牌号、成分、性能及用途见表1-3-33。

常用硬质合金的牌号、成分、性能及用途　　　　　　　　　　表 1-3-33

类别	牌号	化学成分(%)				性　能	用　途
		WC	TiC	TaC (NbC)	Co		
钨钴类硬质合金	YG3X	96.5	—	—	3	在钨钴类硬质合金中硬度最高、耐磨性最好,但冲击韧性较差	适用于铸铁、有色金属的精加工和半精加工;也用于合金钢、淬火钢的精加工
	YG6	94.5	—	—	6	耐磨性较高,但低于 YG3;冲击韧性高于 YG3;可使用的切削速度高于 YG8	适用于铸铁、有色金属、非金属材料的连续切削的粗加工,简单切削的半精加工和精加工,粗加工螺纹,旋风车丝,孔的粗扩和精扩
	YG6X	93.5	—	—	6	属于细颗粒碳化钨合金,耐磨性较 YG6 高;强度与 YG6 相当	适用于冷硬铸铁与耐热合金钢的精加工和半精加工,也用于普通铸铁的精加工
	YG8	92.0	—	—	8	强度较高,抗冲击、抗振性较 YG6 好,耐磨性较差,切削速度较低	适用于铸铁、有色金属、非金属材料的加工,不平整断面和间断切削时的粗加工,钻孔和扩孔

类别	牌号	化学成分(%)				性 能	用 途
		WC	TiC	TaC (NbC)	Co		
钨钴钛类硬质合金	YT5	85.0	5	—	10	在钨钴钛类硬质合金中强度最高,抗冲击和抗振性最好,不易崩刃,但耐磨性较差	适用于碳钢与合金钢的加工,不平整断面和间断切削时的粗加工,钻孔
	YT15	79.0	15	—	6	耐磨性优于YT5,但抗冲击韧性较YT5差,耐磨性较差,切削速度较低	适用于碳钢与合金钢的连续切削的粗加工,间断切削时的半精加工和精加工,铸孔的扩钻与粗扩
	YT30	66.0	30		4	耐磨性和切削速度比YT5高,但强度、抗冲击和抗振性较差	适用于碳钢与合金钢的精加工,小断面的精加工,孔的精镗和精扩
钨钽铌钴类硬质合金（通用/万能硬质合金）	YW1	84.0	6	4	6	热硬性较好,能承受一定的冲击,通用性较好	适用于耐热钢、高锰钢、不锈钢等难加工钢材及普通钢和铸铁的加工
	YW2	82.0	6	4	8	耐磨性稍差于YW1,但强度高,能承受较大的冲击	适用于耐热钢、高锰钢、不锈钢等难加工钢材的粗加工和半精加工,普通钢和铸铁的加工

任务实施

根据学习和分析,请为下列零件选择制造材料:

(1)内燃机活塞;(2)飞机螺旋桨;(3)挖掘机的液压系统阀体;(4)大功率发动机的滑动轴承;(5)加工不锈钢所用的刀具;(6)舰艇耐压壳体;(7)子弹弹壳。

答:相关零件的制造材料,见表1-3-34。

相关零件的制造材料　　　　　　　　表1-3-34

序号	零件名称	材料类型	材料牌号
1	内燃机活塞	铸造铝合金	ZL108、ZL201
		变形铝合金—锻铝	2A70、2A80
2	飞机螺旋桨	变形铝合金—硬铝	2A11、2A12
3	挖掘机的液压系统阀体	铸造黄铜	ZCuZn40Mn2
4	2500kW发动机的轴承	锡基滑动轴承合金	ZChSnSb11Cu6
5	加工不锈钢所用的刀具	通用/万能硬质合金	YW1、YW2
6	舰艇耐压壳体	(α+β)型钛合金	TC4
7	子弹弹壳	压力加工黄铜	H68、H70

一、填空题

1. 纯铝具有_____小、_____低、良好的_____性和_____性,在大气中具有良好的_____性。

2. 按成分和生产工艺特点,铝合金可分为_____和_____两大类。

3. 按照合金的成分,铜合金可分为_____铜(以_____为主加元素)、_____铜(以_____为主加元素)和_____铜三类。

4. 变形铝合金可分为_____、_____、_____和_____,其中_____不能被热处理强化。

5. 有色金属在航空工业中应用广泛,适合制作飞机翼肋的材料是_____,适合制作飞机大梁和起落架的材料是_____,适合制作飞机蒙皮的材料是_____,适合制作结构形状复杂的仪器零件的材料是_____,适合制作航空发动机高速轴瓦的材料是_____,适合制作航空发动机叶轮的材料是_____,适合制作火箭、导弹的液氢燃料箱体的材料是_____,适合制作超音速飞机涡轮机匣的材料是_____。

6. 钛有_____现象,882℃以下为_____晶格,称为_____钛;882℃以上为_____晶格,称为_____钛。

7. 普通黄铜中的含锌量小于39%时,称为_____黄铜,由于其塑性好,适宜_____加工;当含锌量大于39%时,称为_____黄铜,强度高,热态下塑性较好,故适于_____加工。

8. 常用滑动轴承合金有:_____基、_____基、_____基、_____基轴承合金等。

9. 硬质合金是通过_____工艺生产的,是将难熔的金属碳化物(如碳化钨、碳化钛等)粉末和黏结剂(主要是_____)混合,加压成型后经高温烧结而成的。

10. 通用/万能硬质合金是_____类的硬质合金。

二、选择题

1. 将相应牌号填入空格内:

硬铝_____;防锈铝合金_____;超硬铝_____;铸造铝合金_____;铅黄铜_____;铝青铜_____。

A. HPb59 – 1　　B. 3A21　　C. 2A12　　D. ZAlSi7Mg　　E. 7A04　　F. QA19 – 4

2. 将相应牌号填入空格内:

普通黄铜_____;特殊黄铜_____;锡青铜_____。

A. H70　　　　　　B. QSn4 – 3　　　　C. QSi3 – 1　　　　　D. HAl77 – 2

3. 防锈铝合金可采用_____方法强化,铸造铝合金可采用_____方法强化。

A. 冷变形强化　　B. 变质处理　　　C. 固溶处理 + 时效　　D. 淬火 + 回火

4. 硬质合金的热硬性可达_____。

A. 500 ~ 600℃　　B. 600 ~ 800℃　　C. 200 ~ 300℃　　D. 900 ~ 1100℃

5. 5A02 按工艺特点分,是_____铝合金,属于热处理_____的铝合金。

A. 铸造　　　　B. 变形　　　　C. 能强化　　　　D. 不能强化

6. 切削不锈钢、耐热钢、高锰钢等难加工材料,最好选用_____刀具。

A. 钨钴类硬质合金　B. 钨钴钛类硬质合金　C. 万能硬质合金　　D. 高速钢

7. 在大气、海水、淡水以及蒸汽中耐腐蚀性最好的是_____。

A. 锡青铜　　　　B. 纯铜　　　　　C. 黄铜　　　　　　D. 紫铜

8. 某一材料的牌号为 T3,它是_____。

A. w_C ≈ 3% 的碳素工具钢　　　　B. 3 号工业纯铜　　　C. 3 号纯钛

9. ZL102 是_____铸造铝合金。

A. 铝硅合金　　　　　B. 铝铜合金　　　　　　C. 铝镁合金　　　　　D. 铝锌合金

10. _____滑动轴承合金的组织是在软基体上分布硬质点的。

A. 锡基和铝基　　　　B. 铜基和铝基　　　　　C. 锡基和铅基　　　　D. 铅基和铁基

三、判断题

1. 纯铝和纯铜是不能用热处理强化的金属。　　　　　　　　　　　　　　　（　　）

2. 锡基轴承合金是制造滚动轴承内外圈和滚动体的材料。　　　　　　　　　（　　）

3. 固溶处理后的铝合金在时效过程中，强度明显下降，塑性提高。　　　　　（　　）

4. YT 类硬质合金适宜加工脆性材料(如铸铁)，YG 类硬质合金适宜加工塑性材料(如钢材)。　　　　　　　　　　　　　　　　　　　　　　　　　　　　　　　　（　　）

5. 变形铝合金都不能用热处理强化。　　　　　　　　　　　　　　　　　　（　　）

四、简答题

1. 铝合金热处理强化的原理与钢的强化原理有何不同？

2. 滑动轴承合金应具备哪些性能？滑动轴承合金的理想组织是什么样的？

3. 按成分组成，铜合金分为哪几类？说明含锌量对黄铜力学性能的影响。

4. 硬质合金在组成、性能和制造工艺方面有何特点？

5. 变形铝合金分为哪几类？其强化方法有哪些？

五、综合题

刀具材料的发展在一定程度上推动着金属切削加工的进步，请查阅相关书籍和网络资料，比较常用刀具材料的性能和应用。

项目四

加工毛坯和零件

机械制造工艺是指机械产品的制造方法,主要有铸造工艺、锻压工艺、焊接工艺、机加工工艺、热处理工艺、装配工艺等。机械制造工艺的主要过程一般为:

原材料 $\xrightarrow{\text{铸、锻、焊}}$ 毛坯 $\xrightarrow{\text{切削加工、热处理}}$ 零件 $\xrightarrow{\text{装配、调试}}$ 机械产品

任务一 加工毛坯

知识目标

1. 掌握铸造、锻压、焊接这三种毛坯加工工艺的基本原理、工艺过程和应用。
2. 了解铸件、锻件、焊件的结构工艺特点。
3. 了解合金的铸造性能、锻压性能、焊接性能及影响因素。

能力目标

1. 能根据零件的工作条件及性能要求,初步合理选择材料及毛坯加工方法。
2. 能初步分析铸件、锻件、焊件的结构工艺性、质量和成本。

任务描述

根据学习和分析,回答以下问题:

(1)请分析千斤顶的主要零件毛坯加工工艺性。

图 1-4-1a)为千斤顶的结构简图。千斤顶是临时检修车辆中经常使用的螺旋起重器,其用途是将车架顶起,以便操作人员进行车辆检修等。工作时依靠手柄带动螺杆在螺母中转动,以便推动托杯顶起重物,螺母装配在支座上。

(2)请分析该液压缸零件毛坯的生产方法。

图 1-4-1b)为液压缸零件图,材质为 40 钢,生产数量为 300 件。液压缸的工作压力为 1.5MPa,要求进行水压试验,试验的压力为 3MPa。液压缸两端的法兰接合面及内孔要求进行切削加工,并且加工表面不允许出现缺陷;其余的表面不加工。

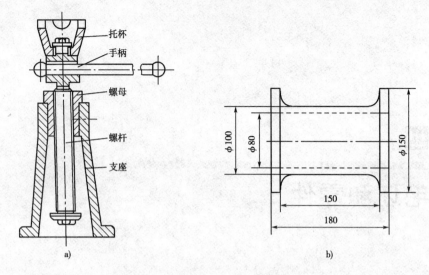

图 1-4-1　毛坯加工的工艺分析案例

知识链接

机械零件是毛坯通过切削加工及热处理而获得的,因此制造合格的机械零件必须先获得合格的毛坯件。一般来讲,机械零件毛坯的加工方法有铸造、锻压、焊接、粉末冶金或直接利用现有的型材,即机械加工常用的毛坯有铸件、锻件、焊件和型材四种。

一、铸造

铸造是将金属液浇入铸型的型腔,凝固后获得一定形状和性能的铸件。铸件一般都作为毛坯用,需经切削加工后才能成为零件。

1. 铸造的特点

(1)铸造的适应性很广。铸造可制造形状复杂且不受尺寸、质量和生产批量限制的铸件。工业生产中常用的金属材料,如各种铸铁、非合金钢、低合金钢、合金钢、有色金属等,都可用于铸造。目前,部分高分子材料、陶瓷材料等也在采用铸造方法生产零件。用铸造方法可以生产出质量从几克到数百吨、壁厚为 $0.5 \sim 500$ m 的各种铸件。

(2)铸造有良好的经济性。铸造一般都不需要昂贵的设备;铸件的形状和尺寸接近于零件,能够节省金属材料和切削加工工时;金属材料来源广泛,可以利用废旧机件等废料进行回炉熔炼。

(3)铸件力学性能较差。由于铸造的工序多,而且部分工艺难以控制,因此质量不够稳定,废品率较高。铸件内部偏析较重,铸件的铸态组织晶粒粗大,所以铸件的力学性能较差。铸造方法常用于制造承受静载荷及压应力的结构件,如箱体、床身、支架等。此外,一些有特殊性能要求的构件,如球磨机的衬板、犁铧、轧辊等也常采用铸造方法制造。

2. 铸造的分类

铸造的工艺方法很多,主要分为砂型铸造和特种铸造两类:

(1)砂型铸造。当直接形成铸型的原材料主要为型砂,且金属液完全依靠重力充满整个砂型型腔时,这种铸造方法称为砂型铸造。砂型铸造是一种既古老而又在不断发展的铸造方法,具有成本低、灵活性大、适应广的特点,而且操作技术也比较成熟,应用范围较广。

（2）特种铸造。与砂型铸造不同的其他铸造方法，称为特种铸造。特种铸造包括金属型铸造、压力铸造、离心铸造、熔模铸造、低压铸造、陶瓷型铸造、连续铸造和挤压铸造等。

特种铸造的应用日益广泛，其铸件的尺寸精度、表面质量，物理及力学性能都比较高；特种铸造可提高金属的利用率，减少原砂消耗量；特种铸造可改善劳动条件，减少环境污染，便于实现机械化和自动化生产；此外，有些特种铸造方法更适宜高熔点、低流动性、易氧化合金铸件的生产。

3.砂型铸造

图1-4-2为齿轮毛坯的砂型铸造生产示意图。铸件的形状与尺寸主要取决于造型和造芯，而铸件的化学成分则取决于熔炼。所以，造型、造芯和熔炼是铸造生产中的重要工序。

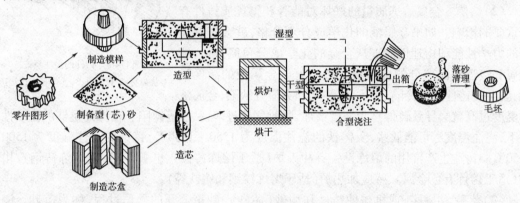

图1-4-2　齿轮毛坯的砂型铸造生产示意图

造型方法通常分为手工造型和机器造型。手工造型主要用于单件、小批生产以及复杂和大型铸件的生产。手工造型根据如何将模样顺利地从砂型中取出而又不至于破坏型腔的形状，即按起模特点的分类见表1-4-1。机器造型是指用机器代替手工紧砂和起模，适用于成批大量生产。

常用手工造型方法的分类及应用　　　　　　　　　　表1-4-1

手工造型方法名称	应　　用
整模造型	适用于形状简单且最大截面在某一端部的铸件
分模造型	适用于生产形状较复杂的铸件以及带孔的铸件，如套筒、阀体、管子、箱体等铸件。这些铸件没有平整的表面，而且最大断面在模样中部，难以进行整体模造型，可将模样在最大断面处分开，进行分开模造型
挖砂造型	适用于小批生产，分型面不平的铸件。模样虽是整体的，但铸件的分型面为曲面，为了能起出模样，造型时将手工将阻碍起模的型砂挖去的造型方法
假箱造型	适于小批或成批生产分型面不是平面的铸件。对于需要挖砂造型的模样，可利用预先制备好的半个铸型简化挖砂操作，生产率大大提高
活块造型	有些铸件上有一些小的凸台、肋条等，造型时妨碍起模，这时可将模样的凸出部分作成活块，起模时先将主体模起出，然后再从侧面取出活块。但必须注意的是活块的总厚度不得大于模样主体部分的厚度，否则活块将取不出来
三箱造型	当铸件的外形两端截面大而中间截面小、只用一个分型面取不出模样时，需要从小截面处分开模样，并用两个分型面，三个砂箱进行造型
刮板造型	造型和造芯不用模样而用刮板操作的，只适用于具有等截面的大中型回转体铸件的单件小批生产，如带轮、飞轮、齿轮、弯管等

4.铸造的其他相关工艺问题

(1)浇注系统。浇注系统是为了使金属液进入型腔和冒口而开设在铸型中的一系列通道。通常,浇注系统由浇口杯、直浇道、横浇道和内浇道组成,如图1-4-3所示。浇注系统的主要作用是保证金属液均匀、平稳地流入并充满型腔,以避免冲坏型腔;防止熔渣、砂粒或其他杂质进入型腔;调节铸件凝固顺序或补给铸件冷凝收缩时所需的金属液。若浇注系统设计的不合理,铸件易产生冲砂、砂眼、夹渣、浇不足、气孔和缩孔等缺陷。浇注系统按内浇道在铸件上的位置分为顶注式、底注式、中注式、阶梯式等多种形式。

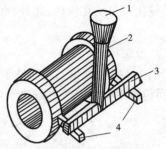

图1-4-3 铸件的浇注系统
1-浇口杯;2-直浇道;3-横浇道;4-内浇道

(2)熔炼。金属熔炼质量的好坏对能否获得优质铸件有着重要的影响。如果金属液的化学成分不合格,就会降低铸件的力学性能和物理性能。从合金的化学成分角度分析,纯金属和接近共晶成分的合金流动性最好。金属液的温度过低,就会使铸件产生冷隔、浇不足、气孔和夹渣等缺陷;金属液的温度过高就会导致铸件总收缩量增加、吸收气体过多、粘砂等缺陷。在保证足够的流动性条件下,浇注温度尽可能低些,灰铸铁的浇注温度为 1250 ~ 1350℃,铸钢的浇注温度为 1500 ~ 1550℃。铸造生产常用的熔炼设备有冲天炉(适于熔炼铸铁)、电弧炉(适于熔炼铸钢)、坩埚炉(适于熔炼有色金属)、感应加热炉(适于熔炼铸钢和铸铁等)。

(3)落砂。用手工或机械使铸件和型砂(芯砂)、砂箱分开的操作过程,称为落砂。浇注后,必须经过充分的凝固和冷却才能落砂。若过早落砂,就会使铸件产生较大应力,从而导致变形或开裂;此外,铸铁件还会形成白口组织,从而使铸件切削加工困难。

(4)检验。铸件清理后应进行质量检验。可通过眼睛观察或借助尖嘴锤找出铸件的表面缺陷,如气孔、砂眼、粘砂、缩孔、浇不足、冷隔等。耐压试验、超声波探伤等可检验铸件的内部缺陷。

(5)分型面。分型面是铸型组元间的接合面,其选择原则如下:

①应减少分型面的数量,最好使得铸件位于下型中。这样可以简化操作过程,提高铸件的尺寸精度。

②尽量采用平直面为分型面,少用曲面为分型面。这样做可以简化制模和造型工艺。

③尽量使铸件的主要加工面和加工基准面位于同一个砂箱内。

④分型面一般都取在铸件的最大截面处,充分利用砂箱高度,不要使模样在箱内过高。

(6)浇注位置。浇注位置是指浇注时铸型分型面所处的位置,其确定原则可归纳为"三下一上"。

①铸件的重要加工面或主要工作面应朝下。因为气体、熔渣、杂质、砂粒等易上浮,使铸件上部质量较差。例如,生产车床床身铸件时,应将重要的导轨面朝下。

②铸件的大平面应朝下。这样可以防止大平面上产生气孔、夹砂等缺陷,这是由于在浇注过程中,高温的金属液对型腔上表面有强烈的热辐射,容易引起型腔上表面型砂因急剧地热膨胀而拱起或开裂,从而使铸件表面产生夹砂缺陷。

③具有大面积薄壁的铸件,应将薄壁部分放在铸型下部。这是为了防止薄壁部分产生浇不足、冷隔等缺陷。

④易形成缩孔的铸件,应把厚的部分放在分型面附近的上部或侧面,这样便于在铸件厚处

直接安置冒口,以利于补缩。

为了保证铸件的质量,一般都是先确定铸件的浇注位置,然后,从便于造型出发来确定分型面。在确定铸件的分型面时应尽可能使之与浇注位置相一致,或者使二者相互协调起来。

(7)铸件和模样的主要工艺参数。铸件和模样的主要工艺参数有加工余量、起模斜度、铸造圆角、收缩率和芯头尺寸等。这些铸造工艺参数的详细数据可根据具体的零件,查阅有关的铸造工艺手册。

①加工余量——铸件的加工余量是指为了保证铸件加工面尺寸和零件精度,在进行铸件工艺设计时预先增加的,并且在机械加工时切去的金属层厚度。

②起模斜度——起模斜度是为了使模样容易从铸型中取出或型芯自芯盒脱出,平行于起模方向在模样或芯盒壁上设置的斜度,如图1-4-4所示。

③芯头——芯头是型芯的外伸部分,如图1-4-5所示。芯头不形成铸件的轮廓,只是落入芯座内,对型芯起到进行定位和支撑作用。芯头设计的原则是使型芯定位准确,安放牢固,排气通畅,合型与清砂方便。

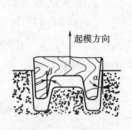

图1-4-4 起模斜度

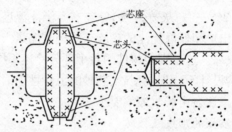

图1-4-5 芯头

④收缩率——铸件在冷却凝固过程中尺寸要缩小,因此制造模样和型芯盒时,要根据合金的线收缩率调整模样与型芯盒尺寸,以保证冷却后铸件的尺寸符合要求。

⑤铸造圆角——在设计铸件和制造模样时,相交壁的交角处要做成圆弧过渡,这种圆弧称为铸造圆角。其目的是防止铸件交角处产生缩孔及应力集中而引起裂纹,也可防止交角处形成粘砂、浇不足等缺陷。铸造圆角的半径一般为3～10mm。

5. 金属的铸造性能

常用的铸造合金有铸铁、铸钢、铸造铝合金和铸造铜合金等。合金在铸造成型过程中获得外形准确、内部健全铸件的能力称为合金的铸造性能。合金的铸造性能主要有流动性、收缩性、吸气性和氧化性等。了解合金的铸造性能及其影响因素,对于选择合理的铸造合金、进行合理的铸件结构设计、制订合理的铸造工艺和保证铸件质量有着十分重要的意义。

(1)流动性。

流动性指金属液的流动能力,是影响金属液充型能力的主要因素之一。金属液的流动性好,充型能力就强,容易获得尺寸准确、外形完整和轮廓清晰的铸件,避免产生冷隔和浇不足等缺陷,也有利于金属液中非金属夹杂物和气体的排出,避免产生夹渣和气孔等缺陷,还有利于在凝固过程中金属液的补缩,避免产生缩孔和缩松等缺陷。一般,在保证足够的流动性条件下,浇注温度尽可能低些。凝固温度范围小的合金流动性好,凝固温度范围大的合金流动性差,故纯金属和共晶成分的合金流动性最好。铸型中凡能增加金属液流动阻力和提高冷却速度的因素均使流动性降低。例如,内浇道横截面小、型腔表面粗糙、型砂透气性差均增加金属液的流动阻力,降低流速,从而降低金属液的流动性。铸型材料导热快,金属液的冷却速度增大,也会使金属液的流动性下降。

(2)收缩性。

液态合金在凝固和冷却至室温过程中,产生体积和尺寸减小的现象,称为收缩。收缩是铸造合金本身的物理性质,是铸件产生缩孔、缩松、裂纹、变形、残余内应力等缺陷的根本原因。

合金从浇注温度冷却到室温要经过液态收缩、凝固收缩和固态收缩三个阶段。液态收缩是指金属液从浇注温度冷却到凝固开始温度的体积收缩;凝固收缩是指金属液在凝固阶段的体积收缩;固态收缩是指金属从凝固终止温度冷却到室温而发生的体积收缩。

合金的液态收缩和凝固收缩主要表现为合金的体积减小,通常用体积收缩率来表示。这两种收缩使型腔内液面降低,它们是形成铸件缩孔和缩松缺陷的基本原因。合金的固态收缩,虽然也是体积变化,但它主要表现为铸件外部尺寸的变化,因此,通常用线收缩率来表示。固态收缩是铸件产生内应力、变形和裂纹等缺陷的主要原因。

影响收缩的因素有化学成分、浇注温度、铸件结构与铸型条件等。不同的合金的收缩率不同:碳素钢的总体积收缩率为12%~13%;白口铸铁为12%~14%;灰铸铁为6%~8%;灰铸钢的线收缩率为2%左右;灰铸铁为1%左右。浇注温度越高,液态收缩量就越大。因此,在生产中多采用高温出炉和低温浇注的措施来减小收缩量。铸件在凝固和冷却过程中并不是自由收缩,而是受阻收缩。这是因为铸件的各个部分冷速不同,相互制约而对收缩产生收缩阻力。例如,当铸件结构设计不合理或型砂、芯砂的退让性差时,铸件就容易产生收缩阻力。因此,铸件的实际线收缩率比自由线收缩率要小些。

6. 缩孔与缩松的形成及预防

(1)缩孔和缩松的形成。

金属液在铸型内凝固过程中,由于补缩不良,在铸件最后凝固的部分将形成孔洞,这种孔洞称为缩孔。缩孔形成的过程如图1-4-6所示。缩孔通常都隐藏在铸件上部或最后凝固部位,有时经机械加工才会暴露出来。

具有较大结晶温度区间的合金,其结晶是在铸件截面上一定宽度的区域内同时进行的,先形成的树枝状晶体彼此相互交错,将金属液分割成许多小的封闭区域,如图1-4-7所示。封闭区域内的金属液凝固时得不到补充,则形成许多分散的小缩孔。这种在铸件缓慢凝固区出现的很细小的分散孔洞称为缩松。

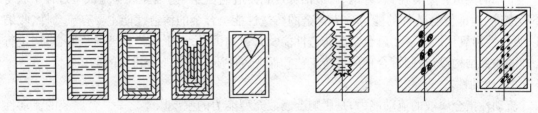

图1-4-6 缩孔形成的过程　　　　　　　图1-4-7 缩松形成的过程

缩孔与缩松不仅减少了铸件受力的有效面积,而且在缩孔部位易产生应力集中,使铸件的力学性能显著降低,因此,在生产中应尽量避免。

(2)缩孔的预防。

预防缩孔的方法称为补缩。对形状简单的铸件,可将浇口设置在厚壁处,适当扩大内浇道的截面积,利用浇道直接进行补缩,如图1-4-8所示。

实践证明,只要合理控制铸件的凝固,使之实现顺序凝固,就可获得没有缩孔的致密铸件。

所谓顺序凝固,是使铸件按"薄壁—厚壁—冒口"的顺序进行凝固的过程。通过增设冒口或冷铁等一系列措施,可使铸件远离冒口的部位先凝固,然后是靠近冒口部位凝固,最后才是冒口本身凝固。按照这个顺序,使铸件各个部位的凝固收缩均能得到金属液的充分补缩,最后将缩孔转移到冒口之中。冒口为铸件的多余部分,在铸件清理时切除,即可得到无缩孔的铸件。图1-4-9为冒口补缩示意图。

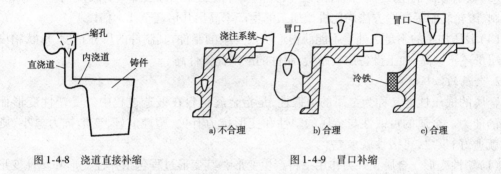

图1-4-8　浇道直接补缩　　　　　　　　　　图1-4-9　冒口补缩

7. 铸造应力、变形和裂纹的形成与预防

铸件在凝固和冷却过程中由于收缩不均匀和相变等因素而引起的内应力称为铸造应力。铸造应力分为收缩应力、热应力和相变应力。收缩应力是由于铸型、型芯等阻碍铸件收缩而产生的内应力;热应力是由于铸件各部分冷却、收缩不均匀而引起的;相变应力是由于固态相变,造成各部分体积发生不均衡变化而引起的。

为了防止或减少铸件产生收缩应力,应提高铸型和型芯的退让性,如在型砂中加入适量的锯末或在芯砂中加入高温强度较低的特殊黏结剂等,都可以减少其对铸件收缩的阻力。

预防热应力的基本途径是尽量减少铸件各部分的温度差,使其尽可能均匀冷却。设计铸件时,应尽量使其壁厚均匀,避免铸件产生较大的温差。此外,在铸造工艺上可采用同时凝固原则。

为了减小铸件变形,防止开裂,应合理设计铸件的结构,力求铸件壁厚均匀,形状对称;合理设计浇冒口、冷铁等,使铸件冷却均匀;采用退让性好的型砂和芯砂;浇注后不要过早落砂;铸件在清理后应及时进行去应力退火。

二、锻压

锻压是指对坯料施加外力,使其产生塑性变形,改变形状、尺寸和改善性能,用以制造机械零件、工件或毛坯的成型加工方法,它是锻造和冲压的总称。常见的金属压力加工方法有锻造、冲压、挤压、轧制、拉拔等。锻压加工是以金属的塑性变形为基础,各种钢和大多数有色金属及其合金都具有不同程度的塑性,因此它们可在冷态或热态下进行锻压加工,而脆性材料(如灰铸铁、铸造铜合金、铸造铝合金等)则不能进行锻压加工。

1. 锻压的特点

金属锻压加工在机械制造中应用非常广泛,常用于制造主轴、连杆、曲轴、齿轮、高压法兰、容器、汽车外壳、电机硅钢片、武器、弹壳等。以汽车为例,按质量计算,汽车上70%的零件都是由锻压加工制造的。金属锻压加工主要有以下特点:

(1)改善了金属内部组织,提高了金属的力学性能。金属经锻压加工后,可使金属毛坯的晶粒变得细小,并使原铸造组织中的内部缺陷(如微裂纹、气孔、缩松等)压合,因而提高了金属的力学性能。

(2)节省金属材料。由于锻压加工提高了金属的强度等力学性能,因此,相对地缩小了同等载荷下的零件的截面尺寸,减轻了零件的质量。另外,采用精密锻压时,可使锻压件的尺寸精度和表面粗糙度接近成品零件,做到少切削或无切削加工。

(3)具有较高的生产率。除自由锻外,其他几种锻压加工方法都具有较高的生产率,如齿轮轧制、滚轮轧制等制造方法均比机械加工的生产率高出几倍甚至几十倍以上。

(4)锻压加工的不足之处是不能获得形状很复杂的制件,其制件的尺寸精度、形状精度和表面质量还不够高,加工设备比较昂贵,制件的成本比铸件高。

2.金属的锻压性能

金属的锻压性能又称为金属的可锻性,是指金属材料在锻造过程中经受塑性变形而不开裂的能力。金属的可锻性与金属的塑性和变形抗力有关,塑性愈好,变形抗力愈小,则可锻性就愈好;反之,可锻性就愈差。

(1)塑性变形。金属在外力作用下将产生变形,其变形过程包括弹性变形和塑性变形两个阶段。弹性变形在外力去除后能够恢复原状,所以不能用于成型加工;只有塑性变形这种永久性的变形,才能用于成型加工。金属的塑性变形过程实质上是位错沿着滑移面的运动过程。在滑移过程中,一部分旧的位错消失,但又产生大量新的位错,总的位错数量是增加的。大量位错运动的宏观表现就是金属的塑性变形。位错运动的观点认为:晶体缺陷及位错相互纠缠会阻碍位错运动,导致金属的强化,即产生冷变形强化现象。

(2)冷变形强化。随着金属冷变形程度的增加,金属材料的强度和硬度都有所提高,但塑性有所下降,这种现象称为冷变形强化。变形后,金属的晶格严重畸变,变形金属的晶粒被压扁或拉长,形成纤维组织。此时,金属的位错密度提高,变形阻力加大,强度、硬度随变形程度的增大而增加,塑性、韧性则明显下降。冷变形强化使金属的可锻性恶化。

(3)回复与再结晶。对冷变形强化的金属进行加热,变形金属将相继发生回复、再结晶和晶粒长大三个阶段的变化,如图1-4-10所示。

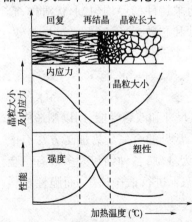

图1-4-10 加热冷变形强化的金属时组织与性能变化示意图

①回复。将冷变形后的金属加热至一定温度后,使原子回复到平衡位置,晶内残余应力大大减少但不改变晶粒形状的现象称为回复。冷拔弹簧钢丝绕制弹簧后常进行低温退火(定形处理),其实质就是利用回复保持冷拔钢丝的高强度,消除冷卷弹簧时产生的内应力。

②再结晶。当加热温度较高时,塑性变形后的金属被拉长了的晶粒重新生核,变为细小、均匀等轴晶粒的过程称为再结晶。再结晶恢复了变形金属的可锻性,能够使金属顺利地进行大量的塑性变形,从而实现各种成型加工。

再结晶是在一定的温度范围内进行的,开始产生再结晶现象的最低温度称为再结晶温度。纯金属的再结晶温度为:$T_{再} \approx 0.4 T_{熔}$(单位:开氏温度,K)。合金中的合金元素会使再结晶温度显著提高。从金属学的观点划分冷、热加工的界限是再结晶温度。对某一具体的金属材料在其再结晶温度以上的塑性变形称为热加工;在其再结晶温度以下的塑性变形称为冷加工。显然,冷加工与热加工并不是以具体的加工温度的高低来区分的。例如,钨的最低再结晶温度约为 1200℃,所以钨即使在稍低于 1200℃ 高温下的塑性变形仍属于冷加工;而锡的最低再结晶温度约 −71℃,所以锡即使在室温下塑性变形却仍属于热加工。

在常温下经过塑性变形的金属,加热到再结晶温度以上,使其发生再结晶的处理称为再结晶退火。再结晶退火可以消除金属材料的冷变形强化,提高其塑性,便于其继续锻压加工,如冷轧、冷拉、冷冲压过程中,需在各工序中穿插再结晶退火。

③晶粒长大。已形成纤维组织的金属,通过再结晶一般都能得到细小而均匀的等轴晶粒。但是如果加热温度过高或保温时间过长,则晶粒会明显长大,成为粗晶粒组织,从而使金属的可锻性恶化。

综上所述,金属的塑性变形能力和变形抗力决定了是否容易对它进行锻压成型加工。金属的塑性变形抗力决定了锻压设备吨位的选择。影响金属可锻性的因素有金属化学成分、组织结构及变形条件。一般来说,纯金属的可锻性都优于其合金的可锻性;合金中合金元素的质量分数愈高,化学成分愈复杂,其可锻性就愈差;非合金钢中碳的质量分数愈高,其可锻性就愈差。纯金属组织和未饱和的单相固溶体组织都具有良好的可锻性;合金组织中金属化合物增加会使其可锻性急剧恶化;细晶粒组织的可锻性优于粗晶粒组织。在一定温度范围内,随着变形温度的升高,再结晶过程加速进行,变形抗力减少,金属的变形能力增加,从而改善了金属的可锻性。

3. 金属的锻造温度

加热的目的是提高金属的塑性和降低变形抗力,以改善其可锻性和获得良好的锻后组织。加热后锻造可以用较小的锻打力量使坯料产生较大的变形而不破裂。非合金钢、低合金钢和合金钢锻造时,都尽可能在单相的奥氏体区内进行,因为奥氏体组织具有良好的塑性和均匀一致的组织。

锻造温度范围是指由始锻温度到终锻温度之间的温度间隔。

(1)始锻温度。始锻温度是指开始锻造时坯料的温度,也是允许的最高加热温度。这一温度不宜过高,否则可能造成过热和过烧;但始锻温度也不宜过低,因为过低则使锻造温度范围缩小,缩短锻造操作时间,增加锻造过程的加热次数。所以确定始锻温度的原则是在不出现过热、过烧的前提下,尽量提高始锻温度。非合金钢的始锻温度应比固相线低 200℃ 左右。

(2)终锻温度。终锻温度指坯料经过锻造成型,在停止锻造时锻件的温度。这一温度过高,停锻后晶粒在高温下会继续长大,造成锻件晶粒粗大;终锻温度过低,则塑性不良,变形困难,容易产生冷变形强化。所以,确定终锻温度的原则是:在保证锻造结束前,金属还具有足够的塑性以及锻造后能获得再结晶组织的前提下,终锻温度应低一些。非合金钢的终锻温度常取 800℃ 左右。

4. 锻造

锻造是指在加压设备及工(模)具的作用下,使坯料、铸锭产生局部或全部的塑性变形,以获得一定几何尺寸、形状和质量的锻件的加工方法,它包括自由锻、模锻、胎模锻等加工方法。

(1)自由锻。自由锻是指只用简单的通用性工具,或在锻造设备的上、下砧铁之间直接对坯料施加外力,使坯料产生变形而获得所需几何形状及内部质量的锻件的加工方法。自由锻是通过局部锻打逐步成型的,它的基本工序包括镦粗、拔长、冲孔、切割、弯曲、扭转、错移及扩孔等,见表 1-4-2。

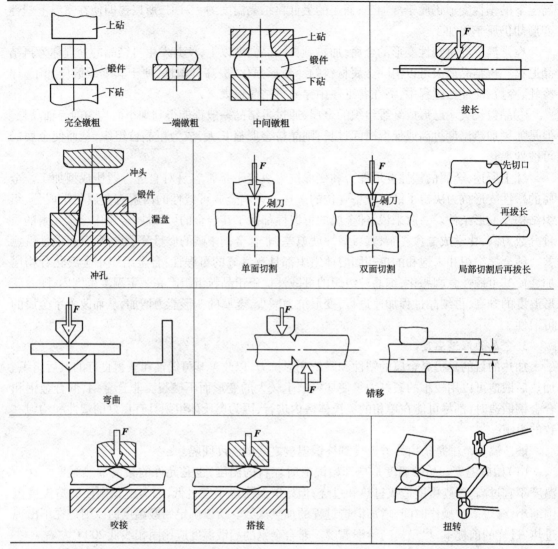

自由锻是历史最悠久的一种锻造方法,具有工艺灵活,所用设备及工具通用性大,成本低等特点。自由锻是逐步成型的,所需变形力较小,但这种方法生产率较低,锻件精度低,劳动强度大,故多用于形状较简单、精度要求不高的锻件单件、小批生产。

（2）模锻。模锻是指利用模具使坯料变形而获得锻件的锻造方法。由于坯料在锻模内整体锻打成型,故模锻所需的变形力较大。

按所用设备不同,模锻可分为锤上模锻、曲柄压力机上模锻、摩擦压力机上模锻等。图 1-4-11 为锤上模锻。锻模由上锻模和下锻模两部分组成,分别安装在锤头和模垫上,工作时上锻模随锤头一起上下运动。上模向下扣合时,对模腔中的坯料进行冲击,使之充满整个模腔,从而得到所需锻件。

根据功用的不同,模腔可分为制坯模腔和模锻模腔,其中模锻模腔分为终锻模腔和预锻模腔。根据模锻件复杂程度不同,锻模又可分为单腔模锻和多腔模锻。

模锻与自由锻相比有很多优点,如模锻生产率高,有时可比自由锻高几十倍;锻件尺寸比较精确;切削加工余量小,故可节省金属材料,减少切削加工工时;能锻制形状比较复杂的锻件。但模锻受到设备吨位的限制,模锻件质量一般都在 150kg 以下,且制造锻模的成本较高。因此,模锻主要用于形状比较复杂、精度要求较高的中小型锻件的大批生产。

模锻可进行精密锻造,精密锻造是指在一般模锻设备上锻造高精度锻件的锻造方法,其主要特点是使用两套不同精度的锻模。锻造时,先使用粗锻模锻造,留有 0.1~1.2mm 的精锻余量;然后,切下飞边并酸洗,重新加热到 700~900℃,再使用精锻模锻造。精密锻造得到的锻件精度高,不需或只需少量切削加工。

(3)胎模锻。胎模锻是在自由锻设备上使用可移动模具生产模锻件的一种锻造方法。胎模是一种只有一个模腔且不固定在锻造设备上的锻模。胎模锻是介于自由锻和模锻之间的一种锻造方法,一般都用自由锻方法制坯,使坯料初步成型,然后在胎模中终锻成型。胎模不固定在锤头或砧座上,只是在使用时才放上去。常用的胎模有扣模、套模、摔模、弯曲模、合模和冲切模等。图 1-4-12 为扣模与套模。

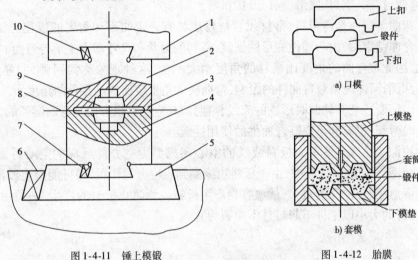

图 1-4-11 锤上模锻   图 1-4-12 胎膜

1-锤头;2-上模;3-飞边槽;4-下模;5-模垫;6、7、10-楔铁;8-分模面;9-模腔

胎模锻与自由锻相比,生产率高,锻件精度高,节约金属材料,锻件成本低。与模锻相比,不需模锻设备,模具制造简便,工艺灵活。但胎模锻比模锻的劳动强度大,模具寿命短,生产率低。因此,胎模锻适于中小型锻件的小批生产。

5. 冲压

冲压是指使板料经分离或变形而得到制件的加工方法。因冲压通常都是在冷态下进行的,故又称冷冲压。冲压在汽车、航空、电器、仪表等工业中应用广泛。冲压主要是对薄板(厚度一般不超过 8mm)进行冷变形,所以一般冲压件的质量都较轻。冲压的坯料板材必须具有良好的塑性,常用的冲压材料有低碳钢、塑性好的合金钢以及铜、铝有色金属等。冲压设备有剪床和冲床。冲压操作简便,易于实现机械化和自动化,生产效率高,成本低。但是由于冲模制造复杂,成本高,所以只有在大批生产时,冲压的优越性才能突显。

冲压的基本工序可分为分离和变形两大类:

(1)分离工序。分离工序是指使坯料的一部分与另一部分相互分离的工序,如剪切、落料、冲孔等。

①剪切。剪切是将材料沿不封闭的曲线分离,通常都是在剪板机上进行的。

②冲裁。冲裁是利用冲模将板料以封闭轮廓与坯料分离。落料和冲孔都属于冲裁,二者

的目的不同:落料是被冲下的部分为成品,周边是废料;冲孔是被冲下的部分为废料,而周边形成的孔是成品。板料的冲裁过程如图1-4-13所示。凸模和凹模都具有锋利的刃口,二者之间有一定的间隙Z。当凸模压下时,板料将经弹性变形、塑性变形和分离三个阶段的变化。

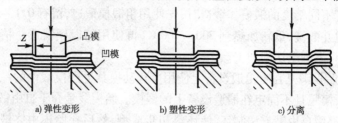

a) 弹性变形　　b) 塑性变形　　c) 分离

图1-4-13　板料的冲裁过程

(2)变形工序。变形工序是指使板料的一部分相对于另一部分产生位移而不破裂的工序,如弯曲、拉深、翻边、胀形、缩口及扩口等。

①弯曲。弯曲是将板料、型材或管材弯成具有一定曲率和角度的成型方法,如图1-4-14所示。弯曲结束后,由于弹性变形的恢复,坯料的形状和尺寸都发生了与弯曲时变形方向相反的变化,因此被弯曲的角度比模具的角度稍大一些,这种现象称为回弹,回弹角一般都小于10°。为抵消回弹现象对弯曲件的影响,弯曲模的角度应比成品零件的角度小一个回弹角。板料弯曲时还要注意其轧制时形成的流线合理分布,应使流线方向与弯曲圆弧的方向一致,以防止弯曲时弯裂,也有利于提高弯曲件的使用性能。

②拉深。拉深是使平面板料或浅的空心坯成型为空心件或深的空心件的加工方法,如图1-4-15所示。拉深过程中,由于板料边缘受到压应力的作用,很可能产生波浪状变形折皱。板料厚度愈小,拉深深度愈大,就愈容易产生折皱。为防止折皱的产生,必须用压边圈将坯料压住,压力的大小以工件不起皱且不拉裂为宜。

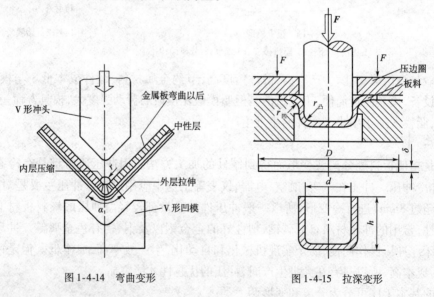

图1-4-14　弯曲变形　　　　　图1-4-15　拉深变形

6.其他锻压方法

(1)轧制是指金属材料或非金属材料在旋转轧辊的压力作用下,产生连续塑性变形,获得所要求的截面形状并改变其性能的加工方法,如图1-4-16所示。

(2)拉拔是指坯料在牵引力作用下通过模孔拉出,使之产生塑性变形而得到截面缩小、长度增加的加工方法,如图1-4-17所示。

（3）挤压是指坯料于封闭模腔内在三向不均匀压应力作用下,使之横截面积减少、长度增加,从模具的孔口或缝隙挤出,成为所需制品的加工方法,如图1-4-18所示。

按挤压温度的不同,挤压可分为冷挤压、温挤压和热挤压三种;按被挤压金属的流动方向和凸模运动方向的关系,挤压可分为正挤压、反挤压和复压挤压等,如图1-4-19所示。

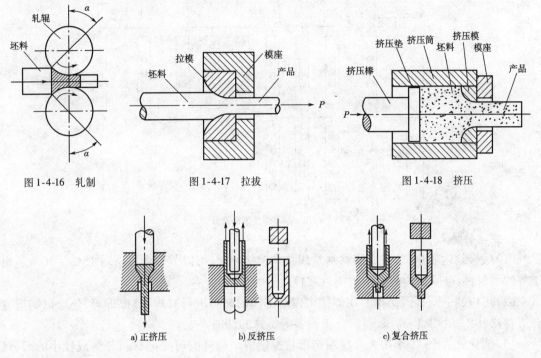

图1-4-16 轧制   图1-4-17 拉拔   图1-4-18 挤压

a) 正挤压   b) 反挤压   c) 复合挤压

图1-4-19 挤压的分类

挤压具有生产率较高、锻造流线分布合理等优点,但挤压件变形抗力大,多用于挤压有色金属材料,常用于生产中空件、排气阀、油杯等工件。

三、焊接

焊接是指通过加热、加压,或两者并用,并且用或不用填充材料,使工件达到不可拆卸连接的一种方法。

在现代制造业中,焊接技术起着重要的作用。无论在钢铁、车辆、舰船、航空航天、石化设备、机床、桥梁等行业,还是在电机电器、微电子产品、家用电器等行业,焊接技术都是一种基本的,甚至是关键性或主导性的生产技术。

1. 焊接的分类

一般按照焊接过程的不同,将焊接分为熔焊、压焊和钎焊三大类。

（1）熔焊。熔焊是将待焊处的母材金属熔化以形成焊缝的焊接方法。实现熔焊的关键是加热源,其次是必须采取有效措施隔离空气以保护高温焊缝。熔焊的典型特征是具有熔池。常用的熔焊方法有电弧焊、电渣焊、等离子束焊、电子束焊和激光焊等,这些焊接方法使用的加热原理不同。

（2）压焊。焊接过程中,必须对焊件施加压力(加热或不加热)以完成焊接的方法。

（3）钎焊。采用比母材熔点低的金属材料作为钎料,将焊件和钎料加热到高于钎料熔点,低于母材熔化温度,利用液态钎料润湿母材,填充接头间隙并与母材相互扩散实现连接焊件的方法。

基本焊接方法及分类如图1-4-20所示。对于热切割(气割、等离子切割、激光切割)、表面堆焊、喷镀、碳弧气刨、胶接均是与焊接方法相近的金属加工方法,通常也属于焊接专业的技术范围。

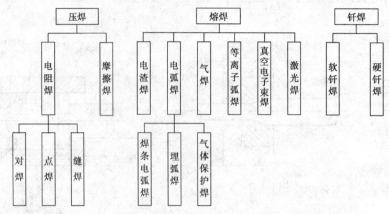

图1-4-20　基本焊接方法及分类

2. 焊接的特点

(1)减轻结构质量,节省金属材料。焊接与铆接相比,可以节省金属材料15%~20%。由于节约了材料,金属结构的自重也得以减轻。

(2)可以制造双金属结构。用焊接可以对不同的材料进行对焊、摩擦焊等,还可以制造复合层容器,以满足高温、高压设备,化工设备等特殊的性能要求。

(3)能化大为小,以小拼大。在制造形状复杂的结构件时可先把材料分解成较小的部分,然后用逐步装配焊接的方法以小拼大。对于大型结构,如轮船船体的制造,都是以小拼大。

(4)结构强度高,产品质量好。在多数情况下,焊接接头都能达到与母材等强度,甚至接头强度高于母材的强度。因此,焊接结构的产品质量比铆接要好。目前,焊接已基本上取代了铆接。

(5)焊接时的噪声较小,工人劳动强度较低、生产率较高,易于实现机械化与自动化。

(6)由于焊接是一个不均匀的加热过程,所以,焊后会产生焊接应力与变形。如果在焊接过程中采取一定的措施,即可消除或减轻焊接应力与变形。

3. 焊条电弧焊

焊条电弧焊(手工电弧焊)是用手工操纵焊条进行焊接的电弧焊方法,是利用焊条与焊件之间产生的电弧热,熔化焊件与焊条而进行焊接的。焊条电弧焊是目前生产中应用较多的一种普遍焊接方法。

(1)焊接电弧。

焊接电弧是在焊条与焊件之间的气体介质中产生的强烈而持久的放电现象。产生焊接电弧有接触引弧和非接触引弧两种方式。焊条电弧焊采用接触引弧时,其焊接过程如图1-4-21所示。首先,用装在焊钳上的焊条擦划或接触焊件,由于焊条末端与焊件瞬时接触而造成短路,产生很大的短路电流,接触点金属温度迅速升高,为电子的逸出和气接触点准备了能量。接着,迅速把焊条提起2~4mm的距离,在两极间电场力作用下,被加热的阴极表面就有电子高速飞出并撞击气体介质,使气体介质电离成正离子和电子。此时正离子奔向阴极,电子奔向阳极。在它们运动过程中和到达两极时不断碰撞和复合,使动能变为热能,产生大量的光和热,因此在焊条端部与焊件之间形成了电弧。

在焊条与焊件之间形成的电弧热,使焊件局部和焊条端部同时熔化成熔池,焊条金属熔化后成为熔滴,借助重力和电弧气体吹力的作用过渡到熔池中。同时,电弧热还使焊条的药皮熔化,药皮熔化后和金属液起化学作用,所形成的液态熔渣不断地在熔池中向上浮起,药皮燃烧时产生的大量气体环绕在电弧周围,熔渣和气体可防止空气中氧、氮的侵入,起到保护熔化金属的作用。

焊接电弧由阴极区、阳极区和弧柱区三部分组成,如图 1-4-22 所示。阴极区是发射电子的地方。发射电子需消耗一定能量,所以阴极区产生的热量不多,只占电弧总热量的 36% 左右,温度在 2400 K 左右。阳极区是接收电子的地方。由于高速电子撞击阳极表面因而产生较多的能量,占到电弧总热量的 43% 左右,温度在 2600 K 左右。弧柱区是指阴极与阳极之间的离子化气体空间区域。弧柱区产生的热量仅占电弧总热量 21% 左右,但弧柱中心温度最高,大约在 6000~8000K 之间。

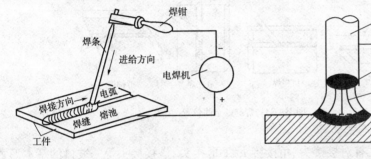

图 1-4-21　焊条电弧焊的示意图　　　　图 1-4-22　焊接电弧的组成

由于焊接电弧的阳极区的温度要高于阴极区,因此在使用直流弧焊机(弧焊整流器)焊接时,若把焊件接阳极、焊条接阴极(正接法),则电弧热量大部分集中在焊件上使工件熔化加快,保证了足够的熔深,故适用于焊接厚的焊件。相反,若把焊件接阴极、焊条接阳极(反接法),焊条熔化得快,适合于焊接较薄的焊件或不需要较多热量的焊件。在使用交流弧焊机(弧焊变压器)焊接时,由于阴、阳极在不断变化,焊件与焊条得到的热量是相等的,不存在正接或反接的问题。

(2)焊条。

焊条由焊芯和药皮两部分组成,其质量的优劣直接影响到焊接的质量和焊缝金属的力学性能。

焊芯的主要作用是传导焊接电流,产生电弧并维持电弧燃烧;其次是作为填充金属与母材熔合成一体,组成焊缝。在焊缝金属中,焊芯金属约占 60%~70%,焊芯的化学成分和质量都对焊缝质量有重大的影响。为了保证焊接质量,国家标准对焊芯的成分和质量都作了严格的规定。焊芯的牌号为"H + 数字 + 元素符号 + 数字",数字含义与优质合金结构钢相同。常用焊条的牌号有 H08、H08MnA、H10Mn2 等。

药皮是由一系列矿物质、有机物、铁合金和黏结剂组成的。它的主要作用是:保证焊接电弧的稳定燃烧;向熔池添加合金元素,提高焊缝的力学性能;改善焊接工艺性能,有利于进行各种位置的焊接;使焊缝金属脱氧、脱硫、脱磷、去氢等;保护熔池与熔滴不受空气侵入。

焊条的分类方法很多。按用途焊条分为碳钢焊条、低合金钢焊条、不锈钢焊条、铸铁焊条、堆焊焊条、镍和镍合金焊条、铜和铜合金焊金、铝和铝合金焊条等。按照焊条药皮熔化后的酸碱度分为酸性焊条和碱性焊条两类：酸性焊条熔渣中酸性氧化物的比例较高,焊接时,熔渣飞溅小,流动性和覆盖性较好,焊缝美观,对铁锈、油脂、水分的敏感性不大,但焊接中对药皮合金元素烧损较大,抗裂性较差,适用于一般结构件的焊接。碱性焊条熔渣中碱性氧化物的比例较高,焊接时,电弧不够稳定,熔渣的覆盖性较差,焊缝不美观,焊前要求清除掉油脂和铁锈;但它的脱氧去氢能力较强,故又称为低氢型焊条,焊接后焊缝的质量较高,适用于焊接重要的结构件。

（3）焊缝的空间位置。

焊接时,按焊缝在空间位置的不同可分为平焊、横焊、立焊和仰焊四种,如图1-4-23所示。平焊操作容易、劳动条件好、生产率高、质量易于保证,因此,一般都应把焊缝放在平焊位置施焊。横焊、立焊、仰焊时,焊接较为困难,应尽量避免。若无法避免时,可选用小直径的焊条,较小的电流,调整好焊条与焊件的夹角与弧长后再进行焊接。

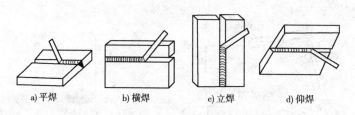

a) 平焊　　　　b) 横焊　　　　c) 立焊　　　　d) 仰焊

图1-4-23　焊缝的空间位置

（4）焊接接头及坡口形式。

焊接接头的基本形式有对接接头、角接接头、T形接头、搭接接头等。坡口的基本形式有I形坡口（不开坡口）、单边V形坡口、V形坡口、双边V形坡口、U形坡口和双U形坡口等,如图1-4-24所示。

（5）焊接的工艺参数。焊接工艺参数主要包括焊接电流、焊条直径、焊接层数、电弧长度和焊接速度等。

①焊条直径的选择。焊条直径的大小与焊件厚度、焊接位置及焊接层数有关。焊件厚度大时,一般应采用大直径焊条;平焊时,焊条直径应大些;多层焊在焊第一层时,应选用较小直径的焊条。焊件厚度与焊条直径的关系见表1-4-3。

②焊接电流的选择。焊接电流的选择主要根据焊条直径,见表1-4-3。非平焊或焊接不锈钢时,焊接电流应减小15%左右。焊角焊缝时,电流要稍大些。

焊接厚度、焊条直径与焊接电流的关系　　　　　　　　表1-4-3

焊接厚度（mm）	1.5~2	2.5~3	3.5~4.5	5~8	10~12	13
焊条直径（mm）	1.6~2	2.5	3.2	3.2~4	4~5	5~6
焊接电流（A）	40~70	70~90	100~130	160~200	200~250	250~300

总之,焊接工艺参数的选择,应在保证焊接质量的条件下,尽量采用较大直径焊条和较大电流进行焊接,以提高劳动生产率。在焊条电弧焊过程中,电弧长度和焊接速度是依靠手工操作掌握的,故在技术上未作具体规定。但电弧过长,会使电弧不稳定,熔池深减小,飞溅增加,还会使空气中的氧和氮侵入熔池区,降低焊缝质量,所以电弧长度尽量短些。焊接速度不应过快或过慢,应以焊缝的外观与内在质量均达到要求为适宜。

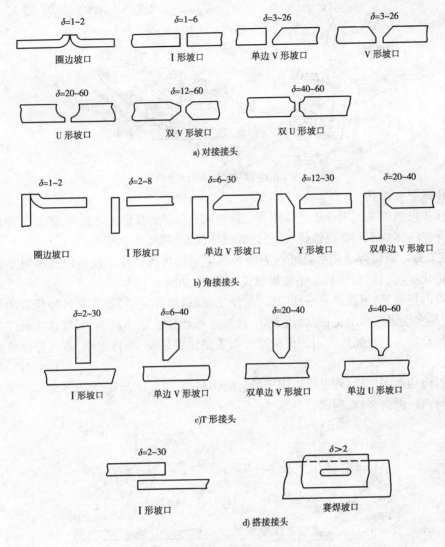

图 1-4-24 焊条电弧焊的接头形式及坡口形式

4. 埋弧焊

埋弧焊是指电弧在焊剂层下燃烧进行焊接的方法。埋弧焊属于电弧焊的一种，可分为自动和半自动两种。它的工作原理是，电弧在颗粒状的焊剂下燃烧，焊丝由送丝机构自动送入焊接区，电弧沿焊接方向的移动靠手工操作或机械自动完成。

埋弧自动焊如图 1-4-25 所示，电源接在导电嘴和焊件上，颗粒状焊剂通过焊剂斗均匀地撒在被焊的位置，焊丝被送丝机构自动送入电弧燃烧区，并维持选定的弧长，在焊接小车的带动下，以一定的速度移动完成焊接。

埋弧自动焊的优点是允许采用较大的焊接电流，生产率提高，焊缝保护好，焊接质量高，能节省材料和电能，劳动条件好，实现了焊接过程的机械化。缺点是焊接时电弧不可见，不能及时发现问题，接头的加工与装配要求较高，焊前准备时间长。

埋弧焊主要用于焊接非合金钢、低合金高强度钢，也可用于焊接不锈钢及紫铜等，适于大批焊接较厚的大型结构件的直线焊缝和大直径环形焊缝。

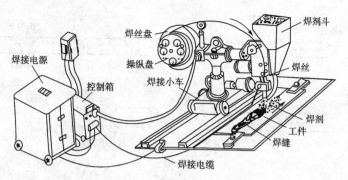

图 1-4-25　埋弧自动焊的示意图

5. 气体保护电弧焊

气体保护电弧焊是利用外加气体作为电弧介质并保护焊接区的电弧焊,简称气体保护焊。根据所用保护气体的不同有氩弧焊、二氧化碳气体保护焊等。

(1) 氩弧焊。氩弧焊是使用氩气作为保护气体的气体保护焊。按所用的电极不同,氩弧焊分为不熔化极(钨极)氩弧焊和熔化极氩弧焊两种,如图 1-4-26 所示。

氩弧焊的特点是:氩弧焊是一种明弧焊,便于观察,操作灵活,适宜于各种位置的焊接;焊后无熔渣,易实现焊接自动化;焊缝成型好,焊接电弧燃烧稳定飞溅小,可焊接 1mm 以下薄板及某些异种金属。但氩弧焊所用的设备及控制系统比较复杂,维修困难,氩气价格较贵,焊接成本高。

氩弧焊应用范围广泛,几乎可以用于所有的钢材、有色金属及其合金,通常多用于焊接铝、镁、钛及其合金、低合金钢、耐热合金等。

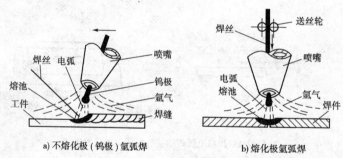

a) 不熔化极(钨极)氩弧焊　　　　b) 熔化极氩弧焊

图 1-4-26　氩弧焊的示意图

(2) CO_2 气体保护焊。CO_2 气体保护焊是利用 CO_2 作为保护气体的气体保护焊,如图 1-4-27 所示。焊接时,焊丝作为电极连续送进,CO_2 气体从喷嘴中以一定流量喷出。电弧引燃后,焊丝端部与熔池被 CO_2 气体包围,防止了空气对熔池金属的有害作用。CO_2 是氧化性气体,在高温下能使钢中的合金元素产生烧损,所以必须选择具有脱氧能力的合金钢焊丝,如 H08Mn2Si 等。

CO_2 气体保护焊的特点是 CO_2 气体来源广、价格低,使用 CO_2 气体保护焊的成本约为埋弧焊的 40% ~50%;电弧的穿透能力强,熔池深;焊速快,生产率比焊条电弧焊高 2 ~4 倍;热影响区小,焊件的变形较小,焊缝质量高。但 CO_2 气体保护焊的焊接设备较为复杂,要求用直流电源;焊接时弧光较强,飞溅较大;焊缝表面不平滑,室外焊接时常受风的影响。CO_2 气体保护焊主要用于低碳钢和低合金钢薄板等材料的焊接。

6. 等离子弧焊

等离子弧焊是借助水冷喷嘴对电弧的拘束作用,获得较高能量密度的等离子弧进行焊接

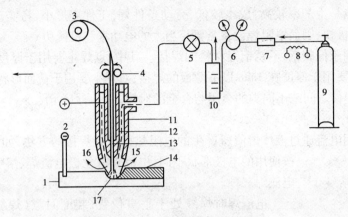

图 1-4-27　CO_2 气体保护焊的示意图

1-母材;2-直流电源;3-焊丝;4-送丝滚轮;5-阀;6-减压阀;7-干燥器;8-预热器;9-液态 CO_2;

10-流量计;11-喷嘴;12-CO_2 气体;13-导电嘴;14-焊缝;15-熔池;16-熔滴;17-电弧

的方法。当电弧经过水冷却喷嘴孔道时,受到喷嘴细孔的机械压缩;弧柱周围的高速冷却气流使电弧产生热收缩;弧柱的带电粒子流在自身磁场作用下,产生相互吸引力,使电弧产生磁收缩。被高度压缩的电弧,形成高温、高电离度及高能量密度的电弧,称为等离子弧,如图 1-4-28 所示。

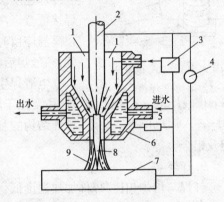

图 1-4-28　等离子弧发生装置的示意图

1-气流;2-钨极;3-振荡器;4-直流电源;5-电阻;

6-喷嘴;7-焊件;8-等离子弧;9-保护气体

　　等离子弧焊的特点是等离子弧能量易于控制,弧柱温度高(可达 20000℃以上),穿透能力强,焊接质量高,生产率高,焊缝深宽比大,热影响区小。但其喷嘴结构复杂,对控制系统要求较高,焊接区可见度不好,焊接最大厚度受到限制。

　　用等离子弧可以焊接绝大部分金属,但由于焊接成本较高,故主要用于焊接某些焊接性差的金属材料和精细工件等,常用于不锈钢、耐热钢、高强度钢及难熔金属材料的焊接。此外,还可以焊接厚度为 0.025~2.5mm 的箔材及板材,也可进行等离子弧切割。

7. 电阻焊(接触焊)

　　电阻焊是工件组合后通过电极施加压力,利用电流通过接头的接触面及邻近区域产生的电阻热进行焊接的方法。生产中,电阻焊根据接头的形式不同分为点焊、缝焊和对焊,如图 1-4-29 所示。

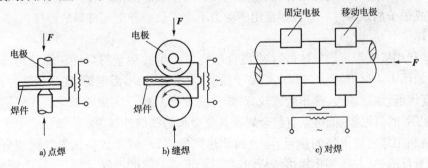

a) 点焊　　　　b) 缝焊　　　　c) 对焊

图 1-4-29　电阻焊

电阻焊的特点是生产率较高,成本较低,劳动条件好,工件变形小,易实现机械化与自动化;由于焊接过程极快,因而电阻焊设备需要相当大的电功率和机械功率。

电阻焊主要用于低碳钢、不锈钢等材料的焊接。其中,点焊主要用于厚度在 4mm 以下薄板的焊接;缝焊主要用于厚度在 3mm 以下薄板的焊接;对焊主要用于截面形状简单、直径或边长小于 20mm 的焊件之间或不同类的金属与合金的对接。

8. 电渣焊

电渣焊是利用电流通过液体熔渣所产生的电阻热而进行焊接的方法,如图 1-4-30 所示。

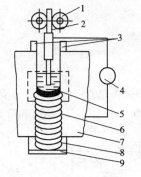

图 1-4-30　电渣焊
1-送丝滚轮;2-焊丝;3-引出板;4-焊接电源;5-熔池;6-焊缝;7-焊件;8-引入板;9-引弧板

按使用的电极形状不同,电渣焊有丝极电渣焊、熔嘴电渣焊和板极电渣焊三种。

电渣焊时焊缝处于垂直位置,装配间隙(焊缝宽度)为 25 ~ 38mm,而且是上大下小,一般差 3 ~ 6mm。焊件不需开坡口。焊缝金属在液态停留时间长,不易产生气孔及夹渣等缺陷。焊缝及近缝区冷却速度缓慢,对难焊接的钢材,不易出现淬硬组织和冷裂缝,故焊接低合金高强度钢及中碳钢时通常不需预热。但接头热影响区在高温停留时间长,易产生粗大晶粒和过热组织。焊接接头韧性低,一般焊后都需要正火处理,以改善接头的组织与性能。

电渣焊生产效率高,劳动条件好,特别适合大厚度结构件的焊接,主要用于厚壁压力容器纵缝的焊接和大型的铸焊、锻焊或厚板拼焊结构的制造,也可以焊接非合金钢、低合金钢、耐热钢、不锈钢、铝及铝合金等。

9. 钎焊

钎焊与熔焊相比,焊件加热温度低、金属组织和力学性能变化都较小,接头光滑平整;某些钎焊可以一次焊多个工件、多个接头,生产率高;可以连接异种材料。但接头的强度较低,工作温度也不能太高。根据钎料熔点高低,钎焊可分为硬钎焊和软钎焊两种。

(1)硬钎焊。硬钎焊的钎料熔点在 450℃ 以上,其焊接接头强度在 300 ~ 500MPa 之间,工作温度较高。属于硬钎焊的钎料有铜基、铝基、银基、镍基钎料等,常用的为铜基钎料。焊接时需要加钎剂,铜基钎料常用硼砂、硼酸混合物。硬钎焊的加热方式有氧乙炔火焰加热、电阻加热、感应加热、炉内加热等,适合于受力较大的工件及工具的焊接。

(2)软钎焊。软钎焊的钎料熔点在 450℃ 以下,其焊接接头强度在 60 ~ 140MPa,工作温度在 100℃ 以下。属于软钎焊的钎料有锡铅钎料、锡银钎料、铅基钎料、镉基钎料等,常用的为锡铅钎料。软钎焊所用的钎剂为松香、酒精溶液、氯化锌或氯化锌加氯化铵水溶液。钎焊时可用烙铁、喷灯或炉子加热焊件。软钎焊常用于受力不大的仪表导电元件等的焊接。

10. 气焊

气焊是利用氧气和可燃气体(乙炔)混合燃烧所产生的热量将焊件和焊丝局部熔化而进行焊接的,如图 1-4-31 所示。气焊火焰易于控制,灵活性强,不需电源,能焊接多种材料;但气焊火焰温度较低,加热缓慢,热影响区较宽,焊件易变形且难于实现机械化。气焊适合焊接厚度在 3mm 以下的薄钢板、低熔点有色金属及其合金和铸铁的补焊等。

气割是利用氧乙炔火焰的热量,将金属预热到燃点,然后开放高压氧气流使金属氧化燃烧,产生大量反应热,并将氧化物熔渣从切口吹掉,形成割缝的过程,如图 1-4-32 所示。

气焊质量的好坏与所用气焊火焰的性质有极大的关系。改变氧气和乙炔气体的体积比,可得到三种不同性质的气焊火焰,如图1-4-33所示。

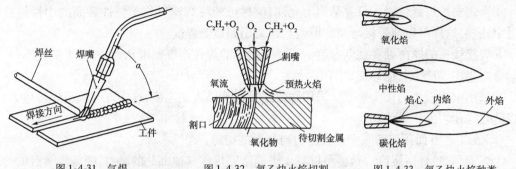

图1-4-31 气焊　　　图1-4-32 氧乙炔火焰切割　　　图1-4-33 氧乙炔火焰种类

（1）中性焰——火焰中既无过量氧又无游离碳,氧气与乙炔充分燃烧,内焰的最高温度可达3150℃,适合于焊接低中碳钢、低合金钢、紫铜、铝及其合金等。

（2）氧化焰——火焰中有过量的氧,在尖形焰芯外面形成一个有氧化性的富氧区。由于氧气充足,燃烧剧烈,因此最高温度可达3300℃,适合于焊接黄铜、镀锌铁皮等。

（3）碳化焰——火焰中含有游离碳,具有较强的还原作用,也有一定渗碳的作用。碳化焰的最高温度为3000℃,适合于焊接高碳钢、高速钢、铸铁及硬质合金等。

11.焊接应力与焊接变形

由于焊接是一种局部加热的工艺过程,焊接后残存于焊件中的内应力称为焊接应力。焊接后残存于焊件上的变形称为焊接变形,焊接变形是由于焊接应力超过焊件的屈服强度时产生的。焊接应力是形成各种焊接裂缝的主要因素之一。焊接应力与变形在一定的条件下,还影响焊接结构的性能,如强度、刚度、受压时的稳定性,尺寸的准确性和稳定性、加工精度、耐腐蚀性等。因此,在焊接过程中,应尽可能减少焊接应力与变形,以保证焊接结构有较高的质量。

常见的焊接变形可分为收缩变形、角变形、扭曲变形、波浪变形和弯曲变形五种基本形式,如图1-4-34所示。

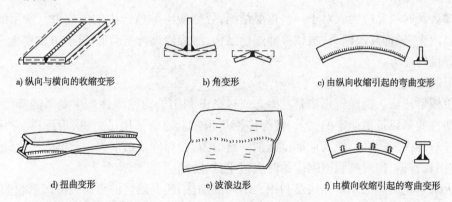

a) 纵向与横向的收缩变形　　　b) 角变形　　　c) 由纵向收缩引起的弯曲变形

d) 扭曲变形　　　e) 波浪边形　　　f) 由横向收缩引起的弯曲变形

图1-4-34 焊接变形的基本形式

（1）在设计方面预防和减少焊接应力与变形的措施。

①选用合理的焊缝尺寸和形状。在保证结构有足够承载能力的前提下,应采用尽量小的焊缝尺寸。对仅起连接作用和受力不大的角焊缝,应按板厚选取工艺上可能的最小尺寸。

②尽可能减少焊缝数量。焊接结构应尽量选用型材、冲压件、铸件等。这样能减少焊缝数量,简化焊接工艺,使焊接应力与变形减少,保证焊接质量。

③尽可能使焊缝分散,避免集中。两条平行焊缝一般都要求相距100mm以上,其他焊缝

也应保持足够的距离,这样可以避免应力集中、焊件变形和其他缺陷,提高焊件质量。

④合理安排焊缝位置。只要结构上允许,应尽可能使焊缝对称于焊件截面的中性轴或者接近中性轴,这样可以使焊接弯曲变形消除或减小到最低程度。

⑤焊接接头的厚薄处要逐渐过渡。当接头两侧的焊件厚度差别悬殊时,由于受热不匀,易引起应力集中或产生其他焊接缺陷。

⑥采用刚性较小的接头形式。采用翻边连接代替插入式连接,这样既可减小焊接应力,又可以简化操作。

(2)在工艺方面预防和减少焊接应力与变形的措施。

①焊前预热,焊后缓冷。这样可以减少焊缝区和焊件其他部分的温差,降低焊缝区的冷却速度,使焊件能较均匀地冷却下来,从而减少应力和变形的产生。此方法工艺复杂,增加了焊接成本,只适用于焊接性较差的材料。

②采用合理的焊接顺序和方向。在选择焊接顺序和方向时,应尽量使焊缝能比较自由地收缩。焊接时,应先焊收缩量较大的焊缝,后焊收缩量较小的焊缝。先焊错开的短焊缝,后焊直通的长焊缝,如图 1-4-35 所示。

③反变形法。焊前先将焊件向焊接变形相反的方向进行变形,待焊接变形产生时,焊件各部分又恢复到了正常的位置,从而达到了消除变形的目的,如图 1-4-36 所示。

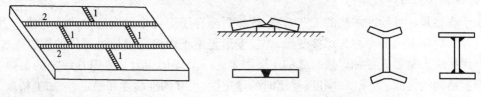

图 1-4-35　按焊缝长短确定焊接顺序　　　　　图 1-4-36　反变形法的示意图

④采用刚性固定法。利用夹具或其他一些工具与方法,将焊件强制固定在正常的位置上,从而减小焊接变形。

⑤焊后及时消除应力。对于一些重要结构,焊后应消除所产生的内应力。常用的方法有整体高温回火、局部高温回火、机械拉伸焊接结构、对焊件进行振动等,这些方法都能不同程度地降低焊接内应力。

(3)矫正焊接变形的方法。

①机械矫正法。机械矫正法是在冷态或热态下利用外力使焊件产生变形的部位,再产生相反的塑性变形以抵消原来的变形,使焊件恢复正常。通常采用压力机、千斤顶、专用矫正机和手锤等对焊件变形部位或其他部位施加一定的力,使焊件变形消失。此类方法比较简单,效果好,应用较普遍,但对高强度钢应用时应慎重,以防断裂。

②火焰矫正法。火焰矫正法是利用火焰局部加热,使受热区的金属在冷却后收缩,达到矫正变形的目的。火焰一般都采用氧乙炔火焰,利用气焊焊炬,不需要专门的设备,方法简便,机动灵活,在生产上广泛应用。但在使用时,必须掌握好火焰加热的变形规律,正确地定出加热位置,控制好恰当的加热量,否则达不到预期效果。对经过热处理的高强度钢,其加热温度要严格控制,不应超过回火温度。

任务实施 ●━━

(1)请分析千斤顶的主要零件毛坯加工工艺性。

图 1-4-37 为千斤顶的结构简图。千斤顶是临时检修车辆经常使用的螺旋起重器,其用途是将车架顶起,以便操作人员进行车辆检修等。工作时依靠手柄带动螺杆在螺母中转动,以便推动托杯顶起重物,螺母装配在支座上。

答:千斤顶的主要零件毛坯加工工艺性,见表 1-4-4。

千斤顶的主要零件毛坯加工工艺性　　　　　　　　　　　表 1-4-4

千斤顶的结构简图	零件	选材和毛坯加工方法分析
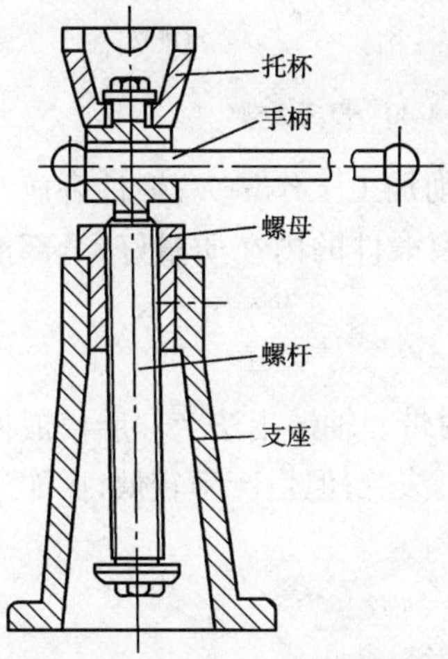 　图 1-4-37　千斤顶结构简图	托杯	托杯工作时直接支持重物,承受压应力,宜选用灰铸铁材料,如 HT200 ① 若选用灰铸铁材料,如 HT200,由于托杯具有凹槽和内腔结构,形状较复杂,所以采用铸造方法成型 ② 若采用中碳钢材料,如 45 钢制造托杯,则可用模锻进行生产
	手柄	手柄工作时承受弯曲应力,因受力不大,且结构形状较简单,故可直接选用非合金钢材料的型材,如 Q235 钢
	螺母	螺母工作时沿轴线方向承受压应力,螺纹承受弯曲应力和摩擦力,受力情况较复杂。但为了保护比较贵重的螺杆,以及从降低摩擦阻力考虑,宜选用较软的材料,如青铜 ZCuSn10Pb1,毛坯生产可以采用铸造成型,螺母孔尺寸较大时可直接铸出
	螺杆	螺杆工作时的受力情况与螺母类似,但毛坯结构形状较简单规则,宜选用中碳钢或合金调质钢材料,如 45 钢、40Cr 等,毛坯生产方法可以采用锻造成型方法
	支座	支座是起重器的基础零件,承受静载荷压应力,宜选用灰铸铁 HT200。又由于它具有锥度和内腔,结构形状较复杂,因此,采用铸造成型方法比较合理

(2)请分析该液压缸零件毛坯的生产方法。

图 1-4-38 为液压缸零件图,材质为 40 钢,生产数量为 300 件。液压缸的工作压力为 1.5MPa,要求进行水压试验,试验的压力为 3MPa。液压缸两端的法兰接合面及内孔要求进行切削加工,并且加工表面不允许出现缺陷;其余的表面不加工。

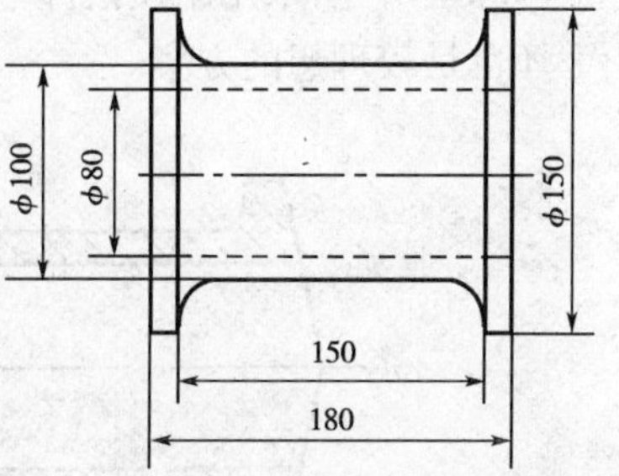

图 1-4-38　液压缸零件图

答:该液压缸零件毛坯生产方法经济性的分析如下:

(方案一)采用型材生产零件毛坯。

直接选用 40 钢的 φ150 圆钢,经切削加工成型,能全部通过水压试验。但材料利用率低,型材的流线组织被部分破坏,而且切削加工工作量大,生产成本高。

(方案二)采用砂型铸造生产零件毛坯。

选用 ZG270 – 500 铸钢进行砂型铸造成型。此法有两个生产方案:一是水平浇注;二是垂直浇注。

水平浇注时,在法兰顶部安置冒口。该方案工艺简便、节省材料、切削加工工作量小,但内孔质量较差,水压试验的合格率低,如图 1-4-39a)所示。

垂直浇注时,在上部法兰处安置冒口,下部法兰处安置冷铁,使之定向凝固。该方案提高了内孔的质量,水压试验的合格率较高,但工艺比较复杂,如图 1-4-39b)所示。

(方案三)采用模锻生产零件毛坯。

选用40钢进行模锻成型时,锻件在模腔内有立放、卧放之分,如图1-4-40所示。

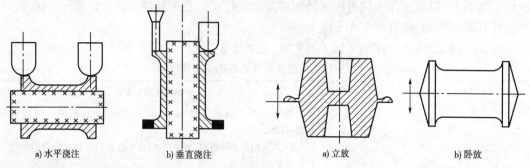

a) 水平浇注　　　　b) 垂直浇注　　　　　　　a) 立放　　　　　b) 卧放

图 1-4-39　砂型铸造成型　　　　　　　　　图 1-4-40　模锻成型

锻件立放时能锻出孔(有连皮),但不能锻出法兰,外圆的切削加工工作量大;锻件卧放时能锻出法兰,但不能锻出孔,内孔的切削加工工作量也较大。但模锻件的内在质量好,全部能通过水压试验。

(方案四)采用胎模锻生产零件毛坯。

选用40钢坯料加热后镦粗、冲孔、带心轴拔长,然后在胎模内带心轴锻出法兰。胎模锻件毛坯能全部通过水压试验。与模锻相比较,既能锻出孔,又能锻出法兰;但生产率较低,操作过程较复杂,而且要求操作工人技术熟练,如图1-4-41所示。

(方案五)采用焊接结构毛坯(图1-4-42)。

选用40钢无缝钢管,在其两端按液压缸尺寸焊接上40钢法兰。

焊接结构毛坯能全部通过水压试验,最省材料,工艺准备简单,但需找合适的无缝钢管进行备料。

综上所述,采用胎模锻件毛坯是最好的方案。但如果有合适的无缝钢管,则采用焊接结构毛坯也是较理想的方案。

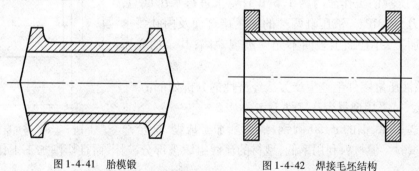

图 1-4-41　胎模锻　　　　　　　　图 1-4-42　焊接毛坯结构

自我检测 ···

一、填空题

1. 铸造的工艺方法主要分为＿＿＿＿＿＿＿和＿＿＿＿＿＿＿两类。

2. ＿＿＿＿＿＿、＿＿＿＿＿＿和＿＿＿＿＿＿是铸造生产中的重要工序。铸件的形状与尺寸主要取决于＿＿＿＿＿＿和＿＿＿＿＿＿,而铸件的化学成分则取决于＿＿＿＿＿＿。

3. 当铸件上有一些小的凸台、肋条等,造型时妨碍起模,此时可选用＿＿＿＿＿＿造型,将模样的凸出部分做成活块,起模时先将主体模起出,然后再从侧面取出活块。

4. 浇注系统由_____、_____、_____和_____组成。

5. 特种铸造包括_____铸造、_____铸造、_____铸造、_____铸造等。

6. 铸件和模样的主要工艺参数有_____、_____、_____、_____和_____等。

7. _____和_____流动性最好。

8. _____收缩和_____收缩是形成铸件缩孔和缩松缺陷的基本原因。_____收缩是铸件产生内应力、变形和裂纹等缺陷的主要原因。

9. _____与_____是衡量可锻性优劣的两个主要指标，_____愈高，_____愈小，金属的可锻性就愈好。

10. 随着金属冷变形程度的增加，金属材料的强度和硬度_____，塑性和韧性_____，这种现象称为_____。它使金属的可锻性_____。

11. 锻造之前加热的目的是_____，锻造之后会形成_____组织。

12. 金属塑性变形过程的实质就是_____过程，随着变形程度增加，位错密度_____，塑性变形抗力_____。

13. 锻造分为_____、_____和_____三种类型。

14. 自由锻的基本工序包括_____、_____、_____、切割、弯曲、扭转、错移及扩孔等。

15. 冲压的基本工序可分为_____和_____两大类。剪切、落料、冲孔等属于_____。弯曲、拉深、翻边、胀形、缩口及扩口等属于_____。

16. 弯曲件弯曲后，由于有_____现象，弯曲模的角度应比成品零件的角度_____一个回弹角。

17. 焊接电弧由_____、_____、_____三个区域组成。

18. 使用直流电焊机时，焊件接_____极，焊条接_____极的接法是正接法。

19. 焊条由_____和_____组成。焊接一般结构件时用_____，焊接重要结构件时用_____，当焊缝处有铁锈、油脂等时用_____，要求焊缝抗裂性能高时用_____。

20. 焊缝的空间位置有_____、_____、_____、_____。

21. 焊接接头的基本形式有_____、_____、_____、_____。

22. 焊接变形的基本形式有_____、_____、_____、_____。

23. 气焊低碳钢时应选用_____火焰，气焊黄铜时应选用_____火焰，气焊铸铁时应选用_____火焰。

24. 在低碳钢、铸铁、高合金钢、紫铜这四种金属材料中，焊接性好的是_____，焊接性差的是_____。

25. 焊接分为_____、_____和_____三大类。点焊属于_____，激光焊属于_____。

二、判断题

1. 细晶粒组织的可锻性优于粗晶粒组织。 （　　）

2. 非合金钢中碳的质量分数愈低，可锻性就愈差。 （　　）

3. 常温下进行的变形为冷变形，加热后进行的变形为热变形。 （　　）

4. 因锻造之前进行了加热,所以任何材料均可进行锻造。　　　　　　　（　　）

5. 冲压件材料应具有良好塑性。　　　　　　　　　　　　　　　　　　（　　）

6. 落料和冲孔的工序方法相同,只是工序目的不同。　　　　　　　　　（　　）

7. 凡是焊接时在接头处施压的焊接就是压焊。　　　　　　　　　　　　（　　）

8. 选用焊条直径越大时,焊接电流也应越大。　　　　　　　　　　　　（　　）

9. 在焊接的四种空间位置中,横焊是最容易操作的。　　　　　　　　　（　　）

10. 钎焊时的温度都在450℃以下。　　　　　　　　　　　　　　　　　（　　）

三、简答题

1. 零件、铸件和模样三者在形状和尺寸上有哪些区别?

2. 绘制铸造工艺图时应确定哪些主要的工艺参数?

3. 选择铸件分型面时,应考虑哪些原则?

4. 铸件上产生缩孔的根本原因是什么? 顺序凝固为什么能避免缩孔缺陷?

5. 铸造生产中,浇注系统有哪几部分组成? 其作用是什么?

6. 什么是合金的收缩? 收缩会导致哪些铸造缺陷? 影响合金收缩的主要因素有哪些?

7. 为什么设计铸件时要尽可能壁厚均匀,并且不能小于允许的最小壁厚?

8. 如何确定锻造温度范围? 为什么要"趁热打铁"?

9. 冷变形强化对锻压加工有何影响? 如何消除?

10. 模锻件为什么要有斜度和圆角?

11. 熔焊、压焊、钎焊有何区别?

12. 焊条的焊芯与药皮各起什么作用?

13. 酸性焊条和碱性焊条有何区别?

14. 预防和减少焊接应力与变形的措施有哪些?

15. 简述气割金属的过程。

四、课外研讨

课题一:观察古铜钱的外形,分析古钱币的铸造工艺,并分析为什么古钱币大多数都是外圆内方? 这与加工制造过程有何关系?

课题二:深入社会仔细观察,分析焊接技术在机械制造与工程建设方面的应用、地位和作用,分析新技术在焊接中的应用以及新技术与焊接技术发展的关系。

任务二　机加工零件

切削加工是利用切削刀具和工件做相对运动,从金属工件上切除多余材料,以获得规定要求的几何形状、尺寸精度和表面粗糙度的零件或半成品的加工方法。切削加工所担负的加工量约占机器制造总工作量的40% ~60%,切削加工在机械制造过程中具有举足轻重的作用。切削加工可分为钳工和机械加工两大类。

钳工大多是用手工工具完成机械零件或半成品加工的一种工种。钳工的主要工作是对产品进行零件加工和装配,另外,设备的维修,各种工量、夹量、量具、模具及各种专用设备的制造以及一些机械方法不能或不宜加工的操作都由钳工完成加工。随着科学技术的不断发展,机械自动化加工的水平也越来越高,钳工的工作范围也越来越广,需要掌握的技术知识水平及技能也越来越多。为适应不同的专业需求,钳工按工作内容及性质大致可分为三类工种:

（1）普通钳工是指使用钳工工具、钻床，按技术要求对工件进行加工、修整、装配的工种。

（2）机修钳工是指使用工量具及辅助设备，对各类设备进行安装、调试和维修的工种。

（3）工具钳工是指使用钳工工具及设备对工具、量具、辅具、验具、模具进行制造、装配、检验和修理的工种。

尽管钳工的专业分工不同，但都必须掌握好基本操作技能，其内容有：划线、錾削、锯削、锉削、钻孔、扩孔、锪孔、铰孔、攻螺纹和套螺纹、矫形、铆接、刮削、研磨、装配和调试、测量及简单的热处理等。

机械加工是通过操作人员和技术人员操作机床进行的切削加工。机械加工的基本工艺方法有：车削、钻削、刨削、铣削、磨削、超精加工等。习惯上常说的切削加工主要是指机械加工。

随着科学技术的进步，切削加工正向着高精度、高效率、自动化、柔性化和智能化的方向发展。新的加工方法也日益增多，并朝着少切削、无切削的方向发展，如精铸、精锻、冷挤等。而类似电火花加工、超声波、激光等特种加工方法，已经突破传统的依靠机械能进行加工的范畴，可以加工各种难切削的材料、复杂的型面和某些具有特殊要求的零件，在一定范围内特种加工取代了切削加工。但是，切削加工仍然是目前主要的机械加工方法。

知识目标

1. 掌握车、铣、刨、磨、钻等机加工工艺的特点和应用。
2. 掌握工序、工步、工位、定位原理、工艺基准等机械加工工艺的基本概念。
3. 了解典型零件表面的加工方法和加工方案的制订。
4. 了解金属切削加工的基本原理。

能力目标

1. 能根据零件的工作条件及性能要求，合理选择零件的加工方法。
2. 能初步读懂零件机械加工工艺卡片的内容及含义。
3. 能初步建立比较全面的机械零件生产过程。
4. 树立经济、合理、科学的工程意识。

任务描述

根据学习和分析，编写以下两个零件的机械加工工序卡片：

（1）传动轴，如图 1-4-43 所示。

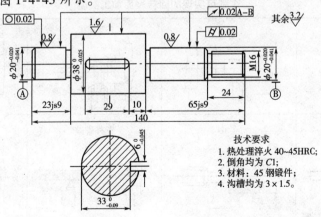

图 1-4-43　传动轴

（2）倒挡惰轮，如图 1-4-44 所示。

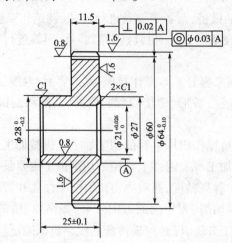

精度等级	766FL
齿数 Z	30
模数 m	2
齿形角 α	20°
公法线长度 W	22.390
跨齿数	4
径向跳动 F_r	0.032

技术要求

1. 热处理要求：碳、氮共渗，淬火 52HRC;
2. 材料为 20MnCr5;
3. 未注倒角 C1.5。

图 1-4-44　倒挡惰轮

知识链接

机械零件虽然多种多样，但不管其结构如何复杂，如果从形体上分析，都是由外圆面、孔、平面和成型面等基本表面组成的。每一种基本表面的成型有多种不同的加工方法，采用何种方法加工，需要根据加工精度和表面粗糙度的要求来决定。

一、外圆表面的加工方法

外圆表面是轴类、盘套类零件的主要组成表面。外圆表面的主要技术要求包括：表面尺寸精度、形状精度、位置精度和表面粗糙度等。加工时，需要根据外圆表面的主要技术要求合理选择不同的车削、磨削及光整加工等外圆表面加工方法。

1. 外圆车削

车削加工是在车床上利用工件的旋转运动作为主运动和刀具移动作为进给运动实现各种回转表面的加工，车削可实现的回转表面加工类型见表 1-4-5。车削加工是外圆表面最经济有效的加工方法，但就其精度来说，一般适合于作为外圆表面粗加工和半精加工。车削不易加工硬度在 30HRC 以上的淬火钢。

车削可实现的回转表面加工类型　　　　　　　　　　　　　　表 1-4-5

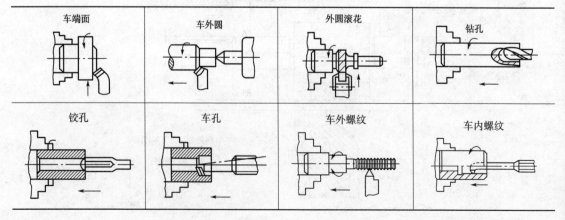

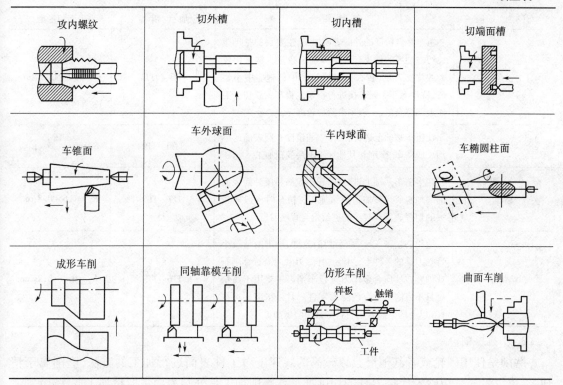

车床种类丰富,主要有卧式车床、立式车床、转塔车床、自动车床、数控车床等,能满足不同的生产需求。

车刀是金属切削加工中使用最广的刀具。车刀可用于加工外圆、内孔、端面、螺纹、切槽或切断等不同的加工工序。车刀按其用途不同可分为外圆车刀、端面车刀、内孔车刀、切断刀等类型。车刀按其结构又可分为四种形式,即整体式车刀、焊接式车刀、机夹式车刀和可转位式车刀,如图1-4-45所示。

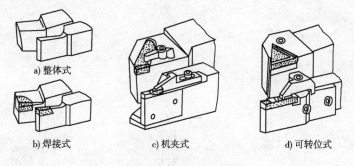

图1-4-45　车刀的结构

车刀一般应垂直于工件旋转轴线,而且应使刀尖在与工件旋转轴线等高的地方。安装时可用尾座顶尖作为标准;或先在工件端面上车一道印痕,对比中心点调整车刀。

机床夹具是在机械制造过程中,用来固定加工对象,使之占有正确位置,以接受加工或检测并保证加工要求的机床附加装置。车床常用的夹具有:三爪卡盘、四爪卡盘、顶尖、中心架、跟刀架等。车外圆时,长轴类工件一般都用两顶尖装夹,短轴及盘类工件常用卡盘装夹。

外圆表面车削的加工阶段分为粗车、半精车、精车和精细车,见表1-4-6。

车削加工阶段	适 用 场 合	加 工 精 度	表面粗糙度
粗车	粗车是低精度的外圆表面加工,主要目的是迅速地切去毛坯的硬皮和大部分加工余量。常采用较大的背吃刀量、较大的进给量和中低速。中小型锻、铸件毛坯一般直接进行粗车。粗车主要切去毛坯大部分余量,一般车出阶梯轮廓	IT13 ~ IT11	$R_a = 50 ~ 12.5 \mu m$
半精车	在粗车基础上进行,属于中等精度外圆表面的终加工或精车、磨削和其他加工工序的预加工	IT10 ~ IT9	$R_a = 6.3 ~ 3.2 \mu m$
精车	在半精车基础上进行的,属于较高精度外圆表面的终加工或光整加工的预加工。精车时一般取较大的切削速度和较小的进给量与背吃刀量	IT7 ~ IT6	$R_a = 1.6 ~ 0.8 \mu m$
精细车	使用高精密车床,在高切削速度、小进给量及小背吃刀量的条件下,用经过仔细刃磨的人造金刚石或细颗粒硬质合金车刀进行车削。主要用于高精度且不宜磨削的有色金属零件。对于精度要求在 IT6 以上的铁碳合金材料应采用磨削加工	IT6 ~ IT5	$R_a = 0.4 ~ 0.2 \mu m$

2. 外圆磨削

磨削是使用砂轮或者其他磨具以较高的线速度对工件表面进行加工的方法,磨削属于精加工,可以看成是用砂轮代替刀具的切削加工。磨削加工是外圆表面主要精加工方法,特别适用于加工铸铁、碳钢、合金钢等一般结构材料以及高硬度的淬硬钢、硬质合金、陶瓷和玻璃等难切削的材料,但不宜精加工塑性较大的有色金属材料。磨削可以加工外圆面、内孔、平面、成型面、螺纹和齿轮形等各种各样的表面,见图 1-4-46。

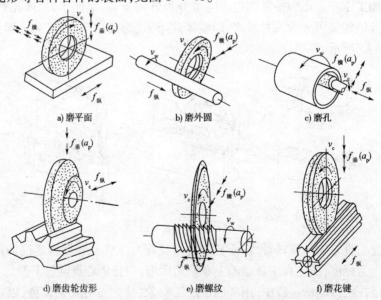

a) 磨平面   b) 磨外圆   c) 磨孔

d) 磨齿轮齿形   e) 磨螺纹   f) 磨花键

图 1-4-46 磨削可实现的表面加工类型

用磨料磨具(砂轮、砂带、油石或研磨等)作为工具对工件表面进行切削加工的机床,统称为磨床。磨床按用途分类,主要有外圆磨床、内圆磨床、平面磨床、工具磨床。

砂轮是磨削加工中最主要的一类磨具。砂轮是由一定比例的硬度很高的粒状磨料和结合剂压制烧结而成的多孔物体。砂轮表面上的每个磨粒可以近似地看成一个微小刀齿，突出的磨粒尖棱，可以看作微小的切削刃，因此，砂轮可以看作具有极多微小刀齿的铣刀，这些刀齿随机地排列在砂轮表面上，其几何形状和切削角度具有较大差异。

根据磨削时工件定位方式的不同，外圆磨削可分为：中心磨削和无心磨削两大类。

（1）中心磨削。中心磨削是普通的外圆磨削，被磨削的工件由中心孔定位，在普通外圆磨床或万能外圆磨床上加工。磨削后工件尺寸精度可达 IT8～IT6，表面粗糙度 R_a 可达 0.8～0.1μm。按进给方式不同，中心磨削又分为纵磨法和横磨法。

①纵磨法。如图 1-4-47a）所示，磨削时，砂轮做高速旋转主运动，工件旋转并和工作台一起做纵向往复运动，完成圆周和纵向进给运动，工作台每往复一次行程终了时，均做一次横向进给，每次磨削深度较小，通过多次往复行程将余量逐渐磨去。纵磨法的磨削深度小、磨削力小、温度低、加工精度高，但加工时间长，生产率低，适于单件小批生产和加工细长工件。

②横磨法。如图 1-4-47b）所示，当工件被磨削长度小于砂轮宽度时，砂轮以很慢的速度连续地做横向进给运动，直到磨去全部磨削余量。横磨法充分发挥了砂轮所有磨粒的切削作用，生产效率高，但磨削时径向力较大，容易使工件产生弯曲变形。由于无纵向进给运动，砂轮表面的修整精度和磨削情况将直接复印在工件表面上，会影响加工表面的质量，因此加工精度较低。横磨法主要用于磨削刚性较好、长度较短的工件外圆表面及有台阶的轴颈。

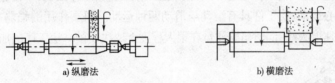

a) 纵磨法　　　　　　　b) 横磨法

图 1-4-47　中心磨削

（2）无心磨削。如图 1-4-48 所示，磨削时，工件放在磨削轮和导轮之间，下方用托板托起。导轮是用橡胶作为结合剂的磨粒较粗的砂轮，它相对于磨削轮轴线倾斜一个角度，以比磨削轮低得多的速度转动，依靠摩擦力带动工件一方面旋转做圆周运动，另一方面做轴向进给运动。磨削轮主要承担磨削任务。无心磨削时，工件不必用顶尖支持，简化了装夹过程。机床调整好后，可以连续加工，易于实现自动化，生产效率高。工件被夹持在两个砂轮之间，不会因背向磨削力而顶弯，可以很好地保证其直线度，这有利于加工细长零件。

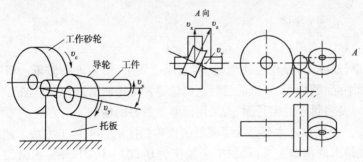

图 1-4-48　无心磨削

3. 外圆的精密加工

外圆表面的精密加工方法常用的有外圆研磨、外圆超精加工、高精度磨削等。

（1）研磨。研磨是用研具和研磨剂从工件上研去一层极薄表面层的精加工方法。研具一般都采用比工件软的材料制成,以便磨料嵌入研具表面,对工件进行研磨。常用的研具材料有铸铁、低碳钢、青铜、铅、木材、皮革等。研具的表面形状应与被研磨工件表面的形状相似。研磨剂由很细的磨料和研磨液组成。磨料常用氧化铝和碳化硅的极细磨粒或微粉。研磨液可用煤油、植物油或煤油加机油,再加入适量化学活性较强的油酸、硬脂酸或工业用甘油,使工件表面产生一层氧化膜以加速研磨过程。

如图 1-4-49 所示,研磨过程实质上是用研磨剂对工件表面进行刮划、滚磨和微量切削的综合加工过程。研磨时研具在一定压力下与工件做复杂的相对运动,在磨料或研磨剂的机械及化学因素作用下,切除工件表面很薄的金属层,从而得到很高的精度和很小的表面粗糙度(R_a 在 $0.2\mu m$ 以下)。研磨一般都不能提高工件表面之间的位置精度。

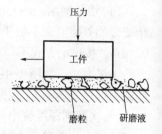

图 1-4-49　研磨原理示意图

研磨方法有手工研磨和机械研磨两种:

①如图 1-4-50a)所示,手工研磨外圆面时,工件装夹在车床上做低速旋转运动,研具套在工件上,手持研具并加上少许压力,使研具与工件表面均匀接触,研具沿轴向往复移动进行研磨。手工研磨适合于单件小批生产。

②如图 1-4-50b)所示,机械研磨滚柱零件时,研具是由铸铁制成的上、下两个研磨盘组成的,工件斜置于夹盘的空格内。研磨时,通过加压杆在上研磨盘上加工作压力,下研磨盘旋转,同时由偏心轴带动夹盘做偏心运动,使工件具有滚动与滑动两种运动。研磨作用的强弱主要取决于工件与研磨盘的相对滑动速度大小,同时研磨质量在很大程度上取决于前一道工序的加工质量。

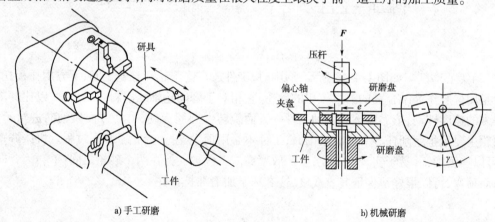

a)手工研磨　　　　　　　　　　　　　　　　b)机械研磨

图 1-4-50　研磨方法

研磨设备简单,成本低,操作方法简便,容易保证质量,但生产率较低。研磨应用范围很广,常见的表面如平面、圆柱面、圆锥面、螺纹、齿轮等都可用研磨进行光整加工。另外,对于精密偶件的配合面以及密封件的密封面等,采用研磨是最好的精密加工方法。

(2)超精加工。超精加工主要是为了降低表面粗糙度的一种加工方法。超精加工生产率很高,要在精磨或精车的基础上进行,加工余量仅为 $0.003 \sim 0.01 mm$。超精加工包括精密车削、精密铣削、精密镗削、精密钻削等。超精加工是用天然单晶金刚石刀具、人造聚晶金刚石刀具、陶瓷刀具等进行切削加工的。

(3)高精度磨削。使轴的表面粗糙度 R_a 在 $0.16\mu m$ 以下的磨削工艺称为高精度磨削,它包括精度磨削、超精密磨削和镜面磨削。高精度磨削的实质在于砂轮磨粒的作用,经过精细修整后的砂轮的磨粒形成了同时能参加磨削的许多微刃。

4.外圆表面的加工方案

外圆表面的技术要求主要包括：

(1)尺寸精度：直径和长度的尺寸精度。

(2)形状精度：外圆面的圆度、圆柱度等形状精度。

(3)位置精度：与其他外圆面或孔的同轴度、与端面的垂直度等位置精度。

(4)表面位置：主要指表面粗糙度，重要零件对表层硬度、残余应力和显微组织等有要求。

一般根据外圆表面的技术要求确定外圆表面的加工方案。表1-4-7列出了外圆表面的加工方案，可作为拟定零件加工方案的依据和参考。

外圆表面的加工方案 表1-4-7

序号	加 工 方 案	尺寸 公差等级	表面粗糙度 $R_a(\mu m)$	适 用 范 围
1	粗车	IT13 ~ IT11	50 ~ 12.5	除淬硬钢外,适于各种金属材料
2	粗车→半精车	IT10 ~ IT9	6.3 ~ 3.2	
3	粗车→半精车→精车	IT7 ~ IT6	1.6 ~ 0.8	
4	粗车→半精车→磨削(粗磨或半精磨)	IT7 ~ IT6	0.8 ~ 0.4	适于淬硬钢、未淬硬的钢或铸铁,不宜加工塑性及韧性较大的有色金属
5	粗车→半精车→粗磨→精磨	IT6 ~ IT5	0.4 ~ 0.2	
6	粗车→半精车→粗磨→精磨→高精度磨削	IT5 ~ IT3	0.1 ~ 0.008	
7	粗车→半精车→粗磨→精磨→研磨	IT5 ~ IT3	0.1 ~ 0.008	
8	粗车→半精车→粗磨→精磨→抛光	IT6 ~ IT5	0.2 ~ 0.1	主要用于电镀前预加工
9	粗车→半精车→精车→研磨	IT6 ~ IT5	0.4 ~ 0.025	适于有色金属
10	旋转电火花加工	IT8 ~ IT6	6.3 ~ 0.8	适于高硬度导电材料
11	超声波套料	IT8 ~ IT6	1.6 ~ 0.8	适于脆硬的非金属材料

二、孔的加工方法

孔是盘套类、支架箱体类零件的主要组成表面,其主要技术要求与外圆表面基本相同。但是孔的加工难度较大,如所用刀具尺寸受到被加工孔本身尺寸的限制,孔内排屑、散热、冷却、润滑等条件都较差,故在一般情况下,孔要达到与外圆表面同样的技术要求需要更多的工序。常见的加工方法有钻孔、扩孔、铰孔、镗孔、拉孔和磨孔等。

1.钻削

常用的钻床有台式钻床、立式钻床和摇臂钻床。钻床一般用于加工尺寸较小,精度要求不太高的孔,如各种零件上的连接螺钉孔。此外,还可进行扩孔、铰孔、锪孔、锪平面、钻埋头孔及攻螺纹等工作,如图1-4-51。在钻床上加工时,工件不动,钻头的旋转为主运动,同时钻头沿轴线做进给运动。

麻花钻由柄部、颈部和工作部分组成。柄部是麻花钻的夹持部分,有直柄和锥柄两种类型。直柄传递的转矩较小,一般用于直径小于12mm的钻头;锥柄可传递较大的转矩,用于大于12mm的钻头。麻花钻的主要切削部分由两个刀瓣组成,每个刀瓣相当于一把车刀,如图1-4-52所示。因此,麻花钻有两条对称的主切削刃,两个主切削刃在与其平行的平面上投影的夹角称为顶角。标准麻花钻的顶角为118°±2°。两主切削刃中间由横刃相连,这是其他刀具上所没有的。钻削时作用在横刃上的轴向阻力和摩擦都很严重,是影响钻孔加工精度和生产率的主要因素之一。

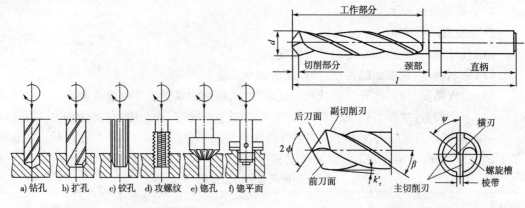

图 1-4-51　钻削的应用　　　　图 1-4-52　麻花钻的结构

单件和小批量生产时,先在工件上划线,打样冲眼确定孔的中心位置,然后将工件装夹在虎钳或直接装夹在工作台上。大批生产时,通常采用钻床夹具,即钻模装夹工件,利用钻模上的钻套引导钻头在正确位置上钻孔,以提高效率,如图 1-4-53 所示。

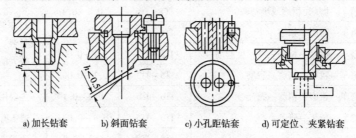

a) 加长钻套　　　b) 斜面钻套　　　c) 小孔距钻套　　　d) 可定位、夹紧钻套

图 1-4-53　钻套的类型

钻孔、扩孔、铰孔是加工直径小于 80mm 小孔的常用方法,见表 1-4-8。

直径小于 80mm 小孔的加工工序 　　　表 1-4-8

钻削工序	适用场合及特点	加工精度	表面粗糙度
钻孔	属于粗加工。刀具刚度差,排屑和散热困难,钻头容易偏斜,造成孔径扩大和轴线弯曲	IT13 ~ IT11	$R_a = 32.5 ~ 12.5 \mu m$
扩孔	可作为半精加工,可修正孔轴线的歪斜	IT10 ~ IT7	$R_a = 6.3 ~ 3.2 \mu m$
铰孔	在扩孔或半精镗孔基础上,从孔壁上切除微量金属,属于精加工。铰孔只能提高孔的尺寸精度和形状精度,不能校正孔的位置精度	IT8 ~ IT6	$R_a = 1.6 ~ 0.4 \mu m$

2. 镗孔

镗孔是用镗刀在已加工孔的工件上使孔径加大,并达到精度和表面粗糙度的加工方法。镗削的加工精度、生产率和生产成本较低,适应性好,主要用于机架、箱体等结构复杂零件的孔系加工,特别是大孔的加工。回转体上的孔多在车床上加工,镗刀装在尾座上,工件旋转做主运动,镗刀做进给运动。箱体零件上的孔则在镗床上加工,镗刀旋转做主运动,工件和镗刀做进给运动。卧式镗床的加工范围,如图 1-4-54 所示。

镗孔的加工精度为 IT9 ~ IT8,表面粗糙度 R_a 为 3.2 ~ 1.6μm。多刃镗刀能进一步提高加工精度,公差等级可达 IT7 ~ IT6,表面粗糙度 R_a 为 0.8 ~ 0.2μm。单刃镗刀能较好地修正前工

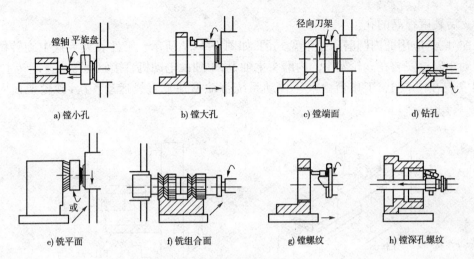

图 1-4-54　卧式镗床的加工范围

序加工所造成的几何形状误差和相互位置误差,而多刃镗刀则不能修正直线度误差和位置偏差。镗削加工质量主要取决于镗床精度。

3. 拉孔

拉孔是在拉床上用拉刀精加工已成型的孔,如图 1-4-55 所示。一般拉孔加工精度为 IT8 ~ IT7,表面粗糙度 R_a 为 0.8 ~ 0.4μm,属于孔的精加工。

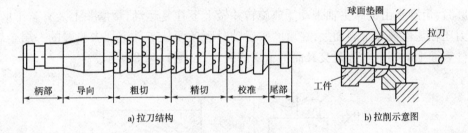

图 1-4-55　孔的拉削

拉孔时,工件一般不需夹紧,只以工件的端面支撑,故当孔的轴线与端面之间的垂直度误差比较大时,需将工件的端面贴紧在一个球面垫圈上。拉孔加工的孔径在 10 ~ 100mm,孔深与直径之比在 3 ~ 5。被拉削的圆孔一般不需要精确的预加工,在钻削或粗镗后就可以进行拉削。拉刀在一次行程中就能切除加工表面的全部余量,并能完成校准和修光加工表面的工作。拉削的加工质量稳定,生产率高,但刀具复杂,制造成本高。拉削加工时以孔本身定位,不能修正孔的轴线歪斜,不能加工阶梯孔、盲孔和薄壁孔,一般用于大批量生产。

拉削加工因拉刀的形状不同,可拉削出各种形状的内孔,如图 1-4-56 所示。

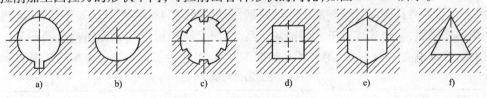

图 1-4-56　拉削的型孔

4. 磨孔

磨孔属于孔的精加工,磨孔加工精度为 IT8 ~ IT7,表面粗糙度 R_a 为 1.6 ~ 0.4μm。磨孔不仅能提高孔的尺寸精度和表面质量,而且可以提高孔的形状和位置精度,适于加工硬度高,尤其是淬火后硬度很高的孔。

目前,广泛应用的内圆磨床是卡盘式的,如图1-4-57所示。工件装夹卡盘中旋转做圆周进给运动。砂轮安装在砂轮架中的内磨头主轴上,单独由电动机直接驱动做高速旋转主运动。砂轮架安装在滑鞍上,工作台由液压传动系统带动做往复直线运动一次,砂轮架横向进给一次。

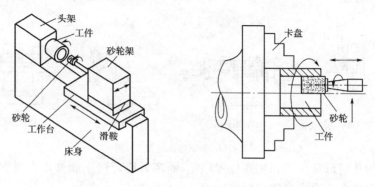

图1-4-57 磨削内孔

5. 珩磨

珩磨主要用于孔的光整加工,其尺寸精度可达IT6 ~ IT4,表面粗糙度R_a为0.2 ~ 0.05μm,主要用于大批量加工油缸筒、汽缸等工件。

珩磨时,珩磨头由机床主轴带动低速旋转并做上下往复运动,珩磨头上装有若干磨条,以一定压力压在工件被加工表面上,在珩磨头运动时磨条便从工件上切去极薄的一层金属。磨条在工件表面上的切削轨迹是交叉而不重复的网纹,如图1-4-58所示。

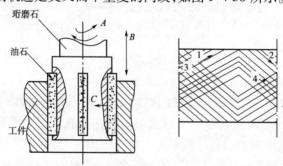

图1-4-58 珩磨内孔

6. 孔的加工方案

孔的加工技术要求与外圆表面相同,但是在具体加工条件下,孔的加工比外圆表面加工困难得多。孔加工刀具的尺寸受到加工孔的限制,一般呈细长状,刚性差。加工孔时,散热条件差,切削不易排除,切削液难以进入切削区。因此,加工同样精度和表面粗糙度的孔要比加工外圆困难,成本也高。表1-4-9给出了孔的加工方案,可作为拟定孔加工方案的依据和参考。

孔的加工方案

表1-4-9

序号	加工方案	尺寸公差等级	表面粗糙度R_a(μm)	适用范围
1	钻	IT13 ~ IT11	12.5	适于除淬硬钢以外的各种材料
2	钻→铰	IT9	3.2 ~ 1.6	适于除淬硬钢以外的各种材料,孔径 <10mm

序号	加工方案	尺寸公差等级	表面粗糙度 $R_a(\mu m)$	适 用 范 围
3	钻→扩→铰	IT9 ~ IT8	3.2 ~ 1.6	适于除淬硬钢以外的各种材料,孔径 = 10 ~ 80mm
4	钻→扩→粗铰→精铰	IT7	1.6 ~ 0.4	
5	钻→拉	IT9 ~ IT7	1.6 ~ 0.4	适于除淬硬钢以外的各种材料,用于大批、大量生产
6	钻(铸)→粗镗→半精镗	IT10 ~ IT9	6.3 ~ 3.2	适于除淬硬钢以外的各种材料
7	钻(铸)→粗镗→半精镗→精镗	IT8 ~ IT7	1.6 ~ 0.8	
8	钻(铸)→粗镗→半精镗→磨	IT8 ~ IT7	0.8 ~ 0.4	适于淬硬钢,未淬硬的钢或铸铁,不宜加工塑性及韧性较大、硬度低的有色金属
9	钻(铸)→粗镗→半精镗→粗磨→精磨	IT7 ~ IT6	0.4 ~ 0.2	
10	钻(铸)→粗镗→半精镗→珩磨	IT7 ~ IT6	0.4 ~ 0.025	
11	钻(铸)→粗镗→半精镗→研磨	IT7 ~ IT6	0.4 ~ 0.025	适于钢件、铸铁件和有色金属

三、平面的加工方法

平面是基体类零件(如床身、工作台、立柱、横梁、箱体及支架等)的主要表面,也是回转体零件的重要表面之一(如端面、台肩面等)。平面加工的方法有车削、铣削、刨削、磨削、拉削、研磨、刮削等,应根据工件的技术要求、毛坯种类、原材料状况及生产规模等不同条件进行合理选用。

1. 铣削

铣削是平面的主要加工方法之一,也是机械加工最常用的加工方法之一。铣削是以铣刀旋转做主运动,工件随工作台直线运动(或曲线运动)为进给运动,通常工件有纵向、横向与垂直三个方向的进给运动。铣削加工主要用来加工平面(包括水平面、垂直面、斜面)、沟槽(包括直角槽、键槽、V形槽、燕尾槽、T形槽、圆弧槽等)、成型面(螺纹、齿轮等),也可用来切断材料,如图 1-4-59 所示。铣削加工的工件尺寸公差等级一般为 IT9 ~ IT7,表面粗糙度 Ra 为 6.3 ~ 1.6μm。

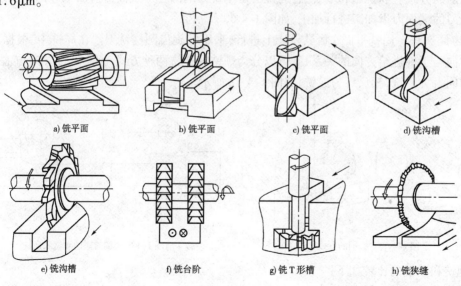

a) 铣平面   b) 铣平面   c) 铣平面   d) 铣沟槽

e) 铣沟槽   f) 铣台阶   g) 铣T形槽   h) 铣狭缝

图 1-4-59

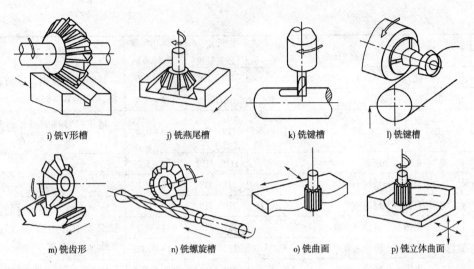

i) 铣V形槽　　　j) 铣燕尾槽　　　k) 铣键槽　　　l) 铣键槽

m) 铣齿形　　　n) 铣螺旋槽　　　o) 铣曲面　　　p) 铣立体曲面

图 1-4-59　铣削的应用

铣刀的种类很多,按材料不同分为高速钢和硬质合金钢两类;按安装方法分为带孔铣刀和带柄铣刀两类。铣床的种类很多,最常用的是卧式铣床和立式铣床,还有龙门铣床。

铣削加工的特点为:

(1)生产率较高。铣刀是典型的多齿刀具,铣削时有几个刀齿同时参加工作,总的切削宽度加大。铣削的主运动是铣刀的旋转,有利于采用高速铣削。

(2)刀齿散热条件较好。铣刀刀齿在切离工件的一段时间内,可得到一定的冷却,散热条件较好。但是,在切入和切出时,热和力的冲击会加速刀具和磨损,甚至可能引起硬质合金刀片的脆裂。

(3)铣削过程不平稳,容易产生振动。由于铣刀的刀齿在切入和切出时产生冲击,工作的刀齿数有增有减,每个刀齿的切削厚度也是变化的,这就引起切削面积和切削力的变化,因此,切削过程不平稳,容易产生振动。

铣削的方式有周铣法和端铣法:周铣法是用铣刀的圆柱形表面刀齿加工进行加工;端铣法是用铣刀的端面刀齿加工进行加工,如图 1-4-60 所示。

(1)周铣法。周铣平面在卧式铣床上进行,采用螺旋齿圆柱铣刀。在周铣中,根据刀具的旋转方向与工件进给方向的关系,又可以分为顺铣和逆铣两种方式,刀具旋转方向与工件进给方向相同者为顺铣,相反者为逆铣,如图 1-4-61 所示。

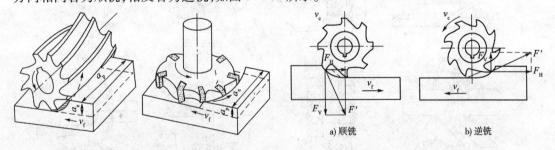

a) 顺铣　　　b) 逆铣

图 1-4-60　铣削的方式　　　　图 1-4-61　周铣法的顺铣和逆铣

顺铣和逆铣的比较如下:

①顺铣时,铣刀对工件的作用力的垂直分力始终向下,有压紧工件的作用,故铣削较平稳。

逆铣时,其垂直分力向上,因此对工件必须装夹牢固。

②顺铣时,铣刀刀刃是从切削厚处切到薄处,刀刃磨损较慢,工件加工表面质量较高。逆铣时,切屑厚度由零逐渐增加到最大,刀刃在开始时需滑动一小段距离后才能切入,使切削刃容易磨损,并使已加工表面受到冷挤压和摩擦,影响工件已加工表面的表面质量。

③顺铣时,刀刃从工件的外表面切入,因此当工件是有硬皮和杂质的毛坯件时,容易使刀具磨损和损坏。逆铣时,切削刃不是从工件的外表面切入,因此,工件表层的硬皮和杂质等对刀刃的影响较小。

④顺铣时,进给方向的水平分力与工作台进给方向相同,当丝杠与螺母、轴承的轴向间隙较大时,会拉动工作台使工作台产生间隙性窜动。逆铣时,水平分力与工作台进给方向相反,不会拉动工作台。

目前,一般铣床尚无消除工作台丝杠和螺母之间间隙的机构,故在生产中仍多采用逆铣。只有当把丝杠的轴向间隙调整到很小,或当水平分力小于工作台导轨间的摩擦力时,才选用顺铣。

(2)端铣法。端铣平面在立式铣床上进行,采用端铣刀铣削。端铣的切削力较平稳,生产率和表面质量比周铣高,故多采用端铣法来加工平面。

2. 刨削

刨削也是平面加工的主要方法之一。刨削是以刨刀相对工件的往复直线运动与工作台(或刀架)的间歇进给运动实现切削加工的。刨床主要有牛头刨床、龙门刨床、插床。牛头刨床多用于单件小批量生产的中小型狭长零件的加工。龙门刨床可以加工大型工件或同时加工多个中小型工件。刨削的通用性好,可以加工多种平面,如图1-4-62所示。

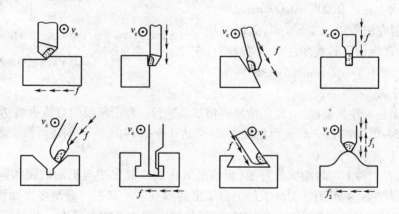

图1-4-62　刨削的应用

刨削的精度可达IT9～IT8,表面粗糙度 R_a 为 $3.2 \sim 1.6 \mu m$。但是,刨削的生产率较低,一般低于铣削。除了对于狭长表面(如导轨、长槽等)的加工,以及在龙门刨床上进行多件或多刀加工时,刨削的生产率可能高于铣削。由于刨削的特点,刨削主要用在单件小批量生产中,在维修车间和模具车间应用较多。

3. 磨削平面

平面磨削与铣削相似,可分为周磨和端磨两种形式,前者利用砂轮的外圆面进行磨削,后者利用砂轮端面进行磨削,如图1-4-63所示。

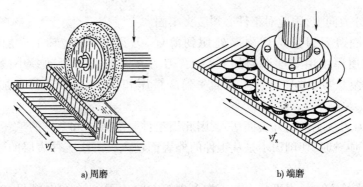

a) 周磨   b) 端磨

图 1-4-63　平面磨削的方式

平面磨床的结构简单,机床、砂轮和工件系统刚性较好,故加工质量和生产率比内、外圆磨削高。平面磨削利用电磁吸盘装夹工件,有利于保证工件的平行度。此外,电磁吸盘装卸工件方便迅速,可同时装夹多个工件,生产率高。但电磁吸盘只能适用于安装钢、铸铁等铁磁性材料制成的零件,对于铜、铜合金、铝等非铁磁性材料制成的零件应在电磁吸盘上安放一精密虎钳或简易夹具来装夹。大批大量生产中,可用磨削来代替铣、刨削加工精确毛坯表面上的硬皮,既可提高生产率,又可有效地保证加工质量。

4. 车削平面

平面车削一般用于加工盘套、轴和其他需要加工孔或外圆的零件的端面,单件小批量生产的中小型零件在普通车床上进行,重型零件可在立式车床上进行。平面车削的表面粗糙度 R_a 为 12.5 ~ 1.6 μm,精车的平面度误差在直径为 100mm 的端面上可达 0.005 ~ 0.008mm。

使用车削方法可以加工轴、套、盘以及环类零件的端面,常用的刀具类型主要有右偏刀、左偏刀以及 45°弯头车刀等,如图 1-4-64 所示。

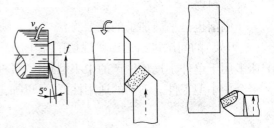

a) 右偏刀车端面　　b)45°弯头刀车端面　　c) 左偏刀车端面

图 1-4-64　平面车削的方式

5. 刮削平面

刮削平面是一种光整加工,常在精刨和精铣后进行。刮削平面的直线度可达 0.01mm/m,甚至为 0.005 ~ 0.0025mm/m,表面粗糙度 R_a 可达 0.8 ~ 0.4 μm。刮削还可修正表面之间的平行度和垂直度。

刮削时,在工件上均匀涂抹红丹油(极细的氧化铁或氧化铝与机油的调和剂),用标准平板或平尺贴紧推磨,然后用刮刀将工件上显示出的高点逐一刮去。重复多次即可使工件表面的接触点增多,并均匀分布,从而获得较高的形状精度和较低的粗糙度。刮削精度高,方法简单。但是,刮削劳动强度大,操作技术要求高,生产率低,故多用于单件小批量生产及修理车间。此外,刮削还常用于修饰加工,在外露的加工表面上刮出斜向方块花纹、鱼鳞花纹、半月花纹、燕子花纹等,以增加机械设备的美观。

6. 研磨平面

研磨平面也是光整加工,一般在磨削之后进行。研磨后两平面之间的尺寸公差等级可达 IT5 ~ IT3,表面粗糙度 R_a 可达 0.1 ~ 0.008 μm,直线度可达 0.005mm/m。小型平面研磨可减小平行度误差。

平面研磨主要用来加工小型精密平板、平尺、块规以及其他精密零件的平面。单件小批量生产中常用手工研磨。对于两面平行度要求较高的零件,可在较厚的部位加大压力,加长研磨时间,以求磨去较多的金属,直至合格为止。若工件较大而被研的平面较小或如方孔、狭缝等表面无法在平板上研磨,可手持研磨工具进行研磨。大批量生产中小型简单零件的平面可用机器研磨。

7. 平面的加工方案

平面的类型主要有非接合面、接合面和重要接合面、导向平面和精密测量工具的工作面四种。平面的主要技术要求为:

(1)尺寸精度:平面的长、宽等尺寸精度。

(2)形状精度:平面度、直线度等形状精度。

(3)位置精度:与其他平面或轴线的平行度、垂直度等位置精度。

(4)表面质量:表面粗糙度、表层硬度、表面残余应力、表面显微组织等。

表 1-4-10 给出了平面的加工方案,可作为拟定平面加工方案的依据和参考。

平面的加工方案 表 1-4-10

序号	加 工 方 案	尺寸公差等级	表面粗糙度 $R_a(\mu m)$	适 用 范 围
1	粗车→半精车	IT10~IT9	6.3~3.2	用于加工回转体零件的端面
2	粗车→半精车→精车	IT7~IT6	1.6~0.8	
3	粗车→半精车→磨削	IT9~IT7	0.8~0.2	
4	粗铣(粗刨)→精铣(精刨)	IT9~IT7	6.3~1.6	用于加工不淬火钢、铸铁、有色金属
5	粗铣(粗刨)→精铣(精刨)→刮研	IT6~IT5	0.8~0.1	
6	粗铣(粗刨)→精铣(精刨)→宽刀细刨	IT6	0.8~0.2	
7	粗铣(粗刨)→精铣(精刨)→磨削	IT6	0.8~0.2	用于加工淬硬钢、铸铁,不宜加工塑性及韧性较大、硬度低的有色金属
8	粗铣(粗刨)→精铣(精刨)→粗磨→精磨	IT6~IT5	0.4~0.1	
9	粗铣→精铣→磨削→研磨	IT5~IT4	0.4~0.025	
10	拉削	IT9~IT6	0.8~0.2	用于大批、大量生产除淬火钢以外的各种金属材料

四、螺纹的加工方法

螺纹也是机械零件上常见的表面之一。按母体形式,螺纹分为圆柱螺纹和圆锥螺纹。按用途,螺纹分为传动螺纹和紧固螺纹:传动螺纹用于传递运动和动力,如丝杠和测微螺杆的螺纹,其牙型多为梯形或锯齿形;紧固螺纹用于零件的固定连接,常用普通螺纹和管螺纹,牙型多为三角形。

1. 车削螺纹

车削螺纹是螺纹加工的基本方法。车削螺纹可在普通卧式机床上,使用螺纹车刀进行加工,适应性比较广,如图 1-4-65 所示。在车床上车螺纹时应保证:工件每转一转,刀具应准确而均匀地进给一个导程。螺纹车刀的刀刃形状和螺纹牙型槽的形状相同,刀尖应与工件轴线等高,并用对刀样板对刀。

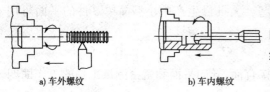

a) 车外螺纹   b) 车内螺纹

图 1-4-65　车削螺纹

车螺纹的生产效率低,加工质量取决于工人的技术水平以及机床、刀具的精度,所以,车削螺纹主要用于单件、小批量生产。

2. 铣削螺纹

铣削螺纹与车削螺纹的原理基本相同。铣螺纹可以用单排螺纹铣刀或多排螺纹铣刀。

单排螺纹铣刀上有一排环形刀齿,铣刀与工件轴线倾斜一个螺旋角。最初,在工件不动的情况下,铣刀旋转并做径向进给至螺纹全深(可以一次铣至螺纹深度,也可以分粗铣和精铣);接着,工件慢速回转,铣刀做纵向运动,直至切完螺纹长度。单排螺纹铣刀铣削螺纹多用于大导程或多头螺纹加工。

多排螺纹铣刀(梳形螺纹铣刀)有几排环形刀齿,是在专用螺纹铣床上铣削螺纹的。铣刀平行于工件轴线,其上的刀齿垂直于工件轴线,铣刀宽度稍大于螺纹长度。在工件不转动时,铣刀旋转并向工件进给至螺纹全深,然后工件缓慢转动 1.25 圈,铣刀也同时纵向移动 1.25 个导程,即可加工完毕。多排螺纹铣刀铣削螺纹多用于加工大直径、小螺距的短螺纹。

3. 攻丝与套丝

攻丝和套丝的加工精度较低,主要用于加工精度要求不高的普通螺纹。

(1)攻丝。攻丝是用丝锥在圆柱孔内或圆锥孔内切削内螺纹。丝锥是用高速钢制成的一种多刃刀具,可以加工车刀无法车削的小直径内螺纹。攻螺纹前,螺纹孔径应稍大于螺纹小径,孔深要大于规定的螺纹深度并且车孔口倒角。单件小批量生产中,可用手工丝锥手工攻螺纹,如图 1-4-66 所示。当大批量生产时,则应在车床、钻床或攻丝机上使用机用丝锥加工。

(2)套丝。套丝是用板牙(图 1-4-67)或螺纹切头在外圆柱面或外圆锥面上切削外螺纹。用板牙套螺纹,通常适用于公称直径小于 16mm 或螺距小于 2mm 的外螺纹。由于套螺纹时工件材料受板牙的挤压而产生变形,牙顶将被挤高,所以套螺纹前工件外圆应车削至略小于螺纹大径。外圆车好后,端面必须倒角,倒角后端面直径应小于螺纹小径,以便于板牙切入工件。

注意,在攻丝和套丝时,每转过 1.5 转后,均应反转倒退排屑,以免切屑挤塞,造成工件螺纹牙型的破坏。

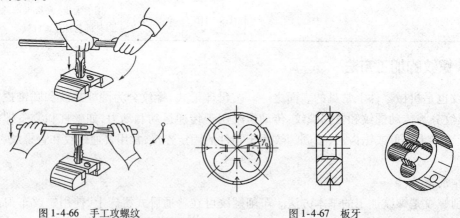

图 1-4-66　手工攻螺纹　　　　　　图 1-4-67　板牙

4.磨螺纹

磨螺纹是精加工螺纹的一种方法,用廓形经修整的砂轮在螺纹磨床上进行。螺纹磨削的加工精度可达 IT6~IT4,表面粗糙度 $R_a \leqslant 0.8\mu m$。根据采用的砂轮类型不同,外螺纹的磨削分为单线砂轮磨削和多线砂轮磨削,最常见的是单线砂轮磨削,如图 1-4-68 所示。高精度的螺纹和淬硬螺纹通常采用磨削加工。

5.螺纹滚压

螺纹滚压是用成型滚压模具使工件产生塑性变形以获得螺纹的加工方法。按滚压模具的不同,螺纹滚压可分搓丝和滚丝两类。如图 1-4-69 所示,搓丝时,两块带螺纹牙型的搓丝板错开 1/2 螺距相对布置,静板固定不动,动板做平行于静板的往复直线运动。当工件送入两板之间时,动板前进搓压工件,使其表面塑性变形而成螺纹。滚丝与搓丝的不同在于使用带螺纹牙型的两个滚丝辊子。

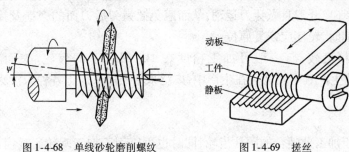

图 1-4-68 单线砂轮磨削螺纹　　图 1-4-69 搓丝

五、齿轮齿形的加工方法

齿轮在各种机械和仪表中广泛应用,是传递运动和动力的重要零件,机械产品的工作性能、承载能力、使用寿命及工作精度等都与齿轮的质量有着密切的关系。常用的齿轮有圆柱齿轮、圆锥齿轮及蜗轮等,而以圆柱齿轮应用最广。轮齿的轮廓曲线有渐开线、摆线、圆弧等,其中最常用的是渐开线。本节仅介绍渐开线圆柱齿轮齿形的加工方法。按照加工原理的不同,渐开线齿形的加工分为仿形法和展成法两种。

(1)仿形法。仿形法加工是用与被加工齿轮齿廓形状相符的成型刀具在轮坯上加工齿形的方法。仿形法加工齿轮的最常用方法是铣齿。

(2)展成法。展成法(范成法)是应用齿轮啮合原理来进行加工的,展成法加工出来的齿形轮廓是刀具切削刃运动轨迹的包络线。展成法加工齿形的方法主要有滚齿、插齿、剃齿、珩齿和磨齿等方法,其中剃齿、珩齿、磨齿属于齿形精加工方法。展成法的加工精度和生产率都较高,刀具通用性好,所以在生产中应用十分广泛。

1.铣齿

铣齿是利用成型齿轮铣刀在万能铣床上加工齿轮的方法。当齿轮模数小于 8mm 时,一般在卧式铣床上用盘状铣刀铣削,如图 1-4-70a)所示;当齿轮模数等于或大于 8mm 时,用指状铣刀在立式铣床上铣削,如图 1-4-70b)所示。

铣齿时,均将工件安装在铣床的分度头上,铣

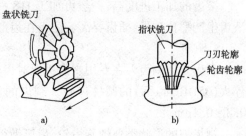

图 1-4-70 铣削齿轮

刀旋转做主运动,工作台做直线进给运动。当铣削完一个齿槽后,退出刀具,按齿数 z 进行分度,再铣下一个齿槽,直至铣完全部齿槽。

由于铣齿存在分度误差及刀具的制造安装误差,所以加工精度较低,一般只能加工出低精度的齿轮。此外,加工过程中需多次不连续分度,生产率也很低,因此铣削主要用于单件小批量生产及修配工作中加工精度不高的齿轮。

2. 插齿

插齿是利用插齿刀在插齿机上加工内外齿轮、齿条的方法。插齿是按一对圆柱齿轮相啮合的原理进行加工的,插齿刀相当于一个在轮齿上磨出前角和后角、具有切削刃的齿轮,而轮坯则作为另一个齿轮与插齿刀进行啮合,如图 1-4-71 所示。

插齿时,插齿刀的上下往复移动是主运动;插齿刀和轮坯之间强制进行的啮合运动为分齿运动;插齿刀每上下往复一次后向轮坯中心做径向进给运动,从而逐渐切出全齿深;插齿刀向上返回退刀时,轮坯离开刀具做让刀运动,从而避免插齿刀后刀面的磨损及擦伤已加工表面,当插齿刀向下切削时,轮坯应恢复原位。

插齿加工的精度较高,一般可加工精度在 IT7 级以下的齿轮,表面粗糙度 R_a 可达 $0.16\mu m$,但插齿的生产效率较低。在生产中,广泛采用插齿来加工各种未淬火齿轮,尤其是内齿轮和多联齿轮。

3. 滚齿

滚齿主要用于加工外啮合的圆柱齿轮,同时也可以用于加工蜗轮。滚齿的工作原理相当于蜗杆与蜗轮的啮合过程,滚刀相当于一个蜗杆,在垂直于螺旋线的方向开出沟槽,并磨出刀刃,形成切削刃和前角、后角。滚刀刀齿侧面运动轨迹为包络线,在与轮坯啮合的过程中形成齿面,如图 1-4-72 所示。

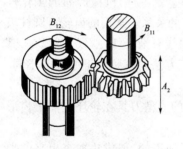 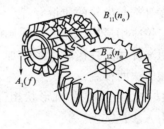 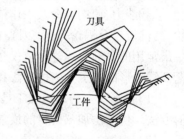

图 1-4-71　插齿原理　　　　　　　　　　图 1-4-72　滚齿原理

滚齿时,滚刀的旋转运动为主运动;滚刀与轮坯之间保持严格速比关系,两者之间强制进行的啮合运动为分齿运动;滚刀沿轮坯的轴向做直线进给运动。

滚齿的加工进度高,一般可加工 IT8 ~ IT7 级精度的齿轮,表面粗糙度 R_a 为 $5 \sim 1.25\mu m$。滚齿生产率比铣齿、插齿要高。滚齿在齿形加工中应用最广泛,但不能加工内齿轮、扇形齿轮。

4. 剃齿

剃齿是用剃齿刀在专用剃齿机上对齿轮齿形进行精加工的一种方法。专门用来加工未经淬火(35HRC 以下)的圆柱齿轮。剃齿的加工精度可达 IT7 ~ IT6,齿面的表面粗糙度 R_a 为 $0.8 \sim 0.4\mu m$。

剃齿刀的形状类似螺旋齿轮,齿形做得非常精确,在齿面上制出许多沟槽,这些沟槽就是剃齿刀的切削刃。如图 1-4-73 所示,剃齿时,工件安装在心轴上,由剃齿刀带动旋转。由于剃齿刀刀齿是倾斜的,安装时与工件轴线倾斜一个螺旋角 β。剃齿刀在 A 点的圆周速度分解为使工件旋转的 v_{An} 和剃削速度 v_{A1}。为了剃削整个齿宽,工作台带动工件做往复运动。在每次往复行程终了,工件相对于剃齿刀做垂直进给运动,使工件表面每次被剃去 $0.007 \sim 0.03mm$ 的金属。剃齿刀时而正转,时而反转,从而磨出轮齿的两侧齿面。

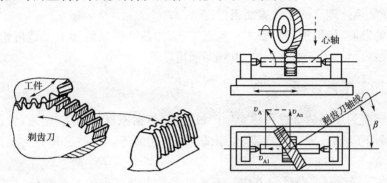

图 1-4-73　剃齿原理

剃齿加工主要用于提高被加工齿轮的精度和降低齿面粗糙度,多用于成批、大量生产。

5. 磨齿

磨齿是用砂轮在专用磨齿机上对已淬火齿轮进行精加工的一种方法。按加工原理有成型法和展成法两种。磨齿加工精度为 IT7 ~ IT4 级,最高可达到 IT3 级,齿面的表面粗糙度 R_a 为 $0.63 \sim 0.16\mu m$。

(1)成型法磨齿。如图 1-4-74a)所示,成型法磨齿与用盘状铣刀铣齿原理一样,是利用成型砂轮磨削齿形。

(2)展成法磨齿。如图 1-4-74b)所示,锥砂轮磨齿是展成法磨齿的代表,其按照齿轮和齿条的啮合原理进行。

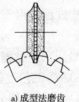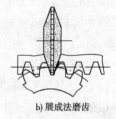

a) 成型法磨齿　　　　　b) 展成法磨齿

图 1-4-74　磨齿原理

6. 珩齿

珩齿是对热处理后(齿面硬度超过 35HRC)的齿轮进行光整加工的方法。珩齿的运动关系及所用机床和剃齿相同,不同的是珩齿所用的刀具(珩轮)是含有磨料的塑料螺旋齿轮。珩齿相当于一对交错轴斜齿轮传动,将其中一个斜齿轮换成珩磨轮,则另一个斜齿轮就是被加工的齿轮,如图 1-4-75 所示。

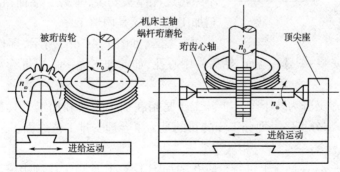

图 1-4-75　珩磨原理

珩齿修正误差的能力差,主要用于去除热处理后的氧化皮及毛刺,使表面粗糙度 R_a 值从 $1.6\mu m$ 左右下降至 $0.4\mu m$ 以下。为了保证齿轮的精度要求,必须提高珩齿前的加工精度和减少热处理变形。因此,珩齿前多采用剃齿,如果磨齿后还需进一步降低表面粗糙度,也可采用珩齿使齿面粗糙度 R_a 值进一步降低到 0.1μm。

珩齿由于具有齿面粗糙度小、效率高、成本低、设备简单、操作方便等一系列优点,所以是一种很好的齿轮光整加工方法,一般可加工 IT8~IT6 级精度的齿轮。珩齿对齿形精度改善不大,主要用于降低热处理后的轮齿表面粗糙度。

随着技术的发展,齿形加工出现了一些新工艺,如精冲或电解加工微型齿轮、热轧中型圆柱齿轮、精锻圆锥齿轮、粉末冶金齿轮、电解磨削齿轮等。

六、机械加工工艺过程

将原材料转变为成品的全过程称为生产过程,它包括原材料购买、运输、管理、生产准备、毛坯制造、机械加工、热处理、检验、装配、调试、油漆、包装等。生产过程分为工艺过程和辅助过程两部分。

所谓"工艺",就是制造产品的方法。工艺过程是生产过程的主要部分,是指改变生产对象的形状、尺寸、相对位置和性能等,使其变为成品或半成品的过程。例如,铸造、锻压、焊接、热处理、机械加工、装配等,均属于工艺过程。如果是采用机械加工方法直接改变毛坯的形状、尺寸和表面质量,使之成为产品零件,则此过程称为机械加工工艺过程。

辅助过程是指与原材料改变为成品间接有关的过程,如运输、保管、检验、设备维修、购销等。本节只介绍机械加工工艺过程的基本知识。

1. 机械加工工艺过程的组成

零件的机械加工工艺过程是由一系列工序、工步、安装和工位等单元组成的。

(1)工序。工序是指一个(或一组)工人,在一个固定的工作地点,对一个(或一组)工件加工所连续完成的那一部分工艺过程。划分工序的主要依据是零件在加工过程中的工作地点(机床)是否变动,或该工序的工艺过程是否连续完成。工件的工艺过程是由若干个工序所组成的,工序是工艺过程的基本组成部分,是安排生产计划的基本单元,毛坯依次通过若干个工序的加工成为零件。

例如,加工小轴通常是先车端面,再钻中心孔,其加工过程有两种方案:

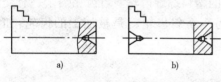

a)   b)

图 1-4-76　加工小轴的两种方案

方案一,如图 1-4-76a)所示,在卧式车床上逐件车一端面,钻一中心孔,放在一边,加工一批后,在另一个车床再逐件掉头安装,车另一端面,钻另一中心孔,直至加工完毕,这是两道工序。

方案二,如图 1-4-76b)所示,逐件车一端面,钻一中心孔,立即掉头安装,车另一端面,钻另一中心孔,如此加工完一件再继续加工第二件,这是一道工序。

(2)工步。工序又分为若干个工步。工步是指在加工表面和加工工具都不变的情况下,所连续完成的那一部分工序。划分工步的目的是为了合理安排工艺过程。一道工序可由多个工步组成。

如图 1-4-77 所示,在钻床上进行台阶孔的加工工序时,此道工序则由三个工步组成,即钻孔工步、扩孔工步和锪平工步。多次重复进行的工步,例如,在法兰上依次钻四个 $\phi 15$ 的孔,如图 1-4-78 所示,习惯上算作一个工步。

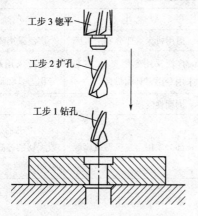

图 1-4-77　台阶孔加工工序的三个工步

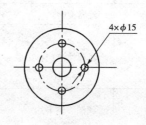

图 1-4-78　多次重复的工步

（3）安装。安装包括定位和夹紧两项内容。定位是在加工前使工件在机床上或在夹具中处于某一正确的位置。工件定位之后还需要夹紧，使它不因切削力、重力或其他外力的作用而变动位置。工件经一次装夹后所完成的那一部分工序叫安装。对于加工图 1-4-76 中的小轴，做法一是每道工序安装一次；做法二则是一道工序内有两次安装。

（4）工位。工位是指为了完成一定的工序部分，一次装夹工件后，工件与夹具或设备的可移动部分一起相对刀具或设备的固定部分所占据的每个位置。对于加工图 1-4-76 中的小轴，做法一和做法二的每次安装均只有一个工位。当小轴的生产批量较大时，多采用铣两端面、钻中心孔的加工方法，如图 1-4-79 所示。工件在安装后先在工位 1 铣两端面，然后在工位 2 钻两中心孔。这种做法是一道工序，两个工步，一次安装，两个工位。

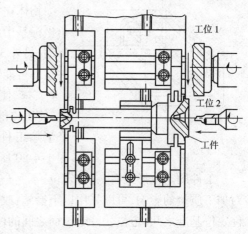

图 1-4-79　大批量小轴的加工方案

2. 生产类型

根据产品的品种和年产量的不同，机械产品的生产可分为三种类型，即单件生产、成批生产和大量生产。生产类型的划分见表 1-4-11，生产类型的工艺特征见表 1-4-12。

生产类型的划分　　　　　　　　　　　　　　　　　　表 1-4-11

生产类型		零件的年产量（件）		
		重型（>30kg）	中型（4~30kg）	轻型（≤4kg）
单件生产		<5	<10	<100
成批生产	小批	5~100	10~200	100~500
	中批	100~300	200~500	500~5000
	大批	300~1000	500~5000	5000~50000
大量生产		>1000	>5000	>50000

生产类型	单件生产	成批生产	大量生产
机床设备	通用机床	通用机床或部分专用机床	广泛采用高效率的专用机床
工艺装备	一般刀具、通用量具和万能夹具	广泛采用专用夹具,部分采用专用刀具和量具	广泛采用高效率的专用夹具、专用刀具和量具
加工对象	经常变换	周期性变换	固定不变
毛坯	木模铸造或自由锻	部分采用金属模型或模锻	采用机器造型、模锻及少切削或无切削等高生产率的毛坯制造方法
对工艺规程的要求	编制线路卡片	详细编制工艺卡	编制详细工艺规程和各种工艺文件
对工人的技术要求	需要技术熟练的工人	需要技术比较熟练的工人	调试工人要求技术高,操作工要求技术不高

3. 工件的定位原理

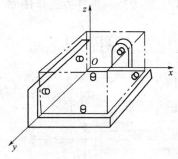

物体在空间的任何运动,都可以分解为相互垂直的空间直角坐标系中的 6 种运动,其中 3 种运动是沿 3 个坐标轴的平行移动,另外 3 种运动是绕 3 个坐标轴的旋转运动。物体的这 6 种运动可能性,称为物体的 6 个自由度。在夹具中适当地布置 6 个支撑,使工件与这 6 个支撑接触,就可消除工件的 6 个自由度,使工件的位置完全确定。这种采用布置恰当的 6 个支撑点来消除工件 6 个自由度的方法,称为"六点定位"原则。如图 1-4-80 所示为平行六面体的六点定位。

图 1-4-80 平行六面体的六点定位

工件的定位形式有:完全定位、不完全定位、欠定位和重复定位四种。为了防止重复定位对加工质量的影响,可以采用以下措施:改变定位元件结构;撤销重复定位的定位元件;提高工件定位基准之间、定位元件定位面之间的位置精度。

4. 工件的基准

基准是确定零件上的某些点、线、面位置时所依据的那些点、线、面。根据作用不同,基准分为设计基准和工艺基准两大类:在零件图上用以确定其他点、线和面位置的基准称为设计基准;零件在加工和装配过程中所使用的基准,称为工艺基准。按用途不同,工艺基准又分为定位基准、装配基准和测量基准。

定位基准主要是为了保证加工表面之间的相互位置精度。定位基准有粗基准和精基准之分:用没有经过机械加工的表面作为定位基准称为粗基准;用已经机械加工过的表面作为基准称为精基准。合理选择定位基准对保证加工精度、安排加工顺序和提高加工生产率有着十分重要的影响。

(1)粗基准的选择原则。粗基准是在最初的加工工序中以毛坯表面来定位的基准。选择粗基准时,应满足各个表面都有足够的加工余量,使加工表面对不加工表面有合适的相互位置,其选择原则是:

①采用工件上不需加工的表面作为粗基准,以保证加工面与不加工面之间的位置误差为最小。

②若必须保证工件某重要表面的加工余量均匀,则应选择该表面作为粗基准。

③应尽量采用平整的、足够大的毛坯表面作为粗基准。

④粗基准不能重复使用,这是因为粗基准的表面精度较低,不能使工件在两次安装中保持同样的位置。

(2)精基准的选择原则。在最初的加工工序以后的各工序中必须使用精基准。精基准的选择直接影响着零件各表面的相互位置精度,因而在选择精基准时,要保证工件的加工精度和装夹方便、可靠。选择精基准的原则是:

①基准重合原则。尽可能使用设计基准作为精基准,以免产生基准不重合带来的定位误差。

②基准同一原则。应使尽可能多的表面加工都用同一个精基准,以减少变换定位基准带来的误差,并使夹具结构统一。例如,加工轴类零件用中心孔作为精基准,在车、铣、磨等工序中始终都以它作为精基准,这样既可保证各段轴颈之间的同轴度,又可提高生产率。又如,齿轮加工时通常先把内孔加工好,然后再以内孔作为精基准。

③互为基准原则,是使用工件上两个有相互位置精度要求的表面交替作为定位基准。例如,加工短套筒,为了保证孔与外圆的同轴度,应先以外圆作为定位基准磨孔,再以磨过的孔作为定位基准磨外圆。

④便于安装,并且使夹具的结构简单。

⑤尽量选择形状简单、尺寸较大的表面作为精基准,以提高安装的稳定性和精确性。

5. 工艺规程的制订

工艺规程是指导生产的技术文件,它的内容包括:排列加工工序(包括热处理工序)、安排各工序所用的机床、装夹方法、加工方法、测量方法、确定加工余量、切削余量、工时定额等。

不同的零件有不同的加工工艺;同一种零件,由于生产类型、机场设备、工艺装备等不同,其加工工艺也不同。在一定生产条件下,零件的机械加工工艺通常可以有几种方案,其中总有一种相对比较合理。在制订零件的加工工艺时,要从实际出发,为保证产品质量,制订出最经济合理的工艺方案。制订工艺过程的步骤如下:

①对零件进行工艺分析。

②选择毛坯类型。

③制订零件工艺路线。

④选择或设计、改装各工序使用的设备。

⑤选择或设计各工序所使用的刀具、量具、夹具及其他辅助工具。

⑥确定工序的加工余量、工件尺寸及公差。

⑦确定各工序的切削用量、时间定额等。

现就"对零件进行工艺分析"和"制订零件工艺路线"两项内容进行分析讨论。

(1)对零件进行工艺分析。工艺分析就是要结合装配图分析零件图,主要包括零件的技术要求分析和零件的结构工艺性分析。零件的技术要求分析包括加工表面尺寸精度、形状精度、各加工表面相互位置精度、粗糙度值、热处理要求及其他如动平衡、配合等要求。零件的结构工艺性是指所设计的零件在满足使用要求的前提下制造的经济性和可行性。通过对零件进行工艺分析,确定主要表面的加工方法和加工顺序,为制订工艺路线打下基础。

(2)制订零件工艺路线。工艺路线是制订工艺规程中最重要的内容,除合理选择定位基准外,还应考虑表面加工方法的选择、加工阶段的划分和加工顺序的安排。

加工方法的选择与零件的结构形状、技术要求、材料、毛坯类型、生产类型等因素有关。选择加工方法时,应首先选定主要表面(零件的工作表面或定位基准)的最后加工方法;然后,再确定最后加工以前的一系列准备工序的加工方法和顺序。

加工阶段的划分应有利于保证加工质量和合理使用设备,并及时发现毛坯缺陷,避免浪费工时。对于加工精度要求较高、表面粗糙度数值要求较低的零件,其工艺过程通常分为粗加工、半精加工和精加工三个阶段:在粗加工阶段要切除大部分加工余量,使毛坯在形状和尺寸上接近成品;在半精加工阶段要完成一些次要表面的加工,并为精加工作准备;在精加工阶段使零件的主要表面达到零件图纸的要求。对于加工精度要求很高、表面粗糙度数值要求极低的零件,在精加工之后还需进行光整加工。

加工顺序的安排原则为:基准先行、先主后次、先粗后精、先面后孔、合理安排热处理工艺。此外,还要考虑安排检验和其他辅助工序,如去毛刺、倒棱边、清洗、涂防锈油等。检验必须认真进行,除了每道工序中的操作者进行自检外,还须在下列情况下安排检验工序:各加工阶段结束之后;零件转换车间时;零件加工完毕要进行总检;根据加工过程的需要和图纸要求,安排如磁力探伤、超声波探伤、X线检验、荧光检验等。

任务实施

根据学习和分析,编写以下两个零件的机械加工工序卡片:

(1)传动轴,如图1-4-81所示。

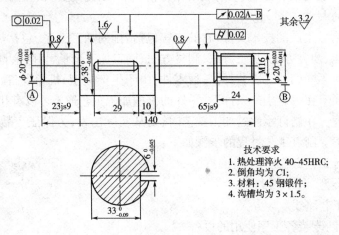

图1-4-81 传动轴

答:首先,分析传动轴的加工工艺。

①该传动轴材料为45钢,形状简单,精度要求中等,是各段轴直径尺寸相差较大的阶梯轴,故选用锻件毛坯。

②通过划分加工阶段,有利于保证工件的加工质量:粗加工阶段——钻中心孔、粗车各外圆;半精加工阶段——半精车各外圆、车削螺纹、铣键槽;精加工阶段——修研中心孔,粗磨和精磨各外圆。

③在轴类零件加工过程中,由于各外圆表面同轴度及端面对轴线的垂直度的设计基准一般都是轴的中心线,所以采用两中心孔定位符合基准统一原则。但轴类零件加工工序较多,考虑到实际加工情况,粗加工、精加工时的基准可有所不同。该传动轴粗加工时以外圆表面作为定位基准;半精加工时以外圆表面+中心孔作为定位基准;精加工时用两个中心孔作为定位基准。

④因为该轴为小批量生产,宜采用工序集中。要求不高的退刀槽、越程槽、倒角和螺纹等

134

在半精车时就加工到规定尺寸。键槽在半精车后划线和铣削。淬火后安排修研中心孔以消除热处理引起的变形和氧化皮,保证磨削加工精度。最后,粗磨和精磨安装齿轮和轴承的各外圆到规定尺寸。

⑤该轴采用45钢锻造毛坯。机加工前安排退火,以便消除毛坯锻造内应力和改善材料的切削性能。传动轴的最终热处理是调质,即淬火+高温回火,安排在半精加工之后和精加工之前。

经过如上的分析后,传动轴的机械加工工序卡片见表1-4-13。

传动轴机械加工工序卡 表1-4-13

工序号	工序名称	工序内容	装夹基准	加工设备
1	锻	锻造毛坯	—	—
2	热处理	退火	—	—
3	钻中心孔	车端面,钻中心孔; 掉头,取总长140mm,车另一端面,钻中心孔	外圆表面 (三爪卡盘)	卧式车床
4	粗车	①粗车一端外圆至 $\phi40 \times 77$mm、$\phi22 \times 22$mm ②半精车该端外圆至 $\phi38.4 \times 76$mm、$\phi20.4 \times 23$mm ③切槽 3×1.5mm ④倒角 $1.2 \times 45°$	外圆表面 + 中心孔 (一顶一夹)	卧式车床
5	粗车	掉头 ①粗车另一端外圆至 $\phi22 \times 64$mm、$\phi17 \times 23$mm ②半精车该端外圆至 $\phi20.4 \times 65$mm、$\phi16 \times 24$mm ③切槽 3×1.5mm ④倒角 $1.2 \times 45°$ ⑤车螺纹 M16	外圆表面 + 中心孔 (一顶一夹)	卧式车床
6	划线	键槽划线	—	钳工台
7	铣	粗铣、精铣键槽 $6 \times 33 \times 29$mm 至尺寸要求	外圆表面 + 中心孔 (一顶一夹)	立式铣床
8	热处理	淬火 + 高温回火至硬度达到 $40 \sim 45$HRC	—	—
9	钳	修研中心孔	—	钻床
10	粗磨	①粗磨一端外圆至 $\phi38.06_{-0.04}^{\ 0}$mm、$\phi20.06_{-0.04}^{\ 0}$mm ②粗磨另一端外圆至 $\phi20.06_{-0.04}^{\ 0}$mm	两个中心孔 (双顶尖)	外圆磨床
11	精磨	①精磨一端外圆至 $\phi38_{-0.025}^{\ 0}$mm、$\phi20_{-0.041}^{-0.020}$mm ②精磨另一端外圆至 $\phi20_{-0.041}^{-0.020}$mm	两个中心孔 (双顶尖)	外圆磨床
12	检	检验		

(2)倒挡惰轮,如图1-4-82所示。

答:首先,分析倒挡惰齿轮的加工工艺。

①选择定位基准。正确选择齿形加工的定位基准和安装方式,对齿轮制造精度有着重要影响。切齿时,安装误差太大,就会增加齿圈的径向跳动,增大周节积累误差和齿向误差;此外,工艺系统的刚度如果不够大,也会产生类似的加工误差,并在切削过程中产生振动,降低齿面质量。

该齿轮粗加工时,以 $\phi28_{-0.2}^{\ 0}$ 外圆和轮齿左端面为基准,加工齿轮右端面、$\phi64_{-0.10}^{\ 0}$ 外圆、$\phi21_{0}^{+0.026}$ 内孔;再以 $\phi64_{-0.10}^{\ 0}$ 外圆和右端面为基准,加工 $\phi28_{-0.2}^{\ 0}$ 外圆、左端面和长度。半精加工时,以 $\phi64_{-0.10}^{\ 0}$ 外圆和左端面为基准,加工右端面台阶外圆 $\phi27$ 和内孔 $\phi21_{0}^{+0.026}$。精加工时,以内孔为基准,加工 $\phi64_{-0.10}^{\ 0}$、$\phi28_{-0.2}^{\ 0}$ 外圆,以内孔和右端面为基准进行齿面加工。

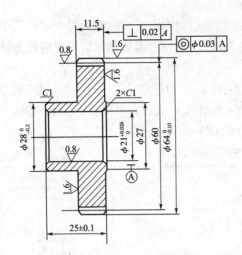

精度等级	766FL
齿数 Z	30
模数 m	2
齿形角 α	20°
公法线长度 W	22.390
跨齿数	4
径向跳动 F_r	0.032

技术要求
1. 热处理要求:碳、氮共渗,
   淬火 52HRC;
2. 材料为 20MnCr5;
3. 未注倒角 C1.5。

图 1-4-82　倒挡惰轮

②齿坯的加工工艺。齿形加工前的齿轮加工称为齿坯加工。齿坯的内孔、端面、轴颈或齿顶经常用作齿轮加工、测量和装配的基准,齿坯的精度对齿轮的加工精度有着重要的影响。因此,齿坯加工在整个齿轮加工中占有重要的地位。在齿坯加工中,除了要保证基准孔(或轴颈)的尺寸精度、形状精度,更重要的是保证基准端面相对于基准孔(或轴颈)的相互位置精度。该轮坯的加工方案为:粗车→半精车→镗孔、铰孔→精车。

③齿形的加工工艺。该齿轮工作中的运动精度要求较高,齿形的机械加工方案为滚齿+剃齿,用滚齿作为齿形的粗加工和半精加工,控制分齿精度和运动精度;用剃齿作为齿形的精加工,提高齿形精度,降低齿面粗糙度。

滚齿的加工精度可达 IT8～IT7,表面粗糙度值 R_a 可达 $1.6\mu m$,滚齿的整个切削过程连续,生产效率高。剃齿的加工精度可达 IT7～IT6,表面粗糙度值 R_a 可达 $0.8～0.2\mu m$。

④齿轮热处理工序的安排。齿轮是使用广泛的传动件,工作时的转速大多较高,齿面承受高频交变弯曲载荷作用,且有较大的滑动摩擦。因此,必须通过热处理提高齿面的耐磨性、抗疲劳强度和齿根的综合力学性能。常用的热处理工艺是整体正火或调质、齿面高频感应加热淬火、齿面渗碳淬火或表面渗氮处理等。

该齿轮的轮坯热处理为正火,齿面热处理要求为碳氮共渗,淬火硬度为 52HRC,最后表面抛丸处理。该齿轮的材料为低碳钢,未经热处理时强度和硬度不高、不耐磨,所以要进行碳氮共渗,其目的是进一步提高齿轮表面的耐磨性。淬火后,齿面硬度高,但心部仍保持较高的韧性。因此,齿面耐磨性、抗疲劳强度高,轮齿能承受较大的冲击载荷,符合齿轮工作的要求。因齿面经渗碳淬火后有氧化层,需采用抛丸工艺去除氧化层并使齿面强度得到进一步强化。

经过如上的分析后,倒挡惰轮齿轮的机械加工工序卡片,见表 1-4-14。

倒挡惰轮的机械加工工序卡片　　　　　　　　　　　　　　表 1-4-14

工序号	工序名称	工序内容	装夹基准	加工设备
1	锻造	锻造毛坯	—	—
2	热处理	正火,硬度 260～280HBS	—	—
3	粗车	①粗车大端外圆 $\phi66.5 \times 12mm$ ②粗车大端面 ③镗孔 $\phi20.4mm$ ④内孔倒角	小外圆+左端面	卧式车床

工序号	工序名称	工序内容	装夹基准	加工设备
4	粗车	掉头 ①粗车小端外圆 $\phi28 \times 12.5$mm ②粗车小端面,保证长度 12.3mm ③齿坯倒角 ④小外圆倒角	大外圆 + 右端面	卧式车床
5	精车	①精车大端外圆 $\phi64_{-0.10}^{0}$mm ②半精镗孔 $\phi20.4 \pm 0.05$mm ③精车大端面 ④齿顶圆倒圆角 $C1.5$	小外圆 + 左端面	卧式车床
6	精车	精车小端外圆、小端面、镗孔、铰孔	大外圆 + 右端面	卧式车床
7	滚齿	滚齿,留剃齿余量 0.07 ~ 0.10mm	内孔 + 右端面	滚齿机
8	剃齿	剃齿,公法线长度至尺寸公差范围内	内孔 + 右端面	剃齿机
9	热处理	碳氮共渗,硬度 52HRC	—	—
10	喷丸	去除氧化层,齿形表面强化	—	—
11	检查	终检,去毛刺,入库	—	—

自我检测

一、填空题

1. 车削外圆时,工件旋转是_____运动,车刀的纵向直线移动是_____运动。

2. 铣削时,_____是主运动,_____是进给运动。

3. 在卧式铣床上主要使用_____铣刀,在立式铣床上主要使用_____铣刀。

4. 根据圆柱铣刀旋转方向与工件移动方向之间的相互关系,铣削分为_____和_____。

5. 刨削的主运动是_____,进给运动是_____。

6. 普通圆孔拉刀的结构由头部、颈部、_____、_____、_____、校准部和后导部组成。

7. 钻削时,_____是主运动,_____是进给运动。

8. 磨削时,_____是主运动。外圆磨削方式有_____和_____。

9. 平面磨削分为_____和_____。

10. 常用的光整加工方法有_____、_____和_____等。

11. 铣齿属于_____法,滚齿属于_____法,插齿属于_____法。

12. 铣齿时,_____是主运动,_____是进给运动。

13. 零件的机械加工工艺过程是由一系列_____、_____和_____等单元组成的。

14. _____是机械加工工艺过程的基本组成单元。

15. 根据产品的品种和年产量的不同,生产类型可分为_____、_____和_____三种。

16. 定位基准包括_____和_____两种。

17. 工艺基准一般包括_____、_____、_____。

18. 加工工序顺序的安排原则是_____、_____、_____、_____、合理安排热处理工艺。

19. 工件装夹包括_____和_____两个过程。

20. 工件定位时,有一个或几个自由度被定位元件重复限制时称为_____。

二、选择题

1. 逆铣与顺铣相比,其优点是_____。

A. 散热条件好　　B. 切削时工作台不窜动　　C. 加工质量好　　D. 生产率高

2. 刨削时,刀具容易损坏的主要原因是_____。

A. 切削不连续、冲击大　　B. 排屑困难　　C. 切削温度高　　D. 容易产生积屑瘤

3. 在实心材料上加工孔,应选择_____。加工孔内环形槽,应选择_____。不能加工盲孔的是_____。在淬硬件上精加工孔,一般应选择_____。

A. 钻孔　　B. 扩孔　　C. 铰孔　　D. 镗孔　　E. 拉孔　　F. 磨孔

4. 制造麻花钻的材料一般是_____。

A. 碳素工具钢　　　　B. 高速钢　　　　C. 低合金工具钢　　　　D. 硬质合金

5. 下列刀具中,属于定尺寸刀具的是_____。

A. 车刀　　　　B. 铰刀　　　　C. 砂轮　　　　D. 铣刀

6. 下列方法中,可以加工内齿轮的是_____。

A. 滚齿　　　　B. 插齿　　　　C. 挤齿　　　　D. 磨齿

7. 插齿时,能切出整个齿宽的运动是_____。

A. 上下往复运动　　B. 径向进给运动　　C. 让刀运动　　D. 回转运动

8. 在加工表面、刀具、切削速度与进给量均不变的情况下,连续完成的那部分工艺过程是_____。一个工人在一台机床上对一个工件所连续完成的那一部分工艺过程是_____。

A. 工序　　　　B. 工步　　　　C. 工位　　　　D. 安装

9. 零件加工时,粗基准一般选择_____。

A. 工件的毛坯面　　　　　　　　B. 工件的已加工表面

C. 工件的过渡表面　　　　　　　　D. 工件的待加工表面

10. 下列说法中,对粗基准叙述不正确的是_____。

A. 粗基准是第一道工序所使用基准　　B. 粗基准一般只能使用一次

C. 粗基准是一种定位基准　　　　　　D. 粗基准一定是工件上的不加工表面

11. 不属于工艺基准的是_____。

A. 工序基准　　　　B. 设计基准　　　　C. 测量基准　　　　D. 装配基准

12. 铣削平面时,周铣比端铣_____。

A. 加工质量好,生产率低　　　　B. 加工质量好,生产率高

C. 加工质量差,生产率低　　　　D. 加工质量差,生产率高

三、简答题

1. 常用哪些方法实现外圆表面的加工?

2. 常用哪些方法实现孔的加工?

3. 常用哪些方法实现平面的加工?

4. 试比较刨削与铣削平面的工艺特点及应用场合。

5. 钻削加工后,如何进一步提高孔的加工精度?

6. 磨削与铣削有什么相似之处?

7. 圆柱齿轮齿形的加工有哪些方法? 各有什么优缺点?

8. 粗基准的选择原则是什么? 精基准的选择原则是什么?

9. 加工工艺路线的安排需要遵循哪些原则?

10. 机械加工工艺过程一般分为哪几个加工阶段? 各阶段的主要任务是什么?

三、课外研讨

小组研讨后,尝试编写图 1-4-83 装夹方箱的机械加工工序卡片。

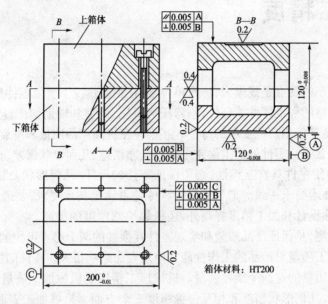

箱体材料: HT200

图 1-4-83　装夹方箱

项目五

检验加工精度

现代化工业生产的特点是规模大,协作单位多,在很多情况下要求零件具有互换性。所谓互换性是指同一规格的一批零件或部件,不需任何挑选、调整和辅助加工,就能装配在同一种类机器上,并能满足其使用功能要求的特性。互换性在提高产品质量和可靠性、提高经济效益等方面均具有重大意义。零件的加工误差主要有尺寸误差、几何形状误差、相互位置误差和表面粗糙度四类。为使零件具有互换性,必须保证零件的尺寸、几何形状及相关要素的相互位置、表面粗糙度等技术要求一致。加工完成的零件是否满足技术要求,要通过检测加以判断。产品质量的提高,除设计和加工精度提高外,还依赖检测精度的提高。实际生产中,合理确定公差并正确进行检测,是保证产品质量和实现零件互换性的两个必不可少的条件和手段。

机械产品的加工质量对产品的工作性能和使用寿命影响很大。零件的加工质量一般用加工精度和加工表面质量的这两个指标衡量。机械加工精度是机械加工质量的核心部分,加工精度包括尺寸精度、几何形状精度和相互位置精度三个方面。机械加工表面质量主要用表面粗糙度衡量,对零件的耐磨性、耐腐蚀性、抗疲劳强度和配合性质有直接影响。

任务一　检测尺寸误差

知识目标

1. 掌握尺寸公差与配合的基本概念及相关的基本术语和定义。
2. 掌握间隙、过渡、过盈配合的特点。
3. 了解孔、轴尺寸公差带与配合标准的具体规定及其应用原则和方法。

能力目标

1. 能读懂零件图和装配图中标注的尺寸公差和配合的含义。
2. 能准确计算极限尺寸和配合的极限盈隙,并能绘制尺寸的公差带图。
3. 能根据零件配合要求,初步设计尺寸公差与配合。
4. 能正确使用游标卡尺、千分尺等常用测量工具。

任务描述

根据学习和分析,回答以下问题:

（1）比较 $\phi20$ H7/p6 和 $\phi20$ P7/h6 这两个配合的差异。

（2）有一孔轴配合的基本尺寸为50mm，要求配合间隙在 +0.025～+0.089mm 之间。请确定此配合的孔、轴公差带和配合代号。

知识链接

对于尺寸，我们不可能将一批零件准确地制成一个指定的尺寸，而是要将零件的尺寸限定在一个合理的范围内。生产中，这是用"公差"的标准化解决的。对于相互配合的零件，各自需要一个合理的尺寸范围，在这个尺寸范围内，一是在制造上是合理的、经济的；二是要保证相互配合的尺寸之间形成的配合关系能够满足使用要求。生产中，这是用"配合"的标准化解决的。"公差与配合"制度是进行机械产品设计、制造、装配、使用和维修的重要依据，是国际上公认的基础标准。

一、尺寸公差

1. 孔和轴

孔是指工件的圆柱形内表面，包括非圆柱形内表面（由两个平行平面或切面形成的包容面），孔的尺寸用"D"表示。轴是指工件的圆柱形外表面，包括非圆柱形外表面（由两个平行平面或切面形成的被包容面），轴的尺寸用"d"表示。

孔和轴的区别在于：从装配关系讲，孔是包容面，轴是被包容面。从加工过程看，随着余量的切除，孔的尺寸由小变大，轴的尺寸由大变小。

2. 尺寸

（1）尺寸：用特定单位表示线性尺寸值的数值。通常包括：直径、半径、宽度、深度、高度和中心距等。在机械制造中，一般常用毫米（mm）作为特定单位。

（2）基本尺寸：由设计给定的尺寸。孔的尺寸用"D"表示；轴的尺寸用"d"表示。

（3）实际尺寸：通过测量所得的尺寸。孔的实际尺寸用"D_a"表示；轴的实际尺寸用"d_a"表示。

（4）极限尺寸：允许尺寸变化的两个界限值称为极限尺寸。孔的最大、最小极限尺寸分别用"D_{max}"和"D_{min}"表示；轴的最大、最小极限尺寸分别用"d_{max}"和"d_{min}"表示，如图1-5-1所示。

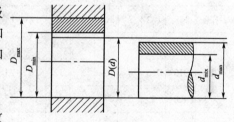

图1-5-1　孔轴的尺寸示意图

3. 偏差与公差

（1）偏差：某一尺寸减去其基本尺寸所得的代数差。偏差可能为正或负，也可为零。

①实际偏差 = 实际尺寸 - 基本尺寸。

②极限偏差 = 极限尺寸 - 基本尺寸。

孔的上偏差 $ES = D_{max} - D$　　孔的下偏差 $EI = D_{min} - D$

轴的上偏差 $es = d_{max} - d$　　轴的下偏差 $ei = d_{min} - d$

（2）尺寸公差：允许尺寸的变动量。尺寸公差简称公差。

孔公差 $T_h = D_{max} - D_{min} = ES - EI$

轴公差 $T_s = d_{max} - d_{min} = es - ei$

公差是用以限制误差的，工件的误差在公差范围内即为合格；反之，则不合格。偏差是代数值,有正负号,也可能为零;公差是绝对值,只有正值,不能为负或零。

（3）尺寸公差带图（图1-5-2）：由代表上偏差和下偏差的两条直线所限定的一个区域,或由代表最大极限尺寸和最小极限尺寸的两条直线所限定的一个区域。通常,零线表示基本尺寸,零线上方表示正偏差,零线下方表示负偏差。

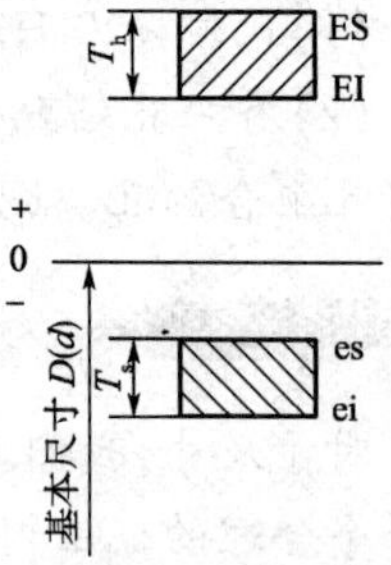

（4）标准公差：国家标准规定的公差数值表中所列的,用以确定公差带大小的数值。注意:标准公差有等级。国家标准设置了20个公差等级,各级标准公差的代号为IT01、IT0、IT1、IT2、…、IT18。

图1-5-2　尺寸公差带图的示意图

IT01精度最高,其余依次降低,标准公差值依次增大,详见表1-5-1。

标准公差数值（摘自 GB/T 1800.3—1998）

表1-5-1

基本尺寸（mm）		公差等级																		
		IT01	IT0	IT1	IT2	IT3	IT4	IT5	IT6	IT7	IT8	IT9	IT10	IT11	IT12	IT13	IT14	IT15	IT16	IT17	IT18
大于	至	μm													mm						
—	3	0.3	0.5	0.8	1.2	2	3	4	6	10	14	25	40	60	0.10	0.14	0.25	0.40	0.60	1.0	1.4
3	6	0.4	0.6	1	1.5	2.5	4	5	8	12	18	30	48	75	0.12	0.18	0.30	0.48	0.75	1.2	1.8
6	10	0.4	0.6	1	1.5	2.5	4	6	9	15	22	36	58	90	0.15	0.22	0.36	0.58	0.90	1.5	2.2
10	18	0.5	0.8	1.2	2	3	5	8	11	18	27	43	70	110	0.18	0.27	0.43	0.70	1.10	1.8	2.7
18	30	0.6	1	1.5	2.5	4	6	9	13	21	33	52	84	130	0.21	0.33	0.52	0.84	1.30	2.1	3.3
30	50	0.6	1	1.5	2.5	4	7	11	16	25	39	62	100	160	0.25	0.39	0.62	1.00	1.60	2.5	3.9
50	80	0.8	1.2	2.	3	5	8	13	19	30	46	74	120	190	0.30	0.46	0.74	1.20	1.90	3.0	4.6
80	120	1	1.5	2.5	4	6	10	15	22	35	54	87	140	220	0.35	0.54	0.87	1.40	2.20	3.5	5.4
120	180	1.2	2	3.5	5	8	12	18	25	40	63	100	160	250	0.40	0.63	1.00	1.60	2.50	4.0	6.3
180	250	2	3	4.5	7	10	14	20	29	46	72	115	185	290	0.46	0.72	1.15	1.85	2.90	4.6	7.2
250	315	2.5	4	6	8	12	16	23	32	52	81	130	210	320	0.52	0.81	1.30	2.10	3.20	5.2	8.1
315	400	3	5	7	9	13	18	25	36	57	89	140	230	360	0.57	0.89	1.40	2.30	3.60	5.7	8.9
400	500	4	6	8	10	15	20	27	40	63	97	155	250	400	0.63	0.97	1.55	2.50	4.00	6.3	9.7

注：基本尺寸小于或等于1mm时,无IT14至IT18。

（5）基本偏差：用以确定公差带相对于零线位置的上偏差或下偏差。一般基本偏差为公差带靠近零线的偏差,即当公差带位于零线的上方时,其下偏差为基本偏差;当公差带位于零线的下方时,其上偏差为基本偏差。

基本偏差系列是对公差带位置的标准化。国家标准分别对孔和轴规定了28个公差带位置,分别由28个基本偏差来确定。基本偏差用英文字母作为代号,如图1-5-3所示。在基本偏差系列图中,各公差带只画出一端,另一端取决于公差值的大小。

（6）公差带代号：一个公差带由确定公差带相对零线位置的基本偏差和确定公差带大小

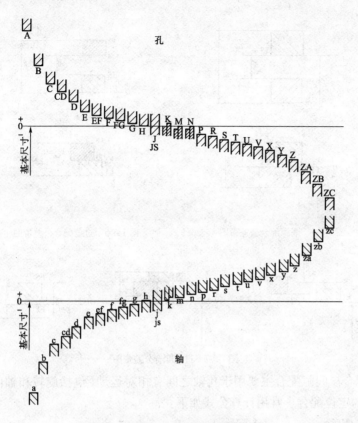

图 1-5-3　基本偏差系列图

的公差等级组合而成。国家标准规定公差带代号由基本偏差代号和公差等级数组合表示,如 H7、h6、G8、r7 等,其标注方法如图 1-5-4 所示。

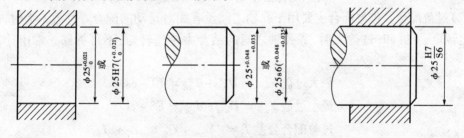

图 1-5-4　孔、轴公差在图纸上的标注

　　在实际工作中,为了方便,编制了轴和孔的基本偏差数值表,以便工程技术人员直接查用。附表一为轴的基本偏差数值表,附表二为孔的基本偏差数值表。

二、孔轴配合

1. 配合

　　配合指基本尺寸相同的、相互结合的孔和轴公差带之间的关系,分为间隙配合(图 1-5-5)、过盈配合(图 1-5-6)、过渡配合三类(图 1-5-7)。当孔的尺寸减去轴的尺寸所得的代数差为正时,称为间隙,用"X"表示;当孔的尺寸减去轴的尺寸所得的代数差为负时,称为过盈,用"Y"表示。

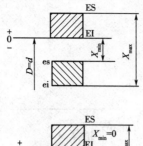
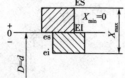
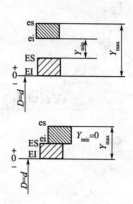

图 1-5-5　间隙配合公差带图　　　　　图 1-5-6　过盈配合公差带图

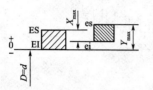
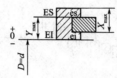
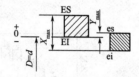

图 1-5-7　过渡配合公差带图

（1）间隙配合。间隙配合主要用于孔轴之间有相对运动（包括旋转和轴向滑动）的配合，也可用于一般的定位配合。常用计算公式如下：

$$最大间隙\ X_{max} = D_{max} - d_{min} = ES - ei$$

$$最小间隙\ X_{min} = D_{min} - d_{max} = EI - es$$

$$间隙配合公差\ T_f = |X_{max} - X_{min}| = T_h + T_s$$

（2）过盈配合。过盈配合主要用于孔轴之间没有相对运动的配合。过盈不大时，用键连接传递转矩，可拆卸；过盈大时，靠孔轴之间的结合力传递转矩，不可拆卸。常用计算公式如下：

$$最大过盈\ Y_{max} = D_{min} - d_{max} = EI - es$$

$$最小过盈\ Y_{min} = D_{max} - d_{min} = ES - ei$$

$$过盈配合公差\ T_f = |Y_{max} - Y_{min}| = T_h + T_s$$

（3）过渡配合。过渡配合的间隙和过盈一般都比较小，主要用于精确定位并要求拆卸的相对静止的连接。常用计算公式如下：

$$最大间隙\ X_{max} = D_{max} - d_{min} = ES - ei$$

$$最大过盈\ Y_{max} = D_{min} - d_{max} = EI - es$$

$$过渡配合公差\ T_f = |X_{max} - Y_{max}| = T_h + T_s$$

从以上的计算可以看出，三种类型的配合公差 $T_f = T_h + T_s$。配合公差和尺寸公差一样，总是大于零的。配合精度的高低与相互配合的孔轴的精度密切相关。配合精度要求越高，孔轴的精度要求也越高，加工越困难，加工成本越高；反之，加工越容易，加工成本越低。

2. 配合制

配合制是以相配合的两个零件中的一个零件为基准件，并对其选定标准公差带，将其公差

144

带位置固定,而改变另一个零件的公差带位置,从而形成各种配合的一种制度。国家标准规定了两种配合制:

(1)基孔制。基本偏差为一定的孔的公差带,与不同基本偏差的轴的公差带形成各种配合的一种制度,基孔制配合中的孔为基准孔。国家标准规定基准孔的基本偏差为下偏差 EI = 0,上偏差为正值,其公差带偏置在零线上侧,基准孔的基本偏差代号为"H",如图 1-5-8a)所示。

(2)基轴制。基本偏差为一定的轴的公差带,与不同基本偏差的孔的公差带形成各种配合的一种制度,基轴制配合中的轴为基准轴。国家标准规定基准轴的基本偏差为上偏差 es = 0,下偏差为负值,其公差带偏置在零线下侧,基准轴的代号为"h",如图 1-5-8b)所示。

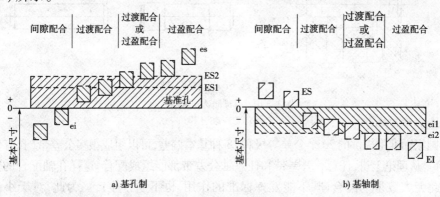

图 1-5-8　配合制

3. 配合制的选用

一般情况下优先选用基孔制。这主要是从工艺性和经济性来考虑的,因为加工孔比加工轴要困难些,所用刀具、量具的尺寸规格也多些,采用基孔制可大大减少定值刀具、量具的规格和数量,利于生产,提高经济性。

在下列情况下,可选用基轴制或非配合制度:

(1)在具有明显经济效果的情况下,如当在机械制造中采用具有一定公差等级的冷拉钢材,其外径不经切削加工即能满足使用要求,此时就应选择基轴制,再按配合要求选用适当的孔公差带加工孔就可以了。

(2)与标准件配合时,应以标准件为基准件来确定配合制。例如,滚动轴承外圈与箱体孔的配合应采用基轴制,滚动轴承内圈与轴的配合应采用基孔制,如图 1-5-9 所示。

(3)在特殊需要时,可采用非配合制配合。非配合制配合是指由不包含基本偏差 H 和 h 的孔轴公差带组成的配合。如图 1-5-9 所示,箱体孔与滚动轴承外圈的配合采用基轴制,其公差带代号为 J7。这时,如果端盖与箱体孔也要坚持基轴制,则配合为 J/h,属于过渡配合,但端盖需要经常拆卸,应选用间隙配合为好,则只能选择非基准轴公差带,考虑到端盖的性能要求和加工的经济性,最后确定端盖与箱体孔之间的配合为 J7/f9。

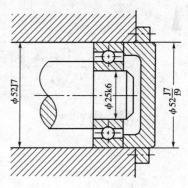

图 1-5-9　基准制选择示例(一)

（4）由于结构上的特点，宜采用基轴制。如图1-5-10a)所示为发动机的活塞销轴与连杆铜套孔和活塞孔之间的配合，根据工作要求，活塞销轴与活塞孔应为过渡配合，而活塞销与连杆之间由于有相对运动应为间隙配合。根据对比，如图1-5-10b)所示采用基孔制配合时，活塞销轴的加工工艺复杂程度显然比采用基轴制时复杂得多，最后确定采用基轴制，如图1-5-10c)所示。

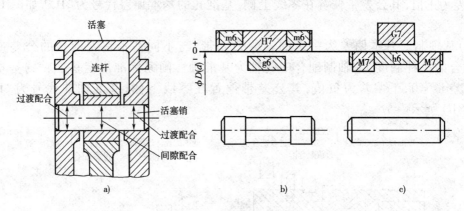

图1-5-10　基准制选择示例（二）

4. 优先和常用配合

按照国家标准中提供的20个公差等级和28种基本偏差，可以组成很多公差带（孔有543种，轴有544种）。从理论上讲，任意孔公差带和任意轴公差带都能组成配合，这样孔轴配合的数量近30万种。如此庞大数量的配合，既不能发挥标准的作用，也不利于生产。为此，对于小于或等于500mm的尺寸，根据生产实际需要并参照国际标准，国家标准规定了一般、常用和优先的轴公差带119种（图1-5-11），其中方框内的59种为常用轴公差带，带圆圈的13种为优先轴公差带；一般、常用和优先的孔公差带105种（图1-5-12），其中方框内的44种为常用孔公差带，带圆圈的13种为优先孔公差带。

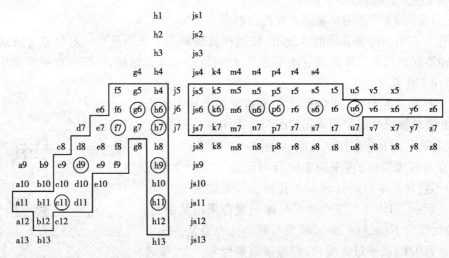

图1-5-11　一般、常用和优先的轴公差带119种

在一般、常用和优先的孔、轴公差带的基础上，国家标准又规定了59种基孔制常用配合，其中优先配合13种，见表1-5-2；47种基轴制常用配合，其中优先配合13种。必须注意，当轴的标准公差小于或等于IT7级时，是与低一级的孔相配合；当轴的标准公差大于或等于IT8级

时,是与同级的孔相配合。

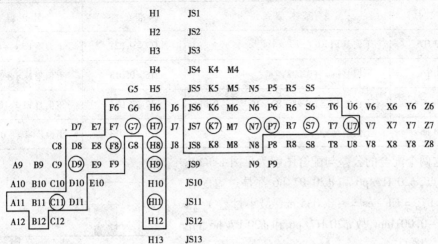

图 1-5-12　一般、常用和优先的孔公差带 105 种

基孔制常用配合,其中优先配合　　　　　　　　　　　　　表 1-5-2

基准孔	轴																				
	a	b	c	d	e	f	g	h	js	k	m	n	p	r	s	t	u	v	x	y	z
	间隙配合								过渡配合				过盈配合								
H6						$\frac{H6}{f5}$	$\frac{H6}{g5}$	$\frac{H6}{h5}$	$\frac{H6}{js5}$	$\frac{H6}{k5}$	$\frac{H6}{m5}$	$\frac{H6}{n5}$	$\frac{H6}{p5}$	$\frac{H6}{r5}$	$\frac{H6}{s5}$	$\frac{H6}{t5}$					
H7						$\frac{H7}{f6}$	$\frac{H7}{g6}$	$\frac{H7}{h6}$	$\frac{H7}{js6}$	$\frac{H7}{k6}$	$\frac{H7}{m6}$	$\frac{H7}{n6}$	$\frac{H7}{p6}$	$\frac{H7}{r6}$	$\frac{H7}{s6}$	$\frac{H7}{t6}$	$\frac{H7}{u6}$	$\frac{H7}{v6}$	$\frac{H7}{x6}$	$\frac{H7}{y6}$	$\frac{H7}{z6}$
H8				$\frac{H8}{e7}$	$\frac{H8}{f7}$	$\frac{H8}{g7}$	$\frac{H8}{h7}$	$\frac{H8}{js7}$	$\frac{H8}{k7}$	$\frac{H8}{m7}$	$\frac{H8}{n7}$	$\frac{H8}{p7}$	$\frac{H8}{r7}$	$\frac{H8}{s7}$	$\frac{H8}{t7}$	$\frac{H8}{u7}$					
				$\frac{H8}{d8}$	$\frac{H8}{e8}$	$\frac{H8}{f8}$		$\frac{H8}{h8}$													
H9			$\frac{H9}{c9}$	$\frac{H9}{d9}$	$\frac{H9}{e9}$	$\frac{H9}{f9}$		$\frac{H9}{h9}$													
H10			$\frac{H10}{c10}$	$\frac{H10}{d10}$				$\frac{H10}{h10}$													
H11	$\frac{H11}{a11}$	$\frac{H11}{b11}$	$\frac{H11}{c11}$	$\frac{H11}{d11}$				$\frac{H11}{h11}$													
H12		$\frac{H12}{b12}$						$\frac{H12}{h12}$													

注:1. H6/n5、H7/p6 在基本尺寸小于或等于 3mm 和 H8/r7 在小于或等于 100mm 时,为过渡配合。

2. 加阴影的配合为优先配合。

任务实施

(1) 比较 φ20 H7/p6 和 φ20 P7/h6 这两个配合的异同(表 1-5-3)。

解:不同点, φ20 H7/p6 为基孔制配合; φ20 P7/h6 为基轴制配合。

$\phi 20$ H7/p6 与 $\phi 20$ P7/h6 异同比较　　　　表 1-5-3

基本尺寸	基本偏差	标准公差	另一偏差
孔 $\phi 20$ H7	下偏差 EI = 0	IT7 = 0.021	上偏差 ES = +0.021
轴 $\phi 20$ p6	下偏差 ei = +0.022	IT6 = 0.013	上偏差 es = +0.035
孔 $\phi 20$ P7	上偏差 ES = $(-22+8) \times 10^{-3}$ = -0.014	IT7 = 0.021	下偏差 EI = -0.035
轴 $\phi 20$ h6	上偏差 es = 0	IT6 = 0.013	下偏差 ei = -0.013

则,这两个配合的公差与配合图解为见图 1-5-13。

相同点,$\phi 20$ H7/p6 和 $\phi 20$ P7/h6 都是过盈配合,最大过盈 Y_{max} = EI - es = -0.035mm;最小过盈 Y_{min} = ES - ei = -0.001mm,故 $\phi 20$ H7/p6 和 $\phi 20$ P7/h6 的配合性质是一样的。

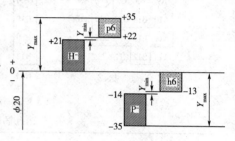

图 1-5-13　公差与配合图解

(2)有一孔轴配合的基本尺寸为 50mm,要求配合间隙在 +0.025 ~ +0.089mm 之间。请确定此配合的孔、轴公差带代号。

解:①选择基准制。由于没有特殊要求,应优先选用基孔制,则孔的基本偏差代号为 H。

②确定轴、孔公差等级。此间隙配合允许的配合公差为 T_f = | X_{max} - X_{min} | = 0.089 - 0.025 = 0.064mm。

因为 T_f = T_h + T_s = 0.064mm,假设孔与轴为同级配合,则

$$T_h = T_s = T_f/2 = 0.064/2 = 0.032mm = 32\mu m$$

查表可得,$32\mu m$ 介于 IT7 = $25\mu m$ 和 IT8 = $39\mu m$ 之间,在这个公差等级范围内,根据孔轴的工艺等价性,国家标准要求孔比轴低一级,因此确定孔的公差等级为 IT8,轴的公差等级为 IT7,计算配合公差为:

$$IT8 + IT7 = 0.025 + 0.039 = 0.064mm \leqslant T_f$$

故,满足设计要求。则确定:孔的公差等级为 IT8 = $39\mu m$,轴的公差等级为 IT7 = $25\mu m$。

③确定孔、轴的基本偏差代号。孔的公差带代号为 H8,则孔的 EI = 0,ES = +0.039mm。

因为 X_{min} = EI - es = +0.025mm。

暂时经计算得,轴的 es = EI - X_{min} = 0 - 0.025 = -0.025mm。

查表 es = -0.025mm 对应的轴的基本偏差代号为 f,则轴的公差带代号为 f7。

则轴的 ei = -0.050mm。

④选择的配合为 $\phi 50 \dfrac{H8\left(^{+0.039}_{0}\right)}{f7\left(^{-0.025}_{-0.050}\right)}$

⑤验算。

最大间隙 X_{max} = ES - ei = +0.039 - (-0.050) = +0.089mm。

最小间隙 X_{min} = EI - es = 0 - (-0.025) = +0.025mm。

经验算,$\phi 50 \dfrac{H8\left(^{+0.039}_{0}\right)}{f7\left(^{-0.025}_{-0.050}\right)}$ 满足要求。

1. 已知基本尺寸 $D = d = 50$ mm，孔的极限尺寸 $D_{max} = 50.025$ mm，$D_{min} = 50.000$ mm；轴的极限尺寸 $d_{max} = 49.950$ mm，$d_{min} = 49.934$ mm。现测得孔的实际尺寸 $D_a = 50.010$ mm，轴的实际尺寸 $d_a = 49.946$ mm。将孔、轴的极限偏差、实际偏差及公差填入表1-5-4。

孔、轴的极限偏差、实际偏差及公差（单位：mm） 表1-5-4

基本尺寸	极限偏差		实际偏差	公差
	上偏差	下偏差		
孔 $\phi50$				
轴 $\phi50$				

2. 按表1-5-5中给出的数值计算空格的数值，将计算结果填入相应的空格中。

孔、轴极限计算表（单位：mm） 表1-5-5

基本尺寸	最大极限尺寸	最小极限尺寸	极限偏差		公差
			上偏差	下偏差	
孔 $\phi8$	8.040	8.025			
轴 $\phi60$				−0.060	0.046
孔 $\phi30$		30.020			0.100
轴 $\phi50$			−0.050	−0.112	

3. 按表1-5-6中给出的数值计算空格的数值，将计算结果填入相应的空格中。

孔、轴偏差计算表（单位：mm） 表1-5-6

基本尺寸	孔			轴			最大间隙或最小过盈	最小间隙或最大过盈	平均间隙或过盈	配合公差
	上偏差	下偏差	公差	上偏差	下偏差	公差				
$\phi25$		0				0.021	+0.074		+0.057	
$\phi14$		0				0.010		−0.012	+0.0025	
$\phi45$			0.025		0			−0.050	−0.0295	

4. 已知基本尺寸 $D = d = 50$ mm，孔的极限偏差：ES $= +0.039$ mm，EI $= 0$ mm；轴的极限偏差：es $= −0.025$ mm，ei $= −0.050$ mm。求该孔轴配合的 X_{max}、X_{min} 及 T_f，并画出尺寸公差带图。

5. 有一孔轴配合的基本尺寸为110mm，为保证连接可靠，其过盈不小于 $−40\mu$m；为保证装配后不发生塑性变形，其过盈不大于 $−110\mu$m。若已经决定采用基轴制，请确定此配合的孔、轴公差带代号，并画出尺寸公差带图。

任务二　检测形位误差

1. 掌握有关形位公差的基本概念、符号及含义。

2. 了解常用的公差原则及应用。

3.了解形位误差的检测方法。

能力目标

1.能正确识别零件图纸上的形位公差符号并说明含义。

2.能根据要求正确地在零件图上标注形位公差符号。

任务描述

根据学习和分析,说明该曲轴零件图中形位公差标注的含义及公差带形状,如图1-5-14所示。

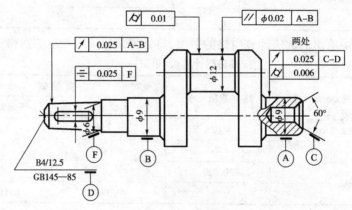

图1-5-14 曲轴零件图

知识链接

零件在加工后,其表面、轴线、中心对称平面等的实际形状和位置相对于所要求的理想形状和位置,不可避免地存在着误差,这种误差称为形状误差和位置误差(简称形位误差)。零件的形位误差直接影响零件的使用功能,如零件的工作精度、固定件的连接强度、活动件的耐磨性、运动件的平稳和噪声、密封性和耐磨性等,也制约着机器、仪器与产品精度及性能。因此,零件设计中需根据零件的功能要求,结合制造经济性对零件的形位误差加以限制,即对零件的几何要素规定合理的形状公差和位置公差(简称形位公差),并在图样中规范地标注。

一、形位公差的基本概念

1.形位公差的研究对象

零件的形状各有不同,但构成零件几何特征的就是点、线、面这三种几何要素。形位公差的研究对象就是零件几何要素的本身精度及其相关要素之间的位置精度。零件几何要素可从不同角度进行分类。

(1)按结构特征分。

①轮廓要素:构成零件外形的点、线、面各要素。如图1-5-15a)中的球面、圆锥面、圆柱面、端面、圆柱的素线。

②中心要素:构成轮廓要素对称中心所表示的点、线、面各要素。如图1-5-15a)中的轴线、球心和图1-5-15b)中的中心平面。

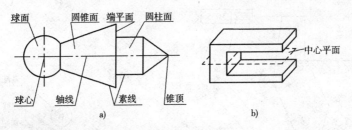

图 1-5-15　零件的几何要素

（2）按存在的状态分。

①实际要素：零件上实际存在的要素。实际要素由加工形成,是具有几何误差的要素。

②理想要素：具有几何学意义的要素。理想要素是用来表达设计意图和加工要求的,是没有任何误差的要素,是评定实际要素形位误差的依据。

（3）按所处的地位分。

①被测要素：图样上给出了形状或位置公差要求的要素,也就是需要研究和测量的要素。

②基准要素：图样上用来确定被测要素方向或位置的要素。

（4）按功能关系分。

①单一要素：仅对被测要素本身提出形状公差要求的要素。

②关联要素：相对基准要素有方向或（和）位置功能要求而给出位置公差要求的被测要素。

2. 形位公差的特征项目及符号

国家标准规定,形位公差共计 14 个项目,形位公差的项目及符号见表 1-5-7。

形位公差的项目及符号　　　　　　表 1-5-7

分类	项目	符号	有无基准要求	分类	项目	符号	有无基准要求
形状公差	直线度	—	无	定向	平行度	//	有
形状公差	平面度	▱	无	定向	垂直度	⊥	有
形状公差	圆度	○	无	定向	倾斜度	∠	有
形状公差	圆柱度	⌀	无	定位	位置度	⊕	有或无
形状或位置公差	线轮廓度	⌒	有或无	定位	同轴度	◎	有
形状或位置公差	线轮廓度	⌒	有或无	定位	对称度	=	有
形状或位置公差	面轮廓度	⌓	有或无	跳动	圆跳动	↗	有
形状或位置公差	面轮廓度	⌓	有或无	跳动	全跳动	↗↗	有

3. 形位公差的标注

国家标准规定,在技术图样中形位公差采用框格的形式符号标注,如图 1-5-16 所示。具体的标注方法与机械制图要求一致。

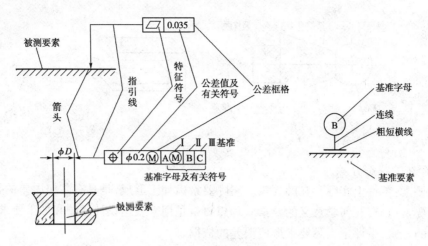

图 1-5-16 公差框格及基准符号

4. 形位公差带

形位公差带是用来限制被测实际要素变动的区域。形位公差带由形状、大小、方向和位置四个因素确定,如图 1-5-17 所示。实际要素在此区域内则为合格;反之,则为不合格。

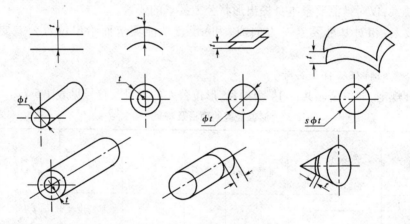

图 1-5-17 形位公差带的形状

二、形状公差与位置公差

1. 形状公差

形状公差是单一实际要素(点、线、面)的形状相对于理想形状所允许的变动量,形状公差带的方向和位置一般是浮动的。形状公差的项目、公差带及图例见表 1-5-8。

形状公差的项目、公差带及图例 表 1-5-8

项 目	公 差 带	图 例
直线度 (给定平面内)	在给定平面内,公差带是距离为公差值 t 的两平行直线之间的区域	被测表面的素线必须位于平行于图样所示投影面且距离为公差值 0.1mm 的两平行直线内

项　目	公　差　带	图　例
直线度 （给定方向上）	在给定方向上，公差带是距离为公差值 t 的两平行平面之间的区域	被测圆柱面的任意一素线必须位于距离为公差值 0.1mm 的两平行平面内
直线度公 （任意方向上）	如在公差值前加注 ϕ，则公差带是直径为公差值 t 的圆柱面内的区域	被测圆柱面的轴线必须位于直径为公差值 0.04mm 的圆柱面内
平面度	公差带是距离为公差值 t 的两平行平面之间的区域	被测表面必须位于距离为公差值 0.1mm 的两平行平面内
圆度	公差带是在同一正截面上，半径差为公差值 t 的两同心圆之间的区域	被测圆柱面/圆锥面任意一正截面的圆周必须位于半径差为公差值 0.02mm 的两同心圆之间
圆柱度	公差带是半径差为公差值 t 的两同轴圆柱面之间的区域	被测圆柱面必须位于半径差为公差值 0.05mm 的两同轴圆柱面之间

项　目	公　差　带	图　例
线轮廓度	公差带是包络一系列直径为公差值 t 的圆的两包络线之间的区域，诸圆的圆心位于具有理论正确几何形状的线上	在平行于图样所示投影面的任意一截面上，被测轮廓线必须位于包络一系列直径为公差值 0.02mm 的圆的两包络线之间的区域，诸圆的圆心位于具有理论正确几何形状的线上
面轮廓度	公差带是包络一系列直径为公差值 t 的球的两包络面之间的区域，诸球的球心位于具有理论正确几何形状的面上	被测轮廓面必须位于包络一系列球的两包络面之间，诸球的直径为公差值 0.02mm，且球心位于具有理论正确几何形状的面上

2. 位置公差

位置公差是关联实际要素的方向或位置对基准所允许的变动量，是限制被测要素相对基准要素在方向或位置几何关系上的误差。按几何关系，位置公差可分为定向公差、定位公差和跳动公差三类。位置公差的项目、公差带及图例见表1-5-9。

位置公差的项目、公差带及图例　　　　　　　　　表1-5-9

项　目	公　差　带	图　例
平行度（面对线）	公差带是距离为公差值 t，且平行于基准的两平行平面间的区域	被测表面必须位于距离为公差值 0.2mm，且平行于基准（孔轴线）的两平行平面之间
平行度（面对面）	公差带是距离为公差值 t，且平行于基准的两平行平面间的区域	被测表面必须位于距离为公差值 0.05mm，且平行于基准（底面）的两平行平面之间

项　目	公　差　带	图　例
平行度 （线对线）	公差带是距离为公差值 t 且平行于基准轴线的两平行平面之间的区域。若在公差值前加注 Φ，则公差带是直径为公差值 t 且平行于基准轴线的圆柱面内的区域 实际轴线　实际轴线 基准轴线　基准轴线	被测轴线必须位于距离为 0.2mm 且平行于基准轴线的两平行平面之间 // 0.2 C C
垂直度 （相对线）	公差带是距离为公差值 t 且垂直于基准轴线的两平行平面之间的区域 基准线	被测左端面必须位于距离为 0.05mm 且垂直于小圆柱轴线的两平行平面之间 ⊥ 0.05 A A
垂直度 （相对面）	公差带是直径为公差值 t 且垂直于基准面的圆柱面内区域 ϕt A	被测小圆柱轴线必须位于直径为 0.05mm 且垂直于基准底面的圆柱面内区域 ϕd　⊥ ϕ0.05 A A
倾斜度	公差带是距离为公差值 t 且与基准面或基准线成理论正确角度的两平行平面之间的区域 a 基准平面	被测孔轴线必须位于距离为 0.05mm 且与基准面底面呈 60° 的两平行平面之间 ∠ 0.05 A　60° A

项　目	公　差　带	图　例
轴线同轴度	公差带是直径为公差值 t，轴线为基准轴线的圆柱面内的区域 A–B	被测要素中间大圆柱面的轴线必须位于直径为 0.02mm，且与公共基准轴线 A – B（两端小圆柱公共轴线）同轴的圆柱面内 ϕd　◎ $\phi 0.02$ A-B
中心平面对称度	公差带是距离为公差值 t，且相对于基准中心平面对称配置的两平行平面之间的区域 A	被测中心平面必须位于距离为 0.1mm 且相对于基准中心平面 A 对称配置的两平行平面之间 = 0.1 A
点的位置度	如在公差值前加 $S\phi$，公差带是直径为公差值 t 的球形区域，球心由相对于基准面或基准线的理论正确尺寸确定 A 基准平面　$S\phi t$　Y　Z　C 基准平面　B 基准平面	被测球心必须位于直径为 0.3mm 的球内，该球心在相对于基准面 A、B、C 为理论正确尺寸的位置上 C　⊕ $S\phi 0.3$ A B C　25　B　A　30
线的位置度	公差带是直径为公差值 t 的圆柱面内区域，圆柱体轴线由相对于三基准面体系的理论正确尺寸确定 ϕt　90°　B 基准平面　A 基准平面　C 基准平面	每个被测轴线必须位于直径为 0.3mm，且轴线相对于基准面 A、B、C 为理论正确尺寸的圆柱面内 8孔　A　⊕ $\phi 0.1$ C B A　20　20　10　20　20　20　B　C

项　　目	公　差　带	图　　例
径向圆跳动	公差带是在垂直于基准轴线的任意一测量平面内半径差为公差值 t，且圆心在基准轴线上的两个同心圆之间的区域	被测要素中间大圆柱面绕公共基准轴线 A-B(两端小圆柱公共轴线)做无轴向移动旋转一周，被测要素中间大圆柱面上各点间的示值差均不大于 0.1mm
端面圆跳动	公差带是距离为公差值 t，且与基准垂直的两平行平面之间的区域	被测要素右端面绕基准 D(小圆柱轴线)做无轴向移动旋转一周，被测要素右端面上各点间的示值差均不大于 0.1mm
斜向圆跳动	公差带是在与基准轴线同轴的任意一测量圆锥面上距离为 t 的两圆周之间的区域，测量方向一般应与被测面垂直	被测要素右端锥面绕基准 A(小圆柱轴线)做无轴向移动旋转一周，在任意一测量圆锥面上的跳动量均不得大于 0.1mm
径向全跳动	公差带是半径差为公差值 t，且与基准轴线同轴的两圆柱面之间的区域	被测要素中间大圆柱面绕基准 A-B(两端小圆柱公共轴线)做若干次旋转，且测量仪器同时沿两端小圆柱公共轴线做轴向移动，此时被测要素中间大圆柱面上各点间的示值差均不大于 0.1mm

项　目	公　差　带	图　例
端面 全跳动	公差带是距离为公差值 t，且与基准垂直的两平行平面之间的的区域 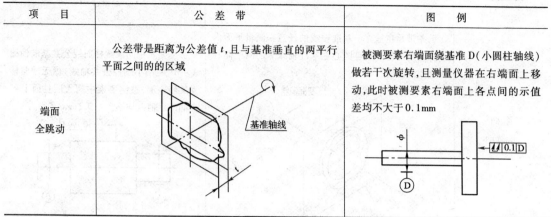	被测要素右端面绕基准 D（小圆柱轴线）做若干次旋转，且测量仪器在右端面上移动，此时被测要素右端面上各点间的示值差均不大于 0.1mm

三、公差原则*

零件的实际状态是各个几何要素的尺寸和形位误差综合体现的结果，因此，在设计、加工和检测时需明确形位公差和尺寸公差之间的关系。为处理形位公差和尺寸公差之间关系而确立的原则，称为公差原则。公差原则分为独立原则和相关原则，其中相关原则中又分为包容原则、最大实体原则、最小实体原则等。

1. 术语及定义

（1）局部实际尺寸（简称实际尺寸 D_a、d_a）在实际要素的任意正截面上，两对应点之间测得的距离，称为实际尺寸，如图 1-5-18 所示。

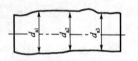 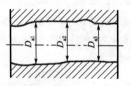

图 1-5-18　局部实际尺寸

（2）体外作用尺寸（D_{fe}、d_{fe}）。在被测要素的给定长度上，与实际内表面体外相接的最大理想面或与实际外表面体外相接的最小理想面的直径或宽度。如图 1-5-19 所示，该图假定孔、轴只存在着轴线的直线度误差 $f_{形位}$，则：

$$孔的体外作用尺寸\ D_{fe} = D_a - f_{形位}$$
$$轴的体外作用尺寸\ d_{fe} = d_a + f_{形位}$$

（3）体内作用尺寸（D_{fi}、d_{fi}）。在被测要素的给定长度上，与实际内表面体内相接的最小理想面或与实际外表面体内相接的最大理想面的直径或宽度。如图 1-5-19 所示，该图假定孔、轴只存在着轴线的直线度误差 $f_{形位}$，则：

$$孔的体内作用尺寸为\ D_{fi} = D_a + f_{形位}$$
$$轴的体内作用尺寸为\ d_{fi} = d_a - f_{形位}$$

（4）最大实体尺寸。实际要素在给定长度上处处位于尺寸极限之内并具有实体最大时的状态，称为最大实体状态。实际要素在最大实体状态下的尺寸，称为最大实体尺寸。

$$外表面的最大实体尺寸\ d_M = d_{max}$$
$$内表面的最大实体尺寸\ D_M = D_{min}$$

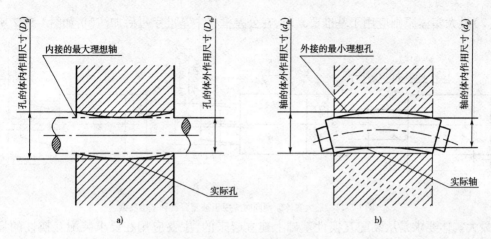

图 1-5-19　孔、轴的作用尺寸

（5）最小实体尺寸。实际要素在给定长度上处处位于尺寸极限之内并具有实体最小时的状态，称为最小实体状态。实际要素在最小实体状态下的尺寸，称为最小实体尺寸。

$$外表面的最小实体尺寸\ d_L = d_{min}$$
$$内表面的最大实体尺寸\ D_L = D_{max}$$

2. 独立原则

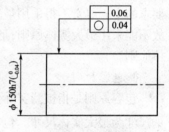

独立原则是指被测要素在图样上给出的尺寸公差与形位公差各自独立，应分别满足各自要求的公差原则。如图 1-5-20 所示，轴的实际尺寸应在 $\phi149.96 \sim \phi150mm$ 之间，不管实际尺寸为何值，轴线的直线度误差应不大于 $\phi0.06mm$，圆柱外表面的圆度误差应不大于 $\phi0.04mm$。

独立原则是形位公差和尺寸公差相互关系遵循的基本公差

图 1-5-20　独立原则

原则，是设计中用得最多的一种公差原则。独立原则一般用于以下两种情况：一是对于非配合要素或未注尺寸公差的要素，它们的尺寸和形位公差应遵循独立原则；二是除配合要求外，还有极高的形位精度要求，以保证零件的运转与定位精度要求。

3. 最大实体原则

最大实体原则是指被测要素或（和）基准要素偏离最大实体状态，而形位公差获得补偿值的一种公差原则。应用最大实体原则时，图样上的形位公差值是在被测要素处于最大实体状态下给定的。最大实体原则有以下两种应用情况：

（1）最大实体原则应用于被测要素时，在形位公差值后加注Ⓜ，如图 1-5-21 所示。

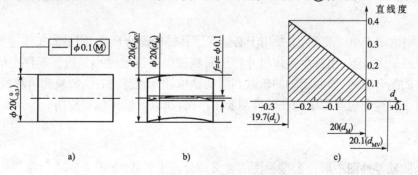

图 1-5-21　最大实体原则应用于被测要素

（2）最大实体原则应用于基准要素时，在公差框格中基准字母后加注Ⓜ，如图 1-5-22 所示。

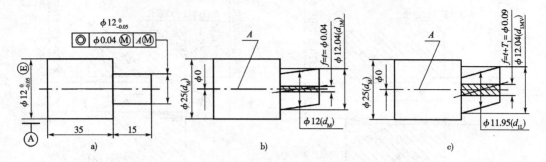

图 1-5-22　最大实体原则同时应用于被测要素和基准要素

最大实体要求是从装配互换性基础上建立起来的，主要应用在要求装配互换性的场合。常用于零件精度低（尺寸精度、形位精度较低），配合性质要求不严，仅用于能保证自由装配、无相对运动的静止相配要素，如各类箱体的螺纹孔、箱盖及各类法兰盘上的螺栓孔等轴线间的位置度公差，沉头螺钉连接的沉头孔同轴度公差等。采用最大实体原则一定条件下扩大了形位公差，提高了零件合格率，有良好的经济性。定向、定位的位置公差中具有中心要素（轴线、圆心、球心或中心平面）的被测要素和基准要素均可以采用最大实体原则。但是，凡具有运动要求的中心要素不得采用最大实体原则，以保证其运动精度；跳动公差是按检测方法定义的，故不能采用最大实体原则；形状公差中除直线度外，平面度、圆度和圆柱度都不能采用最大实体原则。

4. 包容原则

包容原则是指被测实际要素位于具有理想形状的包容面内的一种公差要求，该理想形状的尺寸为最大实体尺寸。包容原则的标注是在尺寸公差带代号或尺寸公差值后加注Ⓔ，如图 1-5-23 所示。运用包容原则时，尺寸公差具有双重职能：既控制局部实际尺寸的变动，又控制形位误差。

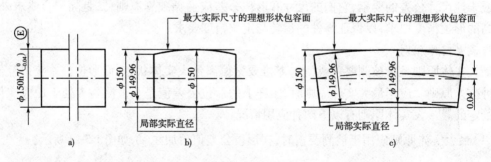

图 1-5-23　包容要求

包容原则适用于单一要素，主要用于必须保证孔轴的配合性质，用最大实体边界保证必要的最小间隙或最大过盈，用最小实体尺寸防止间隙过大或过盈过小。机器零件上的配合性质要求较严格的配合表面，如回转轴的轴颈和滑动轴承、滑动套筒和孔、滑块和滑块槽等，适用包容原则。由于对遵守包容原则的孔轴检测要求严格，所以要慎用包容原则。

任务实施 ●

说明该曲轴零件图中形位公差标注的含义及公差带形状，如图 1-5-24 所示。

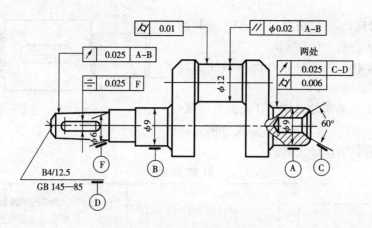

图 1-5-24   曲轴零件图

答:曲轴零件图形状公差标注含义及形状,见表 1-5-10。

曲轴零件图形状公差标注含义及形状   表 1-5-10

形位公差框格	形位公差标注含义	公差带形状
⌀ 0.01	直径为 ⌀12 圆柱面的圆柱度公差为 0.05mm	公差带是半径差为 0.05mm 的两同轴圆柱面之间的区域
// ⌀0.02 A–B	直径为 ⌀12 圆柱面的轴线对基准 A – B(两直径 ⌀9 圆柱面的公共轴线)的平行度公差为 0.02mm	公差带是直径为 0.02mm 且平行于两直径 ⌀9 圆柱面的公共轴线的圆柱面内
↗ 0.025 A–B	右端锥面对基准 A – B(两直径 ⌀9 圆柱面的公共轴线)的斜向圆跳动公差为 0.025mm	公差带是在与基准轴线同轴的任意一测量圆锥面上距离为 0.025mm 的两圆周之间的区域,测量方向一般应与被测面垂直
= 0.025 F	键槽的中心面对基准 F(右端圆锥面轴线)的对称度公差为 0.025mm	公差带是距离为 0.025mm 且相对基准 F(右端圆锥面轴线)对称配置的两平行平面之间的区域
两处 ↗ 0.025 C–D ⌀ 0.006	①两个直径为 ⌀9 圆柱面的圆柱度公差为 0.006mm ②两个直径为 ⌀9 圆柱面对基准 C – D(两端中心孔的公共轴线)的径向圆跳动公差为 0.025mm	①圆柱度公差带是半径差为 0.006mm 的两同轴圆柱面之间的区域 ②径向圆跳动公差带是在垂直于基准轴线的任意一测量平面内半径差为 0.025mm,且圆心在基准轴线上的两同心圆之间的区域

自 我 检 测

1.将下列尺寸和形位公差按要求要求标注在图 1-5-25 中。

(1)⌀40 圆柱面对两 ⌀25 公共轴线的圆跳动公差为 0.025mm。

(2)两 ⌀25 轴颈的圆柱度公差为 0.02mm。

（3）$\phi 40$ 圆柱的左右端面对两 $\phi 25$ 公共轴线的端面圆跳动公差为 0.02mm。

（4）键槽的中心平面对 $\phi 40$ 圆柱轴线的对称度公差为 0.025mm。

2. 表 1-5-11 中的销轴采用了什么公差原则？请根据公差原则规定，填写不同实际尺寸所允许的轴线直线度形状误差最大值。

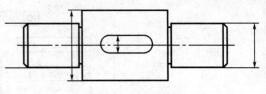

图 1-5-25　轴零件图

销 轴 公 差　　　　　　　　　　表 1-5-11

	轴的实际尺寸（mm）	允许的轴线直线度 形状误差最大值（mm）
	$\phi 20$	
	$\phi 19.995$	
	$\phi 19.99$	
	$\phi 19.987$	

3. 按图 1-5-26 上标注的尺寸公差和形位公差填写进表 1-5-12。

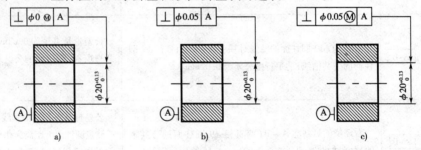

图 1-5-26　套筒零件图

套筒零件图公差原则　　　　　　　　表 1-5-12

序　号	公差原则	理想边界尺寸 （mm）	最大实体状态下 的位置公差值（mm）	允许的最大 位置公差值（mm）	实际尺寸合格范围 （mm）
图 1-5-26a)					
图 1-5-26b)					
图 1-5-26c)					

任务三　检测表面粗糙度

知识目标

1. 掌握表面粗糙度的概念和基本术语。

2. 掌握表面粗糙度对零件使用性能的影响。

3. 了解表面粗糙度的评定参数、选择原则及标注规定。

1. 能正确识别零件图纸上的表面粗糙度符号并说明含义。
2. 能根据要求正确地在零件图上标注表面粗糙度符号。

根据学习和分析,回答以下问题:
(1)表面粗糙度对零件功能有何影响?
(2)表面粗糙度选择时应考虑哪些方面?

一、表面粗糙度的概念

经过加工的零件表面,微观上总会存在较小间距的峰谷痕迹。以机加工为例,由于刀具从零件表面上分离材料时存在塑性变形、机械振动、刀具和被加工表面的摩擦等引起零件表面存在较小的、高低不平的峰谷。这些表面微小峰谷的高低程度和间距状况被称为表面粗糙度,亦称为微观不平度。

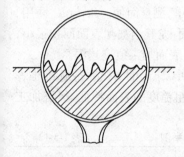

图 1-5-27　实际表面的几何轮廓

实际上,一个零件的表面状态是极其复杂的(图 1-5-27),一般包括表面粗糙度、表面波度和几何形状误差,通常按波距 λ(相邻两波峰或相邻两波谷之间的距离)来划分:

(1)波距小于 1mm 的轮廓误差属于表面粗糙度,是微观的几何形状误差。它是指在零件加工过程中,由于切削刀痕、表面撕裂挤压、振动和摩擦等因素,使得加工后的零件表面具有较小间距和峰谷所组成的微观几何形状特性。一般大体呈周期变化的范围。

(2)波距在 1 ~ 10mm 之间,波形呈周期性变化的轮廓误差属于表面波度。一般在磨削时出现,它是由加工系统的振动而造成的。

(3)波距大于 10mm 的轮廓误差属于几何形状误差,是宏观的几何形状误差。它主要是因为加工机床和工、夹具本身有形状和位置误差,加工中的力变形、热变形和振动造成的。

表面粗糙度对零件磨损、抗疲劳、抗腐蚀、零件间的配合性能等有很大影响。表面越粗糙,零件的性能越差;反之,表面性能越高,但加工费用也随之增加。因此,在设计零件时,除了要保证零件尺寸、形状和位置精度要求外,对零件的不同表面也要提出适当的表面粗糙要求,表面粗糙度是评定机械零件及产品质量的重要指标之一。

二、表面粗糙度的评定参数

表面粗糙度的三个主要术语是取样长度 l、评定长度 l_n、基准线(中线),如图 1-5-28 所示。国标规定,标准取样长度至少应包含 5 个轮廓峰和谷。一般情况下,表面越粗糙,取样长度越大。规定取样长度的目的在于限制和减弱其他几何形状误差,特别是表面波度对表面粗糙度测量的影响。评定长度是基于零件表面质量的不均匀性,单一取样长度的测量和评定不足以反映全貌,因此需要取几个取样长度来进行测量和评定。通常,若被测表面比较均匀,可选评定长度≤5个取样长度;若被测表面均匀性差,可选评定长度≥5个取样长度。基准线(中线)是用以评定表面粗糙度参数大小所规定的一条参考线,用它划分峰和谷。理论基准线有轮廓最小二乘中线和轮廓算术平均中线。基准线是假想的,先目测估定,再图解近似确定。

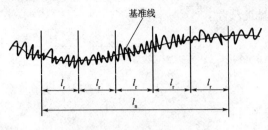

图1-5-28 表面粗糙度的主要术语

绝大多数情况下,表面粗糙度参数只要从高度特性参数中选取即可。表面粗糙度的高度特性评定参数有:最大轮廓峰高 R_p、最大轮廓谷深 R_v、轮廓点高度 R_t、轮廓算术平均偏差 R_a、轮廓最大高度 R_z。其中,轮廓算术平均偏差 R_a 和轮廓最大高度 R_z 这两个参数最常用。只有当高度特征参数不能满足零件的使用要求时,才附加给出间距特征参数 R_{sm}(轮廓单元的平均宽度)或形状特征参数 $R_{mr}(c)$(轮廓的支撑长度率)。例如,对零件表面的耐磨性能要求较高时,可选用高度特征参数,附加选用轮廓支撑长度率。

轮廓算术平均偏差 R_a 是在一个取样长度内,轮廓上各点至基准线距离的绝对值的算术平均值。轮廓算术平均偏差 R_a 最能充分反映表面微观几何形状高度方面的特性,R_a 值用触针式电动轮廓仪测量也比较简便,所以对于光滑表面和半光滑表面,普遍优先采用 R_a 作为评定参数。一般,轮廓算术平均偏差 R_a 数值越大,表面越粗糙。

轮廓最大高度 R_z 是在一个取样长度内,最大轮廓峰高 Z_p 和最大轮廓谷深 Z_v 之和。轮廓最大高度 R_z 虽不如 R_a 反映的几何特性准确、全面,但 R_z 概念简单,测量简便。R_z 与 R_a 联用,可以评定某些不允许出现较大加工痕迹和受交变应力作用的表面,尤其当被测表面面积很小,不宜用 R_a 评定时,常采用 R_z。一般,轮廓最大高度 R_z 数值越大,表面加工痕迹越深。

由于受仪器结构和测针的曲率半径限制,目前只能测量 $8 \sim 0.02 \mu m$ 的 R_a 值,故标准推荐常用数值范围为 $R_a = 6.3 \sim 0.025 \mu m$,$R_z = 25 \sim 0.100 \mu m$。表面粗糙度的表面特征、经济加工方法及应用举例见表1-5-13。

表面粗糙度的表面特征、经济加工方法及应用举例   表1-5-13

	表面微观特征	R_a 最大值(μm)	R_z 最大值(μm)	加工方法	应用举例
粗糙表面	微见刀痕	20	80	粗车、粗刨、粗铣、钻、毛锉、锯断	半成品粗加工过的表面,非配合的加工表面,如轴端面、倒角、钻孔、齿轮和带轮侧面、键槽底面、垫圈接触面
	微见加工痕迹	10	40	车、刨、铣、镗、钻、粗铰	不安装轴承的轴段、齿轮处的非配合面、紧固件的自由装配表面、轴和孔的退刀槽
半光表面	微见加工痕迹	5	20	车、刨、铣、镗、磨、拉、粗刮、滚压	半精加工表面,箱体、支架、盖面、套筒等和其他零件结合面而无配合要求的表面,需要发蓝的表面等
	看不清加工痕迹	2.5	10	车、刨、铣、镗、磨、拉、刮、压、铣齿	接近于精加工表面,箱体上安装轴承的镗孔表面,齿轮工作面

表面微观特征		R_a 最大值（μm）	R_z 最大值（μm）	加 工 方 法	应 用 举 例
光表面	可辨加工痕迹方向	1.25	6.3	车、镗、磨、拉、刮、精铰、磨齿、滚压	圆柱销、圆锥销，与滚动轴承配合的表面，导轨面，内外花键定心表面
	微辨加工痕迹方向	0.63	3.2	精铰、精镗、磨、刮、滚压	要求配合性质稳定的配合表面，工作时受交表应力的重要零件，较高精度导轨面
	不可辨加工痕迹方向	0.32	1.6	精磨、珩磨、研磨、超精加工	精密机床主轴锥孔、顶尖圆锥面、发动机曲轴、凸轮轴工作表面、高精度齿轮齿面
极光表面	暗光泽面	0.16	0.8	精磨、研磨、普通抛光	精密机床主轴轴颈表面，一般量规工作表面，汽缸套内表面，活塞销表面
	亮光泽面	0.08	0.4	超精磨、精抛光、镜面磨削	精密机床主轴轴颈表面，滚动轴承的滚珠。高压油泵中柱塞和柱塞套配合表面
	镜状光泽面	0.04	0.2		
	镜面	0.01	0.05	镜面磨削、超精研	高精度量仪、量块的工作表面、光学仪器中的金属镜面

三、表面粗糙度的标注

表面粗糙度在图样上的标注按机械制图中介绍的国家标准进行规范标注。常用表面粗糙度的符号及其意义见表 1-5-14。

表面粗糙度的符号及其意义　　　　　　　　　　表 1-5-14

符　号	意义及说明
 √	基本符号，表示表面可用任何方式获得
 √	表示表面是用去除材料的方法获得，如车、铣、刨、钻、磨、抛光、电火花加工、气割等
 √	表示表面是用不去除材料的方法获得，如铸造、锻造、冲压、粉末冶金等；或者表示保持上道工序的表面状况
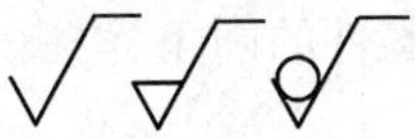 √ √ √	在上述三个符号的长边加一横线，用于标注有关参数或说明
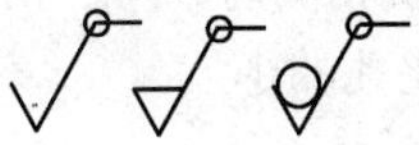 √ √ √	在上述三个符号上加一小圆，表示所有表面具有相同的表面粗糙度要求

加工纹理的方向符号标注方法如图 1-5-29 所示。

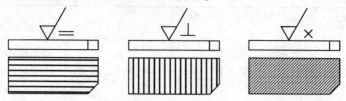

图 1-5-29　加工纹理的方向符号标注

任务实施

（1）表面粗糙度对零件功能有何影响？

答：表面粗糙度对零件的使用性能有着重要的影响，尤其对在高温、高速和高压条件下工作的机器（仪器）零件影响更大。主要表现在以下几方面：

①对摩擦和磨损的影响。零件实际表面越粗糙，则摩擦系数越大，因摩擦而消耗的能量也越大。同时，表面越粗糙，配合表面的实际有效接触面越小，单位面积上压力增大，轮廓峰顶部分容易产生塑性变形而被折断或剪切，导致磨损加快，从而影响机械传动效率和零件使用寿命。但是，过于光滑的表面却不利于润滑油的储存，还会增加两表面间的分子吸附作用，磨损也会加剧。

②对工作精度的影响。表面粗糙不平，不仅会降低机器或仪器零件运动的灵敏性，而且由于粗糙表面的实际有效接触面小，表面层接触刚度变差，还会影响机器工作精度的持久性。

③对配合性质的影响。表面粗糙度影响零件配合性质的稳定性。对于有相对运动的间隙配合，因粗糙表面相对运动时产生磨损，实际间隙会逐渐加大。对于过盈配合，粗糙度在装配压入过程中，会将轮廓峰顶挤平，减小实际有效过盈，降低连接强度。

④对零件强度的影响。表面粗糙度影响零件的抗疲劳强度。零件表面越粗糙，对应力集中越敏感。若零件受到交变应力作用，零件表面轮廓峰谷处容易产生应力集中而引起零件的损坏，故在零件的沟槽或圆角处的表面粗糙度应小些。

⑤对抗腐蚀性的影响。表面越粗糙，凹谷越深，越易积聚含腐蚀性物质，这些含腐蚀性物质向零件表面层内渗透，使腐蚀加剧。

表面粗糙度对零件的其他使用性能，如对接合面的密封性，对流体流动的阻力、导电、导热性能以及机器、仪器的外观质量等都有很大影响。

（2）表面粗糙度选择时应考虑哪些方面？

答：在实际应用中，常用类比法来确定。具体选用时，可先根据经验统计资料初步选定表面粗糙度参数值，然后再对比工作条件做适当调整。表面粗糙度选择时应考虑以下几点：

①同一零件上，工作表面的粗糙度值应比非工作表面小。

②摩擦表面的粗糙度值应比非摩擦表面小；滚动摩擦表面的粗糙度值应比滑动摩擦表面小。

③运动速度高、单位面积压力大的表面，受交变应力作用的重要零件的圆角、沟槽表面的粗糙度值都应该小。

④配合性质要求越稳定，其配合表面的粗糙度值应越小；配合性质相同时，小尺寸接合面的粗糙度值应比大尺寸接合面小；同一公差等级时，轴的粗糙度值应比孔的小。

⑤表面粗糙度参数值应与尺寸公差及形状公差相协调。

⑥防腐性、密封性要求高,外表美观等表面的粗糙度值应较小。

⑦凡有关标准已对表面粗糙度要求作出规定,如与滚动轴承配合的轴颈和外壳孔、键槽、各级精度齿轮的主要表面等,则应按标准规定的表面粗糙度参数值选用。

自 我 检 测

解释图1-5-30中表面粗糙度符号的含义。

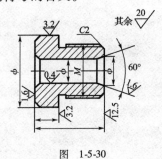

图 1-5-30

第二篇

机械设计基础

机械设计基础的研究对象为工程机械中的常用机构及一般工作条件下和常用参数范围内的通用零部件,主要研究其工作原理、种类、结构特点、基本设计理论、设计计算方法和选用及维护等方法。通过学习,使学生初步具备一般机构和零部件的分析和设计问题。

机械是各类机器的通称,是机器和机构的总称。人类从使用简单工具,到今天能够设计、制造和利用现代机械改造自然,造福社会,经历了漫长的过程。如今,人们的日常生活和工作中已广泛使用着各种各样的机械,如各种交通工具、各种机床、坦克、绘图仪、机器人(手)、缝纫机等。人们越来越离不开机械,在当今世界,机械的设计水平和机械现代化程度已成为衡量一个国家工业发展水平的重要标志之一。

在机械系统中,可以将其他形式的能量转换为机械能的机器称为原动机,如内燃机、电动机、液压马达等;可以利用机械能做有用功的机器称为工作机,如机床、起重机、织布机等;可以将机械能转换为其他形式能量的机器称为转换机,如发电机等。

从研究机器的工作原理、分析运动特点和设计机器的角度看,机器可视为若干机构的组合体。尽管这些机器结构、性能和用途不同,但却具有以下共同特征:

(1)机器都是人为的多个实体的组合。

(2)各实体间具有确定的相对运动。

(3)能完成有用的机械功或转换机械能。

构件是机器中的运动单元,如连杆、车轮。零件是机器中的制造单元。构件可以是几个零件的刚性组合,如连杆;也可以是单一的零件,如曲轴。

从结构和运动学的角度分析,机器机构之间并无区别,都是具有确定相对运动的各种实物的组合,所以,通常将机器和机构统称为机械。

根据功能的不同,一部完整的机器由四部分组成:原动部分是机器的动力来源;工作部分完成工作任务;传动部分把原动机的运动和动力传递给工作机;控制部分使机器的原动部分、传动部分、工作部分按一定的顺序和规律运动,完成给定的工作循环。

根据用途不同,机械可分为:实现机械能与其他形式能量间的转换的动力机械、改变物料的结构形状、性质及状态的加工机械、改变人或物料的空间位置的运输机械、获取或处理各种信息的信息机械。

零件按其是否具有通用性可以分为两大类:一类是应用很广泛的通用零件,几乎在任何一部机器中都能找到,例如齿轮、轴、螺母、销钉、键等;另一类是仅用于某些机器中的专用零件,常可表征该机器的特点,例如内燃机中的活塞、起重机的吊钩等。

工程中也常将一组协同工作的零件分别装配或制造成一个个相对独立的组合体,然后再装配成整机,这种组合体常称之为部件(或组件),例如发动机、变速器及后桥等,车床的主轴箱、尾座、进给箱以及自行车的脚蹬子等部件。将机器看成是由零部件组成的,不仅有利于装配,也有利于机器的设计、运输、安装和维修等。

机械零件的失效形式如图 2-0-1 所示。机械零件的设计准则主要有:

(1)强度设计准则:要求零件在工作时不产生强度失效,强度准则应取在零件中的危险截面处的应力不超过许用应力。

(2)刚度准则:刚度是指零件在载荷作用下抵抗弹性变形的能力。

其他准则还有:耐磨性准则、振动稳定性准则、可靠性准则等。

机械零件的设计大体要经过以下几个步骤:

(1)根据零件的使用要求(功率、转速等),选择零件的类型及结构形式。

（2）根据机器的工作条件，分析零件的工作情况，确定作用在零件上的载荷。

（3）根据零件的工作条件（包括对零件的特殊要求，如耐高温、耐腐蚀等），综合考虑材料的性能、供应情况和经济性等因素，合理选择零件的材料。

（4）分析零件的主要失效形式，按照相应的设计准则，确定零件的基本尺寸。

（5）根据工艺性及标准化的要求，设计零件的结构及其尺寸。

（6）绘制零件工作图，拟定技术要求。

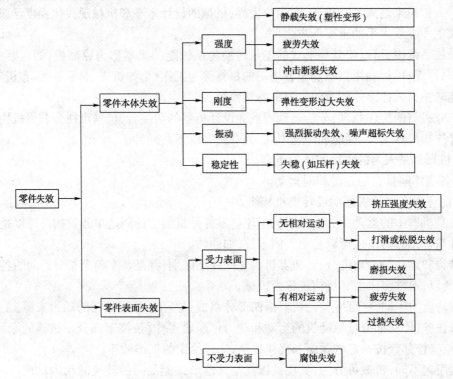

图 2-0-1　机械零件的失效形式

项目六

校核零件安全性

如前所述,机器由构件/零件组成,为了使构件/零件在载荷的作用下正常工作而不发生失效,要求构件/零件有一定强度、刚度和稳定性,即要进行构件/零件的承载能力分析。本项目主要介绍处于平衡状态的构件/零件的承载能力分析的基本理论和方法。

任务一 分析平衡机构中零件的受力

知识目标

1. 理解力、刚体、平衡、约束等基本概念。
2. 掌握力的性质,静力学基本公理。
3. 掌握典型约束的性质及相应约束反力的特征。
4. 掌握物体受力分析方法和步骤。

能力目标

1. 能正确判断典型约束的类型。
2. 能根据力的性质和约束反力特征,准确地绘制零件的受力图。

任务描述

图 2-6-1 所示的四个机构均在水平向右 F 作用下处于平衡。根据观察和分析可知,每个构件受力是不一样的。请画出四个机构中各构件的受力图。

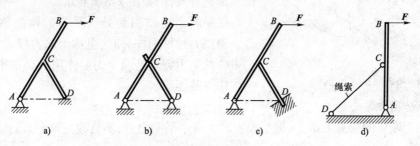

图 2-6-1 承受水平向右 F 作用的四个机构

一、静力分析的基本概念

1. 静力分析的理想模型

静力分析是建立在三个理想模型上的,分别是:

(1)质点模型——将物体简化为只有质量没有体积的几何点。

(2)刚体模型——忽略物体变形,认为组成物体的各质点之间距离保持不变。

(3)理想约束模型——除明确指出要考虑摩擦,一般忽略物体间的摩擦,认为物体间是光滑接触的。

特别注意,除了明确指出要考虑重力或重力已在题目中标出外,重力一般也被忽略。

2. 力

力是物体间相互的机械作用。力对物体有两种效应:一种是外效应,力使物体运动状态发生改变,也称为运动效应;另一种是内效应,力使物体形状尺寸发生改变,也称为变形效应。实践表明,力对物体的效应取决于力的大小、方向和作用点的三要素。

力是矢量,即是一个既有大小又有方向的量。力是用具有方向的线段来表示的,一般用黑色斜体字母 F、P、G 等标识力的矢量。

力系是作用在同一研究对象上的一组力。如果作用在物体上的力系可以被另一个力系替代,而不改变物体在原力系作用下的效应,则这两个力系称为等效力系。如果一个力与一个力系等效,则这个力称为这个力系的合力,力系中的各力称为合力的分力。

3. 平衡

平衡是指物体相对于惯性参考系(工程上多用固连在地球的参考系)保持静止或匀速直线运动的状态。如果一个力系使物体处于平衡状态,则称该力系为平衡力系。

二、力的性质及静力学基本公理

静力学基本公理是人们在生活和生产实践中经过反复观察和实践得出的结论,是静力分析的理论基础。

1. 二力平衡公理

作用于刚体上的两个力使刚体处于平衡状态的充要条件是:这两个力大小相等、方向相反,且作用在同一条直线上。

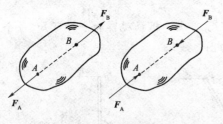

二力平衡公理只适用于"刚体",是力系平衡的理论基础。对非刚体而言,二力平衡条件只是必要条件,而不是充分条件,如图 2-6-2 所示。

仅受两个力作用而处于平衡的构件称为二力构件。当二力构件为杆件时,也称为二力杆。二力构件/二力杆的受力特点是两个力的作用线必定也只能沿着两作用点的连线。

图 2-6-2　二力平衡公理

2. 加减平衡力系公理

在作用于刚体的任意力系上,加上或者减去一个平衡力系,不会改变原力系对刚体的作用效果。

加减平衡力系公理也只适用于"刚体",是力系简化的理论基础。

由二力平衡公理和加减平衡力系公理,可以推导出力的可传性原理:作用在刚体上的力,可沿其作用线移到该刚体上的任意位置,并不会改变该力对该刚体的作用效果。

根据力的可传性原理,对刚体来说,力的作用点已不再是决定其效应的要素之一,而由力的作用线取代。因此,作用于刚体上的力的三要素是力的大小、方向和作用线。必须注意,力的可传性原理也只适用于"刚体"。

3. 力的平行四边形法则

作用在刚体上同一点的两个力可以合成为一个合力,合力的作用点仍在该点,合力的大小和方向由这两个力为邻边所构成的平行四边形的对角线来确定,如图2-6-3a)所示。

力的平行四边形法则是力系合成和分解,以及力系简化的理论基础,其矢量表达式为

$$F_R = F_1 + F_2。$$

为方便起见,在利用力的平行四边形法则求合力时,可不必画出整个平行四边形,而是从A点作矢量F_1,再由F_1的末端作矢量F_2,则由矢量F_1的起点指向矢量F_2的末端的矢量即为合力F_R。这种求合力的方法称为力的三角形法则,如图2-6-3b)所示。显然,若改变F_1、F_2的顺序,其结果不变,如图2-6-3c)所示。

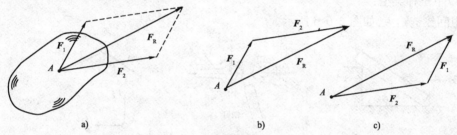

图2-6-3 力的平行四边形法则及力的三角形法则

由二力平衡公理、加减平衡力系公理和力的平行四边形法则,可以推导出三力平衡汇交定理:刚体受三个共面但互不平行的力作用而平衡时,此三个力必定汇交于一点。必须注意,三力平衡汇交定理也只适用于"刚体"。

4. 作用与反作用公理

一个物体对另一个物体有一作用力时,另一个物体对此物体必有一反作用力,两物体间的作用力与反作用力总是大小相等,方向相反,沿同一条直线,分别作用在两个物体上。

作用与反作用公理概括了自然界中物体间相互作用关系,表明一切力总是成对出现的,揭示了力的存在形式和力在物体间的传递方式。特别要注意的是,必须把作用与反作用公理和二力平衡公理严格地区分:作用与反作用公理是表明两个物体相互作用的力学性质,而二力平衡公理则说明一个刚体在两个力作用下处于平衡的充分必要条件。

三、约束与约束反力

在空间的位移不受限制的物体称为自由体。工程中的机器或结构都是由多个构件/零件按照一定的方式连接而成的,这些构件/零件的运用必然相互牵制,因此都是非自由体。限制物体在某些方向上发生运动或运动趋势的其他物体称为约束。约束对被约束物体的作用力就是约束反力,全称为约束反作用力,简称约束力。约束反力的作用点在两物体的相互接触处,其方向与约束所能阻止的物体的运动方向相反,其大小由主动力确定。

工程中的约束种类很多,下面介绍四种典型的约束类型。

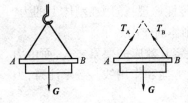

图2-6-4 柔性约束

1. 柔性约束

由绳索、链条或皮带等柔性物体构成的约束,它们只能限制物体沿着伸长方向的运动。柔性约束的约束反力的方向沿着轴线背离物体,只能是拉力,用"T"或"F_T"表示,如图2-6-4所示。

2. 光滑面约束

忽略接触处摩擦的两物体的直接接触就是光滑面约束。光滑面约束限制物体沿着接触点公法线而趋向接触物方向的运动。光滑面约束的约束反力必通过接触点,沿着接触面在该点的公法线方向指向被约束物体,即是法向支持力,亦称为法向反力,用"N"或"F_N"表示,如图2-6-5所示。

3. 光滑圆柱铰链约束

光滑圆柱铰链约束是两个带有圆孔的物体,用光滑圆柱销钉连接形成的约束。光滑圆柱铰链约束中的两个物体可以不受限制地绕销钉轴线相对转动,但不能相对移动。光滑圆柱铰链约束有以下三种类型:

(1)中间铰链约束,如图2-6-6所示。

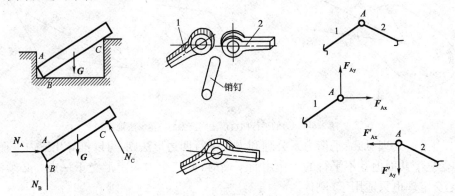

图2-6-5 光滑面约束　　　　　图2-6-6 中间铰链约束

(2)固定铰链支座,如图2-6-7所示。

中间铰链约束和固定铰链约束的约束反力作用在铰链中心,方向与两物体相对移动方向相反。由于不能预先确定两物体相对移动方向,所以中间铰链约束和固定铰链约束的约束反力通常用在铰链中心的两个互相垂直的分力表示。

(3)活动铰链支座,如图2-6-8所示。活动铰链支座由于在支座底部安放了滚子,它只能限制物体沿支撑面垂直方向的移动,不能限制物体沿支撑面的移动和绕销钉轴线的转动。因此,活动铰链支座的约束反力通过销钉中心,垂直于支撑面,指向不定。

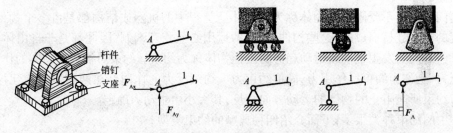

图2-6-7 固定铰链支座　　　　　图2-6-8 活动铰链支座

4. 固定端约束

固定端约束是构件一端被固定,既不允许固定端的任意移动,又不允许绕固定端随意转动。例如,嵌入墙体的外伸阳台、固定在车床卡盘上的车刀等,如图 2-6-9 所示。固定端处的受力比较复杂,在平面力系问题中,常将固定端约束反力简化为限制移动的约束反力的两个正交分力和一个限制转动的约束反力偶,三者缺一不可。力偶将在"力偶"一节中介绍。

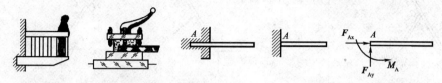

图 2-6-9　固定端约束

四、受力图

恰当地选取研究对象,正确地画出受力图,是解决静力学问题的关键步骤。画受力图的理论依据主要是力的性质和约束反力特征。画受力图的一般步骤如下:

(1)确定研究对象,画分离体。根据问题的已知条件和题意要求确定研究对象,将研究对象从物体系统中解除各类约束得到分离体,单独将分离体画出。注意,研究对象可以是一个物体、几个物体组成的物体的一部分、物体系统、整个系统。

(2)画主动力。在分离体上画出该分离体所受的主动力,如风载、压力等。

(3)画约束反力。在分离体解除约束的位置,根据约束反力特征画出约束反力。注意,准确判定二力构件/二力杆,从而减少力的数目;物体间的受力要满足作用和反作用公理。

任务实施

图 2-6-1 所示的四个机构均在水平向右 F 作用下处于平衡。根据观察和分析可知,每个构受力是不一样的。请画出四个机构中各构件的受力图。

解:四个机构中各构件的受力图,见表 2-6-1。

承受水平向右 F 作用的四个机构的构件受力图　　　　表 2-6-1

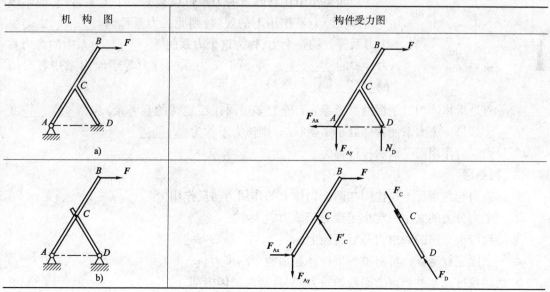

机 构 图	构件受力图
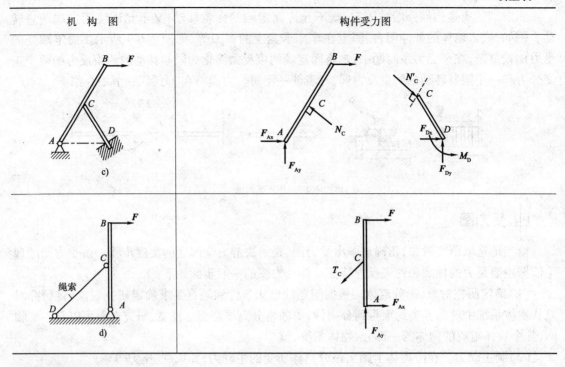	

自我检测

一、填空题

1.图 2-6-10 中的结构由三个杆件 AB、BC、BD 组成。若不计各杆自重,则二力杆是_____。

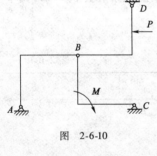

图 2-6-10

2.力是物体间相互的机械作用。力的三要素有:_____、_____、_____。力是_____,是一个既有大小又有方向的量。力的效应有_____和_____两种。

3.如果作用在物体上的力系可以被另一个力系替代,而不改变物体在原力系作用下的效应,则此二力系称为_____。与一个力系等效的一个力,称为这个力系的_____,力系中的各力称为合力的_____。平面汇交力系的合力等于原力系中各分力的_____。

4.平衡是指物体相对于惯性参考系(工程上多用固连在地球的参考系)保持_____或_____。如果一个力系使物体处于平衡状态,则该力系称为_____。

5.只受二力作用而平衡的杆件称为_____。

二、判断题

1.约束力与约束反力是作用在两个物体上的作用力与反作用力。 ( )

2.一个力分力的大小一定小于或等于该力的大小。 ( )

3.活动铰链支座的约束力是竖直向上的。 ( )

4.一个固定铰链支座可对被约束物体施加两个约束力。 ( )

5.活动铰链支座的约束力必沿铅垂方向,且指向物体内部。 ( )

三、画出下列平面机构中指定零件的受力图，不计自重和摩擦，见表2-6-2。

零件受力表

表2-6-2

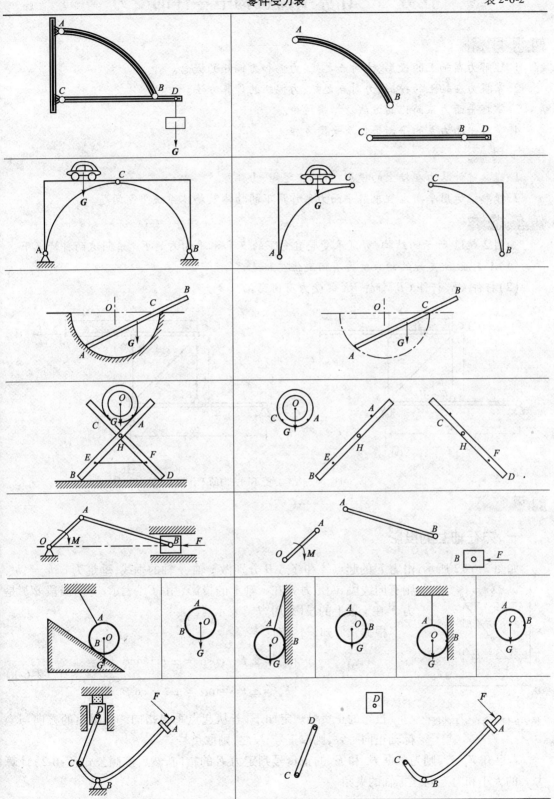

任务二　计算平衡机构中零件的受力

如图 2-6-11 所示的结构,分别承受竖直向下的 F 和水平向右的 F。请问这两种情况下:

(1)A 支座、B 支座的约束反力有何变化?

(2)杆件 CE、杆件 CB、杆件 BK 的受力有何变化?

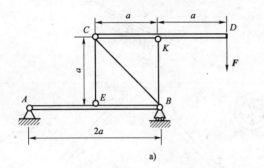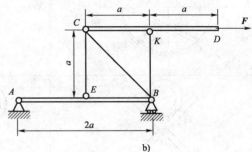

图 2-6-11　同一结构承受不同方向的 F 作用

知识链接

一、力在轴上的投影

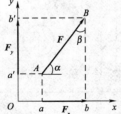

如图 2-6-12 所示,由力 F 的起点 A 和终点 B 分别做 x 轴、y 轴的垂线,垂足为 a、b、a'、b',则有向线段 ab 是力 F 在 x 轴上的投影,用"F_x"表示;有向线段 $a'b'$ 是力 F 在 y 轴上的投影,用"F_y"表示。

根据几何知识,可知:

$$\begin{cases} F_x = \pm F \cdot \cos\alpha = \pm F \cdot \sin\beta \\ F_y = \pm F \cdot \sin\alpha = \pm F \cdot \cos\beta \end{cases} \quad (2\text{-}6\text{-}1)$$

图 2-6-12　力在轴上的投影

投影的正负号规定如下:若从起点垂足指向终点垂足的方向与坐标轴正向一致,则取正号;反之,则取负号。

若已知 F_x、F_y,则先根据 F_x 和 F_y 的正负号判定力 F 的指向,然后按照公式(2-6-2)计算力 F 的大小和力 F 与坐标轴的夹角。

$$\begin{cases} F = \sqrt{F_x^2 + F_y^2} \\ \tan\alpha = \left| F_y/F_x \right| \end{cases} \tag{2-6-2}$$

合力投影定理:合力在某一轴上的投影等于各个分力在同一轴上的投影的代数和,即:

$$\begin{cases} F_{Rx} = F_{1x} + F_{2x} + \cdots + F_{nx} = \sum F_x \\ F_{Ry} = F_{1y} + F_{2y} + \cdots + F_{ny} = \sum F_y \end{cases} \tag{2-6-3}$$

二、力对点之矩

力不仅能够使物体沿某方向移动,还能够使物体绕某点产生转动。如图 2-6-13 所示,点 O 称为矩心,点 O 到 F 作用线的垂直距离 d 称为力臂。在平面力系问题中,力对物体的转动效应是用力 F 的大小与力臂 d 的乘积,并冠以相应的正负号来度量的,该量称为力对 O 点之矩,简称力矩,记作"$M_O(F)$"。

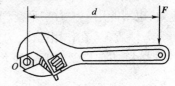

图 2-6-13　力对点之矩

$$M_O(F) = \pm F \cdot d \tag{2-6-4}$$

力对点之矩的正负号规定为:若力使物体绕矩心逆时针方向转动时,则力矩为正;反之,则力矩为负。

合力矩定理:平面力系的合力对平面内任意一点之矩,等于其所有分力对同一点之矩的代数和,即:

$$M_O(F_R) = M_O(F_1) + M_O(F_2) + \cdots + M_O(F_n) = \sum M_O(F) \tag{2-6-5}$$

三、力偶

力偶是一对等值、反向、不共线的平行力组成的力系,用 (F, F') 表示。力偶对物体只有转动效应。

如图 2-6-14 所示,力偶中两力平行作用线所决定的作用面称为力偶的作用面,力偶使物体转动的方向称为力偶的转向,力偶中两力平行作用线之间的垂直距离 d 称为力偶臂。在力偶的作用面内,力偶对物体的转动效应是用力 F 或力 F' 的大小与力偶臂 d 的乘积,并冠以相应的正负号来度量的,该量称为力偶矩,记作 $M(F, F')$ 或简写为 M。

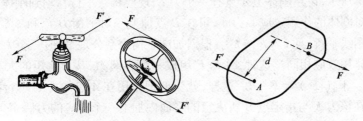

图 2-6-14　力偶

$$M(F, F') = M = \pm F \cdot d = F' \cdot d \tag{2-6-6}$$

力偶矩的正负号规定为:若力偶使物体逆时针转动时,则力偶矩为正;反之,则力偶矩为负。力偶的作用面、力偶的转向和力偶矩的大小是力偶的三要素,凡三要素相同的力偶彼此等效。

力偶具有以下三个重要的性质:

性质 1　力偶对其作用面内任意点的力矩恒等于此力偶的力偶矩,而与矩心的位置无关。

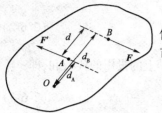

图 2-6-15　力偶对点之矩

证明：如图 2-6-15 所示，设在刚体某平面上 A、B 两点作用一力偶 (F, F')，求此力偶对平面内任意点 O 的力矩。按力矩的定义，可得：

$$
\begin{aligned}
M_0(F, F') &= M_0(F) + M_0(F') \\
&= -F \times d_B + F' \times d_A \\
&= -F \times (d_B - d_A) \\
&= -F \times d = M(F, F')
\end{aligned}
$$

根据这个性质，力偶在其作用面内，可任意转移位置，其作用效应和原力偶相同。

性质 2　力偶在任意坐标轴上的投影之和为零。力偶无合力，一个力偶不能与一个力等效，也不能用一个力来平衡，力偶只能和力偶平衡。

性质 3　在作用面内，力偶在不改变力偶矩大小和转向的条件下，可同时改变力偶中两力的大小、方向以及力偶臂的大小，而力偶的作用效应不变，如图 2-6-16 所示。

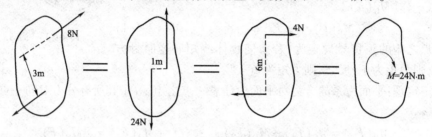

图 2-6-16　力偶的等效变化

作用在物体上同一个平面内的两个或两个以上的力偶组成平面力偶系。平面力偶系的合力偶矩的大小等于各个分力偶矩的代数和，即：

$$
M_R = M_1 + M_2 + \cdots + M_n = \sum M \tag{2-6-7}
$$

四、平面力系的简化

1. 力的平移定理

如图 2-6-17 所示，设在刚体上 A 点有一个力 F，现要将它平行移动到刚体内的任意指定点 B，而不改变它对刚体的作用效应。为此，可在 B 点加上一对平衡力 F' 和 F''，并使它们的作用线与力 F 的作用线平行，且 $F = F' = F''$。根据加减平衡力系公理，此时三个力组成的力系与原力 F 对刚体的作用效应相同。这时，力 F、F'' 组成一个力偶 M，其力偶矩的大小等于原力 F 对 B 点之矩，即 $M = M_B(F) = F \cdot d$。这样，就貌似把作用在 A 点的力 F 平行移动到了任意点 B，但必须同时在该力 F 与指定点 B 所决定的平面内加上一个相应的力偶 M——附加力偶。

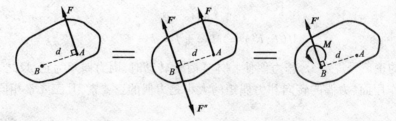

图 2-6-17　力的平移定理

2.平面任意力系的简化过程

在刚体上作用一个平面任意力系 $F_1, F_2, \cdots, F_n$，在该平面内任选一点 O 为简化中心，如图 2-6-18a)所示。根据力的平移定理，将各力都向 O 点平移，得到一个由平移力组成的交于 O 点的平面汇交力系 $F_1', F_2', \cdots, F_n'$，以及一个由附加力偶系组成的平面力偶系 $M_1, M_2, \cdots, M_n$，如图 2-6-18b)所示。将平面汇交力系 $F_1', F_2', \cdots, F_n'$ 合成为一个合矢量——主矢 F_R'，将平面力偶系 $M_1, M_2, \cdots M_n$ 合成为一个合力偶——主矩 M_0，如图 2-6-18c)所示。

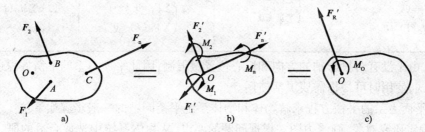

图 2-6-18　平面任意力系的简化

根据合理投影定理和合力矩定理，得到：

$$\left. \begin{array}{l} F_{Rx}' = \sum F_x \\ F_{Ry}' = \sum F_y \end{array} \right\} \Rightarrow F_R' = \sqrt{(F_{Rx}')^2 + (F_{Ry}')^2} = \sqrt{(\sum F_x)^2 + (\sum F_y)^2}$$

$$M_0 = M_1 + M_2 + \cdots + M_n = \sum M_0(F) \tag{2-6-8}$$

显然，主矢 F_R' 和主矩 M_0 的联合作用与原力系等效。

3.平面任意力系的简化结果讨论

平面任意力系的简化结果通常有以下四种情况：

（1）主矢 $F_R' \neq 0$，主矩 $M_0 = 0$。此时，主矢 F_R' 与原力系等效，主矢 F_R' 成为原力系的合力 F_R。

（2）主矢 $F_R' = 0$，主矩 $M_0 \neq 0$。此时，主矩 M_0 与原力系等效，主矩 M_0 成为原力系的合力偶 M_R。

（3）主矢 $F_R' \neq 0$，主矩 $M_0 \neq 0$。此时，根据力的平移定理的逆过程，可以把主矢 F_R' 和主矩 M_0 合成为一个合力 F_R。合成过程如图 2-6-19 所示。合力 F_R 的大小与主矢 F_R' 的大小相同，其方向与主矢 F_R' 的方向平行，其作用线到简化中心的距离 $d = M_0 / F_R'$。

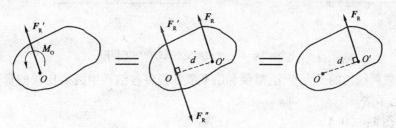

图 2-6-19　主矢 $F_R \neq 0$，主矩 $M_0 \neq 0$ 的最终合成结果

（4）主矢 $F_R' = 0$，主矩 $M_0 = 0$。此时，物体处于平衡状态，原力系为平衡力系。

五、平面力系的平衡方程

由上节可知，平面力系平衡的充分必要条件是：主矢 $F_R' = 0$ 且主矩 $M_0 = 0$。

根据公式(2-6-8)，得到平面力系的平衡方程一般形式，见表2-6-3。

平面力系的平衡方程一般形式 表2-6-3

平面任意力系 平衡方程	平面汇交力系 平衡方程	平面平行力系 平衡方程	平面力偶系 平衡方程
$\begin{cases}\sum F_x = 0\\ \sum F_y = 0\\ \sum M_O(F) = 0\end{cases}$	$\begin{cases}\sum F_x = 0\\ \sum F_y = 0\end{cases}$	若各力与 x 轴平行，则： $\begin{cases}\sum F_x = 0\\ \sum M_O(F) = 0\end{cases}$	$\sum M_O(F) = 0$

当然，由于没有对投影轴的方向和矩心位置做限制，因此平面力系的平衡方程还有其他很多组合形式，使用时可根据需要灵活使用。

利用平面力系的平衡方程求解物体和物体系统平衡问题的一般步骤如下：

（1）确定研究对象，画受力图。根据问题的要求，从物体系统中选取合适的研究对象进行受力分析，正确绘制其受力图。

（2）列平衡方程求解未知力。按平面力系中各力的相互几何关系恰当地选取投影轴和矩心，列出平衡方程求解未知力。需要注意，表2-6-3中所列方程没有次序之分，水平 x 轴和垂直 y 轴可以不画。

任务实施

如图2-6-20所示的结构，分别承受竖直向下的 F 和水平向右的 F。请问这两种情况下：

（1）A 支座、B 支座的约束反力有何变化？

（2）杆件 CE、杆件 CB、杆件 BK 的受力有何变化？

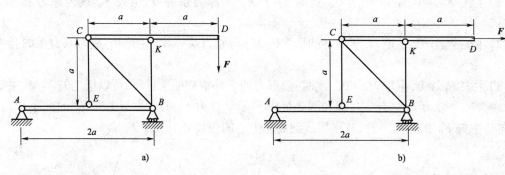

图2-6-20 同一结构承受不同方向的 F 作用

分析：比较两结构的受力变化，需要利用平衡方程将各结构中需要比较的量逐一求出，不同之处就一目了然。

解：对于图2-6-20a）。

①取整体为研究对象，受力如图2-6-21a）所示。

②列平衡方程求解。

$$\sum F_x = 0 \qquad F_{Ax} = 0$$

$$\sum M_A(F) = 0 \qquad F_B \cdot 2a - F \cdot 3a = 0 \Rightarrow F_B = \frac{3}{2}F(\uparrow)$$

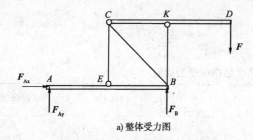

a) 整体受力图

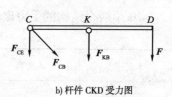

b) 杆件 CKD 受力图

图 2-6-21　图 2-6-20a) 求解图

$$\sum Fy = 0 \qquad F_{Ay} + F_B - F = 0 \Rightarrow F_{Ay} = -\frac{1}{2}F(\downarrow)$$

③再取杆件 CKD 为研究对象,受力如图 2-6-21b) 所示。

④列平衡方程求解。

$$\sum F_x = 0 \qquad \frac{\sqrt{2}}{2}F_{CB} = 0 \Rightarrow F_{CB} = 0$$

$$\sum M_C(F) = 0 \qquad -F_{KB} \cdot a - F \cdot 2a = 0 \Rightarrow F_{KB} = -2F(\uparrow)$$

$$\sum F_y = 0 \qquad -F_{CE} - F_{KB} - F = 0 \Rightarrow F_{CE} = F(\downarrow)$$

对于图 2-6-20b)。

①取整体为研究对象,受力如图 2-6-22a) 所示。

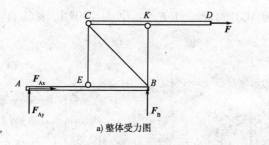

a) 整体受力图

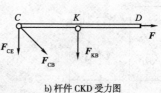

b) 杆件 CKD 受力图

图 2-6-22　图 2-6-20b) 求解图

②列平衡方程求解。

$$\sum F_x = 0 \qquad F_{Ax} + F = 0 \Rightarrow F_{Ax} = -F(\leftarrow)$$

$$\sum M_A(F) = 0 \qquad F_B \cdot 2a - F \cdot a = 0 \Rightarrow F_B = \frac{1}{2}F(\uparrow)$$

$$\sum F_y = 0 \qquad F_{Ay} + F_B = 0 \Rightarrow F_{Ay} = -\frac{1}{2}F(\downarrow)$$

③再取杆件 CKD 为研究对象,受力如图 2-6-22b) 所示。

④列平衡方程求解。

$$\sum F_x = 0 \qquad \frac{\sqrt{2}}{2}F_{CB} + F = 0 \Rightarrow F_{CB} = -\sqrt{2}F(\nwarrow)$$

$$\sum M_C(F) = 0 \qquad -F_{KB} \cdot a - F \cdot 0 = 0 \Rightarrow F_{KB} = 0$$

$$\sum F_y = 0 \qquad -F_{CE} - \frac{\sqrt{2}}{2}F_{CB} = 0 \Rightarrow F_{CE} = F(\downarrow)$$

故,图2-6-20中两个结构的受力比较见表2-6-4。

图 2-6-20 中两个结构的受力比较 表2-6-4

	A 支座	B 支座	杆件 CE	杆件 CB	杆件 BK
结构 a)	$F_{Ax} = 0$ $F_{Ay} = 1/2F(\downarrow)$	$F_B = 3/2F(\uparrow)$	受拉 拉力大小为 F	受力为零	受压 压力大小为 F
结构 b)	$F_{Ax} = F(\leftarrow)$ $F_{Ay} = 1/2F(\downarrow)$	$F_B = 1/2F(\uparrow)$	受拉 拉力大小为 F	受压 压力大小为 $\sqrt{2}F$	受力为零

自我检测

1. 计算图2-6-23中各力在 x 轴、y 轴上的投影,各力大小均为 200 N。

$F_{1x} = $ _____ ,$F_{1y} = $ _____ ;

$F_{2x} = $ _____ ,$F_{2y} = $ _____ ;

$F_{3x} = $ _____ ,$F_{3y} = $ _____ ;

$F_{4x} = $ _____ ,$F_{4y} = $ _____ 。

2. 图2-6-24 中的力 F_1 大小为 30kN,力 F_2 大小为 40kN,则其合力的大小为_____。

3. 图 2-6-25 中的力 F_1 大小为 $100\sqrt{2}$ kN,力 F_2 大小为 200kN,则其合力的大小为_____。

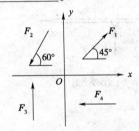

图 2-6-23 力的投影

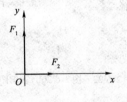

图 2-6-24

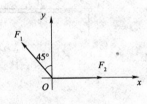

图 2-6-25

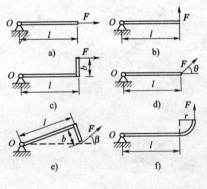

图 2-6-26

4. 计算图2-6-26中力 F 对 O 点之矩。

a) $M_0(F) = $ _____ ;

b) $M_0(F) = $ _____ ;

c) $M_0(F) = $ _____ ;

d) $M_0(F) = $ _____ ;

e) $M_0(F) = $ _____ ;

f) $M_0(F) = $ _____ 。

5. 图 2-6-27 中的刚体在不同的四点 A、B、C、D 上各作用 F_1、F_2、F_3、F_4。这四个力大小相等,所构成的力的多边形封闭,则该刚体的状态是_____。

6. 图 2-6-28 中的正方形平板的每格边长为 a，在板上的 A、O、B、C 四点处分别作用有力 F_1、F_2、F_3、F_4，其中 $F_1 = F, F_2 = 2\sqrt{2}F, F_3 = 2F, F_4 = 3F$。在图中画出此力系的合力。

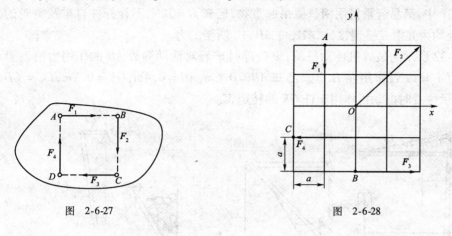

图 2-6-27　　　　　　　　　　　图 2-6-28

7. 图 2-6-29 中各梁或机构中，不计各杆自重，求支座 A、B 支的约束力。

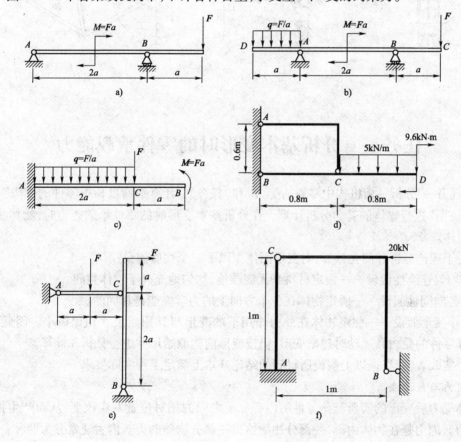

图 2-6-29

8. 塔式起重机如图 2-6-30 所示，已知轨距为 4m，机身重 $G = 500$kN，其作用线至机架中心线的距离为 4m；起重机最大起吊载荷 $G_1 = 260$kN，其作用线至机架中心线的距离为 12m；平衡块 G_2 至机架中心线的距离为 6m。

(1)欲使起重机满载时不向右倾倒,空载时不向左倾倒,试确定平衡块重 G_2。

(2)当平衡块重 $G_2 = 600\mathrm{kN}$ 时,试求满载时轨道对轮子的约束反力。

9. 图 2-6-31 中,简易起重机用钢丝绳吊起重物,已知 $G = 5\mathrm{kN}$,不计杆件自重及滑轮的大小,A、B、C 三处均为光滑铰链连接,试求杆件 AB、AC 所受的力。

10. 图 2-6-32 所示为破碎机传动机构,设破碎时矿石对活动颚板 AB 的作用力沿垂直于 AB 方向的分力 $F = 1\mathrm{kN}$,作用在 H 点。已知 $AB = 0.6\mathrm{m}$,$AH = 0.4\mathrm{m}$,$OE = 0.1\mathrm{m}$,$BC = CD = 0.6\ \mathrm{m}$,求在图示位置时电动机作用于杆 OE 的转矩 M。

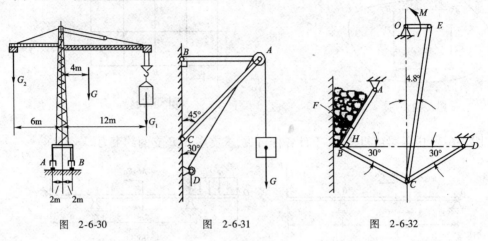

图 2-6-30   图 2-6-31   图 2-6-32

任务三　分析基本变形时的零件承载能力

在"任务一 分析平衡机构中零件的受力"和"任务二 计算平衡机构中零件的受力"中,使用"刚体模型"进行物体的受力分析计算。在分析基本变形时的零件承载能力时,物体将回归为变形固体。

为便于理论分析和简化计算,对变形固体作以下三个性质假设:

(1)均匀连续性假设——假定材料毫无缝隙地、均匀地充满了物体空间。

(2)各向同性假设——假定物体在各个方向上的力学性能是相同的。

(3)小变形假设——假定物体在外力作用下的变形与其原始尺寸相比极小。因此,在分析和计算零件的受力和运动时忽略变形,仍按变形前的原始尺寸进行分析和计算。

生产实践表明,根据以上假设所得到的结论基本上满足工程实际要求。

1. 内力与截面法

物体受力后变形的实质就是零件的内部分子之间的相对位置发生改变,从而产生抵抗外力的内力。内力是在物体内部,一部分物质给另一部分物质的力。内力通常分为两种:

(1)物体在不受外力作用时,内部各质点处于相互引力与斥力相平衡的位置上,相互之间的内力用以维持其原始形状和特性的内力,这部分内力称为初始内力。初始内力不是我们的研究内容。

(2)物体受到外力作用后变形,内部各质点间因相对位置改变引起相互作用力的改变,这种由外力作用引起的物体内部质点间相互作用力的改变量,称为附加内力,简称内力。

内力在外力不大时,随外力增长而增长,但内力有极限,当外力继续增大,而内力达到极限时,零件就会发生过大变形,甚至在薄弱处断裂。因此,零件的内力大小以及内力的分布方式,与零件的强度、刚度和稳定性密切相关。

通常采用截面法计算内力。具体步骤如下:

第一步,在需要求解内力处,用一个假想的截面将物体一分为二。

第二步,任取其中一部分作为研究对象,画出受力图。注意,在截面处要将另一部分对此部分的内力画出。

第三步,由于我们研究的是小变形,认为物体整体和部分的状态都是平衡的,对所研究部分列平衡方程求解内力。

2. 应力与应变

确定了内力后,还不能解决零件安全性问题。经验告诉我们,两根材料相同,直径不等的直杆,在相同的拉力 F 作用下,内力相等。当力 F 增大时,直径小的杆必先断。这是由于用截面法求出的内力仅是截面上各点内力的总和,不能表明截面上各点受力的强弱程度,直径小的杆因截面积小,截面上各点受力大,所以先断。因此,零件的强度取决于内力在截面上分布的密集程度——应力。也可以认为,应力是截面上内力在一点上的分布密集程度。

为了方便分析和计算,如图 2-6-33 所示,通常将截面上一点的全应力 p 进行正交分解:垂直于截面的分量称为正应力 σ;在截面上的分量称为切应力 τ。

应力的国际单位是 Pa,常用单位为 MPa 和 GPa,换算关系为 $1Pa = 1N/m^2$;$1MPa = 1N/mm^2 = 10^6 Pa$;$1GPa = 10^3 MPa = 10^9 Pa$。

应变是截面上变形在一点上的分布密集程度。如图 2-6-34 所示,在物体内部一个边长无限小($dx \to 0$)的正方体代表一个任意点。那么,正应力 σ 产生线应变 ε,$\varepsilon = du/dx$;切应力 τ 产生角应变 γ,也称切应变 γ,$\gamma \approx \tan\gamma = dv/dx$。

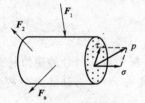

图 2-6-33　正应力 σ 和切应力 τ

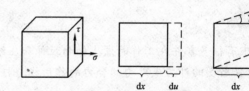

图 2-6-34　线应变 ε 和角应变 γ

试验表明,在弹性变形范围内,物体的受力与变形成正比,一点的应力与应变也成正比,这一规律称为胡克定律,即:

$$\begin{cases} \sigma = E \cdot \varepsilon \\ \tau = G \cdot \gamma \end{cases} \tag{2-6-9}$$

式中:E——材料的拉压弹性模量;

　　　G——材料的剪切弹性模量,两者常用单位为 GPa。

机器中构件/零件的形状多种多样,按外形大致可简化为杆件、板件、壳体和块体四类,其中杆件是我们的主要研究对象。杆件受力后的基本变形形式有轴向拉伸和压缩、剪切、扭转和弯曲四种。本任务将通过四个子任务依次研究杆件的基本变形。

子任务一　分析轴向拉伸和压缩

任务描述

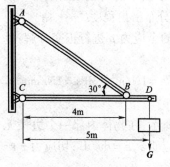

图 2-6-35　悬臂吊车

如图 2-6-35 所示为悬臂吊车的简图，D 点悬挂的重物 $G = 20\text{kN}$，结构尺寸和角度如图。

(1) 计算斜拉杆 AB 的轴力。

(2) 绘制横梁 CBD 的轴力图。

(3) 若斜拉杆 AB 为圆钢，直径 $d = 20\text{mm}$，许用应力 $[\sigma] = 190\text{MPa}$，校核斜拉杆 AB 的强度。

(4) 若斜拉杆 AB 为方钢，材料的许用应力 $[\sigma] = 100\text{MPa}$，弹性模量 $E = 150\text{GPa}$，确定斜拉杆 AB 的边长。计算当采用你所选定的边长时，斜拉杆 AB 的变形量。

知识链接

工程中有很多零件在工作时发生轴向拉伸和压缩变形。轴向拉压杆件的受力特点和变形特点是：杆件所受的外力或外力的合力的作用线与杆件轴线重合，杆件沿轴线方向产生伸长或缩短。

一、轴力与轴力图

设杆件在外力 F_1、F_2、F_3 的作用下处于平衡，如图 2-6-36a) 所示。应用截面法，将杆件沿任一假想截面 m—m 分为两段，如图 2-6-36b)、c) 所示。因为外力均沿杆件轴线方向，由平衡条件可知，截面上内力的作用线必通过杆件轴线，故轴向拉压杆件的内力称为轴力，用"N"或"F_N"表示。

取整体为研究对象：

$$\sum F_x = 0 \qquad F_2 + F_3 - F_1 = 0$$
$$F_3 = F_1 - F_2$$

取 m—m 截面的左部分为研究对象：

$$\sum F_x = 0 \qquad F_2 + F_N - F_1 = 0$$
$$F_N = F_1 - F_2$$

取 m—m 截面的右部分为研究对象：

$$\sum F_x = 0 \qquad F_3 - F_N = 0$$
$$F_N = F_3$$

将 $F_3 = F_1 - F_2$ 代入，仍然是 $F_N = F_1 - F_2$。

可见，使用截面法时任取两部分中的任意一部分，轴力的大小计算结果是一样的。但是，两部分轴力的方向相反，但对杆件产生的变形效果一致，图 2-6-36b)、c) 中的两个 F_N 都是拉力。为统一结果，对轴力规定正负号：轴力为拉力时正；轴力为压力时负。

为了表示轴力随横截面位置的变化情况，如图 2-6-36d) 所示，用平行于轴线的坐标表示各横截面的位置，以垂直于轴线的坐标表示各截面的轴力，这样的图形称为轴力图。

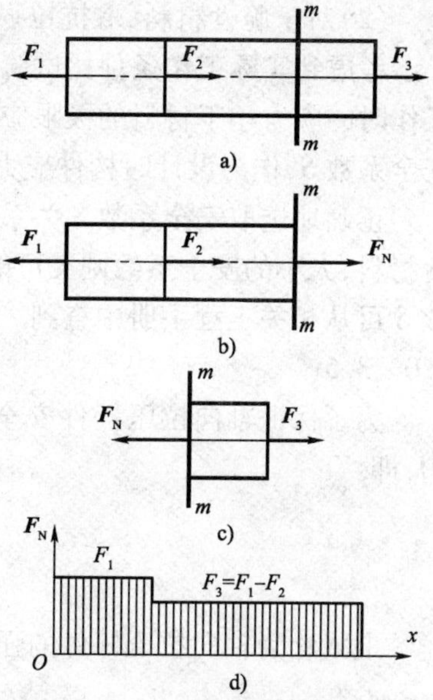

图 2-6-36　截面法求轴力及轴力图

二、轴向拉压杆件横截面上的应力

如图 2-6-37a) 所示，取一等截面直杆，在杆上画出与杆件轴线垂直的横向线 ab、cd，再画出与杆件轴线平行的纵向线。如图 2-6-37b) 所示，沿杆件轴线在杆件两端施加拉力 F，使杆件产生拉伸变形，此时观察到：横向线在变形前后均为直线，仍垂直于杆件轴线，只是间距增大；纵向线在变形前后均为直线，仍平行于杆件轴线，只是间距减小。

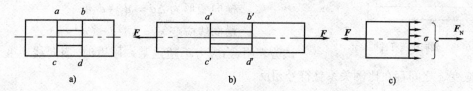

图 2-6-37　轴向拉压杆件横截面上的应力分布规律示意图

根据上述观察，可作如下假设：变形前的横截面在变形后仍为平面，仅垂直于轴线，只是沿轴线稍做移动，这个假设称为轴向拉压杆件的平面假设。

根据平面假设和变性固体的连续均匀性假设，可以推断出：轴向拉压杆件的任意两横截面之间所有纵向纤维线段沿轴线方向的伸长量或压缩量相同，即轴向拉压杆件的内力在横截面上是均匀分布的，且都垂直于横截面。如图 2-6-37c) 所示，轴向拉压杆件横截面上的应力是平均分布的正应力 σ，其计算式公式为

$$\sigma = \pm \frac{F_N}{A} \tag{2-6-10}$$

正应力 σ 的正负号规定与轴力的正负号规定相同：拉应力为正，压应力为负。

三、轴向拉压杆件的强度条件

如前所述，当材料的应力达到了屈服点 σ_s 或抗拉强度 σ_b 时，材料将产生塑性变形或断裂。工程上规定：

(1) 对于塑性材料，取屈服点 σ_s 作为其极限应力，即塑性材料的极限应力 $\sigma_{\lim} = \sigma_s$。

（2）对于脆性材料，取抗拉强度 σ_b 作为其极限应力，即脆性材料的极限应力 $\sigma_{lim} = \sigma_b$。

考虑到实际工作条件比试验条件更为复杂多变，为了保证构件能安全正常工作，应使构件工作时的应力小于材料的极限应力，留有适当的安全储备。工程上，将极限应力除以大于 1 的安全系数 S，作为设计时构件应力的最大允许值，称为许用应力 $[\sigma]$，即 $[\sigma] = \sigma_{lim}/S$。

正确地选取安全系数 S 关系到构件的安全与经济这一矛盾的问题。过大的安全系数会浪费材料，太小的安全系数则又可能使构件不能安全工作。各种不同工作条件下构件的安全系数 S 可从相关工程手册中查到。一般，对于塑性材料，取 $S = 1.3 \sim 2.0$；对于脆性材料，取 $S = 2.0 \sim 3.5$。

为了保证轴向拉压杆件安全正常地工作，必须使杆件工作时的最大应力不超过许用应力，即：

$$\sigma_{max} = \frac{F_N}{A} \leqslant [\sigma] \tag{2-6-11}$$

上式称为轴向拉压杆件的强度条件。

四、轴向拉压杆件的变形

如图 2-6-38 所示，原长为 l，直径为 d 的圆截面受到轴向拉力 P 作用后，长度伸长为 l_1，直径减小为 d_1，则：

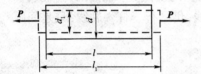

图 2-6-38　轴向拉压杆件的变形

纵向变形为 $\Delta l = l_1 - l$

纵向线应变 $\varepsilon = \Delta l / l = (l_1 - l)/l$

横向变形为 $\Delta d = d_1 - d$

横向线应变 $\varepsilon' = \Delta d / d = (d_1 - d)/l$

试验表明，当应力不超过某一限度时，横向线应变 ε' 和纵向线应变 ε 之间存在比例关系且符号相反，即：

$$\varepsilon' = -\mu\varepsilon \tag{2-6-12}$$

式中：μ——材料的横向变形系数，称为泊松比。

拉压弹性模量 E 和泊松比 μ 都是表征材料的弹性常数，通常由试验测定，几种常用材料的 E 值和 μ 值见表 2-6-5。

常用材料的 E 值和 μ 值 表 2-6-5

材　　料	碳　钢	合金钢	灰铸铁	铜	铝
泊松比 μ	$0.24 \sim 0.28$	$0.25 \sim 0.30$	$0.23 \sim 0.27$	$0.31 \sim 0.42$	0.33
拉压弹性模量 $E(GPa)$	$196 \sim 216$	$186 \sim 206$	$78.5 \sim 157$	$72.6 \sim 128$	70

在弹性变形范围内，将 $\sigma = F_N/A$ 和 $\varepsilon = \Delta l/l$ 代入公式（2-6-9）中的 $\sigma = E \cdot \varepsilon$，得到轴向拉压杆件的变形计算公式：

$$\Delta l = \frac{F_N l}{EA} \tag{2-6-13}$$

式中：EA——杆件的抗拉压刚度，表示杆件抗拉压变形能力的大小。

图 2-6-39 为悬臂吊车的简图，D 点悬挂的重物 $G = 20kN$，结构尺寸和角度如图。

（1）计算斜拉杆 AB 的轴力。

（2）绘制横梁 CBD 的轴力图。

（3）若斜拉杆 AB 为圆钢，直径 $d = 20mm$，许用应力 $[\sigma] = 190MPa$，校核斜拉杆 AB 的强度。

（4）若斜拉杆 AB 为方钢，材料的许用应力 $[\sigma] = 100MPa$，弹性模量 $E = 150GPa$，确定斜拉杆 AB 的边长。计算当采用你所选定的边长时，斜拉杆 AB 的变形量。

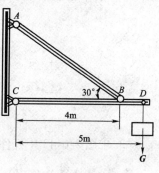

图 2-6-39　悬臂吊车

解：①取横梁 CBD 为研究对象，受力如图 2-6-40 所示。

②列平衡方程求解。

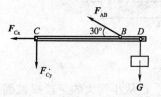

图 2-6-40　横梁 CBD 受力图

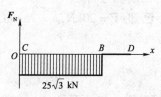

图 2-6-41　横梁 CBD 轴力图

$$\sum M_C(F) = 0 \qquad F_{AB} \times 4 \times \sin 30° - G \times 5 = 0$$

$$F_{AB} = \frac{5}{2}G = 50kN(\uparrow)$$

$$\sum F_x = 0 \qquad -F_{Cx} - F_{AB} \times \cos 30° = 0$$

$$F_{cx} = -\frac{\sqrt{3}}{2}F_{AB} = -25\sqrt{3}(kN)(\rightarrow)$$

$$\sum F_y = 0 \qquad -F_{Cy} + F_{AB} \times \sin 30° - G = 0$$

$$F_{Cy} = \frac{1}{2}F_{AB} - G = 5(kN)(\downarrow)$$

则，斜拉杆 AB 的轴力 $F_{NAB} = 50\ kN$（拉力）。

横梁 CBD 的轴力图如图 2-6-41 所示。

③校核圆钢斜拉杆 AB 的强度。

$$\sigma_{AB} = \frac{F_{NAB}}{A_{AB}} = \frac{50 \times 10^3}{\dfrac{\pi \times 20^2}{4}} = 159.2(MPa) \leqslant [\sigma]$$

故，圆钢斜拉杆 AB 的强度足够。

④确定方钢斜拉杆 AB 的边长及变形量。

$$\sigma_{AB} = \frac{F_{NAB}}{A_{AB}} = \frac{50 \times 10^3}{a^2} \leqslant [\sigma] = 100 \Rightarrow a \approx 22.4(mm)$$

故，圆整取方钢斜拉杆 AB 的边长 $a = 22.5mm$。

则，斜拉杆 AB 的伸长量为

$$\Delta l_{AB} = \frac{F_{NAB} \cdot l_{AB}}{E_{AB} \cdot A_{AB}} = \frac{50 \times 10^3 \times \dfrac{4 \times 10^3}{\cos 30°}}{150 \times 10^3 \times 22.5^2} \approx 3.04(mm)$$

1. 判断图 2-6-42 中，哪些构件发生了轴向拉压变形。

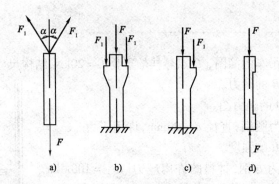

图 2-6-42

2. 求图2-6-43中杆件1—1、2—2、3—3截面上的轴力,并绘制各杆件的轴力图。

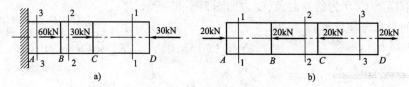

图 2-6-43

3. 如图2-6-44所示,阶梯杆在截面变化处承受轴向载荷作用。设从小到大的三段横截面积分别为$10cm^2$、$20cm^2$、$30cm^2$。求各段横截面上的轴力及应力,并绘制轴力图。

4. 一中段开槽的直杆如图2-6-45所示,受轴向力 F 作用。已知:$F = 20kN$,$h = 25mm$,$h_0 = 10mm$,$b = 20mm$。求杆内的最大正应力。

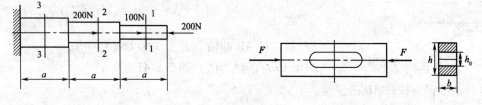

图 2-6-44   图 2-6-45

5. 已知杆件横截面积 $A_1 = 200mm^2$,$A_2 = 300mm^2$,$E = 200GPa$,$L = 100mm$,如图2-6-46所示。求杆件的总变形。

6. 图2-6-47中的简易吊车,木杆 AB 的横截面面积 $A_1 = 50cm^2$,许用应力$[\sigma_1] = 10MPa$;钢杆 BC 的横截面面积 $A_2 = 6cm^2$,许用应力$[\sigma_2] = 160MPa$。求允许悬挂重物的最大质量。

7. 图2-6-48中的 ABC 为刚梁,三根杆件的横截面、长度、材料都相同,$P_1 = 8kN$,$P_2 = 6kN$。求三杆的轴力。

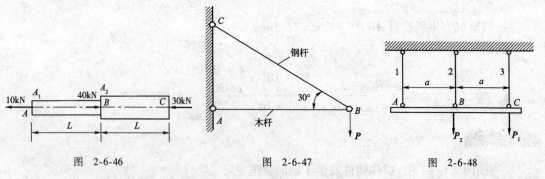

图 2-6-46   图 2-6-47   图 2-6-48

子任务二　分析剪切和挤压

知识目标

1. 掌握剪切和挤压的受力特点和变形特点。
2. 掌握剪切和挤压的实用强度计算方法。

能力目标

1. 能正确判断剪切面、挤压面。
2. 能正确求解剪切和挤压的强度问题。

任务描述

如图 2-6-49 所示，拖车挂钩与牵引板之间用销连接，已知挂钩每侧厚 $b=8\text{mm}$，牵引板厚度为 $1.8b$，插销材料的许用应力 $[\tau]=30\text{MPa}$，$[\sigma_{jy}]=60\text{MPa}$，牵引力 $F=15\text{kN}$。试确定插销的直径。

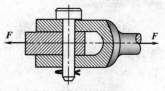

图 2-6-49　拖车挂钩插销

知识链接

机械中常用的连接件，如销钉（图 2-6-49）、键和铆钉（图 2-6-50）等，都是承受剪切的零件。剪切的受力特点和变形特点是：构件受到一对大小相等、方向相反、作用线平行且相距很近的外力作用，将在两个力作用线之间的截面发生相对错动。同时，连接件在它与被连接件传力的接触面上受到较大的压力作用，从而出现局部变形，这种现象称为挤压。如图 2-6-50 所示，上板件孔左侧与铆钉上部分左侧相互挤压，下板件孔右侧与铆钉下部分右侧相互挤压。

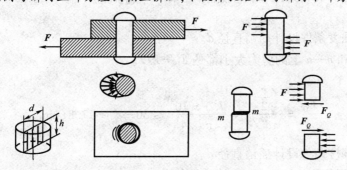

图 2-6-50　铆钉的剪切和挤压

构件发生相对错动的面称为剪切面。剪切面上的内力称为剪力，用"Q"或"F_Q"表示。剪力在剪切面上分布为切应力 τ。在剪切的同时，构件受到外力挤压的接触面称为挤压面。挤压面上的压力称为挤压力，用"F_{jy}"表示。挤压力在挤压面上分布为挤压应力 σ_{jy}。

剪切和挤压时，切应力 τ 在剪切面上的分布情况比较复杂，挤压应力 σ_{jy} 在挤压面上的分布情况也比较复杂。工程上，为了计算简便，通常采用以试验和经验为基础的实用计算，即近似地认为切应力 τ 在剪切面上均匀分布；同时，也近似地挤压应力 σ_{jy} 在挤压面的计算面积上均匀分布。由此得到，剪切和挤压的实用强度条件为：

$$\tau = \frac{F_Q}{A} \leqslant [\tau] \qquad (2\text{-}6\text{-}14)$$

$$\sigma_{jy} = \frac{F_{jy}}{A_{jy}} \leqslant [\sigma_{jy}] \qquad (2\text{-}6\text{-}15)$$

必须指出,公式(2-6-15)中的 A_{jy} 是挤压面的计算面积,需要根据实际挤压面的形状来确定:当实际挤压面为平面时,A_{jy} 就是实际挤压面的面积;而当实际挤压面为圆柱面时,A_{jy} 就等于实际挤压面沿挤压方向的正投影面的面积,如图 2-6-50 所示,$A_{jy} = dh$。

许用切应力 $[\tau]$ 和许用挤压应力 $[\sigma_{jy}]$ 通过试验测定,数值可在相关手册上查到。一般来说,材料的许用切应力 $[\tau]$、许用应力 $[\sigma_{jy}]$ 与许用拉应力 $[\sigma]$ 之间存在以下关系:

塑性材料:$[\tau] = (0.6 \sim 0.8)[\sigma]$;$[\sigma_{jy}] = (1.7 \sim 2.0)[\sigma]$

脆性材料:$[\tau] = (0.8 \sim 1.0)[\sigma]$;$[\sigma_{jy}] = (0.9 \sim 1.5)[\sigma]$

任务实施

如图 2-6-51 所示,拖车挂钩与牵引板之间用销连接,已知挂钩每侧厚 $b = 8\text{mm}$,牵引板厚度为 $1.8b$,插销材料的许用应力 $[\tau] = 30\text{MPa}$,$[\sigma_{jy}] = 60\text{MPa}$,牵引力 $F = 15\text{kN}$。试确定插销的直径。

解:(1)取插销为研究对象,受力如图 2-6-52 所示。

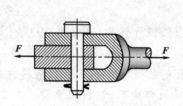

图 2-6-51　拖车挂钩插销

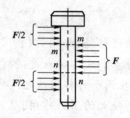

图 2-6-52　插销受力图

(2)根据剪切强度条件设计插销直径 d。

剪切面 m—m 和 n—n 上的剪力大小都是 $F_Q = F/2$。

$$\tau = \frac{F_Q}{A} = \frac{\dfrac{F}{2}}{\pi d^2/4} = \frac{7.5 \times 10^3}{\pi d^2/4} \leqslant 30 \Rightarrow d \geqslant 17.8(\text{mm})$$

(3)根据挤压强度条件设计插销直径 d。

插销上部分和下部分的挤压力 $F_{jy}^{\text{上、下}} = F/2$。

$$\sigma_{jy}^{\text{上、下}} = \frac{F_{jy}^{\text{上、下}}}{A_{jy}^{\text{上、下}}} = \frac{F/2}{bd} = \frac{7.5 \times 10^3}{8d} \leqslant 60 \Rightarrow d \geqslant 15.6(\text{mm})$$

中间部分的挤压力 $F_{jy}^{\text{中}} = F$。

$$\sigma_{jy}^{\text{中}} = \frac{F_{jy}^{\text{中}}}{A_{jy}^{\text{中}}} = \frac{F}{b \times 1.8d} = \frac{15 \times 10^3}{8 \times 1.8 \times d} \leqslant 60 \Rightarrow d \geqslant 17.4(\text{mm})$$

故,圆整后取插销的直径 $d = 18\text{ mm}$。

1.图 2-6-53 中,已知 $d=15\,\text{mm}$,$\delta=8\,\text{mm}$,$b=80\,\text{mm}$;铆钉的许用切应力 $[\tau]=60\,\text{MPa}$,许用挤压应力 $[\sigma_{jy}]=140\,\text{MPa}$。若载荷 $F=30\,\text{kN}$,试校核铆钉的强度。

2.图 2-6-54 中,已知钢板厚度 $t=10\,\text{mm}$,其剪切极限应力为 $\tau^0=300\,\text{MPa}$。若用冲床在钢板上冲出 $d=25\,\text{mm}$ 的孔,问需要多大的冲剪力 P?

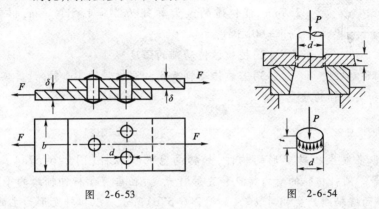

图 2-6-53   图 2-6-54

3.图 2-6-55 中,用四个直径相同的铆钉连接拉杆和格板。已知拉杆和铆钉的材料相同,$b=80\,\text{mm}$,$t=10\,\text{mm}$,$d=16\,\text{mm}$,$[\tau]=100\,\text{MPa}$,$[\sigma_{jy}]=200\,\text{MPa}$,$[\sigma]=130\,\text{MPa}$。试计算许用荷载。

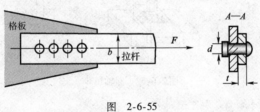

图 2-6-55

子任务三   分析圆轴扭转

1.掌握圆轴扭转的受力特点和变形特点。

2.掌握圆轴扭转的扭矩计算方法。

3.掌握圆轴扭转时横截面上的应力分布规律及强度条件。

4.了解圆轴扭转的变形和刚度计算。

1.能根据传动轴所传递的功率、转速计算外力偶矩。

2.能熟练计算圆轴扭转的扭矩并绘制扭矩图。

3.能正确求解圆轴扭转的强度问题。

图 2-6-56 为一车辆传动轴的简图,请回答以下问题:

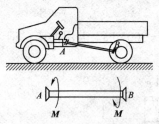

（1）当传动轴的转速 $n = 945 \text{r/min}$,传递的功率 $P = 6.6 \text{kW}$ 时,计算该轴此时的扭矩大小。

若该传动轴采用无缝钢管制成,外径 $D = 90 \text{mm}$,壁厚 $t = 2.5 \text{mm}$,能传递的最大转矩为 $M = 1.5 \text{kN} \cdot \text{m}$,材料的许用应力 $[\tau] = 60 \text{MPa}$。

（2）校核该传动轴的强度。

图 2-6-56 车辆传动轴

（3）若该传动轴改用相同材料的实心轴,计算实心轴直径 D_1,并比较空心轴和实心轴的质量。

工程中有很多发生扭转变形的构件,如转向盘的操纵杆（图 2-6-57a）、攻螺纹的丝锥（图 2-6-57b）等。圆轴扭转的受力特点和变形特点是:在垂直于杆件轴线的平面内受到力偶的作用,各横截面绕轴线产生相对转动,如图 2-6-57c）所示。以扭转变形为主的构件称为轴。工程上多采用圆截面或圆环截面的轴。

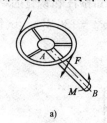

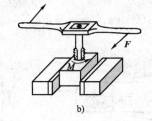

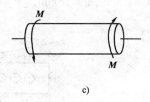

图 2-6-57　圆轴扭转

一、扭矩和扭矩图

工程中,作用于轴上的外力偶矩 M 通常并不直接给出,而给出轴的转速 n 和轴所传递的功率 P,它们的换算关系为:

$$M = 9550 \frac{P}{n} \qquad (2\text{-}6\text{-}16)$$

使用公式(2-6-16)时一定要注意各量的单位:轴所传递的功率 P 单位为 kW;轴的转速 n 单位为 r/min;外力偶矩 M 单位为 $\text{N} \cdot \text{m}$。

设圆轴在外力偶 M_1、M_2、M_3 作用下处于平衡,如图 2-6-58a）所示。应用截面法,将圆轴沿任意一假想截面 m—m 分为两段,如图 2-6-58b）、c）所示。因为外力偶均作用在与轴线相垂直的平面上,由平衡条件可知,截面上内力必定也是一个作用面与轴线相垂直的力偶,故圆轴扭转的内力称为扭矩,用"M_n"表示。

取整体为研究对象:

$$\sum M = 0 \qquad M_2 + M_3 - M_1 = 0$$

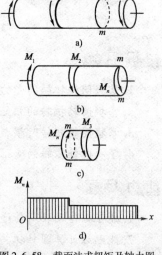

图 2-6-58　截面法求扭矩及轴力图

$$M_3 = M_1 - M_2$$

取 $m—m$ 截面的左部分为研究对象:

$\sum M = 0$ $\qquad\qquad\qquad\qquad M_2 + M_n - M_1 = 0$

$\qquad\qquad M_n = M_1 - M_2$

取 $m—m$ 截面的右部分为研究对象,

$\sum M = 0$ $\qquad\qquad\qquad\qquad M_3 - M_n = 0$

$\qquad\qquad M_n = M_3$

将 $M_3 = M_1 - M_2$ 代入,仍然是 $M_n = M_1 - M_2$。

可见,使用截面法时任取两部分中的任意一部分,扭矩的大小计算结果是一样的。但是,两部分扭矩的转向相反,但对圆轴产生的变形效果一致,图2-6-58b)、c)中的两部分均是左端向内扭转,右端向外扭转。为统一结果,对扭矩采用右手螺旋法则规定正负号,如图2-6-59所示右手的四指与扭矩的转向一致握起,当拇指指向截面的外法线时为正;反之为负。

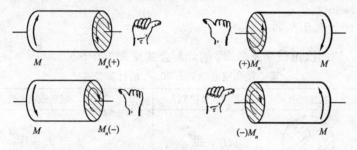

图2-6-59　扭矩的正负号规定

为了表示扭矩随横截面位置的变化情况,如图2-6-58d)所示,用平行于轴线的坐标表示各横截面的位置,以垂直于轴线的坐标表示各截面的扭矩,这样的图形称为扭矩图。

二、圆轴扭转时横截面上的应力及强度条件

如图2-6-60a)所示,取一等截面实心圆轴,在圆轴表面画出若干与轴线垂直的圆周线和与轴线平行的纵向线,在圆轴右端面上画出一条半径线。如图2-6-60b)所示,在两个端面上施加两个方向相反,力偶矩大小相等的外力偶使圆轴扭转。当扭转变形较小时,可观察到:各圆周线在变形前后的形状、大小及两圆周线的间距均不改变,只是绕轴线做相对转动;各纵向线在变形后不再平行于轴线,而是均倾斜 γ 角成为螺旋线,右端面上的半径线仍为直线,只是绕右端面的圆心转过一个 φ 角。通常,把 γ 角称为剪切角,把 φ 角称为扭转角。

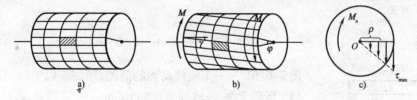

图2-6-60　圆轴扭矩横截面上的应力分布规律示意图

根据上述观察,可作如下假设:扭转变形后,圆轴的横截面仍为平面,其形状和大小不变,半径仍为直线,彼此间的间距也不变,只是绕轴线做相对转动,这个假设称为圆轴扭转的平面假设。

根据平面假设和变形固体的连续均匀性假设,可以推断出:圆轴扭转时,横截面上只有切

应力 τ,各点的切应力垂直于半径,其大小和各点的半径大小成正比,如图 2-6-60c)所示。经推导,圆轴扭转时横截面上的切应力计算公式为:

$$\tau = \frac{M_n \cdot \rho}{I_\rho} \qquad (2\text{-}6\text{-}17)$$

式中: ρ——横截面上的点到圆心的半径;

I_ρ——截面极惯性矩。

实心轴和空心轴的截面极惯性矩 I_ρ 的计算公式见表 2-6-6。

由公式(2-6-17),当 $\rho = D/2$ 时,切应力 τ 达到最大值,即:

$$\tau_{max} = \frac{M_n \cdot D/2}{I_\rho} = \frac{M_n}{\dfrac{I_\rho}{D/2}} = \frac{M_n}{W_n} \qquad (2\text{-}6\text{-}18)$$

式中: $W_n = \dfrac{I_\rho}{D/2}$——抗扭截面系数。

实心轴和空心轴的抗扭截面系数 W_n 的计算公式见表 2-6-6。

实心轴和空心轴的 I_ρ 和 W_n 的计算公式 表 2-6-6

截面类型	截面图形	截面极惯性矩 I_ρ	抗扭截面系数 W_n
实心轴	D	$I_\rho = \dfrac{\pi D^4}{32}$	$W_n = \dfrac{\pi D^3}{16}$
空心轴	d D	$I_\rho = \dfrac{\pi(D^4 - d^4)}{32}$	$W_n = \dfrac{\pi D^3}{16}(1 - \alpha^4)$ $\alpha = D/d$

由公式(2-6-18)可知,等截面圆轴扭转时的最大切应力 τ_{max} 发生在扭矩最大 M_{nmax} 的横截面的外周边各点处。故,等截面圆轴扭转时的强度条件为:

$$\tau_{max} = \frac{M_{nmax} \cdot D/2}{I_\rho} = \frac{M_{nmax}}{W_n} \leqslant [\tau] \qquad (2\text{-}6\text{-}19)$$

对于阶梯轴,根据公式(2-6-18)可知,最大切应力 τ_{max} 要综合考虑扭矩 M_n 和抗扭截面系数 W_n 这两个因素。

任务实施

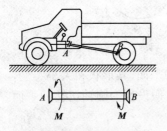

图 2-6-61 车辆传动轴

图 2-6-61 为一车辆传动轴的简图,请回答以下问题:

(1)当传动轴的转速 $n = 945\text{r/min}$,传递的功率 $P = 6.6\text{kW}$ 时,计算该轴此时的扭矩大小。

若该传动轴采用无缝钢管制成,外径 $D = 90\text{mm}$,壁厚 $t = 2.5\text{mm}$,能传递的最大转矩为 $M = 1.5\text{kN} \cdot \text{m}$,材料的许用应力 $[\tau] = 60\text{MPa}$。

(2)校核该空心传动轴的强度。

（3）若该传动轴改用相同材料的实心轴，计算实心轴直径 D_1，并比较空心轴和实心轴的质量。

解：（1） $M_n = M = 9550\dfrac{P}{n} = 9550 \times \dfrac{6.6}{945} \approx 66.7(\text{N} \cdot \text{m})$

（2） $\tau_{max} = \dfrac{M_{nmax} \cdot D/2}{I_\rho} = \dfrac{1.5 \times 10^6 \times 90/2}{\dfrac{\pi \times (90^4 - 85^4)}{32}} = 51.3(\text{MPa}) \leqslant [\tau]$

故，该空心传动轴的强度足够。

（3） $\tau_{max} = \dfrac{M_{nmax} \cdot D/2}{I_\rho} = \dfrac{1.5 \times 10^6 \times D_1/2}{\dfrac{\pi \times D_1^4}{32}} \leqslant 60 \Rightarrow D_1 \approx 50.3(\text{mm})$

故，圆整后取实心传动轴的直径 $D_1 = 51$ mm。

则，空心轴和实心轴的质量比为：

$$\dfrac{m_{空心轴}}{m_{实心轴}} = \dfrac{\pi \times (90^2 - 85^2)/4}{\pi \times 51^2/4} \approx 0.336 \approx \dfrac{1}{3}$$

自我检测

1. 绘制以下各轴的扭矩图，如图 2-6-62 所示。

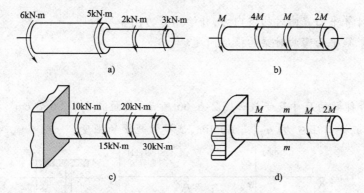

图 2-6-62

2. 图 2-6-63 所示切应力 τ 分布图（设截面上扭矩 M_n 为顺时针）中，正确的是_____。

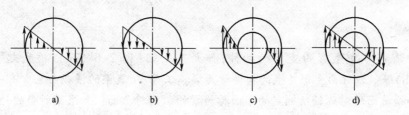

图 2-6-63

3. 图 2-6-64 中的圆轴所受的外力偶矩 $M_1 = 600\text{N} \cdot \text{m}$，$M_2 = 1000\text{N} \cdot \text{m}$，$M_3 = 400\text{N} \cdot \text{m}$，$[\tau] = 50\text{MPa}$。试设计轴的直径。

4. 图 2-6-65 中的阶梯圆轴的直径分别为 $d_1 = 40\text{mm}$, $d_2 = 70\text{mm}$。轴上装有三个带轮, 已知轮 3 的输入功率为 $P_3 = 30\text{kW}$, 轮 1 的输出功率为 $P_1 = 13\text{kW}$。轴做匀速转动, 转速 $n = 200\text{r/min}$。材料的 $[\tau] = 60\text{MPa}$。试校核轴的强度。

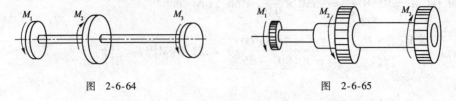

图 2-6-64   图 2-6-65

子任务四　分析平面弯曲

知识目标

1. 掌握平面弯曲的受力特点和变形特点。
2. 掌握平面弯曲时梁的内力计算方法。
3. 掌握平面弯曲时梁横截面上的应力分布规律及强度条件。
4. 了解梁的弯曲变形和刚度条件。

能力目标

1. 能熟练计算平面弯曲时的梁内力, 并绘制剪力图和弯矩图。
2. 能正确求解平面弯曲时梁的强度问题。

任务描述

T 形铸铁外伸梁的尺寸及受载如图 2-6-66 所示, 截面的 $I_z = 86.8 \text{ cm}^4$, 材料的许用拉应力 $[\sigma_1] = 30\text{MPa}$, 许用压应力 $[\sigma_y] = 60\text{MPa}$, 试校核此梁的强度。

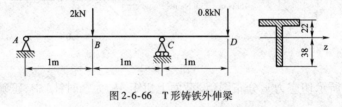

图 2-6-66   T 形铸铁外伸梁

知识链接

工程中有很多发生弯曲变形的构件, 如火车轮轴 (图 2-6-67a)、桥式起重机的大梁 (图 2-6-67b) 等。以弯曲变形为主的构件称为梁。工程中, 直梁的横截面至少有一个对称轴, 梁的轴线和横截面的对称轴所确定的平面称为梁的纵向对称面。如果梁所受的外力都作用于梁的纵向对称面, 则变形后的轴线将仍是在纵向对称面内的一条平面曲线, 这种弯曲变形为平面弯曲, 如图 2-6-67c) 所示。我们只讨论静定梁的平面弯曲。

根据支撑形式, 单跨静定梁有简支梁、外伸梁和悬臂梁三种形式, 如图 2-6-68 所示。当不考虑横截面形状时, 通常取梁的轴线代替实际的梁从而简化图形。同时, 将作用在梁上的外力简化为集中力、集中力偶和分布载荷三种形式。对于分布载荷,我们只讨论均匀分布的均布载荷,用荷载集度 q 表示,常用单位为 N/m、kN/m、N/mm 等。

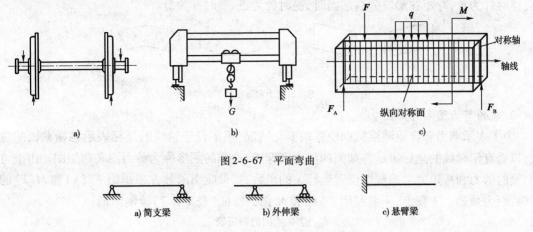

图 2-6-67　平面弯曲

a) 简支梁　　　　b) 外伸梁　　　　c) 悬臂梁

图 2-6-68　单跨静定梁的三种形式

一、平面弯曲梁的内力及内力图

1. 梁的内力——剪力 F_Q 和弯矩 M

如图 2-6-69a)所示,简支梁 AB 在集中力 F 作用下处于平衡。应用截面法,将梁沿任意一假想截面 m—m 分为两段。

如图 2-6-69b)所示,取整体为研究对象。

$$\sum M_A(F)=0 \qquad -Fa+F_Bl=0$$
$$F_B=Fa/l$$
$$\sum F_y=0 \qquad F_A+F_B-F=0$$
$$F_A=Fb/l$$

如图 2-6-69c)所示,取 m—m 截面左部分为研究对象。

$$\sum F_y=0 \qquad F_A+F_Q-F=0$$
$$F_Q=F-Fb/l=Fa/l$$
$$\sum M_0(F)=0 \qquad -Fbx/l+F(x-a)+M=0$$
$$M=Fbx/l-F(x-a)$$
$$=Fa(l-x)/l$$

如图 2-6-69d)所示,取 m—m 截面右部分为研究对象。

$$\sum F_y=0 \qquad F_B-F_Q=0$$
$$F_Q=Fa/l$$
$$\sum M_0(F)=0 \qquad Fa(l-x)/l-M=0$$
$$M=Fa(l-x)/l$$

由此可知,平面弯曲时,梁横截面上的内力一般由剪力 F_Q 和弯矩 M 组成。

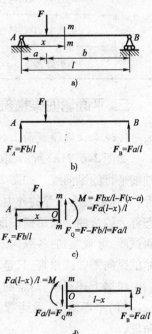

图 2-6-69　截面法求梁的内力

使用截面法时任取两部分中的任一部分,剪力 F_Q 和弯矩 M 的大小计算结果是一样的。但是,两部分剪力 F_Q 和弯矩 M 的方向相反,但对梁的变形效果一致。在图 2-6-69c)、d)中,剪力 F_Q 和外力都使研究部分有逆时针转动趋势,弯矩 M 和外力都使研究部分向上弯曲。为统一结果,对剪力 F_Q 和弯矩 M 规定正负号,如图 2-6-70 所示,剪力在梁段的左端面时,向上为正,向下为负;剪力在梁段的右端面时,向下为正,向上为负;弯矩在梁段的左端面时,顺时针为正,逆时针为负;弯矩在梁段的右端面时,逆时针为正,顺时针为负。

图 2-6-70 弯曲时剪力和弯矩的正负号规定

2. 梁的剪力图和弯矩图

为了表示剪力和弯矩随横截面位置的变化情况,用平行于轴线的坐标表示各横截面的位置,以垂直于轴线的坐标表示各截面的剪力和弯矩,这样的图形称为剪力图和弯矩图。由上可知,梁的剪力和弯矩通常是截面位置坐标 x 的函数,如果应用函数方程画出 $F_Q(x)$ 和 $M(x)$ 的图像,颇为烦琐。工程上,一般利用 F_Q 图和 M 图的特征(表 2-6-7)绘制图形。

F_Q 图和 M 图的特征表   表 2-6-7

	$q = 0$ 的梁段	$q = $ 常数的梁段	集中力 F 作用处	集中力偶 M 作用处
F_Q 图	水平线	$q > 0$,斜率 >0 的斜直线	有突变 从左向右,突变方向和大小与 F 相同	无影响
		$q < 0$,斜率 <0 的斜直线		
M 图	$F_Q > 0$,斜率 >0 的斜直线	$q > 0$,开口向上的抛物线	没有突变 两侧图线斜率有突变	有突变 从左向右,突变方向和大小与 M 的左半圈相同
	$F_Q < 0$,斜率 <0 的斜直线	$q < 0$,开口向下的抛物线		
	$F_Q = 0$,水平线	$F_Q = 0$ 处抛物线有极值		

二、平面弯曲梁横截面上的应力及强度条件

1. 纯弯曲梁横截面上的应力

如图 2-6-71a)所示,取一矩形等截面直梁,在其表面画出若干与轴线垂直的横向线和与轴线平行的纵向线。如图 2-6-71b)所示,在梁的两端施加两个位于梁纵向对称面的方向相反,力偶矩大小相等的外力偶使梁弯曲。这时,梁横截面上的内力只有弯矩没有剪力,这种状态称为纯弯曲。而梁横截面上的内力既有弯矩又有剪力的状态称为横力弯曲。通过梁的纯弯曲试验,可观察到:各纵向线弯曲成圆弧线,但彼此间距没有改变;各横向线仍为直线,且与弯曲的纵向圆弧线垂直,只是相对绕某轴转过了一个微小的角度。

根据上述观察,对梁的变形提出以下两个假设。

(1)平面假设:梁纯弯曲变形时,其横截面仍保持平面,只是绕某轴转过了一个微小的角度。

(2)单向受力假设:假设梁由无数纵向纤维组成,则这些纤维处于单向受拉或单向受压状态。

从图 2-6-71b)中可以看出,梁下层的纵向纤维受拉伸长,上层的纵向纤维受压缩短,其间必有一层纤维既不伸长也不缩短,这层纤维称为中性层,中性层和横截面的交线称为中性轴。可以证明中性轴通过形心,如图 2-6-71 中的 z 轴,梁在弯曲后绕 z 轴转过一个微小的角度。

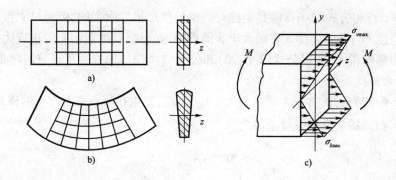

图 2-6-71　纯弯曲梁横截面上的应力分布规律示意图

由以上假设可知,矩形截面梁在纯弯曲时横截面上的应力分布有如下特点:

(1)横截面上以中性轴为界,一侧各点上的应力是垂直于截面的拉应力 σ_l;另一侧各点上的应力是垂直于截面的压应力 σ_y;中性轴上各点的应力为零。

(2)横截面上中性轴两侧的正应力大小与点到中心轴的距离成正比,如图 2-6-71c)所示。

经推导,纯弯曲梁横截面上的正应力计算公式为:

$$\sigma = \frac{M \cdot y}{I_z} \qquad (2\text{-}6\text{-}20)$$

由上式可知,上、下边缘点到中性轴的距离为 y_{max},正应力 σ 达到最大值,即:

$$\sigma_{max} = \frac{M \cdot y_{max}}{I_z} = \frac{M}{I_z/y_{max}} = \frac{M}{W_z} \qquad (2\text{-}6\text{-}21)$$

式中:　I_z——截面对 z 轴的惯性矩;

$W_z = I_z/y_{max}$——抗弯截面系数。

常用截面的形心轴惯性矩和抗弯截面系数见表 2-6-8,型钢的截面几何参数可在工程手册上查到。

常用截面的形心轴惯性矩和抗弯截面系数的计算公式　　　　　表 2-6-8

截面类型	截面图形	形心轴惯性矩 I_z	抗弯截面系数 W_z
矩形		$I_z = \dfrac{bh^3}{12}$　　　$I_y = \dfrac{b^3h}{12}$	$W_z = \dfrac{bh^2}{6}$　　　$W_y = \dfrac{b^2h}{6}$
实心轴		$I_z = I_y = \dfrac{\pi D^4}{64}$	$W_z = W_y = \dfrac{\pi D^3}{32}$
空心轴		$I_z = I_y = \dfrac{\pi(D^4 - d^4)}{64}$	$W_z = W_y = \dfrac{\pi D^3}{32}(1 - \alpha^4)$　　$\alpha = D/d$

公式(2-6-20)和公式(2-6-21)是由纯弯曲梁的变形推导出来的,但经过大量的试验和分析证明,对于跨度 l 与截面高度 h 之比大于5的横力弯曲梁,其横截面上的正应力分布与纯弯曲很接近,剪力影响很小,所以公式(2-6-20)和公式(2-6-21)同样适用于剪切弯曲梁的计算。

2. 梁的弯曲强度条件

由公式(2-6-20)可知,等截面梁的最大正应力 σ_{max} 发生在弯矩最大 M_{max} 的横截面的上、下边缘点。故,等截面梁的弯曲强度条件为:

$$\sigma_{max} = \frac{M_{max} \cdot y_{max}}{I_z} = \frac{M_{max}}{W_z} \qquad (2\text{-}6\text{-}22)$$

需要指出的是,像铸铁之类的脆性材料,其抗压能力远大于抗拉能力,需要分别计算最大拉应力 σ_{lmax} 和压应力 σ_{ymax}。此外,为了充分利用这一特点,工程上常把梁的截面形状做成与中性轴不对称的形状,使中性轴偏向受拉一侧。

三、平面弯曲梁的变形及刚度条件

梁满足强度条件,表明它能安全地工作,但过大的弹性变形也会影响机器的正常运行。例如,齿轮轴变形过大,会使齿轮不能正常啮合,产生振动和噪声;车削时,刀杆或工件变形过大会产生制造误差;起重机横梁的变形过大会使吊车移动困难。因此,对于某些构件,除满足强度条件外,还要满足刚度条件,即把弹性变形限制在一定范围内。

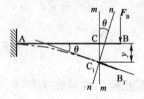

图 2-6-72　梁的挠度和转角

挠度和转角是度量梁变形的两个基本物理量,它们主要因弯矩而产生,剪力的影响可忽略不计。如图 2-6-72 所示,以悬臂梁为例,梁的轴线直线 AB 弯曲变形后成为曲线 AB_1,横截面 $m—m$ 转到了 $n—n$ 的位置。轴线上各点在 y 方向上的位移称为挠度 y;各横截面相对原来位置转过的角度称为转角 θ。在图 2-6-72 中,CC_1 是 C 点的挠度,θ 为 C 处横截面 $m—m$ 的转角,而且 θ 和 C_1 点处切线与 x 轴的夹角相等。

梁的刚度条件为:$y_{max} \leqslant [y]$ 和 $\theta_{max} \leqslant [\theta]$。在设计梁时,一般应先满足强度条件,再校核刚度条件。工程上多是利用叠加法求解梁的变形。

任务实施

T 形铸铁外伸梁的尺寸及受载如图 2-6-73 所示,截面的 $I_z = 86.8\ cm^4$,材料的许用拉应力 $[\sigma_l] = 30MPa$,许用压应力 $[\sigma_y] = 60MPa$,试校核此梁的强度。

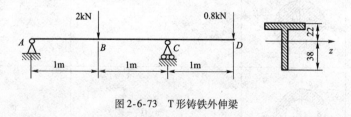

图 2-6-73　T 形铸铁外伸梁

解:

(1)取整体为研究对象,受力如图 2-6-74a)所示,列平衡方程求解。

$$\sum M_A(F) = 0 \quad -2 \times 1 + F_C \times 2 - 0.8 \times 3 = 0$$

$$F_C = 2.2(\text{kN})(\uparrow)$$

$$\sum F_y = 0 \quad F_A - 2 + F_C - 0.8 = 0$$

$$F_{Cy} = 0.6(\text{kN})(\uparrow)$$

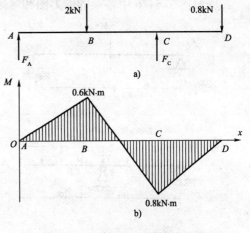

（2）绘制梁的 M 图，如图2-6-74b）所示。

（3）校核梁的强度。

根据梁的 M 图，截面 B 和截面 C 均为危险截面，都需要进行强度校核。

图 2-6-74　T形铸铁外伸梁的求解图

截面 B（∪）：

$$\sigma_{Bymax} = \frac{M_B \cdot y_{上}}{I_z} = \frac{0.6 \times 10^6 \times 22}{86.8 \times 10^4} \approx 15.2(\text{MPa}) \leqslant [\sigma_y]$$

$$\sigma_{Blmax} = \frac{M_B \cdot y_{下}}{I_z} = \frac{0.6 \times 10^6 \times 38}{86.8 \times 10^4} \approx 26.3(\text{MPa}) \leqslant [\sigma_I]$$

截面 C（∩）：

$$\sigma_{Clmax} = \frac{M_C \cdot y_{上}}{I_z} = \frac{0.8 \times 10^6 \times 22}{86.8 \times 10^4} \approx 20.3(\text{MPa}) \leqslant [\sigma_I]$$

$$\sigma_{Cymax} = \frac{M_C \cdot y_{下}}{I_z} = \frac{0.8 \times 10^6 \times 38}{86.8 \times 10^4} \approx 35.0(\text{MPa}) \leqslant [\sigma_y]$$

故，该梁的强度足够。

自我检测

1. 判断图 2-6-75 中各杆件的变形形式。

（1）轴向压缩 ＿＿＿＿＿＿＿；（2）只有扭转 ＿＿＿＿＿＿＿；（3）只有弯曲 ＿＿＿＿＿＿＿＿＿＿；

（4）弯曲和扭转都有 ＿＿＿＿＿＿＿＿＿＿＿＿；（5）弯曲和拉压都有 ＿＿＿＿＿＿＿＿＿＿。

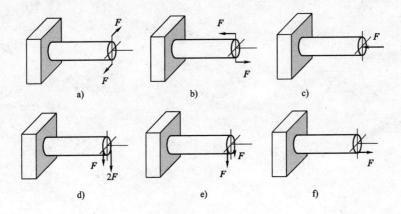

图　2-6-75

2. 绘制图 2-6-76 中各梁的剪力图和弯矩图。

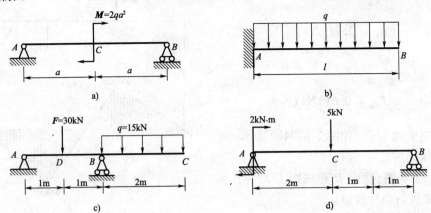

图 2-6-76

3. 图 2-6-77 为悬臂吊车的简图，横梁 AB 为 18 号工字钢，梁和滑车以及起吊重物的重力合计为 $G=100$kN，材料的许用应力 $[\sigma]=170$MPa。当滑车移动到梁 AB 中点时，试校核横梁的强度。（查表得：18 号工字钢的横截面面积 $A=30.756$cm^2，高度 $h=180$mm，惯性矩 $I_z=1660$ cm^4）

4. 空心管梁受载如图 2-6-78 所示，已知 $[\sigma]=150$MPa，外径 $D=80$mm，求内径 d 的最大值。

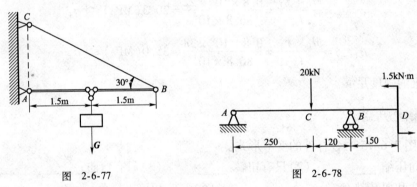

图 2-6-77

图 2-6-78

项目七

分析常用平面机构

任务一　计算平面机构自由度

知识目标

1.掌握机构的组成。
2.掌握平面机构运动简图的绘制方法。
3.掌握平面机构自由度的计算方法

能力目标

1.能判断机构中运动副的类型。
2.能准确绘制平面机构的运动简图。
3.能分析平面机构是否具有确定的运动。

任务描述

根据学习和分析,完成以下两个任务:

(1)绘制图2-7-1a)的颚式破碎机主体机构的运动简图。

(2)计算图2-7-1b)的筛料机主体机构的自由度。

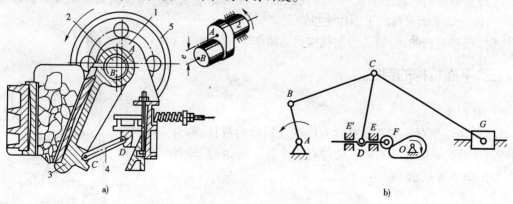

a)　　　　　　　　　　　　　b)

图2-7-1　颚式破碎机及筛料机

一、机构的组成

1. 运动副的定义

为了使多个构件组成一个机构后相互之间具有确定的运动,构件与构件需要一种既直接接触又有相对运动的连接,这种连接称为运动副。运动副是两构件直接接触所形成的可动连接。运动副元素是两构件直接接触而构成运动副的点、线、面。

2. 平面运动副的分类

按两构件间接触性质不同,平面运动副通常可分为低副和高副。

(1)低副。两构件形成面与面接触的运动副称为低副,又分转动副和移动副,如图 2-7-2 所示。

(2)高副。两构件以点或线的形式相接触而组成的运动副称为高副。常见的平面高副有齿轮副和凸轮副,如图 2-7-3 所示。

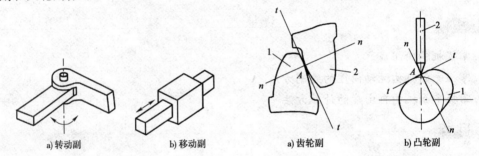

| a) 转动副 | b) 移动副 | a) 齿轮副 | b) 凸轮副 |

图 2-7-2　平面低副　　　　　　　　　图 2-7-3　平面高副

二、平面机构的运动简图

表明机构的组成和各构件间运动关系的简单图形,称为机构运动简图。平面机构运动简图的绘制步骤如下:

(1)分析机构的组成,确定机架、原动件和从动件。

(2)由原动件开始,依次分析构件间的相对运动形式,确定运动副的类型和数目。

(3)选择适当的视图平面和原动件位置,以便清楚地表达各构件间的运动关系。通常选择与构件运动平面平行的平面作为投影面。

(4)选择适当的比例尺,绘制机构运动简图。

三、平面机构的自由度

1. 自由度

运动构件相对于参考系所具有的独立运动的数目,称为构件的自由度。任意做平面运动的自由构件有三个独立的运动,即有 3 个自由度,如图 2-7-4 所示。

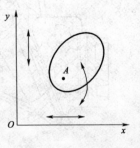

图 2-7-4　平面自由度

2. 约束

当两构件组成运动副后,它们之间的某些相对运动受到限制,对于相对运动所加的限制称为约束。每加一个约束,自由构件失去一个自由度。

3. 自由度的计算公式

设一个平面机构由 N 个构件组成,其中必有一个构件为机架,则活动构件数为 $n = N-1$。它们在未组成运动副之前,共有 $3n$ 个自由度。用运动副连接后便引入了约束,减少了自由度:一个低副引入两个约束,一个高副引入一个约束。若机构中有 P_L 个低副、P_H 个高副,则平面机构的自由度 F 的计算公式为:

$$F = 3n - 2P_L - P_H \qquad (2\text{-}7\text{-}1)$$

4. 平面机构具有确定运动的条件

如果机构的自由度等于零,则构件组合在一起形成刚性结构,各构件之间没有相对运动,故不能构成机构。如果机构中原动件的数目多于机构的自由度数目,则将导致机构中最薄弱的构件或运动副损坏。如果机构中原动件的数目少于机构的自由度数目,则机构的运动不确定,首先沿着阻力最小的方向运动。只有当机构中原动件的数目等于机构的自由度数目时,机构才具有确定的运动。

5. 自由度计算时应注意的问题

复合铰链、局部自由度和虚约束是平面机构中的三种特殊结构,机构自由度的计算对它们有不同的处理方法。

(1)复合铰链。复合铰链是两个以上的构件在同一处以同轴线的转动副相连,如图2-7-5所示。一般来说,k 个构件形成复合铰链应具有 $(k-1)$ 个转动副。

(2)局部自由度。机构中某些构件所产生的局部运动并不影响其他构件的运动,这些构件所产生的局部运动的自由度称为局部自由度。如图 2-7-6 所示的滚子推杆凸轮机构中,为了减少高副元素的磨损,在推杆和凸轮之间装了一个滚子2,将滚子2与推杆3之间变为固定连接不影响机构的运动,故滚子2绕自身轴线的旋转就是局部自由度。在计算机构自由度时,局部自由度应略去不计。

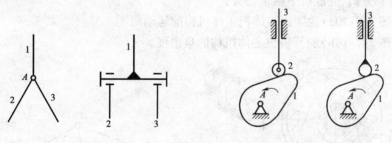

图2-7-5 复合铰链　　　　　　图2-7-6 局部自由度

(3)虚约束。机构中与其他约束重复而对机构运动不起新的限制作用的约束,称为虚约束。计算机构自由度时,应除去不计。虚约束常出现在下列场合:

①两构件形成多个具有相同作用的运动副。如图 2-7-7a)中的 A、B 两处在同一轴线上组成多个转动副,计算机构自由度时应按一个转动副计算;如图2-7-7b)中的 A、B、C 三处组成多个平行或重合导路的移动副,计算自由度时应只算作一个移动副;如图2-7-7c)中的 C、D 两处是多处接触点公法线重合的高副,计算自由度时应只算作一个高副。

②两构件上连接点的运动轨迹重合。如图2-7-8所示的车轮联动机构,连杆2做平移运动,BC 线上各点的轨迹,均为圆心在 AD 线上而半径等于 AB 的圆周。构件5与构件1、3相互平行并长度相等,对机构的运动不产生任何影响,故在计算自由度时要将构件5和两个转动副

E、F 全都不计。该机构的自由度 $F = 3n - 2P_L - P_H = 3 \times 3 - 2 \times 4 - 0 = 1$。

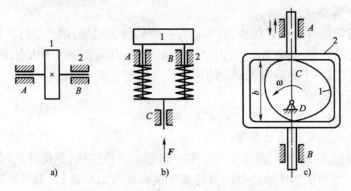

图 2-7-7　两构件形成多个具有相同作用的运动副

③机构中传递运动但不起独立作用的对称部分。如图 2-7-9 所示的行星齿轮机构,行星轮 2′和 2″就是为了平衡而设置的,不起独立作用。该机构的自由度 $F = 3n - 2P_L - P_H = 3 \times 4 - 2 \times 4 - 2 = 2$。

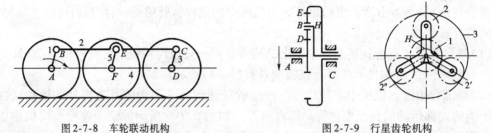

图 2-7-8　车轮联动机构　　　　　　　图 2-7-9　行星齿轮机构

任务实施

根据学习和分析,完成以下两个任务:

(1)绘制图 2-7-10a)的颚式破碎机主体机构的运动简图。

(2)计算图 2-7-10b)的筛料机主体机构的自由度。

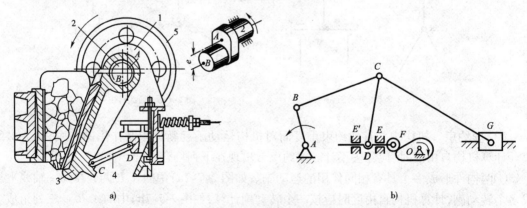

图 2-7-10　颚式破碎机及筛料主体机构

答:(1)颚式破碎机主体机构的运动简图如图 2-7-11a)所示。

(2)经过分析,去除局部自由度和虚约束后,筛料机主体机构简化等效为图 2-7-11b)所示。机构中 $n = 7$,$P_L = 9$,$P_H = 1$,其自由度为 $F = 3n - 2P_L - P_H = 3 \times 7 - 2 \times 9 - 1 = 2$。

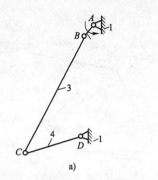

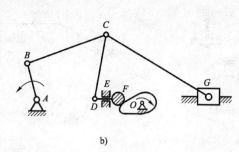

a)   b)

图 2-7-11　颚式破碎机及筛料主体机构运动简图

自 我 检 测

一、选择题

1. 在平面机构中,每增加一个低副将引入_____约束,每增加一个高副将引入_____约束。

A. 0 个　　　　　　　B. 1 个　　　　　　　C. 2 个　　　　　　　D. 3 个

2. 机构具有确定相对运动的条件是_____。

A. 机构的自由度数目等于主动件数目　　　B. 机构的自由度数目大于主动件数目

C. 机构的自由度数目小于主动件数目　　　D. 机构的自由度等于 1

3. 下列运动副中,_____属于高副。

A. 齿轮副　　　　　　B. 移动副　　　　　　C. 转动副

4. 若复合铰链处有四个构件汇集在一起,则应有_____转动副。

A. 4 个　　　　　　　B. 3 个　　　　　　　C. 2 个　　　　　　　D. 1 个

5. 当机构的自由度数目大于原动件数目时,机构_____。

A. 具有确定运动　　　B. 运动不确定　　　　C. 构件被破坏

6. 下列三个机构运动简图中,_____机构组成原理有错误,如图 2-7-12 所示。

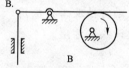

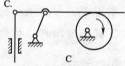

A   B   C

图　2-7-12

二、绘制图 2-7-13 所示各机构的运动简图。

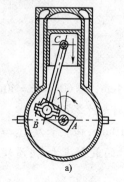

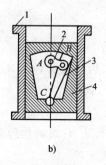

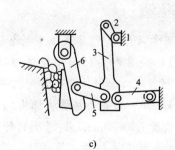

a)   b)   c)

图　2-7-13

三、计算图2-7-14所示各机构自由度。

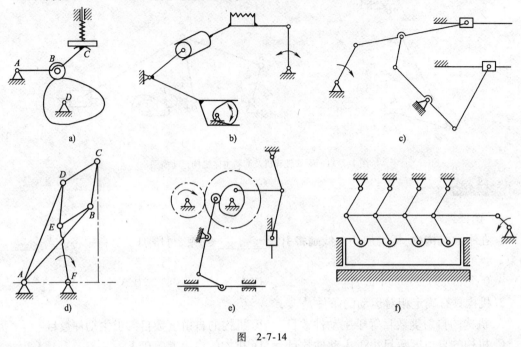

图 2-7-14

任务二 分析平面连杆机构

知识目标

1. 熟悉平面四杆机构的基本类型及其演化形式。
2. 掌握铰链四杆机构曲柄存在的条件。
3. 掌握平面四杆机构的基本运动特性及工程应用。
4. 掌握平面四杆机构的图解设计基本方法。

能力目标

1. 能判断平面四杆机构及其演化机构的类型,并能分析工作原理。
2. 能运用图解法设计简单的平面四杆机构及其演化机构。

任务描述

根据学习和分析,完成以下两个任务:

(1)已知图2-7-15a)中铰链四杆机构的各构件长度为 $a=24$cm, $b=60$cm, $c=40$cm, $d=50$cm。问当这四个杆件分别作为机架时,铰链四杆机构的类型分别是什么?

(2)已知一偏置曲柄滑块机构,如图2-7-15b)所示,偏距 $e=10$mm,曲柄长度 $l_{AB}=20$mm,连杆的长度 $l_{BC}=70$mm,求:滑块的行程长度 H;曲柄作为原动件时的最大压力角;滑块作为原动件时的机构死点位置。

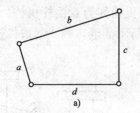

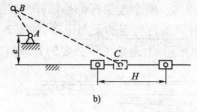

图 2-7-15　铰链四连杆机构

知 识 链 接

图 2-7-16　平面四杆机构的常见形式

平面连杆机构是由若干刚性构件通过低副连接,且活动构件均在同一平面或在相互平行平面内运动的机构,又称为平面低副机构。平面四杆机构是最基本的平面连杆机构形式,其常见形式见图 2-7-16。

一、铰链四杆机构

1. 铰链四杆机构的基本形式

铰链四杆机构中,各构件之间均以转动副相连接,如图 2-7-17 所示。铰链四杆机构中,固定不动的构件 4 为机架;与机架相连的构件 1、3 为连架杆,不与机架直接相连的构件 2 称为连杆。连架杆中,能绕机架的固定铰链做整周转动的称为曲柄,仅能在一定角度范围内往复摆动的称为摇杆。

根据连架杆的运动形式不同,铰链四杆机构分为曲柄摇杆机构、双曲柄机构和双摇杆机构三种基本形式。

(1)曲柄摇杆机构。一个连架杆为曲柄,一个连架杆为摇杆的铰链四杆机构称为曲柄摇杆机构。曲柄摇杆机构可将曲柄的连续转动转换成摇杆的往复摆动,图 2-7-18 为雷达天线俯仰角调整机构;也可将摇杆的往复摆动转换为曲柄的连续转动,图 2-7-19 为脚踏砂轮机。

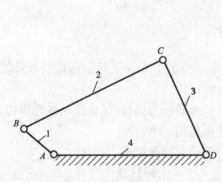

图 2-7-17　铰链四杆机构

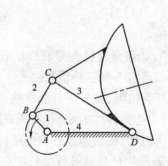

图 2-7-18　雷达天线俯仰角调整机构

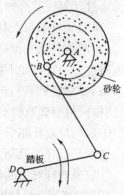

图 2-7-19　脚踏砂轮机

(2)双曲柄机构。两个连架杆都是曲柄的铰链四杆机构称为双曲柄机构。当两曲柄不等长时,一个曲柄等速回转,另一曲柄变速回转,如图 2-7-20 所示的惯性筛分机。当两曲柄等长,且连杆和机架也等长时形成平行四边形机构:两曲柄的转向相同,转速相等的称为正平行四边形机构,如图 2-7-21 的天平机构;两曲柄的转向相反,转速相等的称为反平行四边形机构,如图 2-7-22 的车门启闭机构。

（3）双摇杆机构。两个连架杆都是摇杆的铰链四杆机构称为双摇杆机构。两摇杆的摆角一般不相等，连杆可实现特定的平面运动，如图 2-7-23 所示的港口鹤式起重机连杆 BC 延长线上的 M 点近似水平运动，避免了不必要的升降消耗能量。

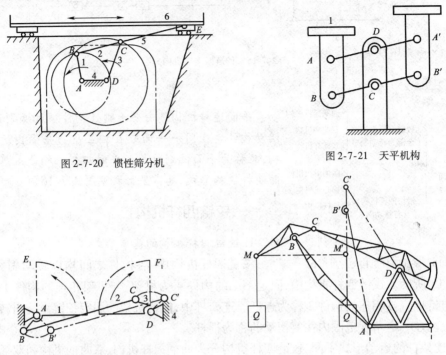

图 2-7-20　惯性筛分机

图 2-7-21　天平机构

图 2-7-22　车门启闭机构

图 2-7-23　港口鹤式起重机

2. 铰链四杆机构存在曲柄的条件

铰链四杆机构的三种基本形式的区别在于连架杆是否为曲柄，这与构件间的相对尺寸有关。通过几何证明可知，铰链四杆机构存在曲柄的条件为：

（1）最短杆和最长杆的长度之和小于或等于其余两杆的长度之和。

（2）最短杆为连架杆或机架。

通过分析可得如下结论：

（1）在铰链四杆机构中，如果最短杆与最长杆的长度之和小于或等于其余两杆的长度之和，则根据机架选取的不同，可有下列三种情况：

①取与最短杆相邻的杆为机架，则最短杆为曲柄，另一连架杆为摇杆，组成曲柄摇杆机构。

②取最短杆为机架，则两连架杆均为曲柄，组成双曲柄机构。

③取最短杆对面的杆为机架，则两连架杆均为摇杆，组成双摇杆机构。

（2）铰链四杆机构中，若最短杆与最长杆的长度之和大于其余两杆长度之和，则不论取哪一杆为机架，都没有曲柄存在，均为双摇杆机构。

二、滑块四杆机构

在实际中还广泛地采用滑块四杆机构，滑块四杆机构是铰链四杆机构的演化，其中通常含有一个移动副。了解四杆机构的演化，对机构分析和机构创新很有帮助。

1. 曲柄滑块机构

如图 2-7-24 所示,曲柄摇杆机构演化为曲柄滑块机构。

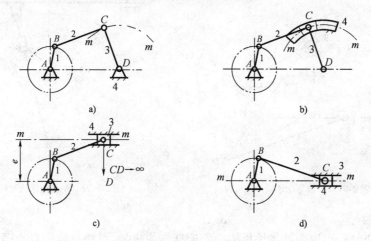

图 2-7-24 曲柄摇杆机构演化为曲柄滑块机构的过程

曲柄滑块机构应用广泛,在活塞式内燃机、空气压缩机、冲床、送料机构等机械中都用到了曲柄滑块机构。当滑块导路中心线通过曲柄转动中心时,称为对心曲柄滑块机构,如图2-7-24c)所示。当滑块导路中心线不通过曲柄转动中心,两者之间有一偏距 e 时,称为偏置曲柄滑块机构,如图 2-7-24d)所示。

2. 偏心轮机构

在曲柄滑块机构和曲柄摇杆机构中,当曲柄长度很小时,考虑到制造与强度方面的原因,通常用偏心轮代替曲柄。如图 2-7-25 所示的是用偏心轮代替曲柄的曲柄滑块机构,偏心轮的回转中心 A 与几何中心 B 不重合,它们之间的距离称为偏心距 e,即为曲柄的长度。

3. 导杆机构

取曲柄滑块机构中的曲柄作为机架,滑块导路 AC 杆绕 A 点转动成为导杆,此时的机构称为导杆机构。图 2-7-26a)为转动导杆机构,此时导杆 4 能做整周转动,机架 1 长度小于曲柄 2 长度。图 2-7-26b)为摆动导杆机构,导杆 4 只能做往复摆动,机架 1 长度大于曲柄 2 长度。

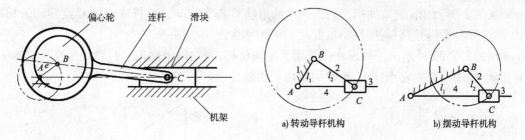

图 2-7-25 偏心轮机构

图 2-7-26 导杆机构

转动导杆机构的工程实例如图 2-7-27 所示的简易刨床,构件 2、3、4 和机架 1 组成了转动导杆机构,构件 4、5、6 和机架组成了曲柄滑块机构,带动刀具往复运动。

摆动导杆机构的工程实例如图 2-7-28 所示的牛头刨床,曲柄 2 绕 B 点整周转动,通过滑块 3 带动导杆 4 绕 A 点摆动,导杆 4 摆动的两个极限位置 AC_1 和 AC_2 是圆 B 的切线。摆动导杆机构还常用于车床和回转式油泵中。

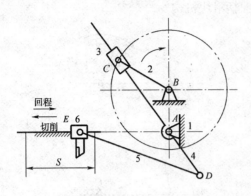

图 2-7-27　简易刨床的导杆机构

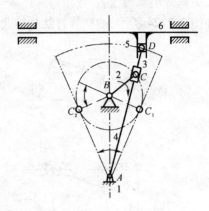

图 2-7-28　牛头刨床的导杆机构

4. 摇块机构

如图 2-7-29 所示,取曲柄滑块机构中的连杆作为机架,滑块只能绕 C 点摆动,此时的机构称为曲柄摇块机构,简称摇块机构。

摇块机构的工程实例。如图 2-7-30 所示的起重车,当油缸中的液压油推动活塞在缸体内移动时,AB 杆被升起或降落,AB 杆绕 B 点摆动,油缸绕 C 点摆动。摇块机构常用于各种液压驱动装置,如自卸卡车车厢的卸料装置。此外,在摆缸式内燃机中也应用了摇块机构。

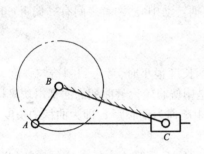

图 2-7-29　曲柄摇块机构

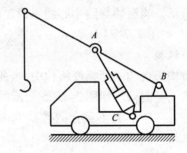

图 2-7-30　起重车

5. 定块机构

如图 2-7-31 所示,取曲柄滑块机构中的滑块 C 作为机架,BC 杆成为绕 C 点摆动的摇杆,AC 杆在滑块 C 内导路做往复移动,此时的机构称为定块机构。

如图 2-7-32 所示的手动压水机使用了定块机构,当摇动手柄 AB 时,带动活塞在缸体中上下移动,利用压力差将水抽出,该机构也用于抽油泵中。

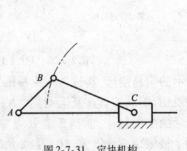

图 2-7-31　定块机构

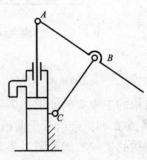

图 2-7-32　手动压水机

三、平面四杆机构的基本特性

1. 急回特性

如图 2-7-33 所示的曲柄摇杆机构,设主动曲柄 AB 以等角速度 ω_1 顺时针方向转动。在其转动一周的过程中,曲柄有两次与连杆共线。通过连杆驱动从动摇杆往复摆动一次。摇杆处在两极限位置 C_1D 和 C_2D 时,其工作摆角为 ψ;此时曲柄相应的两位置之间所夹锐角 θ 称为极位夹角。

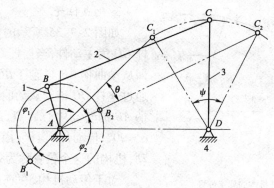

图 2-7-33　曲柄摇杆机构的急回特性

曲柄 AB 从 B_1 转到 B_2,转过角度为 $\varphi_1 = 180° + \theta$,所需时间为 t_1,摇杆 CD 则从 C_1D 摆到 C_2D,C 点的平均速度为 v_1;曲柄 AB 继续转过角度 $\varphi_2 = 180° - \theta$,所需时间为 t_2,摇杆 CD 则从 C_2D 回摆到 C_1D,C 点的平均速度为 v_2。因为 $\varphi_1 > \varphi_2$,则 $t_1 > t_2$,故 $v_2 > v_1$。摇杆快速返回的运动特性称为急回特性。

急回运动特性的程度可用 v_2 与 v_1 的比值 K 来表达,K 称为行程速比系数,即:

$$K = \frac{v_2}{v_1} = \frac{C_2C_1/t_2}{C_1C_2/t_1} = \frac{t_1}{t_2} = \frac{\varphi_1}{\varphi_2} = \frac{180° + \theta}{180° - \theta} \tag{2-7-2}$$

或

$$\theta = \frac{K - 1}{K + 1} \times 180° \tag{2-7-3}$$

行程速比系数 K 值的大小取决于极位夹角 θ,θ 角越大,K 值越大,急回运动特性越明显。反之,则愈不明显。当 $\theta = 0$ 时 $K = 1$,机构无急回特性。但需要注意的是,行程速比系数 K 值越大,机构运动的平稳性就越差,因此设计时应根据工作要求适当选择 K 值。一般机械中,通常 $1 < K < 2$。

除曲柄摇杆机构外,偏置曲柄滑块机构和摆动导杆机构也具有急回运动特性。在各种机器中,应用四连杆机构的急回运动特性,可以节省空回行程的时间,提高生产效率。

2. 压力角和传动角

如图 2-7-34 所示的曲柄摇杆机构,作用在构件上的力 F 的方向与力作用点速度方向间所夹的锐角 α,称为压力角。压力角 α 的余角 γ 称为传动角。将力 F 可分解为两个分力 F_t(有效分力)和 F_n(有害分力)。压力角 α 越小,传动角 γ 越大,有效分力 F_t 就越大,而 F_n 就越

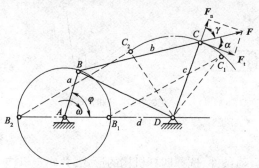

图 2-7-34　曲柄摇杆机构的压力角与传动角

小,机构的传力和传动效果就越好。

压力角和传动角是反映机构传力性能的重要标志。在机构运动过程中,其传动角 γ 的大小是变化的,为保证机构传动良好,设计时通常要使 $\gamma_{min} \geq 40°$。对于一些传递功率较大的机械,如机床、颚式破碎机中的主要执行机构,对传力性能要求较高,可取 $\gamma_{min} \geq 50°$。对于一些小功率的控制机构和仪表,γ_{min} 可略小于 $40°$。

分析表明,在曲柄摇杆机构中,γ_{min} 可能出现在曲柄与机架共线的两个位置时,一般可通过计算或作图量取此两个位置的传动角,其中的小值即为 γ_{min}。

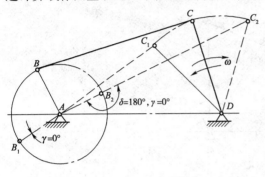

图 2-7-35　曲柄摇杆机构的死点位置

3. 死点位置

如图 2-7-35 所示的曲柄摇杆机构中,若摇杆 CD 为主动件,当摇杆 CD 处于两极限位置时,即从动曲柄 AB 与连杆 BC 共线时,主动摇杆 CD 通过连杆 BC 传给从动曲柄 AB 的作用力通过曲柄 AB 的转动中心 A 点,此时曲柄 AB 的压力角 $\alpha = 90°$,传动角 $\gamma = 0°$,因此无法推动曲柄 AB 转动,机构的这个位置称为死点位置。

对于传动机构,存在死点是不利的,因而必须设法使机构顺利通过死点。工程中常用的办法有:

(1)采取机构错位排列的办法,如图 2-7-36 所示的机车车轮联动机构的错位排列。

(2)安装飞轮,利用飞轮惯性闯过死点,如缝纫机曲轴上的大皮带轮就兼有飞轮的作用。

(3)给从动件施加一个不通过其转动中心的外力,如缝纫机停在死点位置后需重新启动时,给手轮(小皮带轮)一个外力,便可通过死点。

工程上有时也利用机构的死点位置来进行工作。如图 2-7-37 所示的飞机起落架,当飞机轮子着陆时,AB 杆和 BC 杆共线,机构处于死点位置,即使轮子上受到很大的力,BC 杆也不会使 AB 杆转动,使飞机可靠着陆;飞机起飞后,通过液压系统使 AB 杆主动转动,将轮子收回。此外,在机床夹具和折叠式家具也广泛利用机构的死点进行工作。

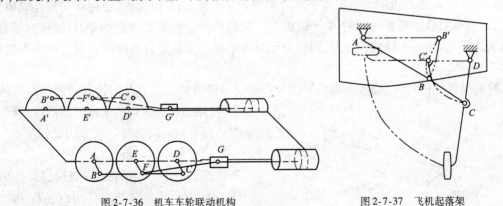

图 2-7-36　机车车轮联动机构　　　　图 2-7-37　飞机起落架

四、平面四杆机构的设计

设计平面四杆机构的任务主要是根据给定的运动条件,选择四杆机构的形式,并确定机构的尺寸参数。平面四杆机构的设计方法有解析法、实验法和图解法三种。解析法精确度好,尽管计算繁杂,但随着计算机辅助设计技术的发展,解析法已成为发展趋势。实验法形象直观,但过程复杂且不精确。图解法精确性较差,但简明易懂,是解析法和实验法的基础。这里仅介绍图解法。

1. 按给定行程速比系数设计曲柄摇杆机构

已知条件:摇杆的长度 l_{CD},摇杆的摆角 ψ 以及行程速比系数 K。

分析:设计的关键是确定铰链 A 点的位置,定出其他三杆的尺寸。

步骤:

(1)计算极位夹角 θ: $\theta = \dfrac{K-1}{K+1} \times 180°$。

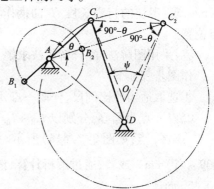

(2)选取适当的比例尺,任取一点 D,按摇杆的长度 l_{CD} 和摆角 ψ 画出摇杆的两个极限位置 C_1D 和 C_2D,如图 2-7-38 所示。

(3)连接 C_1 和 C_2 点,并作 $\angle C_1C_2O = \angle C_2C_1O = 90° - \theta$,得到 C_1O 与 C_2O 的交点 O。以 O 点为圆心,O_1C 为半径作圆,$\angle C_1OC_2 = 2\theta$。

(4)在圆上任意选取一点 A,连接 AC_1 和 AC_2,此时 $\angle C_1AC_2 = \theta$,因此曲柄的铰链 A 点应在圆上。

图 2-7-38　按行程速比系数设计曲柄摇杆机构

(5)选定 A 点后,先量取机架 AD 的长度 l_{AD};再根据极限位置时曲柄与连杆共线,$AC_1 = l_{BC} - l_{AB}$,$AC_2 = l_{BC} + l_{AB}$,从而解得曲柄的长度 l_{AB} 和连杆的长度 l_{BC}。

从上面的求解可知。如果仅按行程速比系数 K 来设计,可以得到无穷解。实际中,会根据机构的传动角要求或某一构件的长度等附加条件确定 A 点的位置。

2. 按给定连杆位置设计曲柄摇杆机构

已知条件:连杆的长度 l_{BC},以及连杆所处的三个位置 B_1C_1、B_2C_2、B_3C_3。

分析:由于连杆上 B 点、C 点是以铰链 A 点、D 点为中心做圆周运动,设计的关键是确定铰链 A 点、D 点的位置。

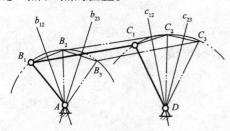

图 2-7-39　按给定连杆位置设计曲柄摇杆机构

步骤:

(1)选取适当的比例尺,按照连杆的长度 l_{BC} 以及所处的三个位置画出 B_1C_1、B_2C_2、B_3C_3,如图 2-7-39所示。

(2)连接 B_1B_2、B_2B_3,并作它们的垂直平分线,其交点即为铰链 A 点;同理,连接 C_1C_2、C_2C_3,并作它们的垂直平分线,其交点即为铰链 D 点。

(3)连接 AB_1C_1D 即为所求的铰链四杆机构。

任务实施

根据学习和分析,完成以下两个任务:

(1)已知图 2-7-40 中铰链四杆机构的各构件长度为 $a = 24\text{cm}$, $b = 60\text{cm}$, $c = 40\text{cm}$, $d = 50\text{cm}$。问当这四个杆件分别作为机架时,铰链四杆机构的类型分别是什么?

答:因为最短杆和最长杆的长度之和 $a + b = 84\text{cm} <$ 其余两杆的长

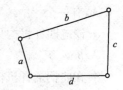

图 2-7-40　铰链四杆机构

度之和 $c+d=90\text{cm}$，则：

①当 a 为机架时，形成双曲柄机构。

②当 b 为机架时，形成曲柄摇杆机构。

③当 c 为机架时，形成双摇杆机构。

④当 d 为机架时，形成曲柄摇杆机构。

（2）已知一偏置曲柄滑块机构，偏距 $e=10\text{mm}$，曲柄长度 $l_{AB}=20\text{mm}$，连杆的长度 $l_{BC}=70\text{mm}$，求：滑块的行程长度 H；曲柄作为原动件时的最大压力角；滑块作为原动件时的机构死点位置。

答：采用图解法，配合解析法求解。

作图步骤如下：

①选取适当的比例尺，任取一点 A，在 A 点下方作与 A 点距离为偏距的水平线。

②以 A 点为圆心，分别以 $l_{AB}+l_{BC}=90\text{mm}$ 和 $l_{BC}-l_{AB}=50\text{mm}$ 为半径作弧，分别交水平线于 C_1 点、C_2 点，如图 2-7-41a）所示。量取并通过比例尺换算，滑块的行程长度 $H=C_1C_2\approx$ （39～41）mm。或者，通过解析计算，滑块的行程长度 $H=C_1C_2=\sqrt{50^2-10^2}-\sqrt{90^2-10^2}\approx$ 40.45 mm。

③从图 2-7-41b）中曲柄滑块机构的一般位置 ABC 可以得到，滑块的压力角 $\sin\alpha=B$ 点到滑块轨道的垂直距离 $/l_{BC}$。所以，当 AB 杆转动到于轨道垂直且在轨道 B_1 点时，滑块的压力角为最大值。量取 $\angle B_1C_1e=\alpha_{\max}\approx$ （24°～26°）。或者，通过解析计算，曲柄作为原动件时的最大压力角 $\alpha_{\max}\approx\arcsin(30/70)\approx25.4°$

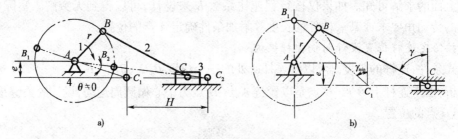

图 2-7-41　偏置曲柄滑块机构的求解图

滑块作为原动件时的机构死点位置在图 2-7-41a）所示的 C_1、C_2 两点位置，即连杆与曲柄共线的两个位置。

自我检测

一、选择题

1. 在平面四杆机构中，为提高机构的传力性能，应该_____。

　　A. 增大传动角　　B. 减小传动角　　C. 增大压力角　　D. 减小极位夹角

2. 在曲柄摇杆机构中，当取曲柄为原动件时，_____死点位置。

　　A. 有一个　　　　B. 有两个　　　　C. 有三个　　　　D. 没有

3. 铰链四杆机构具有急回特性的条件是_____。

　　A. $\theta>0°$　　　　B. $\theta=0°$　　　　C. $K=1$　　　　D. $K=0$

4. 在曲柄摇杆机构中，当_____处于共线位置时，机构会出现最小传动角。

　　A. 曲柄与连杆　　B. 曲柄与机架　　C. 摇杆与机架

5. 以下关于曲柄摇杆机构的叙述正确的是_____。

A. 只能以曲柄为主动件　　　　　　B. 摇杆可以做主动件

C. 主动件可以做整周转动,也可以做往复移动　　D. 以上都不对

6. 当平面连杆机构在死点位置时,其压力角与传动角分别为_____。

A. 90°、0°　　　　B. 0°、90°　　　　C. 90°、90°　　　　D. 45°、45°

7. 机构中产生"死点"产生的根本原因是_____。

A. 摇杆为主动件　　　　　　B. 没有在曲柄上装飞轮

C. 从动件的运动不确定或卡死　　　　D. 从动件的受力作用线通过其转动中心

8. 铰链四杆机构中,如果最短杆与最长杆的长度之和小于或等于其余两杆的长度之和,取最短杆为连架杆,则这个机构是_____。

A. 曲柄摇杆机构　　B. 双曲柄机构　　C. 双摇杆机构

9. _____能实现转动和往复直线运动的互相转换。

A. 曲柄摇杆机构　　B. 曲柄滑块机构　　C. 双摇杆机构

10. 摆动导杆机构中,当曲柄为主动件时,其导杆的传动角始终为_____。

A. 90°　　　　B. 0°　　　　C. 60°　　　　D. 45°

二、计算题及设计题

1. 判断图 2-7-42 所示机构为何种机构? 并画出该位置时的传动角。(标箭头的构件为原动件)

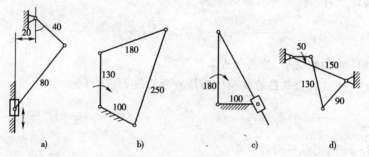

图　2-7-42

2. 已知曲柄摇杆机构的曲柄匀速转动,极位夹角 $\theta = 30°$,摇杆工作行程时间为 7s。求:

(1)摇杆空回行程时间为几秒? (2)曲柄每分钟转数是多少转?

3. 画出图 2-7-43 所示各机构的传动角和压力角。(标箭头的构件为原动件)

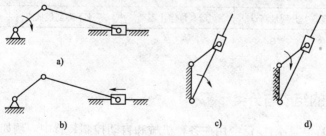

图　2-7-43

4. 设计一铰链四杆机构,已知摇杆 CD 的长度 $l_{CD} = 75mm$,行程速比系数 $K = 1.5$,机架 AD 的长度 $l_{AD} = 100mm$,摇杆 CD 的一个极限位置与机架间的夹角为45°,求曲柄的长度 l_{AB} 和连杆的长度 l_{BC}。

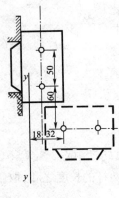

图 2-7-44

5. 设计一导杆机构。已知:机架长度 $l = 100$ mm,行程速比系数 $K = 1.4$。求曲柄的长度。

6. 使用图解法设计一曲柄摇杆机构。已知:摇杆长度 $l = 80$ mm,摆角 $\psi = 40°$,行程速比系数 $K = 1$。要求摇杆 CD 的一个极限位置与机架间的夹角 $\angle CDA = 90°$,求其余三杆的长度。

7. 设计一铰链四杆机构作为加热炉门的启闭机构。已知炉门上两活动铰链的中心距 $= 50$ mm,炉门打开后成水平位置时,要求炉门温度较低的一面朝上,设固定铰链安装在 y—y 轴线上,其相关尺寸如图 2-7-44 所示,使用图解法求此铰链四杆机构其余三杆的长度。

任务三　分析凸轮机构

知识目标

1. 了解凸轮机构的类型、特点及应用场合。
2. 掌握凸轮机构的运动特性、位移线图和常见运动规律。
3. 掌握反转法设计凸轮轮廓曲线的方法。

能力目标

1. 能判断凸轮机构的类型,并能分析工作原理。
2. 能运用反转法设计盘状凸轮机构的凸轮轮廓曲线。

任务描述

根据学习和分析,完成下面的任务:

设计一对心直动尖顶从动件盘形凸轮机构的凸轮轮廓线。已知凸轮顺时针转动,基圆半径 $r_b = 25$ mm,从动件行程 $h = 30$ mm。其运动规律如表 2-7-1 所示。

对心直动尖顶凸轮运动规律　　　　　　　　　　　　　　表 2-7-1

凸轮转角 θ	0°～120°	120°～150°	150°～210°	210°～360°
从动件运动规律	等速上升到最高点	在最高位停止不动	等速下降到最低点	在最低位停止不动

知识链接

一、凸轮机构的组成与分类

凸轮机构结构简单紧凑,广泛应用在各种机械和自动控制装置中。例如,发动机的配气机构是通过凸轮机构来控制气门的开闭;喷油泵的供油和分电器的配电、电气开关等都要通过凸轮机构来控制。凸轮机构是利用凸轮的曲线或凹槽轮廓与推杆接触而得到预定运动规律的一种机构,它可将凸轮的连续转动或移动转换为推杆的连续或不连续的移动或摆动,以实现许多复杂的运动要求。

1.凸轮机构的组成

如图 2-7-45 所示,凸轮机构由凸轮 1、从动件 2 和机架 3 这三个基本构件及锁合装置(如弹簧等)组成。凸轮是具有变化半径或曲线轮廓的构件,凸轮与从动件通过高副连接,凸轮机构是一种高副机构。凸轮机构的主要作用是将主动凸轮的连续转动或移动转化为从动件的往复移动或摆动。

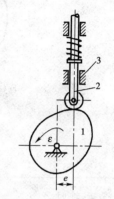

凸轮机构结构简单、紧凑,设计方便,只需设计适当的凸轮轮廓,便可以使从动件实现预期运动规律。凸轮机构可以高速启动,动作准确可靠。凸轮机构中凸轮轮廓与从动件间的高副是点或线接触,难以形成润滑油膜,易磨损,故凸轮机构通常用于传力不大的控制机械中。

2.凸轮机构的分类

(1)按凸轮形状分类。

①盘形凸轮:具有变化向径的外缘或凹槽,并绕固定轴线转动的盘形构件。盘形凸轮是凸轮的基本形式,适用于推杆行程较短的传动中,应用较广。

图 2-7-45　凸轮机构的组成

②移动凸轮:做往复直线运动的平面凸轮。

③圆柱凸轮:在圆柱体表面上开有曲线凹槽或在端面上具有曲线轮廓的构件。

(2)按从动件的端部结构分类。

①尖顶从动件:从动件端部以尖顶与凸轮轮廓接触。尖顶从动件结构最简单,尖顶能与任意复杂的凸轮轮廓保持接触,适用于低速轻载的场合。

②滚子从动件:从动件端部装有可以自由转动的滚子,滚子与凸轮轮廓之间为滚动摩擦,借以减小与凸轮轮廓接触表面的磨损。滚子从动件凸轮机构适用于中速中载的场合。

③平底从动件:从动件的端部是一平底。平底从动件与凸轮轮廓接触处在一定条件下易形成油膜,利于润滑,能传动较大的作用力,适用于高速重载的场合。

(3)按从动件的运动形式分类。

①移动从动件:从动件做往复直线移动。

②摆动从动件:从动件做往复摆动。

(4)按锁合的方式分类。

使从动件与凸轮轮廓始终保持接触的特性称为锁合。

①力锁合:利用重力、弹簧力或其他力使从动件与凸轮始终保持接触。

②形锁合:利用凸轮与从动件的特殊结构形状使从动件与凸轮始终保持接触。

二、从动件常用运动规律

在凸轮机构中,凸轮轮廓曲线的形状决定了从动件的运动规律。凸轮机构的运动分析是根据凸轮轮廓分析其从动件的位移、速度、加速度的运动规律。

以对心尖顶直动从动件盘形凸轮机构为例,如图 2-7-46 所示。以凸轮转动中心 O 点为圆心,以凸轮轮廓的最小向径 r_b 所绘制的圆称为凸轮基圆,r_b 为基圆半径。假定凸轮从 A 点,即为从动件处最低位置,以等角速度 ω 顺时针转动开始转动,其从动件运动过程见表 2-7-2。

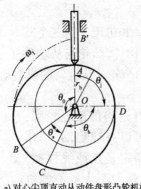

a) 对心尖顶直动从动件盘形凸轮机构

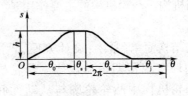

b) 从动件的位移曲线

图 2-7-46　凸轮与从动件的运动关系

对心尖顶直动从动件盘形凸轮机构的运动过程　　　　　　　　表 2-7-2

运 动 过 程	运 动 角	运 动 轨 迹	从动件运动方式
推　程	推程角 θ_0	弧 AB 段	从动件由最低位置上升到最高位置
远休止	远休止角 θ_s	弧 BC 段	从动件在最高位置处停留不动
回　程	回程角 θ_h	弧 CD 段	从动件由最高位置下降到最低位置
近休止	近休止角 θ_j	弧 DA 段	从动件在最低位置停留不动

说明：从动件由最低位置上升到最高位置的位移称为行程 h。

凸轮连续转动动规律，从动件便重复"升—停—降—停"的运动过程。因此，设计凸轮轮廓曲线时，首先根据工作要求选定从动件的运动规律，然后再按从动件的位移曲线设计出相应的凸轮轮廓曲线。

从动件的运动规律是指从动件位移 s、速度 v 和加速度 a 随时间 t 的变化规律。从动件的运动规律很多，下面介绍三种基本的运动规律。

1. 等速运动规律

从动件的运动速度为定值的运动规律称为等速运动规律。如图 2-7-47 所示，在行程开始和终止两个位置，加速度为无穷大，所产生的惯性力在理论上也突变为无穷大，致使机构发生强烈的刚性冲击。实际上，由于材料的弹性变形，加速度和惯性力不会达到无穷大。等速运动规律只适用于低速、轻载的凸轮机构中。

2. 等加速等减速运动规律

从动件在运动过程的前半程做等加速运动，后半程做等减速运动，通常两部分加速度的绝对值相等的运动规律称为等加速等减速运动规律。这种运动规律的位移曲线由两段光滑相连的抛物线所组成，故这种规律又称为抛物线规律。

如图 2-7-48 所示，等加速等减速运动规律当有远停程和近停程时，在升程和回程的两端及中点，其加速度仍存在有限突变，惯性力将为有限值，由此而产生的冲击称为柔性冲击。等加速等减速运动规律适用于中速、轻载的凸轮机构中。

3. 简谐运动规律

质点在圆周上做等速运动时,它在这个圆的直径上的投影所构成的运动称为简谐运动。简谐运动的加速度曲线是余弦曲线,速度曲线是正弦曲线,而位移曲线是简谐运动曲线,如图2-7-49所示。

简谐运动规律在升程或回程的始点和终点,从动杆有停歇时,停程角不为零,该点才有柔性冲击。如果从动杆做无停歇的往复运动,停程角为零,加速度曲线变成连续的余弦曲线,运动中可以消除柔性冲击。简谐运动规律可用于高速的凸轮机构中。

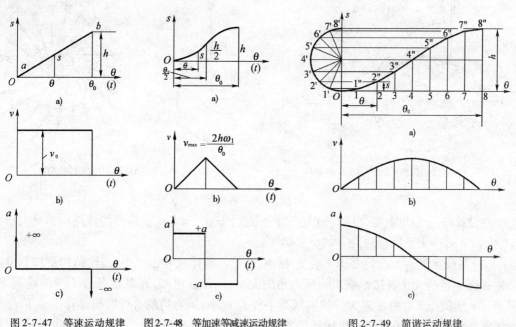

图2-7-47 等速运动规律 　　图2-7-48 等加速等减速运动规律 　　图2-7-49 简谐运动规律

三、凸轮机构的图解法设计

1. 图解法设计凸轮轮廓

根据工作条件要求,确定从动件的运动规律,选定凸轮的转动方向、基圆半径等,进而可以对凸轮轮廓曲线进行设计。凸轮轮廓曲线的设计方法有图解法和解析法。解析法精度高,但计算量大,多用于设计精度要求较高的凸轮机构。图解法虽精度较低,但简便易行、直观,可用于设计一般精度要求的凸轮机构。

图解法设计凸轮轮廓曲线时,如图2-7-50所示,在整个凸轮机构上加一公共角速度$-\omega$,使其绕轴心O转动,此时凸轮就静止不动了,而从动件一方面随其导轨以角速度$-\omega$绕轴心O转动,一方面又在导路内做预期的往复移动。这样推杆尖顶的运动轨迹即为凸轮轮廓曲线。这种假想凸轮处于静止状态,让从动件与导路反转的凸轮轮廓曲线设计方法称为反转法。

2. 凸轮轮廓设计时应注意的问题

设计凸轮轮廓时,除了满足从动件的运动规律外,凸轮还应具有良好的传力性能、紧凑结构。因此,设计凸轮轮廓时还应考虑以下问题。

(1)压力角。不计摩擦时,从动件与凸轮在接触点受力F的方向(沿凸轮轮廓曲线的法线方向)与从动件在该点绝对速度方向v所夹的锐角,称为压力角。如图2-7-51所示,从动件顶

端 A 点处在此时的压力角为 α。

从动件的受力 F 可分解为沿从动件运动方向的有用分力 $F_1 = F\cos\alpha$ 和使从动件压紧导路的有害分力 $F_2 = F\sin\alpha$。显然,压力角 α 越大,有用分力 F_1 越小,有害分力 F_2 越大。当压力角 α 增大到某一数值时,推动从动件的有用分力 F_1 不能克服有害分力 F_2 引起的从动件与导路之间的摩擦力 F_f 时,此时不论施加多大的推力 F,凸轮都无法推动从动件运动,这种现象称为"自锁"。可见,从传力性能和传动效率来看,压力角 α 越小越好。

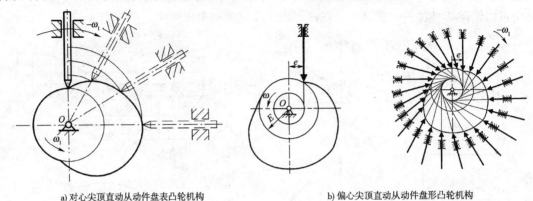

a) 对心尖顶直动从动件盘表凸轮机构   b) 偏心尖顶直动从动件盘形凸轮机构

图 2-7-50 反转法

在设计凸轮机构时,必须限制最大压力角 α_{max},即 $\alpha_{max} \leqslant [\alpha]$。推荐的许用压力角大小为升程时 $[\alpha] = 30° \sim 45°$;回程时 $[\alpha] = 70° \sim 80°$。

(2)基圆半径 r_b。凸轮基圆半径 r_b 越小,凸轮的整体尺寸也越小,凸轮结构更加紧凑。但凸轮基圆半径的大小直接影响机构压力角的大小,经计算可知,在其他条件不变的情况下,基圆半径 r_b 越小,压力角 α 越大。如果基圆半径 r_b 过小,压力角就有可能超过许用值了。

实际设计时,如果对凸轮机构的尺寸没有限制,可以将基圆半径 r_b 选大一些;如果对尺寸有限制,也必须在保证 $\alpha_{max} \leqslant [\alpha]$ 的前提下,选择较大的基圆半径 r_b。对于凸轮轴的基圆半径 r_b,一般根据经验选择 $r_b \geqslant 0.9d_s + (7 \sim 9)$ mm。在设计出凸轮轮廓曲线后,应检验压力角 α,若 $\alpha_{max} > [\alpha]$,则应适当增大凸轮基圆半径 r_b,重新设计。

(3)滚子半径。设计滚子从动件时若从强度和耐用性考虑,滚子的半径应取大些。滚子半径取大时,对凸轮的实际轮廓曲线影响很大,有时甚至使从动件不能完成预期的运动规律。

如图 2-7-52a)所示,在凸轮理论轮廓的内凹部分,$\rho_a = \rho_{min} + r_T$,即实际轮廓曲线曲率半径总大于理论轮廓曲线曲率半径。因此,不论选择多大的滚子,都能得到光滑的实际轮廓曲线。

如图 2-7-52b) ~ 图 2-7-52d)所示,在凸轮理论轮廓的外凸部分,$\rho_a = \rho_{min} - r_T$。

当 $\rho_{min} > r_T$ 时,则有 $\rho_a > 0$,实际轮廓曲线为一平滑的曲线,如图 2-7-52b)所示。

当 $\rho_{min} = r_T$ 时,则有 $\rho_a = 0$,凸轮实际轮廓曲线出现了尖点。凸轮的尖点处在实际使用时容易磨损,磨损后将会改变原来的运动规律。

当 $\rho_{min} < r_T$ 时,则有 $\rho_a < 0$,凸轮实际轮廓曲线不仅出现尖点,而且相交,图中阴影部分的轮廓在实际加工中被切去,使从动件工作时不能到达预定的工作位置,无法实现预期的运动规律,这种现象称为运动失真。

因此,应针对凸轮轮廓外凸的情况限制滚子半径。为了避免出现尖点和交叉现象,可取滚子半径 $r_T \leqslant 0.8\rho_{min}$,并保证凸轮实际轮廓线的最小曲率半径大于 $3 \sim 5$ mm。若从结构上考虑,一般推荐 $r_T = (0.1 \sim 0.15)r_b$。

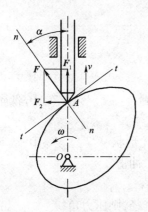

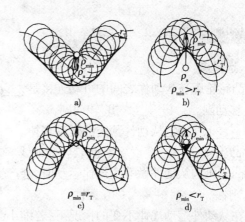

图 2-7-51   凸轮机构的压力角   图 2-7-52   滚子半径对凸轮轮廓的影响

任务实施

根据学习和分析,完成下面的任务:

设计一对心直动尖顶从动件盘形凸轮机构的凸轮轮廓线。已知凸轮顺时针转动,基圆半径 $r_b = 25mm$,从动件行程 $h = 30mm$。其运动规律如表 2-7-3 所示。

对心直动尖顶凸轮运动规律   表 2-7-3

凸轮转角 θ	0°~120°	120°~150°	150°~210°	210°~360°
从动件运动规律	等速上升到最高点	在最高位停止不动	等速下降到最低点	在最低位停止不动

答:采用反转法图解设计,作图步骤如图 2-7-53 所示。

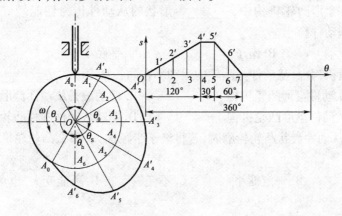

图   2-7-53

①选取适当的比例尺,根据从动件的运动规律绘制 $s - \theta$ 曲线。将推程角和回程角等分,本题取每份30°,得 1、2、3、4、5、6、7 点。从每个分割点作垂直线交 $s - \theta$ 曲线于 1'、2'、3'、4'、5'、6'、7'点。当然,分割的份数越多,凸轮轮廓曲线越精确。

②选取与 $s - \theta$ 曲线一样的比例尺,以 r_b 为半径画出基圆。自 OA_0 开始沿逆时针方向依次量取推程角、远休止角、回程角和近休止角,并按照 $s - \theta$ 曲线的分割分数将推程角和回程角对应地进行分割,角度分割线交基圆于 A_1、A_2、A_3、A_4、A_5、A_6、A_7 点。在角度分隔线上依次量取 $A_1A_1' = 11'$、$A_2A_2' = 22'$、$A_3A_3' = 33'$…

③用光滑曲线依次连接 A_0、A_1'、A_2'、A_3'、A_4'、A_5'、A_6'、A_7 各点,即得到要求的凸轮轮廓曲线,在 A_0 点处画出推杆和导路。

一、选择题

1. 凸轮轮廓与从动件之间的可动连接是_____。

A. 移动副   B. 转动副   C. 高副   D. 低副

2. _____决定从动件预定的运动规律。

A. 凸轮转速   B. 凸轮轮廓曲线   C. 凸轮形状   D. 从动件形状

3. 凸轮机构从动件做等速规律运动时,会产生_____冲击。

A. 刚性   B. 柔性   C. 没有

4. 在从动件运动规律不变的情况下,若缩小凸轮基圆半径,则压力角_____。

A. 减小   B. 不变   C. 增大

5. 设计盘形凸轮轮廓时,从动件应按_____的方向转动,以绘制其相对于凸轮转动时的移动导路中心线的位置。

A. 与凸轮转向相同   B. 与凸轮转向相反   C. 两者都可以

6. 对于滚子从动件盘形凸轮机构,为了使运动不失真,其理论轮廓外凸部分的最小曲率半径必须_____滚子半径。

A. 大于   B. 等于   C. 小于

7. 尖顶从动件盘形凸轮机构中,基圆的大小会影响_____。

A. 从动件的位移   B. 从动件的速度   C. 从动件的加速度   D. 凸轮机构的压力角

8. 移动从动件盘形凸轮机构中,_____形状的从动件传力性能最好。最易磨损的是_____形状的从动件。

A. 尖顶   B. 滚子   C. 平底

9. 在下列凸轮机构中,从动件与凸轮的运动不在同一平面中的是_____。

A. 移动滚子从动件盘形凸轮机构   B. 摆动滚子从动件盘形凸轮机构

C. 移动平底从动件盘形凸轮机构   D. 摆动从动件圆柱凸轮机构

10. 设计滚子从动件盘状凸轮轮廓时,若将滚子半径加大,那么凸轮轮廓线上各点的曲率半径_____。

A. 一定变大   B. 一定变小   C. 不变   D. 可能变大,也可能变小

二、设计题

1. 标出图 2-7-54 所示各凸轮机构在该位置时的压力角。

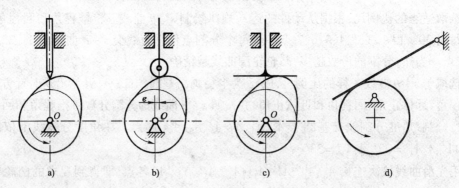

a)   b)   c)   d)

图 2-7-54

2. 图 2-7-55 所示对心直动滚子从动件凸轮机构。已知 $R=40$mm，$L_{OA}=25$mm，$r_T=5$mm。画出理论轮廓线及此时的压力角。试求凸轮的基圆半径 r_b 和从动件的行程 h。

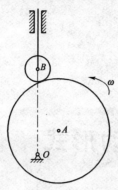

图 2-7-55

3. 设计一对心直动滚子从动件盘形凸轮机构，凸轮按顺时针方向转动，其基圆半径 $r_b=20$mm，滚子半径 $r_T=5$mm，从动件行程 $h=30$mm。其运动规律如表 2-7-4 所示。

对心直动滚子凸轮运动规律   表 2-7-4

凸轮转角 θ	0°~150°	120°~150°	180°~300°	300°~360°
从动件运动规律	等加速等减速上升到最高点	停止不动	等加速等减速下降到最低点	停止不动

项目八

分析常用机械传动形式

传动机构是一台机器中重要的组成部分,它将原动机和执行机构联系起来,实现运动和动力的传递和改变。例如,车辆的发动机是原动机,车轮是执行机构,变速器、差速器等就是传动机构。传动形式主要由机械传动、液压液力传动、气压传动等,本项目主要介绍机械传动。机械传动的主要方式有带传动、链传动、齿轮传动。

任务一　分析带传动

知识目标

1. 了解带传动的类型、特点和应用。
2. 掌握带传动的受力分析和应力分析。
3. 了解 V 带传动设计步骤和设计要点。

能力目标

1. 能分析带传动的受力情况和失效形式。
2. 能初步掌握带传动的安装、张紧与维护的技术要点。

任务描述

根据学习和分析,请回答以下问题:
(1)带传动中的弹性滑动和打滑有何区别?
(2)带传动的主要失效形式有哪些?其设计准则是什么?

知识链接

带传动是一种广泛使用的机械传动方式,是由主动带轮1、从动带轮2和传动带3组成。根据工作原理的不同,带传动分为摩擦型带传动(图2-8-1)和啮合型带传动两大类(图2-8-2)。

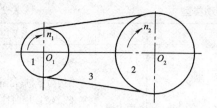

图 2-8-1　摩擦型带传动

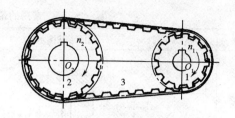

图 2-8-2　啮合型带传动

摩擦型带传动是利用环状的传动带紧箍着两个带轮,在传动带与带轮之间产生摩擦力,将主动带轮的运动和动力传递给从动轮。本任务主要介绍的是摩擦型带传动,简称带传动。

啮合型带传动依靠带内侧齿与带轮轮齿的啮合来传递运动和动力。啮合带主要是以细钢丝绳或玻璃纤维作为强力层,外覆以聚氨酯或氯丁橡胶的环形带。由于带的强力层承载后变形小,且内周制成齿状使其与齿形的带轮相啮合,故带与带轮间无相对滑动,构成同步传动,故啮合带又称为同步带或齿形带。啮合型带传动的优点是能保证固定的传动比;不依靠摩擦力传动,所需初拉力较小,轴和轴承上所承受的载荷小;带薄而轻,强力层强度高,允许的线速度较高,啮合型带传动的线速度可达 50m/s(有时可达 80m/s),传动功率可达 300kW,传动比可达 10(有时可达 20);带的柔性好,所用带轮的直径可以较小,结构紧凑;传动效率高,可达 0.98~0.99。啮合型带传动综合了带传动、齿轮传动和链传动的优点,当两轴中心距较大,要求速比恒定,机械周围不允许润滑油污染,要求运转平稳无噪声,使用维护方便时,啮合型带传动往往是最为理想的传动方式。啮合型带传动的主要缺点是制造、安装精度要求较高,成本高。目前,啮合型带传动已广泛应用于汽车、机械、纺织、家用电器以及计算机为代表的精密机械和测量计算机械领域。

一、带传动的类型和特点

如图 2-8-3 所示,根据传动形式,带传动分为四种:

(1)开口传动——两带轮轴线平行,两轮同向转动。

(2)交叉传动——两带轮轴线平行,两轮反向转动。

(3)半交叉传动——两带轮轴线交错,不能逆转。

(4)多路传动——容易实现多路运动的输出。

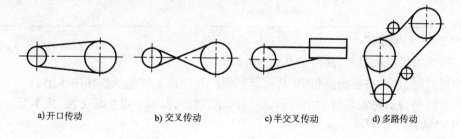

a)开口传动　　　　b)交叉传动　　　　c)半交叉传动　　　　d)多路传动

图 2-8-3　带传动的传动形式

根据带的截面形状分类,常用的带传动类型、特点及应用见表 2-8-1。

类型	截面形状图示	工作面	主要特点及应用
平带传动	 平带截面形状为矩形。主要有皮革平带、帆布芯平带、编织平带和复合平带等。接头方式有胶合、缝合、铰链带扣及无接头等	内表面	结构简单,带轮制造方便,平带质轻且挠曲性好,多用于高速和中心距较大的传动和物料输送
V带传动	 V带截面形状为等腰梯形。通常是无接头的环形带。V带由包布、顶胶、抗拉体和底胶四部分组成,包布用胶帆布,顶胶和底胶材料为橡胶;抗拉体是带工作时的主要承载部分。结构有帘布芯和绳芯两种 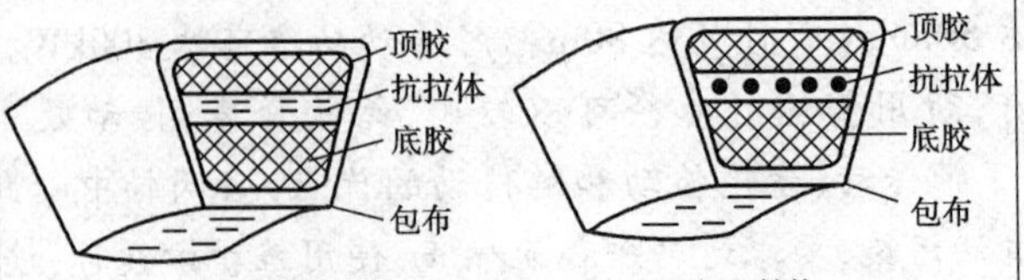 顶胶 抗拉体 底胶 包布 顶胶 抗拉体 底胶 包布 a) 帘布芯结构　　b) 绳芯结构	两侧面	V带与平带相比,在同样的张紧力下,V带传动当量摩擦系数大,较平带传动能产生更大的摩擦力,能传递较大的功率,且结构紧凑,在机械传动中应用最广。主要用于传递功率较大、中心距较小、传动比较大的场合
多楔带传动	 多楔带是在平带基体上加多根V带组成的,兼有平带和V带的优点,工作接触面数多,摩擦力大,柔韧性好	各楔的两侧面	传递功率更大,且能避免多根V带长度不等而产生传力不均的缺点,适于要求结构紧凑,或轮轴垂直于地面的场合
圆带传动		外表面	仅用于载荷很小的传动,如用于缝纫机和牙科医疗器械上

带传动的优点如下:

(1)弹性带可缓冲吸振,故传动平稳,噪声小。

(2)过载时,带会在带轮上打滑,从而起到保护其他传动件免受损坏的作用。

(3)单级带传动可实现较大中心距,结构简单,制造、安装和维护较方便,成本低。

带传动的缺点如下:

(1)带与带轮之间存在弹性滑动,导致速度损失,传动比不稳定。

(2)带传动的传动效率较低,为 $0.94 \sim 0.96$。

(3)带为非金属元件,寿命较短,不宜用在高温、易燃及有油、水等工作环境中。

(4)带传动的外廓尺寸大,且由于带需张紧,故作用于轴上的力较大。

总之,带传动适用于要求传动平稳,但传动比要求不严格的场合。在多级减速传动装置中,带传动常置于与电动机相连的高速级。

二、带传动的受力分析

1. 带传动的受力分析

如图2-8-4a)所示,不工作时,带两边承受相等的拉力,称为初拉力 F_0。工作时,带和带轮接触面间产生摩擦力,绕入主动轮的一边被拉紧,拉力由 F_0 增大到 F_1,称为紧边;离开主动轮的一边被放松,拉力由 F_0 减小为 F_2,称为松边,如图2-8-4b)所示。

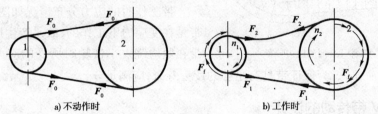

a) 不动作时　　　　　　　　　　　　b) 工作时

图2-8-4　带传动的受力分析

因为带的总长近似不变,所以紧边拉力的增加量 $F_1 - F_0$ 应等于松边拉力的减少量 $F_0 - F_2$,即:

$$F_0 = \frac{1}{2}(F_1 + F_2) \tag{2-8-1}$$

带的紧边和松边之间的拉力之差 F 称为带传动的有效拉力,即:

$$F = F_1 - F_2 \tag{2-8-2}$$

在最大静摩擦力范围内,带传动的有效拉力 F 与带与带轮之间的总摩擦力相等,同时,带传动的有效拉力 F 也是带传动所传递的圆周力,则带传动的功率为:

$$P = Fv \tag{2-8-3}$$

式中:P——带传动的功率,W;

F——带传动的圆周力/有效拉力/总摩擦力,N;

v——带的速度,m/s。

在一定的初拉力 F_0 作用下,带与带轮间的总摩擦力有一定的极限值,所以带传动的有效拉力或圆周力存在极限值。由公式 $F = 2F_0\left(\dfrac{e^{fa} - 1}{e^{fa} + 1}\right)$(推导略)可知,影响带传动的有效拉力或圆周力 F 的因素有:

(1)初拉力 F_0——有效拉力 F 与初拉力 F_0 成正比,初拉力 F_0 越大,有效圆周力 F 就越大。但初拉力 F_0 过大会加剧带的磨损,致使带过快松弛,缩短其工作寿命。

(2)摩擦系数 f —— 带与带轮间的摩擦系数 f 越大,摩擦力也越大,有效圆周力 F 就越大。

(3)包角 α——有效圆周力 F 随包角 α 的增大而增大。

2. 带传动的应力分析

带传动工作时,传动带中的应力由以下三部分组成:

(1)由拉力产生的拉应力 σ——紧边拉应力 $\sigma_1 = \dfrac{F_1}{A}$,松边拉应力 $\sigma_2 = \dfrac{F_2}{A}$($A$ 为带的横截

面面积)。

(2)由离心力产生的离心拉应力 σ_c——工作时,绕在带轮上的传动带做圆周运动,产生离心拉力 F_c,则离心拉应力 $\sigma_c = F_c/A = qv^2/A$。

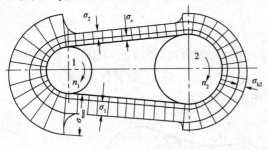

(3)弯曲应力 σ_b——带绕过带轮的部分发生弯曲,从而产生弯曲应力 $\sigma_b \approx Eh/d$(E 为带的弹性模量,h 为带的横截面高度,d 为带轮直径)。因此,为避免弯曲应力过大,小带轮直径不能过小。

带工作时的应力分布情况如图 2-8-5 所示。带是在变应力下工作的,故易产生疲劳破坏。当带在紧边绕入小带轮时所受的应力达到最大值

图 2-8-5 带工作时的应力分布

$\sigma_{max} = \sigma_1 + \sigma_c + \sigma_{b1}$。为保证带具有足够的疲劳寿命,应满足 $\sigma_{max} \leqslant [\sigma]$。

三、普通 V 带传动的设计

1. 带传动的设计准则

由带传动的受力分析可知,带传动的主要失效形式是打滑和带的疲劳损坏。因此,带传动的设计准则为在保证带传动不打滑的前提下,使带具有一定的疲劳强度和寿命。

2. 普通 V 带传动的设计步骤

普通 V 带传动设计时,通常已知:传动的用途和工作情况;传递的功率 P;主动轮、从动轮的转速 n_1、n_2 或传动比 i;传动位置要求和外廓尺寸要求;原动机类型等。设计时主要确定:V带的型号、长度和根数;传动的中心距,带的初拉力和作用在轴上的压力等。

(1)确定计算功率 P_c。

计算功率 P_c 是根据传递的额定功率 P,并考虑到载荷的性质和工作时间长短等工况而确定的。计算功率 P_c 的计算公式为 $P_c = K_A P$,式中的 K_A 为工况系数,可查表 2-8-2 选取。

带传动的工况系数 K_A 表 2-8-2

工况		I 类原动机			II 类原动机		
		每天的工作小时数					
		<10	10~16	>16	<10	10~16	>16
载荷平稳	通风机和鼓风机(≤7.5kW)、离心式水泵和压缩机、轻型输送机等	1.0	1.1	1.2	1.1	1.2	1.3
载荷变动小	带式输送机、通风机(>7.5kW)、旋转式水泵和压缩机、发电机、金属切削机床、印刷机、振动筛等	1.1	1.2	1.3	1.2	1.3	1.4
载荷变动较大	斗升提升机、往复式水泵和压缩机、磨粉机、纺织机械、重载输送机等	1.2	1.3	1.4	1.4	1.5	1.6
载荷变动很大	破碎机、磨碎机、起重机等	1.3	1.4	1.5	1.5	1.6	1.8

注:I 类——普通鼠笼式交流电动机、同步电动机、并激直流电动机、$n \geqslant 600$r/min 内燃机。

II 类——交流电动机(双鼠笼式、滑环式、单相、大转差率)、直流电动机、$n \leqslant 600$r/min 内燃机。

（2）选择 V 带的型号。

根据计算功率 P_c 和小带轮的转速 n_1，从图 2-8-6 中选择 V 带的型号。

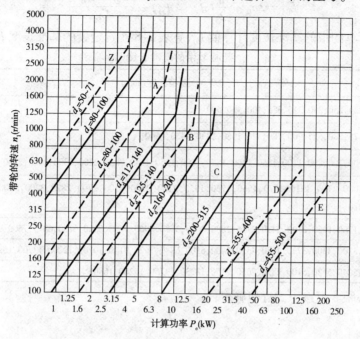

图 2-8-6　普通 V 带选型图

（3）确定带轮基准直径 d_{d1}、d_{d2}。带轮越小，传动结构越紧凑，但弯曲应力越大，使带的寿命降低。设计时应取小带轮的基准直径 $d_{d1} \geqslant d_{dmin}$，$d_{dmin}$ 的取值见表 2-8-3。大带轮的基准直径 $d_{d2} = id_{d1}(1 - \varepsilon)$，并圆整为系列值。

普通 V 带轮最小基准直径及带轮直径系列（mm）　　　　　表 2-8-3

V 带型号	Y	Z	A	B	C	D	E
d_{dmin}	20	50	75	125	200	355	500
推荐直径	≥28	≥71	≥100	≥140	≥200	≥355	≥500
带轮直径系列 Z 型	50,56,63,71,75,80,90,100,112,125,140,150,160,180,200,224,250,280,315,355,400,500,560,630						
A 型	75,80,90,100,112,125,140,150,160,180,200,224,250,280,315,355,400,450,500,560,630,710,800						
B 型	125,140,150,160,180,200,224,250,280,315,355,400,450,500,560,630,710,800,1000,1120						
C 型	200,210,224,236,250,280,300,355,400,450,500,560,600,630,710,750,800,900,1000,1120,1250,1400,1600,2000						

（4）验算带速 v。

$$v = \frac{\pi d_{d1} n_1}{60 \times 1000} \tag{2-8-4}$$

带速 v 一般应在 $5 \sim 25\text{m/s}$ 的范围内为宜。带速过高会使离心力增大，带与带轮间的摩擦力减小，传动中易打滑；带速过低会使传递的圆周力增大，带的根数增多。

（5）确定中心距 a 和基准带长 L_d。

①初步确定中心距 a_0：设计时如无特殊要求，可按下式计算：

$$0.7(d_{d1} + d_{d2}) \leqslant a_0 \leqslant 2(d_{d1} + d_{d2}) \tag{2-8-5}$$

②由带传动的几何关系,按下式计算带的基准长度 L_0:

$$L_0 = 2a_0 + \frac{\pi}{2}(d_{d1} + d_{d2}) + \frac{(d_{d2} - d_{d1})^2}{4a_0} \qquad (2\text{-}8\text{-}6)$$

根据上式计算的带的基准长度计算值 L_0,查表2-8-4选定带的基准长度 L_d。

普通 V 带的基准长度　　　　　　　　　表2-8-4

带的型号	基准长度(mm)
Y 型	200,224,250,280,315,355,400,450,500
Z 型	405,475,530,625,700,780,820,1080,1330,1420,1540
A 型	630,700,790,890,1100,1250,1400,1550,1600,1750,1940,2050,2200,2300,2480,2700
B 型	930,1000,1100,1210,1370,1560,1760,1950,2180,2300,2500,2700,2870,3200,3600,4060,4430,4820,5370,6070
C 型	1565,1760,1950,2195,2420,2715,2880,3080,3520,4060,4600,5380,6100,6815,7600,9100,10700
D 型	2740,3100,3300,3730,4080,4620,5400,6100,6840,7620,9140,10700,12200,13700,15200
E 型	4660,5040,5420,6100,6850,7650,9150,12230,13750,15280,16800

③实际中心距 a 可按下式近似确定:

$$a \approx a_0 + \frac{L_d - L_0}{2} \qquad (2\text{-}8\text{-}7)$$

④考虑到安装调整和张紧的需要,实际中心距 a 的变化范围为:

$$(a - 0.015L_d) \sim (a + 0.03L_d) \qquad (2\text{-}8\text{-}8)$$

(6)校验小带轮包角 α_1。

$$\alpha_1 = 180° - 57.3° \times (d_{d2} - d_{d1})/a \qquad (2\text{-}8\text{-}9)$$

一般要求 $\alpha_1 \geqslant 120°$,特殊情况下允许 $\alpha_1 \geqslant 90°$。若不能满足,可增大中心距或减少两轮直径差,必要时设置张紧轮。

(7)确定带的根数 z。

$$z \geqslant \frac{P_c}{[P_c]} = \frac{P_c}{(P_o + \Delta P_o)K_\alpha K_L} \qquad (2\text{-}8\text{-}10)$$

带的根数应圆整,为了使各带受力均匀,根数不宜太多,通常 $z < 10$。如果计算结果超出范围,应改选带的型号或加大带轮直径,重新计算。

(8)确定单根 V 带的初拉力 F_0。

$$F_0 = 500 \frac{P_c}{zv}\left(\frac{2.5}{K_\alpha} - 1\right) + qv^2 \qquad (2\text{-}8\text{-}11)$$

保持适当的初拉力是带传动正常工作的必要条件。初拉力过小,则传动时摩擦力过小,易打滑;初拉力过大,则降低带的寿命,并增大了轴和轴承的压力。对于非自动张紧的新带传动,安装时的张紧力为计算值的1.5倍。

(9)计算作用在带轮轴上的压力 F_Q。

V 带的张紧对轴和轴承的压力 F_Q 会影响轴和轴承的强度和寿命。为了简化计算,一般按静止状态下带两边的预紧力进行计算,则:

$$F_Q = 2zF_0\sin\frac{\alpha_1}{2} \qquad (2\text{-}8\text{-}12)$$

（10）带轮结构设计。

带轮由轮缘、轮辐和轮毂三部分组成。V带轮按轮辐结构分为实心式、腹板式、孔板式、轮辐式四种形式，如图2-8-7所示。带轮各部分的尺寸可参考相关的机械设计手册。

a) 实心式　　　b) 腹板式　　　c) 孔板式　　　d) 轮辐式

图2-8-7　V带轮的机构

普通V带轮常用的材料是灰铸铁。当带速 $v \leqslant 25\text{m/s}$ 时，可用 HT150 制造；当带速 $v = 25 \sim 30\text{m/s}$ 时，可用 HT200 制造；当带速 $v > 35\text{m/s}$ 时，可用球墨铸铁、铸钢或锻钢制造；当传递功率较小时，可用铸铝或工程塑料。

四、带传动的张紧、安装和维护

1. 带传动的张紧

带在初始安装时需要张紧，并且在工作一段时间后会因带的松弛也需要重新张紧，以保证带传动的传动能力。常用的张紧方法有两种：

（1）采用定期或自动张紧装置调整中心距。在水平或倾斜不大的传动中，可通过调节螺钉使电动机在滑道上移动，直到所需位置，如图2-8-8a)所示；在垂直或接近垂直的传动中，可通过螺栓调节摆动架（电动机轴中心）的位置，起到张紧的作用，如图2-8-8b)所示。此外，也可依靠电动机和机架的自重使电动机摆动实现自动张紧，如图2-8-8c)所示。

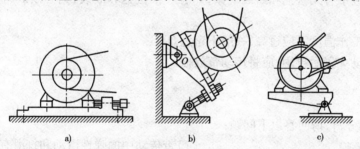

a)　　　　　　　　b)　　　　　　　　c)

图2-8-8　调整中心距

（2）安装张紧轮。中心距不可调时，可采用张紧轮装置。V带传动一般将张紧轮安放在松边内侧靠近大带轮处，以减小对小带轮包角的影响，同时V带承受单向弯曲，如图2-8-9所示。平带传动一般将张紧轮安放在松边外侧靠近小带轮处，既可使平带张紧，还可增大小带轮的包角，从而提高传动能力，如图2-8-10所示。

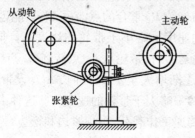

从动轮　　　　　　　主动轮

张紧轮

图2-8-9　V带安装张紧轮

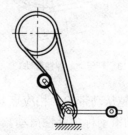

图2-8-10　平带安装张紧轮

2. 带传动的安装和维护

为了延长带的使用寿命，保证传动的正常进行，必须正确地使用和维护带传动。下面以 V 带传动为例说明带传动安装和维护的技术要点。

（1）安装 V 带时，先将中心距缩小后将带套入，然后慢慢调整中心距，直至张紧。新带使用前，最好预先拉紧一段时间后再使用。严禁用其他工具强行起撬皮带。

（2）安装 V 带时应按规定的初拉力张紧。一般中等中心距的情况下，以大拇指能压下 15mm 左右为宜。

（3）安装 V 带时，两带轮轴线应相互平行，各带轮相对应的轮槽的对称平面应重合，其偏角误差不得超过 $20'$，如图 2-8-11 所示。否则，会使 V 带传动时扭曲和早期磨损。

（4）为使带传动正常工作，V 带的外边缘应与带轮的轮缘取齐，新安装时可略高于轮缘，如图 2-8-12 所示。

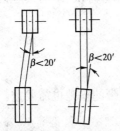

图 2-8-11　带轮轴线偏角

图 2-8-12　V 带外边缘与轮缘的安装示意图

（5）为确保安全，带传动应安装防护罩，并保证通风良好和运转时带不碰擦防护罩，同时防止油、酸、碱对带的腐蚀，及时清除带轮槽及带上的油污。

（6）定期检查带有无松弛和断裂现象，如有一根松弛和断裂，则必须成组更换，新旧带不能同时混合使用。

（7）带传动工作温度不应过高，一般不超过 60℃。

（8）若带传动久置后再用，应将传动带放松。

任务实施

根据学习和分析，请回答以下问题：

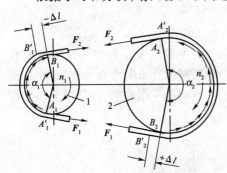

图 2-8-13　带传动的弹性滑动

（1）带传动中的弹性滑动和打滑有何区别？

答：①弹性滑动。由于带是弹性体，受力后将会产生弹性变形，且紧边拉力 F_1 大于松边拉力 F_2，因此紧边的伸长率大于松边的伸长率。如图 2-8-13 所示，当主动带轮靠摩擦力使带一起运转时，带轮从 A_1 点转到 B_1 点，由于带的拉力由 F_1 逐渐减小至 F_2，带缩短 Δl，原来应与带轮 B_1 重合的点滞后 Δl，只能运动到 B_1' 点，因此带的速度 v 略小于带轮的速度 v_1。同理，当带使从动带轮运转时，带轮从 A_2 点转到 B_2 点，由于带的拉力由 F_2 逐渐增大至 F_1，带伸长 Δl（设带总长不变），

带的 B_2 点超越从动带轮的相应点 B_2，即带的速度 v 略大于带轮的速度 v_2。这种由于带的弹性变形而产生的滑动称为弹性滑动。只要带传动传递工作载荷，出现紧边和松边，弹性滑动是不可避免的。由于弹性滑动现象的存在，带传动的传动比计算公式为：

$$i = \frac{n_1}{n_2} = \frac{d_2}{d_1(1-\varepsilon)}$$

式中:ε——带的滑动率,通常在 $0.01\sim0.02$ 之间,在一般传动计算时可忽略。

②打滑。当带的初拉力一定时,带传动的最大有效拉力或摩擦力一定。当摩擦力不足以克服负载时,带在整个轮面上发生滑动,这种由于过载引起的全面滑动称为打滑。打滑使带传动失去稳定性,无法继续工作,引起带的严重磨损,是一种失效现象。打滑可以避免,且必须避免。

(2)带传动的主要失效形式有哪些?其设计准则是什么?

答:由带的受力分析和应力分析可知,带传动的主要失效形式是打滑和带的疲劳损坏。因此,带传动的设计准则为:在保证带传动不打滑的前提下,使带具有一定的疲劳强度和寿命。

自我检测

一、选择题

1.由于带传动存在弹性滑动现象,设 v_1 为主动轮圆周速度,v_2 为从动轮圆周速度,v 为带速,则这三个速度之间的关系是_____。

A.$v_1 = v_2 = v$ B.$v_1 > v > v_2$ C.$v_1 < v < v_2$ D.$v_1 = v > v_2$

2.带传动中的弹性滑动_____。

A.可避免   B.不可避免

C.在张紧力足够时可以避免   D.在传递功率较小时可以避免

3.带传动中,传动带的最大应力出现在_____。

A.带在紧边进入主动轮的位置   B.带在主动轮绕到松边的位置

C.带在松边进入从动轮的位置   D.带在从动轮绕到紧边的位置

4.带传动的设计准则是( )。

A.保证带具有一定寿命

B.保证带不发生弹性滑动的前提下,带不被拉断

C.保证带不被拉断

D.保证带不打滑的前提下,带具有一定的疲劳强度和寿命

5.带传动中,紧边拉力为 F_1,松边拉力为 F_2,其有效圆周力 F 为( )

A.$F_1 + F_2$ B.$(F_1 + F_2)/2$ C.$F_1 - F_2$ D.$(F_1 - F_2)/2$

6.带传动张紧的目的是_____。

A.减轻带的弹性滑动   B.提高带的寿命

C.改变带的运动方向   D.使带具有一定的初拉力

7.带传动不能保证准确的传动比,原因是_____。

A.带易变形和磨损   B.带在带轮上打滑

C.带工作时发生弹性滑动   D.带传动的中心距大

8.设计 V 带传动时,为防止_____,应限制小带轮的最小直径。

A.带的弯曲应力过大   B.小带轮的包角过小

C.打滑   D.弹性滑动

9.在一般传动机械中,主要采用的带为_____。

A.平带   B.同步带   C.V 带   D.圆带

10. 摩擦型带传动主要是依靠_____传递运动和功率的。

A. 带与带轮接触面间的正压力　　　　　B. 带的紧边拉力

C. 带与带轮接触面间的摩擦力　　　　　D. 带的初拉力

11. 在 V 带设计中,若带速过大,则带的_____将过大,而导致带的寿命降低。

A. 拉应力　　　　　　B. 离心应力　　　　　C. 弯曲应力

12. 带传动在工作时产生弹性滑动是由于_____。

A. 包角过小　　　　　　　　　　　　B. 初拉力太小

C. 紧边拉力与松边拉力不等　　　　　D. 传动过载

13. 选取 V 带型号,主要取决于_____。

A. 带传递的功率和小带轮的转速　　　B. 带的线速度

C. 带的紧边拉力　　　　　　　　　　D. 带的松边拉力

14. V 带是以_____作为公称长度的。

A. 外周长度　　　　　　B. 内周长度　　　　　C. 基准长度

15. 对于 V 带传动,实际中心距与初定中心距不一致,这是由于_____。

A. 带传动有误差　　　　　　　　　　B. 带轮加工有尺寸误差

C. 选用标准带的长度　　　　　　　　D. 带的安装和张紧的需要

二、判断题

1. 带传动是依靠传动带与带轮之间的摩擦力来传递运动的。　　　　　　　　　(　)

2. 带传动中,影响传动效果的是大带轮的包角。　　　　　　　　　　　　　　(　)

3. 带传动发生打滑时,多发生在大带轮上。　　　　　　　　　　　　　　　　(　)

4. V 带传动工作时,V 带与带轮轮槽间接触的部位是 V 带的底面。　　　　　　(　)

5. 带传动的主要失效形式是弹性滑动。　　　　　　　　　　　　　　　　　　(　)

三、简答题

1. 带传动的设计准则是什么?

2. 什么是带的弹性滑动? 引起弹性滑动的原因是什么? 它与打滑的区别是什么?

3. 什么是带的打滑? 打滑一般发生在大带轮上还是小带轮上? 为什么?

4. 解释带传动的有效拉力含义。

5. 带传动张紧的目的是什么? 常用的张紧方法有哪些?

四、计算题

已知 V 带传递的实际功率 $P = 7kW$,带速 $v = 10m/s$,紧边拉力 F_1 是松边拉力 F_2 的 2 倍。试求有效圆周力 F,紧边拉力 F_1,松边拉力 F_2。

任务二　分析链传动

知识目标 ●────────────────────────────

1. 了解链传动的工作原理、特点和应用。

2. 掌握滚子链的组成和结构特点。

3. 了解链传动的失效形式。

1. 能熟练计算链传动的传动比。
2. 能初步掌握链传动的安装、张紧与维护的技术要点。

任务描述

根据学习和分析,请回答以下问题:

如图 2-8-14 所示的三个链传动,请画出小链轮 1 按什么方向转动比较合理? 说明原因。

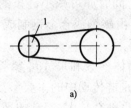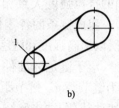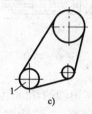

图 2-8-14 待确定小链轮转向的链传动

知识链接

如图 2-8-15 所示,链传动由主动链轮 1、从动链轮 2 和绕在链轮上的链条 3 组成。链传动是以链条为中间挠性件的啮合传动,通过链条与链轮轮齿相啮合传递运动和动力。

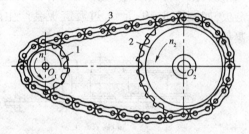

图 2-8-15 链传动

一、链传动的分类和特点

根据用途的不同,链传动分三大类:

(1)传动链用于一般机械上动力和运动的传递,通常工作速度不大于 20m/s。常用的传动链有滚子链和齿形链两种,如图 2-8-16 所示。本任务将主要介绍滚子链。

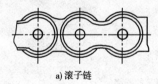
a)滚子链

b)齿形链

图 2-8-16 传动链的常用类型

(2)起重链用于起重机械中提升重物,其工作速度不大于 0.25m/s。

(3)牵引链又称输送链,用于链式输送机中移动重物,其工作速度不大于 2~4m/s。

与带传动相比,链传动无弹性滑动和打滑现象,平均传动比为常数,效率高;由于啮合传动的张紧力小,压轴力小;结构紧凑,可在高温、潮湿等恶劣环境下工作。与齿轮传动相比,适于远距离传动;制造、安装精度低,成本低。但链传动只能用于平行轴间的传动,且同向转动;瞬时传动比不是常数,传动平稳性较差,有冲击和噪声,且磨损后易发生跳齿,不宜用于高速和急速反向传动的场合,成本比带传动高。

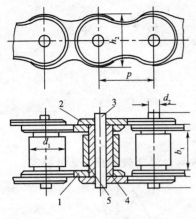

图 2-8-17　滚子链的结构

二、滚子链的组成

滚子链是由内链板 1、外链板 2 和销轴 3、套筒 4 和滚子 5 组成,如图 2-8-17 所示。其中,内链板与套筒、外链板与销轴均为过盈配合,套筒与销轴、滚子与套筒之间分别采用间隙配合,因此,内、外链板在链节屈伸时可相对转动。当链与链轮啮合时,链轮齿面与滚子之间形成滚动摩擦,可减轻链条与链轮轮齿的磨损。内、外链板制成"∞"字形,可使其剖面的抗拉强度大致相等,同时亦可减小链条的自重和惯性力。组成链条的各零件,由碳钢或合金钢制成,并进行热处理,以提高强度和耐磨性。

滚子链是标准件,具体参数和尺寸可参考相关国家标准。链条上相邻销轴的轴间距离称为链节距 p。链节距 p 是链传动中的主要参数。链节距越大其承载能力越高,但传动中的附加动载荷、冲击和噪声也都会越大,运动的平稳性就越差。因此,在满足传递功率的前提下,应尽量选取小节距的单排链。

链条长度以链节数来表示。链节数通常取偶数,当链条连为环形时,正好是外链板和内链板相接,接头处可用开口销或弹簧夹锁紧,如图 2-8-18 所示。若链节数为奇数,则需采用过渡链板,如图 2-8-19 所示,过渡链板会产生附加弯矩,使链传动的承载能力减小 20%,应尽量避免。

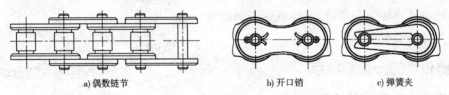

a) 偶数链节　　　　　　b) 开口销　　　　c) 弹簧夹

图 2-8-18　偶数链节的连接

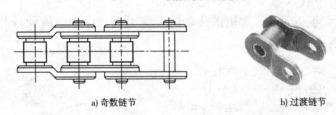

a) 奇数链节　　　　　　b) 过渡链节

图 2-8-19　奇数链节的连接

滚子链的标记为"链号 – 排数 × 整链链节数　标准号"。例如,节距为 15.875mm,A 系列,双排,80 节的滚子链,标记为:10A – 2 × 80　GB/T 1243.1—1997。

三、链轮的结构

链轮的结构有实心式、孔板式、焊接式和螺栓连接四种。链轮的齿形应保证链条能平稳而顺利地进入和退出啮合,受力均匀,不易脱链,而且便于加工。常用的链轮采用"三圆弧一直线"齿形,端面齿形由 aa、ab 和 cd 三段圆弧和一条直线 bc 构成,如图 2-8-20 所示。

链轮应有足够的强度和耐磨性,齿面通常要经过淬火及回火热处理。由于小链轮轮齿的啮合次数比大链轮轮齿的啮合次数多,受冲击也比较大,故小链轮的材料应优于大链轮。常用的链轮材料有碳钢(如 Q235、Q275、45、ZG310-570 等)、灰铸铁(如 HT200 等)、合金钢(如 15Cr、20Cr、35CrMo 等)。

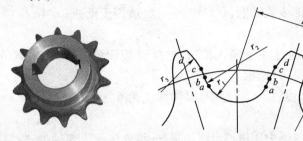

图 2-8-20　"三圆弧—直线"链轮齿形

四、滚子链传动的失效形式

由于链条的结构比链轮复杂,强度不如链轮高,所以链传动的承载能力主要取决于链条。链条失效的形式有以下五种:

(1)链板疲劳破坏。链传动时由于松边和紧边的拉力不同,使得链条各元件受变应力的作用,经过一定的循环次数后,内、外链板会发生疲劳破坏,在正常润滑条件下,疲劳强度是限定链传动承载能力的主要因素。

(2)滚子、套筒的冲击疲劳破坏。链节与链轮啮合时,滚子与链轮间会产生冲击,高速时冲击载荷较大,套筒与滚子表面发生冲击疲劳破坏。

(3)销轴与套筒的胶合。当润滑不良或速度过高时,销轴与套筒的工作表面摩擦发热较大,而使两表面发生黏附磨损,严重时则产生胶合。

(4)链条铰链磨损。链在工作过程中,销轴与套筒的工作表面会因相对滑动而磨损,导致链节距增大,链与链轮的啮合点外移,容易引起跳齿和脱链。

(5)过载拉断。在低速($v < 6$ m/s)重载或瞬时严重过载时,链条可能被拉断。

五、链传动的张紧与维护

链传动要合理布置,一般两链轮的回转面应在同一铅垂面内;两链轮中心线最高水平或与水平面的夹角≤45°,紧边在上,松边在下;尽量避免垂直布置。

链传动的张紧方法不决定工作能力,而是决定松边垂度的大小,合适的松边垂度为 $f = (0.01 \sim 0.02)a$。链传动张紧的方法有调整中心距和在靠近主动链轮的松边上加张紧轮,如图 2-8-21 所示。张紧轮一般位于松边的外侧,可以是齿数与小链轮相近的链轮,也可以是无齿的小直径夹布胶木辊轮。

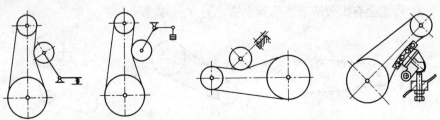

图 2-8-21　链传动的张紧轮布置

链条和链轮要经常清洗,去除灰尘及杂物,减轻磨粒磨损。为了安全,链传动最好也要安装保护罩。良好的润滑能减少链传动的摩擦和磨损,能缓和冲击、帮助散热,良好的润滑可以提高链传动的寿命,是链传动正常工作的必要条件。链传动润滑方式有以下五种:

(1)人工定期润滑:用油壶或油刷,每班注油一次,适用于低速 $v \leqslant 4m/s$ 的不重要链传动,如图 2-8-22a)所示。

(2)滴油润滑:用油杯通过油管滴入松边内、外链板间隙处,5～20 滴/min,适用于 $v \leqslant 10m/s$ 的链传动,如图 2-8-22b)所示。

(3)油浴润滑:将松边链条浸入油盘中,浸油深度为 6～12mm,适用于 $v \leqslant 12m/s$ 的链传动,如图 2-8-22c)所示。

(4)飞溅润滑:在密封容器中用甩油盘将油甩起,沿壳体流入集油处,然后引导至链条上,但甩油盘线速度应大于 3m/s,如图 2-8-22d)所示。

(5)压力润滑:当采用 $v \geqslant 8m/s$ 的大功率传动时,应采用特设的油泵将油喷射至链轮链条啮合处,如图 2-8-22e)所示。

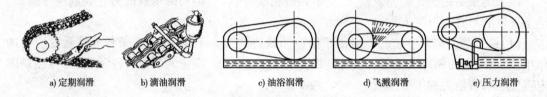

a)定期润滑   b)滴油润滑   c)油浴润滑   d)飞溅润滑   e)压力润滑

图 2-8-22　链传动的润滑方式

润滑油应加于松边,因为松边面间比压较小,便于润滑油的渗入。润滑油推荐用 L－AN32、L－AN46 和 L－AN68 号全损耗系统用油。低速重载可采用含沥青高的黑油或润滑脂,但应定期涂抹和清洗。

任务描述

根据学习和分析,请回答以下问题:

图 2-8-23 所示的三个链传动,请画出小链轮 1 按什么方向转动比较合理? 说明原因。

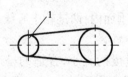 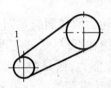 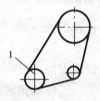

图 2-8-23　待确定小链轮转向的链传动

答:题解如图 2-8-24 所示。这样确定小链轮转向的主要原因是保证紧边在上,松边在下。如果松边在上,可能会有少数链节垂落到小链轮上,产生链条卡住的现象。

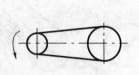 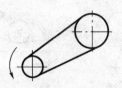 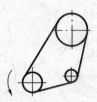

图 2-8-24　已确定小链轮转向的链传动

一、选择题

1.链传动中,尽量避免采用过渡链节的主要原因是_____。

A.制造困难　　　　　　B.价格高　　　　　　C.链板受附加弯曲应力

2.链传动作用在轴上的力比带传动小,其主要原因是_____。

A.啮合时无需很大的初拉力　　　　　　B.链条离心力大

C.传递的功率小　　　　　　　　　　　D.在传递功率相同时,圆周力小

3.与带传动相比,链传动的主要特点之一是_____。

A.缓冲减振　　　　　　B.超载保护　　　　　　C.无打滑

4.链传动中心距过小的缺点是_____。

A.链条工作时易颤动,运动不平稳　　　　B.链条运动不均匀性和冲击作用增强

C.小链轮上的包角小,链条磨损快　　　　D.容易发生脱链现象

5.当链轮磨损后,脱链通常在_____发生。

A.小链轮上　　　　　　　　　　　　　B.大链轮上

C.大小链轮上同时　　　　　　　　　　D.不确定

二、简答题

1.链传动和带传动相比有哪些优缺点?

2.链传动的主要失效形式有哪几种?

3.链传动在安装布置大小链轮时需要注意哪些?

任务三　分析齿轮传动

知 识 目 标

1.了解齿轮传动的类型、特点及应用场合。

2.掌握渐开线齿轮的特点及正确传动、连续传动的条件。

3.掌握渐开线圆柱齿轮的基本参数及几何尺寸计算。

4.了解齿轮传动的失效形式及强度计算准则。

5.了解斜齿轮传动、锥齿轮传动、蜗杆传动的特点及应用。

能 力 目 标

1.能正确计算渐开线圆柱齿轮的各部分几何尺寸。

2.能判定齿轮传动中的齿轮转向和受力方向。

3.能根据工况分析齿轮传动的主要失效形式。

任 务 描 述

根据学习和分析,完成以下两个任务:

(1)已知一标准直齿圆柱齿轮的模数 $m = 3mm$,齿数 $z = 19$,求该齿轮分度圆直径、基圆直径、齿顶圆直径、齿根圆直径、齿距、基圆齿距、齿顶高、齿根高、分度圆上的齿厚和齿槽宽。

(2)已知一对正常齿制的外啮合直齿圆柱齿轮机构,测得两轴孔间距 $a = 168\text{mm}$,输入轴转速 $n_1 = 400 \text{ r/min}$,输出轴转速 $n_2 = 200 \text{ r/min}$。若将小齿轮卸下后,大齿轮可以同一个齿顶圆直径为 $d_a = 88\text{mm}$,齿数为 20 的另一个齿轮正确啮合。试求该对齿数 z_1、z_2。

知 识 链 接 •

一、齿轮传动的类型和特点

1.齿轮传动的类型

按照齿轮传动轴线间的相互位置、齿向和啮合情况,齿轮传动可做如图 2-8-25 所示分类。

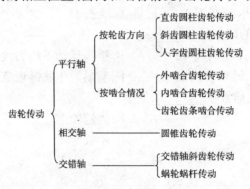

图 2-8-25　齿轮传动的类型

按齿廓曲线可分为渐开线齿轮传动、摆线齿轮传动、圆弧齿轮传动等。其中,渐开线齿轮传动应用最为广泛。

2.齿轮传动的特点

齿轮传动是现代机械中应用最广泛的传动机构之一,常用于传递任意两轴间的运动和动力。与其他传动机构相比,其主要优点是:能保证瞬时传动比恒定;适用的圆周速度和功率范围广,效率高;工作可靠且寿命长;可以传递空间任意两轴间的运动及动力。其缺点是:制造、安装精度要求较高,故成本高;精度低时噪声大,是机器的主要噪声源之一;不宜用作轴间距过大的两轴之间的传动。

二、渐开线的形成和性质

1.渐开线的形成

如图 2-8-26a)所示,一直线 NK 沿半径为 r_b 的圆周做纯滚动,该直线上任意一点 K 的轨迹 AK 称为该圆的渐开线,该圆称为渐开线的基圆,直线 NK 称为渐开线的发生线,r_K 和 θ_K 分别称为渐开线上点 K 的向径和展角。

2.渐开线的性质

由渐开线形成的过程可知,渐开线具有下列性质:

(1)发生线在基圆上滚过的长度等于基圆上被滚过的圆弧长,即 $NK = AN$。

(2)由于发生线在基圆上纯滚动,切点 N 是渐开线 K 点的曲率中心,NK 是渐开线上 K 点的法线,渐开线上任意点的法线必与基圆相切。

(3)渐开线的形状取决于基圆的大小。如图 2-8-26b)所示,当展角 θ_K 相同时,基圆越小,渐开线越弯曲;基圆越大,渐开线越平直;当基圆半径为无穷大时,渐开线变成一条直线,故齿条的齿廓曲线为直线。

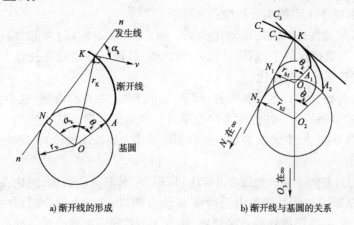

a) 渐开线的形成　　　　　　　　　b) 渐开线与基圆的关系

图 2-8-26　渐开线的形成及性质

（4）基圆内无渐开线。

（5）渐开线齿廓上 K 点所受的正压力方向与 K 点的速度方向之间所夹的锐角，称为渐开线在 K 点的压力角 α_K。由图可知，渐开线上各点的压力角不同。离基圆越远的点，压力角越大。渐开线在基圆上点的压力角为零。

3. 渐开线齿廓的啮合特性

如图 2-8-27a）所示，两渐开线齿轮上互相啮合的一对齿廓，点 K 为两齿廓的接触点。过点 K 作两齿廓的公法线 n—n 与两轮连心线交于 P 点。根据渐开线性质可知，公法线 n—n 必同时与两轮的基圆相切，即公法线 n—n 为两轮基圆的一条内公切线。由于两基圆的大小和位置都已确定，同一方向的内公切线只有一条，故公法线 n—n 与连心线 O_1O_2 的交点 P 是一个定点。定点 P 称为节点。以两轮轴心 O_1、O_2 为圆心，过节点 P 所作的两个相切的圆称为该对齿轮的节圆。经几何证明可知：

$$i_{12} = \frac{\omega_1}{\omega_2} = \frac{O_2P}{O_1P} = \frac{r_{b2}}{r_{b1}} \qquad (2\text{-}8\text{-}13)$$

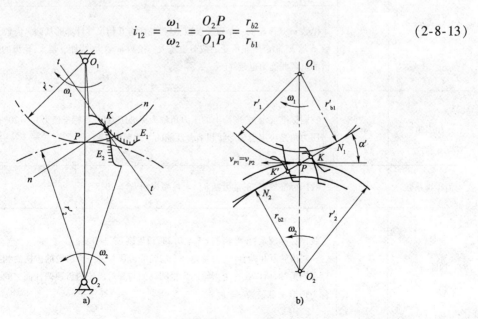

a)　　　　　　　　　　　　　　b)

图 2-8-27　渐开线齿廓的啮合特性

即一对节圆在节点处的线速度相等,故两齿轮的啮合传动可视为两节圆做纯滚动。

渐开线齿廓有以下三点的啮合特性:

(1)渐开线齿廓能保证瞬时定传动比传动。根据公式(2-8-13)可知,当一对渐开线齿轮制成后,其基圆半径就是定值了,则传动比 i_{12} 为定值,故渐开线齿轮在任意点啮合时,传动比不变,且与两轮的基圆半径成反比。

(2)中心距可分性。由以上分析可知,即使两轮的中心距稍有改变,也不会影响两轮的传动比。渐开线齿轮传动的这一特性称为中心距可分性。这是渐开线齿轮的一大优点,具有很大的实用价值。当有制造、安装误差或轴承磨损导致中心距微小改变时,仍能保持良好的传动性能。

(3)齿轮的传力方向不变。如图 2-8-27b)所示,一对渐开线齿廓,无论在哪一点接触,过接触点的齿廓公法线总是两基圆的内公切线 N_1N_2。所以,在啮合的全过程中,所有接触点都在 N_1N_2 上,即 N_1N_2 是两齿廓接触点的轨迹,称其为齿轮传动的啮合线。啮合线 N_1N_2 与两节圆的公切线的夹角称为啮合角 α'。因为两齿廓啮合传动时,其间的正压力是沿齿廓法线方向作用的,也就是沿啮合线方向传递,啮合线为直线,故齿廓间正压力方向保持不变。

三、渐开线直齿圆柱齿轮的基本参数和几何尺寸

渐开线标准直齿圆柱齿轮的五个基本参数见表 2-8-5。渐开线标准直齿圆柱外啮合齿轮各部分的几何尺寸计算公式见表 2-8-6。

渐开线标准直齿圆柱齿轮的五个基本参数 表 2-8-5

名称	符号	含义
齿数	z	圆周上均匀分布的轮齿总数。齿数 z 影响齿轮的几何尺寸和齿廓曲线的形状
模数	m	将齿轮分度圆上的比值 p/π 规定为标准值,称为模数。标准模数系列见表 2-8-7 模数 m 是齿轮的一个重要参数,是齿轮所有几何尺寸计算的基础。齿数相同的齿轮,模数 m 越大,轮齿所能承受的载荷也越大。模数 m 越大、齿距 p 越大,轮齿的尺寸也越大,轮齿的抗弯曲能力也越高
压力角	α	我国标准规定,分度圆上的压力角称为标准压力角,其标准值为 $\alpha = 20°$; 压力角是决定齿廓形状和啮合性能的重要参数
齿顶高系数	h_a^*	我国标准规定:正常齿制 $h_a^* = 1$;短齿制 $h_a^* = 0.8$
顶隙系数	c^*	我国标准规定:正常齿制 $c^* = 0.25$;短齿制 $c^* = 0.3$; 一对齿轮互相啮合时,为避免一个齿轮的齿顶与另一个齿轮的齿槽底相抵触,同时还能储存润滑油,所以在一个齿轮的齿根圆柱面与配对齿轮的齿顶圆柱面之间必须留有间隙,称为顶隙,其值为 $c = c^* m$

图　示	序号	名　称	符号	计算公式
	1	模数	m	取标准值
	2	压力角	α	20°
	3	齿顶高	h_a	$h_a = h_a^* m$
	4	齿根高	h_f	$h_f = (h_a^* + c^*)m$
	5	全齿高	h	$h = h_a + h_f$
	6	顶隙	c	$c = c^* m$
	7	分度圆直径	d	$d = mz$
	8	基圆直径	d_b	$d_b = d\cos\alpha$
	9	齿顶圆直径	d_a	$d_a = d + 2h_a$
	10	齿根圆直径	d_f	$d_f = d - 2h_f$
	11	齿距	p	$p = \pi m$
	12	齿厚	s	$s = p/2$
	13	齿槽宽	e	$e = p/2$
	14	基圆齿距	p_b	$p_b = p\cos\alpha$
	15	标准中心距	a	$a = (d_1 + d_2)/2$

注意,分度圆是在齿顶圆和齿根圆之间的一个圆,其上的齿厚与齿槽宽相等。分度圆是计算齿轮各部分几何尺寸的基准。规定分度圆上的符号一律不加脚标,如 s、e、p、α 分别表示分度圆上的齿厚、齿槽宽、齿距、压力角。

第一系列 (mm)	0.1,0.12,0.15,0.2,0.25,0.3,0.4,0.5,0.6,0.8,1,1.25,1.5,2,2.5,3,4,5,6,8,10,12,16,20,25,32,40,50
第二系列 (mm)	0.35,0.7,0.9,1.75,2.25,2.75,(3.25),(3.75),4.5,5.5,(6.5),7,9,(11),14,18,22,28,(30),36,45

注:1. 选取时优先采用第一系列,括号内的模数尽可能不用。

　　2. 对于斜齿轮,该表中的模数是指法向模数。

四、渐开线直齿圆柱齿轮的啮合传动

1. 正确啮合的条件

齿轮传动时,每一对轮齿仅啮合一段时间便要分离,而由后一对齿轮接替。如图2-8-28 所示,为了保证每对齿轮都能正确地进入啮合,要求前一对轮齿在 K 点接触时,后一对轮齿能在啮合线上另一点 K' 正常接触,即齿轮1和齿轮2的 KK' 必须相等。KK' 是相邻两齿同侧齿廓在共法线上的齿距 p_n。由渐开线性质可知,法向齿距 p_n 与基圆齿距 p_b 相等,即 $p_{b1} = p_{b2}$。因为 $p_b = p\cos\alpha = \pi m\cos\alpha$,则 $m_1\cos\alpha_1 = m_2\cos\alpha_2$。由于渐开线齿轮的模数 m 和压力角 α 均为标准值,所以:

$$m_1 = m_2 = m$$
$$\alpha_1 = \alpha_2 = \alpha$$

这就是说,渐开线直齿圆柱齿轮的正确啮合条件为:两齿轮的模数和压力角分别相等。

2. 连续传动的条件

如图 2-8-29 所示,一对渐开线标准直齿圆柱齿轮传动中,轮 1 为主动轮,轮 2 为从动轮。开始啮合点是从动轮齿顶圆与啮合线的交点 B_2。随着啮合传动的进行,两齿廓啮合点沿啮合线 N_1N_2 向 N_2 方向移动,从动轮的啮合点由齿顶移向齿根,主动轮的啮合点由齿根移向齿顶。当啮合进行到主动轮齿顶圆与啮合线的交点 B_1 时,两齿廓的啮合终止。因此,B_1B_2 是实际啮合线,N_1N_2 是理论啮合线。

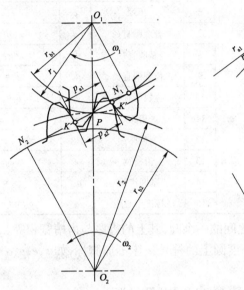

图 2-8-28　正确啮合的条件　　　　图 2-8-29　连续传动的条件及标准安装

两齿轮在啮合传动时,如果前一对齿还没有脱离啮合,后一对轮齿就已经进入啮合,则称为连续传动。如图 2-8-29 所示,前一对轮齿在 K 点啮合,尚未到达啮合终点 B_1 时,后一对轮齿已开始在 B_2 点啮合。于是,齿轮连续传动的条件为:

$$\varepsilon_\alpha = \frac{B_1B_2}{p_b} \geqslant 1 \tag{2-8-14}$$

式中:ε_α——齿轮传动的重合度。

重合度 ε_α 大小实质上表明同时参与啮合的轮齿对数与啮合持续的时间比例。重合度 ε_α 越大,同时参与啮合的轮齿越多,齿轮传动的连续性和平稳性越好,每对轮齿的受载就小,因而提高了齿轮传动的承载能力。重合度 ε_α 是衡量齿轮传动质量的指标之一。一般直齿圆柱齿轮的重合度 $\varepsilon_\alpha \approx 1.1 \sim 1.4$。

3. 标准安装和非标准安装

一对相互啮合的标准齿轮,其模数相等,故两齿轮分度圆上的齿厚和齿槽宽相等,因此,当分度圆与节圆重合时,可满足无齿侧间隙的条件,这种安装称为标准安装,如图 2-8-29 所示。一对渐开线标准直齿圆柱齿轮外啮合时的标准安装条件为标准中心距 $a = r_1' + r_2' = r_1 + r_2$。标准安装时,两轮的分度圆与节圆重合,啮合角 α' 等于分度圆的压力角 α。

由于齿轮的制造和安装的误差等原因,两轮实际中心距 a' 往往与标准中心距 a 不相等,这种安装称为非标准安装。非标准安装时,节圆与分度圆不再重合,两轮的分度圆不再相切而分离,啮合角 α' 也不再等于分度圆的压力角 α。经证明可知,两轮的中心距与啮合角之间的关系式为 $a'\cos\alpha' = a\cos\alpha$。

五、渐开线齿廓的切削原理与根切现象

1. 渐开线齿廓的切削原理

由"齿轮齿形的加工方法"可知,按照加工原理的不同,渐开线齿形的加工分为仿形法和展成法两种。

由于渐开线齿廓形状取决于基圆的大小,而基圆直径 $d_b = mz\cos\alpha$,故齿廓形状与 m、z、α 有关。欲加工精确齿廓,对模数和压力角相同的、齿数不同的齿轮,应采用不同的刀具,而这在实际中是不可能的,通常一个模数只配一组 8 把刀具。生产中,通常用同一号铣刀切制同模数、不同齿数的齿轮,故铣齿加工的齿形通常是近似的。

展成法是利用一对齿轮或齿条齿轮相互啮合时,两轮齿廓互为包络线的原理来切制轮齿的加工方法。只要刀具和被加工齿轮的模数和压力角相等,则不管被加工齿轮的齿数是多少,都可以用同一把刀具来加工出精确齿形,生产方便,故展成法得到广泛应用。

2. 根切现象

用展成法加工齿轮时,若刀具的齿顶线或齿顶圆超过理论啮合线极限点 N 时,即刀具顶部切入了轮齿的根部,被加工齿轮齿根附近的渐开线齿廓将被切去一部分,这种现象称为根切,如图 2-8-30 所示。根切使齿轮的抗弯强度削弱、承载能力降低、使齿轮的重合度下降,影响传动平稳性,因此应避免根切。

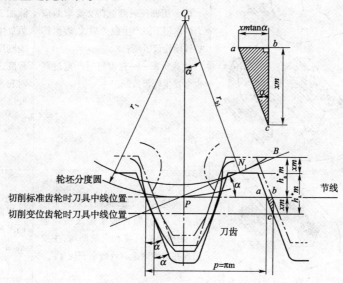

图 2-8-30　根切现象及变位齿轮的切制原理

3. 最少齿数

由上述可知,若要避免在切制标准齿轮时产生根切,必须使刀具的齿顶线不超过 N_1 点,如图 2-8-30 所示,即:

$$h_a^* m \leqslant PN_1\sin\alpha = r\sin^2\alpha = \frac{mz\sin^2\alpha}{2}$$

整理后得到 $z_{\min} = \dfrac{2h_a^*}{\sin^2\alpha}$。因此,当 $\alpha = 20°$、$h_a^* = 1$ 时,正常齿制标准直齿圆柱齿轮不根切的最少齿数 $z_{\min} = 17$。

    4. 变位齿轮

    对于齿数少于 $z_{\min}$ 的齿轮,为了避免切齿根切,可以采用将刀具移离齿坯,使刀具顶线低于极限啮合点的办法进行切齿。这种用改变刀具与轮坯相对位置来切削齿轮的方法,称为变位修正法。采用变位修正法切削的齿轮,称为变位齿轮。采用变位加工时,不仅可以避免产生根切,还可以克服标准齿轮的一些缺点,达到提高轮齿的强度和拼凑中心距等目的。

六、齿轮传动的失效形式与设计准则

    1. 齿轮传动的失效形式

    齿轮传动的失效主要发生在轮齿上,常见的齿轮传动失效形式见表2-8-8。

常见的齿轮传动失效   表2-8-8

失效形式	图 示	产 生 原 因	预 防 措 施
轮齿折断	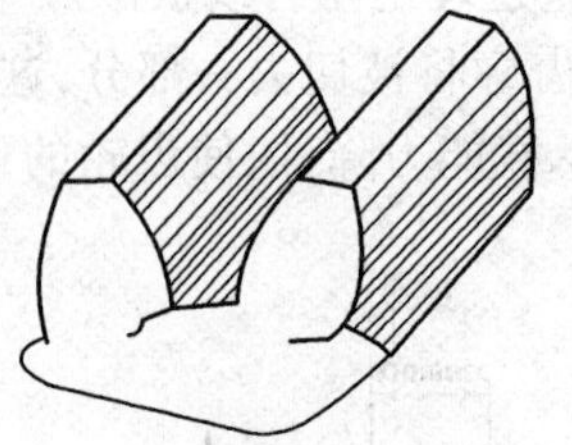 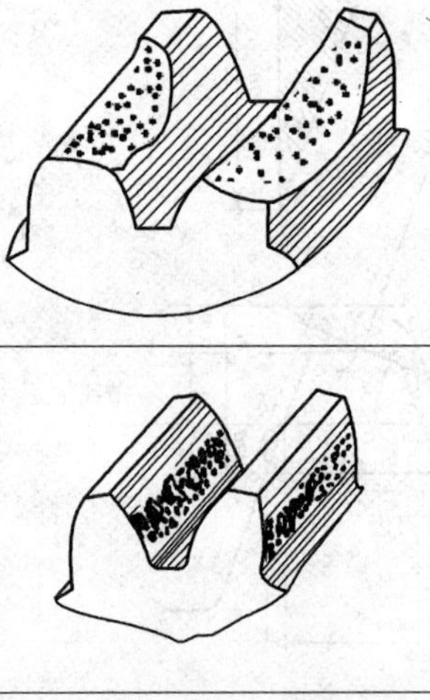	疲劳折断——齿根在交变弯曲应力的作用下将产生疲劳裂纹,逐渐扩展致使轮齿折断; 过载折断——轮齿短时严重过载也会发生轮齿折断	增大齿根圆角半径,消除加工刀痕以降低齿根应力集中;增大轴及支撑物的刚度以减轻局部过载的程度;提高齿面加工精度,对轮齿进行表面处理提高硬度
齿面疲劳点蚀	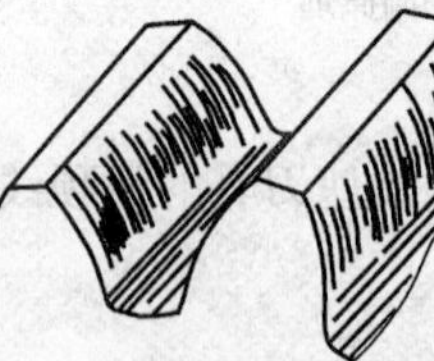	轮齿进入啮合后,齿面接触处会产生接触应力,致使表层金属微粒剥落,形成小麻点或较大的凹坑,主要出现在节线附近靠近齿根表面	提高齿面硬度,降低齿面粗糙度,用黏度高的润滑油
齿面胶合		高速重载的齿轮传动,齿面间的高压、高温使润滑油黏度降低,油膜破坏,局部金属表面直接接触并互相粘连,继而又被撕开而形成沟纹	提高齿面硬度,降低齿面粗糙度,限制油温,增加油的黏度,选用抗胶合润滑油

失效形式	图　　示	产 生 原 因	预 防 措 施
齿面磨粒磨损	磨损厚度	轮齿工作面间进入硬屑粒,如砂粒、铁屑等,将引起磨粒磨损,磨损将破坏渐开线齿形,齿侧间隙加大,引起冲击和振动。严重时会因轮齿变薄,抗弯强度降低而折断	尽可能采用闭式传动,提高齿面硬度,降低齿面粗糙度及采用清洁的润滑油,可减轻磨损
齿面塑性变形		当轮齿材料较软且载荷较大时,轮齿表层材料在摩擦力作用下,因屈服将沿着滑动方向产生局部的齿面塑性变形,导致主动轮齿面节线附近出现凹槽,从动轮齿面节线附近出现凸棱,从而使轮齿失去正确的齿形,影响齿轮的正常啮合	提高齿面硬度,降低齿面粗糙度,用黏度高的润滑油

2. 齿轮传动的设计准则

齿轮传动在不同的工作条件下,有着不同的失效形式。因此,设计齿轮时,应根据实际情况分析主要失效形式,选择相应的设计准则进行设计计算。常用的齿轮传动设计准则见表2-8-9。

常用的齿轮传动设计准则　　　　　　　　　　　　表2-8-9

工 作 条 件		主要失效形式	设 计 准 则
闭式齿轮传动	软齿面(齿面硬度≤350HBS)	齿面疲劳点蚀	按齿面接触疲劳强度设计,确定分度圆直径;按齿根弯曲疲劳强度进行校核
	硬齿面(齿面硬度≥350HBS)	轮齿折断	按齿根弯曲疲劳强度设计,确定模数和尺寸;按齿面接触疲劳强度进行校核
开式齿轮传动		齿面磨粒磨损轮齿折断	按齿根弯曲疲劳强度设计,确定模数和尺寸;考虑到磨损因素,将模数增大10%~20%,无需校核齿面接触疲劳强度

3. 齿轮材料的选用

根据轮齿的失效形式可知,应使齿面有较高的抗点蚀、抗胶合、抗磨损和抗塑形变形的能力,而齿根要有较高的抗折断及抗冲击的能力。因此,对齿轮材料性能的基本要求是:齿面要硬,齿芯要韧,具有良好的加工性和热处理性。

齿轮一般应选用具有良好力学性能的中碳结构钢和中碳合金结构钢;承受较大冲击载荷的齿轮,可选用合金渗碳钢;一些低速或中速、低应力、低冲击载荷条件下工作的齿轮,可选用铸钢、灰铸铁或球墨铸铁;一些受力不大或在无润滑条件下工作的齿轮,可选用有色金属和非金属材料;对高速、轻载及精度不高的齿轮传动,为了降低噪声,常用工程塑料如尼龙等制造小齿轮,大齿轮仍用钢或铸铁制造。

此外,对于软齿面齿轮传动,应使小齿轮齿面硬度比大齿轮高 30 ~ 50HBS。齿数比越大,两轮的硬度差也应越大。对于传递功率中等、传动比相对较大的齿轮传动,可考虑采用硬齿面的小齿轮与软齿面的大齿轮匹配,这样可以通过硬齿面对软齿面的冷作硬化作用,提高软齿面的硬度。硬齿面齿轮传动的两轮齿面硬度可大致相等。

七、渐开线斜齿圆柱齿轮传动

1.斜齿圆柱齿轮传动的啮合特点

直齿圆柱齿轮与斜齿圆柱齿轮的啮合特点比较见表2-8-10。

直齿圆柱齿轮与斜齿圆柱齿轮的啮合特点比较 　　　　　　　表2-8-10

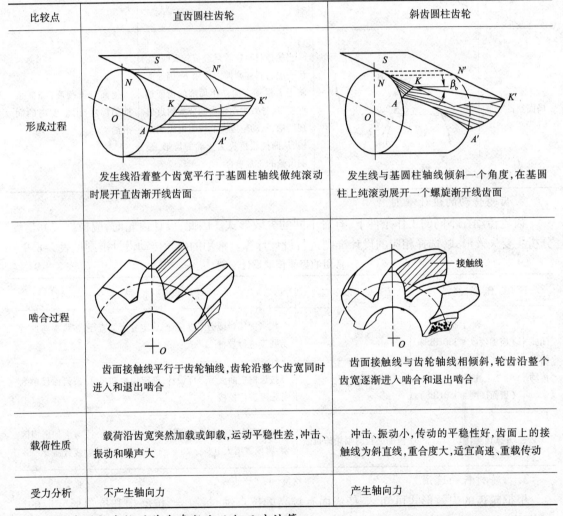

比较点	直齿圆柱齿轮	斜齿圆柱齿轮
形成过程	发生线沿着整个齿宽平行于基圆柱轴线做纯滚动时展开直齿渐开线齿面	发生线与基圆柱轴线倾斜一个角度,在基圆柱上纯滚动展开一个螺旋渐开线齿面
啮合过程	齿面接触线平行于齿轮轴线,齿轮沿整个齿宽同时进入和退出啮合	齿面接触线与齿轮轴线相倾斜,轮齿沿整个齿宽逐渐进入啮合和退出啮合
载荷性质	载荷沿齿宽突然加载或卸载,运动平稳性差,冲击、振动和噪声大	冲击、振动小,传动的平稳性好,齿面上的接触线为斜直线,重合度大,适宜高速、重载传动
受力分析	不产生轴向力	产生轴向力

2.斜齿圆柱齿轮的基本参数和几何尺寸计算

由于斜齿圆柱齿轮的齿廓曲面是渐开线螺旋面,垂直于齿轮轴线的端面和垂直于齿廓螺旋面的法面的齿形不同,所以参数就有法面和端面之分。加工斜齿轮时,刀具通常是沿着螺旋线方向进刀切削的,故斜齿轮的法面参数为标准值。根据图2-8-31,可得到法面参数和端面参数的换算关系。斜齿圆柱齿轮的六个基本参数见表2-8-11。斜齿圆柱齿轮的几何尺寸计算公式见表2-8-12。

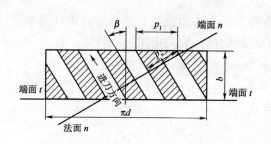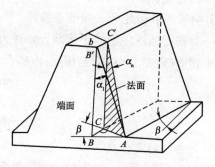

图 2-8-31　斜齿轮的法面参数和端面参数

斜齿圆柱齿轮的六个基本参数　　　　表 2-8-11

名　　称	法　面　参　数	端　面　参　数	换　算　关　系
螺旋角	分度圆柱上轮齿的螺旋线展开成一条斜直线,此斜直线与轴线的夹角 β 称为分度圆柱上的螺旋角,基圆柱上的螺旋角用 β_b 表示。一般 $\beta=8°\sim20°$,常用 $\beta=8°\sim15°$。螺旋角 β 太大导致轴向力过大,太小不能发挥斜齿轮重合度大的优点。此外,可以调整螺旋角凑配中心距。根据螺旋角的旋向不同,斜齿轮有左旋和右旋之分		
齿数	如图 2-8-32 所示,当量齿轮是一个假想的直齿圆柱齿轮,其端面齿形与斜齿轮法面齿形相当。当量齿轮的齿数为 $z_v=z/\cos^3\beta$,z 为斜圆柱齿轮的实际齿数。当量齿数 z_v 不一定是整数,不必圆整,只要按照所计算的数值选取刀号即可		
模数	m_n	m_t	$m_n=m_t\cos\beta$
压力角	α_n	α_t	$\tan\alpha_n=\tan\alpha_t\cos\beta$
齿顶高系数	h_{an}^*	h_{at}^*	$h_{an}^*=h_{at}^*/\cos\beta$
顶隙系数	c_n^*	c_t^*	$c_n^*=c_t^*/\cos\beta$

斜齿圆柱齿轮的几何尺寸计算公式　　　　表 2-8-12

序号	名称	符号	计算公式
1	螺旋角	β	一般 $\beta=8°\sim20°$
2	端面模数	m_t	$m_t=m_n/\cos\beta$,m_n 为标准值
3	端面压力角	α_t	$\tan\alpha_t=\tan\alpha_n/\cos\beta$,$\alpha_n$ 为标准值
4	分度圆直径	d	$d=m_tz_1=m_nz_1/\cos\beta$
5	齿顶高	h_a	$h_a=h_{an}^*m_n$
6	齿根高	h_f	$h_f=(h_{an}^*+c_n^*)m_n$
7	全齿高	h	$h=h_a+h_f=(2h_{an}^*+c_n^*)m_n$
8	顶隙	c	$c=c_n^*m_n$
9	齿顶圆直径	d_a	$d_a=d+2h_a$
10	齿根圆直径	d_f	$d_f=d-2h_f$
11	中心距	a	$a=(d_1+d_2)/2$

3.斜齿圆柱齿轮的正确啮合条件

一对斜齿圆柱齿轮的正确啮合条件为两斜齿轮的法面模数和法面压力角分别相等,螺旋角大小相等(外啮合时,旋向相反;内啮合和交错啮合时,旋向相同)。即:

$$m_1 = m_2 = m$$
$$\alpha_1 = \alpha_2 = \alpha$$
$$\beta_1 = \beta_2 = \mp\beta$$

4.斜齿轮的重合度

如图 2-8-32 所示,斜齿轮传动的重合度为:

$$\varepsilon = \frac{l}{p_b} + \frac{\Delta l}{p_b} = \varepsilon_t + \frac{b\tan\beta_b}{p_b} \tag{2-8-15}$$

式中:ε_t——端面重合度,其值等于与斜齿轮端面齿廓相同的直齿轮的重合度。

由上式可知,斜齿轮传动的重合度 ε 随着齿宽 b 和螺旋角 β_b 的增大而增大,故斜齿轮重合度比直齿轮大很多,这就是斜齿轮传动平稳,承载能力高的主要原因。

斜齿轮的当量齿轮,见图 2-8-33。

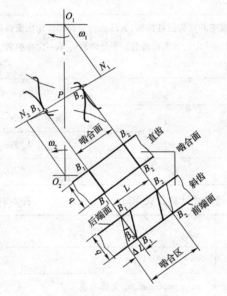

图 2-8-32　斜齿轮的重合度

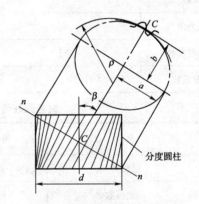

图 2-8-33　斜齿轮的当量齿轮

八、直齿圆锥齿轮传动

圆锥齿轮用于传递两相交轴的运动和动力,其轮齿是分布在一个截锥体上;一对圆锥齿轮的运动可以看成是两个锥顶重合的节圆锥做纯滚动,如图 2-8-34 所示。两轮轴线之间的夹角 Σ 可根据传动的需要决定。在一般机械中,多采用 $\Sigma = 90°$ 的传动。圆锥齿轮的轮齿有直齿、螺旋齿等多种形式,这里只介绍直齿圆锥齿轮传动的基本知识。

1.直齿圆锥齿轮的传动比

如图 2-8-34 所示,一对正确安装的标准圆锥齿轮,节圆锥与分度圆锥重合,两齿轮的分度圆锥角分别为 δ_1 和 δ_2,大端分度圆半径分别为 r_1 和 r_2,则两轮的传动比为:

$$i = \frac{\omega_1}{\omega_2} = \frac{n_1}{n_2} = \frac{z_2}{z_1} = \frac{r_2}{r_1} = \frac{OP\sin\delta_2}{OP\sin\delta_1} = \frac{\sin\delta_2}{\sin\delta_1} \tag{2-8-16}$$

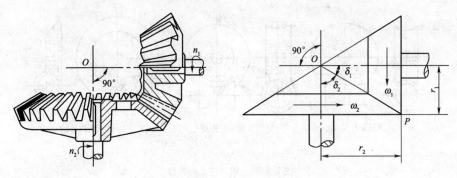

图 2-8-34 圆锥齿轮传动

当 $\sum = \delta_1 + \delta_2 = 90°$ 时, $i = \tan\delta_1 = \cot\delta_2$。

2. 背锥和当量齿数

如图 2-8-35 所示,以 OO_1 为轴, O_1A 为母线作一圆锥体,此圆锥称为该圆锥齿轮的背锥。显然背锥与球面相切于圆锥齿轮大端的分度圆上,故可用背锥上的齿廓代替球面上的齿廓。将背锥展开成平面,可以得到一个扇形齿轮。设此扇形齿轮的模数、压力角、齿顶高系数、顶隙系数分别与圆锥齿轮大端齿形参数相同,并把扇形齿轮补足为完整的圆柱齿轮,该虚拟的圆柱齿轮称为该圆锥齿轮的当量齿轮。当量齿轮的重要意义:用仿形法加工圆锥齿轮时,根据当量齿数 z_v 选择铣刀;直齿圆锥齿轮的重合度,可按当量齿轮的重合度计算;用范成法加工时,可根据当量齿数 z_v 计算直齿圆锥齿轮不发生根切的最少齿数。

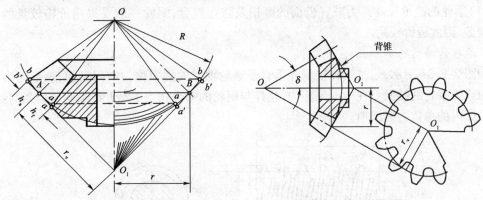

图 2-8-35   圆锥齿轮的背锥和当量齿轮

3. 直齿圆锥齿轮正确啮合条件

为了计算和测量方便,该齿轮通常取大端的参数为标准值。一对直齿圆锥齿轮正确啮合条件为:两轮的大端模数、压力角相等,且两轮的锥距相等。

九、蜗杆传动

蜗杆传动由蜗杆、蜗轮组成,用于传递空间两交错轴之间(通常交错角为 90°)的运动和动力。蜗杆传动一般用作减速传动,广泛应用于各种机械设备和仪表中。

1. 蜗杆传动的类型和特点

按蜗杆的形状不同,蜗杆传动可分为圆柱蜗杆传动、圆弧面蜗杆传动和锥面蜗杆传动,如图 2-8-36 所示。圆柱蜗杆按齿廓曲线形状的不同,又可分为阿基米得蜗杆(ZA 型)、渐开线蜗杆(ZI 型)、法面直廓蜗杆(ZN 型)等几种。按螺旋方向不同,蜗杆可分为左旋和右旋。

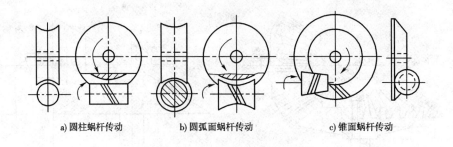

a) 圆柱蜗杆传动　　　　　b) 圆弧面蜗杆传动　　　　　c) 锥面蜗杆传动

图 2-8-36　蜗杆传动的类型

蜗杆传动的特点如下：

（1）传动比大，结构紧凑。单级蜗杆传动比 $i = 5 \sim 80$，若只传递运动，如分度机构的传动比可达 1000。

（2）传动平稳，噪声小。由于蜗杆齿呈连续的螺旋状，它与蜗轮齿的啮合是连续不断地进行的，同时啮合的齿数较多，故传动平稳，噪声小。

（3）可制成具有自锁性的蜗杆。当蜗杆的螺旋线升角小于啮合面的当量摩擦角时，蜗杆传动便具有自锁性。

（4）传动效率低。因蜗杆传动齿面间存在较大的相对滑动，摩擦损耗大，效率较低。一般为 $0.7 \sim 0.8$，具有自锁性的蜗杆传动，效率小于 0.5。

（5）蜗轮的造价较高。为减轻齿面的磨损及防止胶合，蜗轮一般要采用价格较贵的有色金属制造，因此造价较高。

2. 蜗杆传动的基本参数

如图 2-8-37 所示，通过蜗杆轴线并垂直于蜗轮轴线的剖面称为中间平面，该平面为蜗杆的轴面或为蜗轮的端面。在中间平面内，蜗杆与蜗轮的啮合相当于渐开线齿轮与齿条的啮合，取该平面内的参数为标准值。

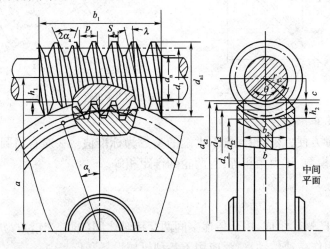

图 2-8-37　蜗杆传动的基本参数

蜗杆传动的基本参数见表 2-8-13。

名　称	符　号	说　明
蜗杆头数	z_1	蜗杆螺旋线的数目。z_1 少,效率低,但易得到大的传动比;z_1 多,效率提高,但加工精度难以保证。一般取 $z_1 = 1 \sim 4$,当传动比大于 40 或要求蜗杆具有自锁性时,取 $z_1 = 1$
蜗轮齿数	z_2	z_2 由传动比和蜗杆的头数决定。齿数越多,蜗轮的尺寸越大,蜗杆轴也相应增长而刚度减小,影响啮合精度,故 z_2 不宜多于 100。但为避免蜗轮根切,保证传动平稳,z_2 应不少于 28,一般取 $z_2 = 28 \sim 80$
传动比	i	蜗杆转数与蜗轮转数的比值
模数	m	蜗杆的轴面模数 m_{a1};蜗轮的端面模数 m_{t2}
压力角	α	蜗杆的轴面压力角 α_{a1};蜗轮的端面压力角 α_{t2}
蜗杆分度圆柱的导程角	λ	蜗杆分度圆柱展开,其螺旋线与端面的夹角
蜗杆分度圆直径	d_1	d_1 不仅与模数有关,还随 $z_1 / \tan\lambda$ 的数值而变化。即使 m 相同,也会有许多不同直径的蜗杆
蜗杆直径系数	q	$q = d_1 / m_{a1}$

3. 蜗杆传动的正确啮合条件

根据传动原理,两轴交错角为 90° 的蜗杆传动正确啮合条件为:蜗杆的轴面模数 m_{a1} 和蜗轮的端面模数 m_{t2} 相等;蜗杆的轴面压力角 α_{a1} 和蜗轮的端面压力角 α_{t2} 相等;蜗杆的导程角 λ 与蜗轮的螺旋角 β 相等,且旋向相同。即:

$$m_{a1} = m_{t2}$$
$$\alpha_{a1} = \alpha_{t2}$$
$$\lambda = \beta$$

4. 蜗杆传动的几何尺寸计算

标准圆柱蜗杆传动的几何尺寸计算公式见表 2-8-14。

标准圆柱蜗杆传动的几何尺寸计算公式　　　　　表 2-8-14

名　称	计　算　公　式	
	蜗杆	蜗轮
齿顶高	$h_{a1} = h_{a2} = h_a^* m$	
齿根高	$h_{f1} = h_{f2} = (h_a^* + c^*) m$	
分度圆直径	$d_1 = mq$	$d_2 = mz_2$
齿顶圆直径	$d_{a1} = d_1 + 2h_{a1}$	$d_{a2} = d_2 + 2h_{a2}$
齿根圆直径	$d_{f1} = d_2 - 2h_{f1}$	$d_{f2} = d_2 - 2h_{f2}$
顶隙	$c = c^* m = (0.2 \sim 0.3) m$	

名　　称	计　算　公　式	
	蜗杆	蜗轮
齿距	$p_{a1} = p_{t2} = \pi m$	
蜗杆分度圆柱的导程角	$\tan\lambda = z_1/q$	
蜗轮分度圆上轮齿的螺旋角	$\beta = \lambda$	
中心距	$a = (d_1 + d_2)/2 = m(q + z_2)/2$	

5. 蜗杆传动的失效形式和常用材料

由于蜗杆传动中蜗杆与蜗轮齿面间的相对滑动速度较大,效率低,摩擦发热大,蜗杆螺旋部分的强度总是高于蜗轮轮齿的强度,所以失效常发生在蜗轮的轮齿上。其主要失效形式是蜗轮齿面产生胶合、点蚀及磨损。一般闭式蜗杆传动中容易出现齿面的胶合或点蚀,开式蜗杆传动中主要是轮齿的磨损和弯曲折断。

6. 蜗杆传动的常用材料

蜗杆一般用碳钢或合金钢制成。高速重载蜗杆常用低碳合金钢,如15Cr、20Cr、20CrMnTi等,经渗碳淬火,表面硬度56～62HRC。中速中载蜗杆可用优质碳素钢或合金结构钢,如45、40Cr等。经表面淬火,表面硬度45～55HRC。低速或不重要的传动,蜗杆可用45钢经调质处理,表面硬度小于270HB。

蜗轮常用材料为青铜和铸铁。锡青铜耐磨性能及抗胶合性能较好,但价格较贵,常用的有铸锡磷青铜 ZCuSn10Pb、铸锡锌铅青铜 ZCuSn5Pb5Zn5 等,用于滑动速度较高的场合。铝铁青铜的力学性能较好,但抗胶合性略差,常用的有铸铝铁镍青铜 ZCuAl9Fe4Ni4Mn2 等,用于滑动速度较低的场合。灰铸铁只用于滑动速度 $v_s \leq 2\text{m/s}$ 的传动中。

7. 蜗杆和蜗轮的结构

蜗杆通常制成蜗杆轴。按蜗杆的螺旋部分加工方法不同,可分为车制蜗杆和铣制蜗杆,如图 2-8-38 所示。车制蜗杆的螺旋部分要有退刀槽,因而削弱了蜗杆轴的刚度;铣制蜗杆的螺旋部分是直接铣出的,无退刀槽,因而刚度好。当蜗杆螺旋部分的直径较大时,可以将蜗杆与轴分开制作。

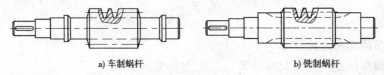

a) 车制蜗杆　　　　　　　　　b) 铣制蜗杆

图 2-8-38　蜗杆的结构形式

蜗轮可制成整体式或装配式,为节省价格较贵的有色金属,大多数蜗轮制成装配式。常见的蜗轮结构形式如图 2-8-39 所示。

(1)整体浇注式——主要用于铸铁蜗轮或尺寸很小的青铜蜗轮。

(2)齿圈压配式——由青铜齿圈及铸铁轮心采用过盈配合组成,并加装 4～8 个紧定螺钉,以增强连接的可靠性。主要用于尺寸不大或工作温度变化较小的场合。

(3)螺栓连接式——齿圈与轮心用铰制孔螺栓连接,拆装方便。常用于尺寸较大或磨损后需要更换蜗轮齿圈的场合。

(4)拼铸式——在铸铁轮心上浇注青铜齿圈,然后切齿。只用于成批制造的蜗轮。

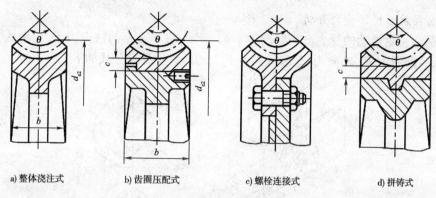

a) 整体浇注式　　　　b) 齿圈压配式　　　　c) 螺栓连接式　　　　d) 拼铸式

图 2-8-39　蜗轮的结构形式

8.蜗杆传动的散热方法

由于蜗杆传动的效率低，其发热量大，如果不及时散热，会引起润滑不良而产生胶合。因此，对闭式蜗杆传动应进行热平衡计算。若润滑油的工作温度超过许用温度，可采用以下措施降温：

(1)增加散热面积——在箱体上铸出或焊上散热片。

(2)提高散热系数——在蜗杆轴上装风扇，强迫通风，如图 2-8-40a) 所示。

(3)加冷却装置——在箱体中安装蛇形冷却水管，用循环水冷却，如图 2-8-40b) 所示。

(4)利用循环油冷却，如图 2-8-40c) 所示。

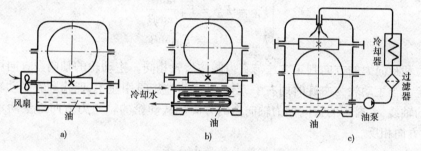

图 2-8-40　蜗杆传动的散热方法

十、齿轮传动的受力分析

1.直齿圆柱齿轮的受力分析

由于齿轮啮合传动时，齿面上的摩擦力与轮齿所受载荷相比较小，可以略去不计。通常，用一作用在齿宽中点处的集中力 F_n 代替沿齿宽的均布力，F_n 称为法向力。如图 2-8-41 所示，将齿面上的法向力 F_n 分解为两个互相垂直的分力：圆周力 F_t 和径向力 F_r。力的大小计算公式如下：

$$\begin{cases} F_{t1} = F_{t2} = \dfrac{2T_1}{d_1} \\ F_{r1} = F_{r2} = F_{t1}\tan\alpha \end{cases} \quad (2\text{-}8\text{-}17)$$

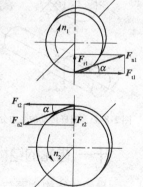

如图 2-8-41 所示，主动轮上的圆周力 F_{t1} 方向与该力作用点线速度方向相反；从动轮上的圆周力 F_{t2} 方向与该力作用点线速度方向相同；主动轮上的径向力 F_{r1} 和从动轮上的径向力 F_{r2} 分别指向各自的轮心。

图 2-8-41　直齿圆柱齿轮
的受力分析

2.斜齿圆柱齿轮的受力分析

斜齿圆柱齿轮传动的受力分析如图2-8-42所示,将齿面上的法向力 F_n 分解为三个互相垂直的分力:圆周力 F_t、轴向力 F_a 和径向力 F_r。力的大小计算公式如下:

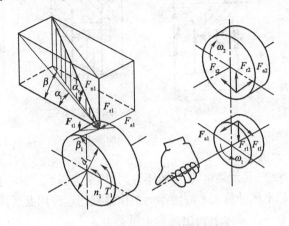

图2-8-42　斜齿圆柱齿轮的受力分析

$$
\begin{cases}
F_{t1} = F_{t2} = \dfrac{2T_1}{d_1} \\[2mm]
F_{r1} = F_{r2} = F_{t1}\dfrac{\tan\alpha_n}{\cos\beta} \\[2mm]
F_{a1} = F_{a2} = F_{t1}\tan\beta
\end{cases}
\qquad (2\text{-}8\text{-}18)
$$

圆周力和径向力的方向判定方法与直齿圆柱齿轮相同。主动轮的轴向力方向可依据左右手法则判定。当主动轮为右旋时用右手,当主动轮为左旋时用左手,四指顺着主动轮的转向握住主动轮的轴线,大拇指的指向即为轴向力的方向。从动轮的轴向力方向与主动轮的轴向力大小相等,方向相反。

3.蜗杆传动的受力分析

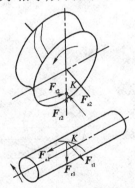

图2-8-43　蜗杆传动的受力分析

蜗杆传动时轮齿上的作用力和斜齿轮传动相似。如图2-8-43所示,将齿面上的法向力 F_n 分解为三个互相垂直的分力:圆周力 F_t、轴向力 F_a 和径向力 F_r。力的大小计算公式如下:

$$
\begin{cases}
F_{t1} = F_{a2} = \dfrac{2T_1}{d_1} \\[2mm]
F_{a1} = F_{t2} = \dfrac{2T_2}{d_2} \\[2mm]
F_{r1} = F_{r2} = F_{t2}\tan\alpha
\end{cases}
\qquad (2\text{-}8\text{-}19)
$$

各力的方向判定与斜齿轮传动相同。

十一、齿轮的结构及齿轮传动的润滑

齿轮的结构主要与齿轮的尺寸大小、毛坯材料、加工工艺、使用要求及经济性等因素有关。常用的齿轮结构形式有齿轮轴(齿根圆至键槽底部的径向距离 $x \leqslant 1.6 \sim 2.5\,mm$)、实体式($d_a < 200\,mm$)、腹板式($d_a = 200 \sim 500\,mm$)和轮辐式($d_a > 500\,mm$)四种。通常先按齿轮的直径大小选定合适的结构形式,再由经验公式确定有关尺寸。

由于啮合时齿面间有相对滑动，会产生摩擦和磨损，因而润滑对于齿轮传动十分重要。润滑可以减小摩擦能量损失，提高传动效率，还可以散热、防锈、降低噪声、改善工作条件、提高使用寿命等作用。

开式齿轮传动的润滑通常采用人工定期加油润滑，并多用润滑脂。闭式齿轮传动的润滑方式根据齿轮圆周速度的大小而定，一般有浸油润滑和喷油润滑两种。

（1）浸油润滑：当齿轮的圆周速度 $v < 12\text{m/s}$ 时，通常将大齿轮浸入油池中进行润滑，如图 2-8-44a）所示。浸油深度约为一个齿高，在 $10 \sim 50\text{mm}$ 之间，若浸油过深，会增大传动阻力并使油温升高。在多级齿轮传动中，常采用带油轮将油带到未浸入油池内的轮齿上，如图 2-8-44b）所示。

（2）喷油润滑：当齿轮的圆周速度 $v > 12\text{m/s}$ 时，由于圆周速度大，齿轮搅油剧烈，增加损耗，搅起箱底沉淀杂质，不宜采用浸油润滑，而应采用喷油润滑，即用油泵将具有一定压力的润滑油借喷嘴喷到轮齿啮合处，如图 2-8-44c）所示。

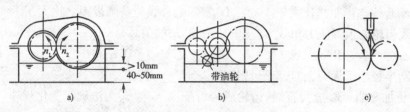

图 2-8-44　齿轮传动的润滑方式

任务实施

根据学习和分析，完成以下两个任务：

（1）已知一标准直齿圆柱齿轮的模数 $m = 3\text{mm}$，齿数 $z = 19$，求该齿轮分度圆直径、基圆直径、齿顶圆直径、齿根圆直径、齿距、基圆齿距、齿顶高、齿根高、分度圆上的齿厚和齿槽宽。

解：分度圆直径　　　　　　$d = mz = 3 \times 19 = 57$ mm

基圆直径　　　　　$d_b = d\cos\alpha = 57 \times \cos20° \approx 53.6$ mm

齿顶高　　　　　　　$h_a = h_a^* m = 1 \times 3 = 3$ mm

齿根高　　　$h_f = (h_a^* + c^*)m = (1 + 0.25) \times 3 = 3.75$ mm

齿顶圆直径　　　$d_a = d + 2h_a = 57 + 2 \times 3 = 63$ mm

齿根圆直径　$d_f = d - 2h_f = 57 - 2 \times 3.75 = 49.5$ mm

齿距　　　　　　　$p = \pi m \approx 3.14 \times 3 = 9.42$ mm

基圆齿距　　$p_b = p\cos\alpha = 9.42 \times \cos20° \approx 8.9$ mm

分度圆上的齿厚和齿槽宽　　$s = e = p/2 = 4.45$ mm

（2）已知一对正常齿制的外啮合直齿圆柱齿轮机构，测得两轴孔间距 $a = 168\text{mm}$，输入轴转速 $n_1 = 400$ r/min，输出轴转速 $n_2 = 200$ r/min。若将小齿轮卸下后，大齿轮可以同一个齿顶圆直径为 $d_a = 88\text{mm}$，齿数为 20 的另一个齿轮正确啮合。试求该对齿数 z_1、z_2。

解：　　∵　$d_a = d + 2h_a = mz + 2h_a^* m = m \times 20 + 2 \times 1 \times m = 88$ mm

　　　∴　$m = 4$ mm

又　　∵　$a = (d_1 + d_2)/2 = m(z_1 + z_2)/2 = 4 \times (z_1 + z_2)/2 = 168$ mm

　　　∴　$z_1 + z_2 = 84$ mm　　①

又 $i = n_1/n_2 = 400/200 = z_2/z_1 = 2$ ②

联立①、②,解得

$$z_1 = 28 \quad z_2 = 56$$

自我检测

一、选择题

1. 齿轮渐开线的形状取决于_____的大小。两个渐开线齿轮齿形相同的条件是_____相等。渐开线齿廓上任意点的法线都切于_____。对于一个齿轮来说,_____不存在。齿轮的_____上的模数和压力角是标准值。

   A. 齿顶圆 　　B. 分度圆 　　C. 基圆 　　D. 齿根圆 　　E. 节圆

2. 一对渐开线齿轮连续传动的条件是_____。

   A. 模数要大 　　　　　　B. 齿轮齿数要多

   C. 实际啮合线与齿距之比大于1 　　D. 实际啮合线与基圆齿距之比大于1

3. 渐开线齿轮齿顶圆压力角 α_a 与基圆压力角 α_b 的关系是_____。

   A. $\alpha_a = \alpha_b$ 　　B. $\alpha_a < \alpha_b$ 　　C. $\alpha_a > \alpha_b$ 　　D. $\alpha_a \leq \alpha_b$

4. 当基圆半径趋于无穷大时,渐开线齿廓_____。

   A. 变得更加弯曲 　　B. 成为直线,齿轮成为齿条 　　C. 无法确定变化规律

5. 用范成法加工齿轮时,根切现象发生在_____的情况。

   A. 模数太大 　　B. 模数太小 　　C. 齿数太少 　　D. 齿数太多

6. 用 $\alpha = 20°$ 标准刀具滚齿加工正常齿制直齿圆柱齿轮,不发生根切的最小齿数为_____。

   A. 14 　　B. 15 　　C. 17 　　D. 18

7. 一般开式齿轮传动的主要失效形式为_____。闭式软齿面的齿轮传动的主要失效形式为_____。齿面接触疲劳强度计算是为了防止齿轮不产生_____。齿根弯曲疲劳强度计算是为了防止齿轮不产生_____。

   A. 齿面点蚀 　　　　　　B. 齿面磨粒磨损

   C. 齿面塑性变形 　　　　D. 齿面胶合 　　　　E. 轮齿折断

8. 齿面的疲劳点蚀通常发生在_____。

   A. 靠近齿顶处 　　　　　B. 靠近齿根处

   C. 靠近节线的齿顶处 　　D. 靠近节线的齿根处

9. 在正常工作条件和制造安装条件下,_____能够保证瞬时传动比不变。

   A. 螺旋传动 　　B. 带传动 　　C. 链传动 　　D. 齿轮传动

10. 齿面塑性变形一般在_____情况下容易发生。

    A. 硬齿面齿轮低速重载下工作 　　B. 开式齿轮传动润滑不良

    C. 铸铁齿轮过载工作 　　　　　　D. 软齿面齿轮高速重载下工作

11. 斜齿轮的_____是标准值。

    A. 法面模数 m_n 　　B. 端面模数 m_t 　　C. 法面模数 m_n 和端面模数 m_t

12. 斜齿轮的当量齿数总是_____斜齿轮的实际齿数。

    A. 小于 　　B. 等于 　　C. 大于

13. 锥齿轮的_____是标准值。

    A. 大端参数 　　B. 小端参数 　　C. 大端参数和小端参数

14. 渐开线齿廓基圆上的压力角_____。渐开线齿轮分度圆上的压力角_____。

A. 大于0°   B. 小于0°   C. 等于0°   D. 等于20°

15. 齿轮设计计算中,应进行标准化的参数为_____。

A. 齿数   B. 齿宽   C. 齿厚   D. 模数

16. 对于齿面硬度<350HBS 的闭式齿轮传动,设计时一般_____。

A. 先按接触强度计算   B. 先按弯曲强度计算

C. 先按磨损条件计算   D. 先按胶合条件计算

17. 当两轴线_____时,可采用蜗杆传动。

A. 平行   B. 相交呈某一角度   C. 交错   D. 相交呈直角

18. 对于普通蜗杆传动,主要应当计算_____内的各几何尺寸。

A. 法平面   B. 中间平面   C. 端面

19. 蜗杆的圆周力与蜗轮的_____大小相等,方向相反。

A. 轴向力   B. 径向力   C. 圆周力

20. 为了获得较好的自锁性能,蜗杆的头数 z_1 可以取_____。

A.1   B.2   C.3   D.4

二、判断题

1. 渐开线齿廓上各点的压力角不相等。   (   )

2. 渐开线的形状取决于分度圆的大小。   (   )

3. 基圆内也能产生渐开线。   (   )

4. 一对直齿圆柱齿轮正确啮合条件是梁轮齿的形状和大小都相同。   (   )

5. 标准模数和标准压力角保证渐开线齿轮传动比恒定。   (   )

三、简答题

1. 写出齿轮传动的传动比计算公式的各种形式,明确各参数的意义。

2. 渐开线直齿圆柱齿轮的正确啮合条件是什么?齿轮连续传动的条件是什么?

3. 渐开线齿廓的基本特性有哪些?

4. 齿轮传动的常见失效形式有哪些?齿轮的主要计算准则是什么?

任务四 分析轮系

知识目标

1. 了解轮系的类型。

2. 掌握轮系传动比的计算方法。

能力目标

1. 能分析轮系的类型。

2. 能准确判断定轴轮系和行星轮系的转向并计算传动比。

任务描述

根据学习和分析,完成以下两个任务:

(1)如图 2-8-45a)所示的钟表传动轮系,E 为擒纵轮,N 为发条盘。当发条 N 驱动齿轮 1 转动时,通过轮系分别使分针 M、秒针 S 和时针 H 以不同的转速运动,以满足钟表的工作要求。已知:$z_1 = 72$, $z_2 = 12$, $z_3 = 64$, $z_4 = 8$, $z_5 = 60$, $z_6 = 8$, $z_7 = 60$, $z_8 = 6$, $z_9 = 8$, $z_{10} = 24$, $z_{11} = 6$, $z_{12} = 24$。求:秒针与分针的传动比 i_{SM};分针与时针的传动比 i_{MH}。

(2)图 2-8-45b)为一简单行星轮系,已知各轮齿数为 $z_1 = 100$, $z_2 = 101$, $z_2' = 100$, $z_3 = 99$。求传动比 i_{H1}。

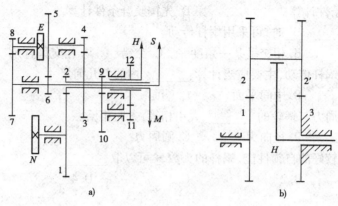

图 2-8-45　钟表传动系和简单行星轮系

知识链接

在齿轮传动中,由一对齿轮组成的传动系统是最简单的齿轮传动形式。在实际机械传动中,只用一对齿轮传动往往不能满足生产上的多种要求,有时为了实现变速、远距离传动以及达到大的传动比等功能要求,常把一系列齿轮组合起来传动。例如,多级减速器、汽车的变速器、车床的主轴箱以及进给箱等就是采用一系列相互啮合的齿轮机构来达到目的。这种由一系列相互啮合的齿轮所构成的传动系统称为轮系。

一、轮系的主要功用

1. 实现相距较远的两轴之间的传动

如图 2-8-46 所示,当两轴间距离较远时,如果仅用一对齿轮传动,如虚线所示,则两轮的尺寸必然很大,从而使机构总体尺寸也很大,结构不合理;如果采用一系列齿轮传动,如实线所示,就可避免上述缺点。

2. 实现换向传动

如图 2-8-47 所示,在主动轴 1 转向不变的条件下,利用惰轮 2 可以改变从动轴 4 的转向。

3. 实现大传动比的传动

一对齿轮传动,其传动比一般不超过 7。当传动比大于 8 时,会使小齿轮单位时间内的应力循环次数增多,过早地造成小齿轮的疲劳损坏。为此,可采用定轴轮系的多级传动来获得较大的传动比;还可以采用周转轮系获得更大的传动比,如图 2-8-45b)所示的行星轮系可实现 1:10000 的大传动比。

4. 实现分路传动

利用轮系可以将输入的一种转速同时分配到几个不同的输出轴上,以满足不同的工作要求。如图 2-8-45a)所示的钟表传动轮系,当发条 N 驱动齿轮 1 转动时,通过轮系分别使分针

M、秒针 S 和时针 H 以不同的转速运动，以满足钟表的工作要求。

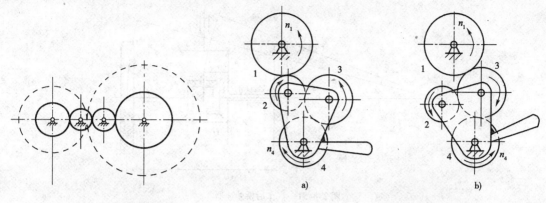

图 2-8-46　较远距离传动　　　　　　　　　图 2-8-47　换向传动

5. 实现变速传动

利用轮系，可在主动轴转速不变的条件下使从动轴获得多种工作转速，从而实现变速传动。车辆、机床、工程机械等设备上都需要这种变速传动。如图 2-8-48 所示的四挡变速箱，Ⅰ轴为输入轴，Ⅲ轴为输出轴，通过改变齿轮 4 及齿轮 6 在轴上的位置，可使输出轴Ⅲ得到四种不同的转速。

6. 实现特殊的运动轨迹

在行星轮系中，行星轮做平面运动，其上某些点的运动轨迹很特殊。利用这个特点，可以实现要求的工艺动作及特殊的运动轨迹，如图 2-8-49 所示的搅拌机主运动轮系。

7. 实现运动的合成和分解

利用行星轮系中差动轮系的特点，可以将两个输入转动合成为一个输出转动。如图 2-8-50 所示的由圆锥齿轮组成的差动轮系中，若轮 1 及轮 3 的齿数 $z_1 = z_3$。则：

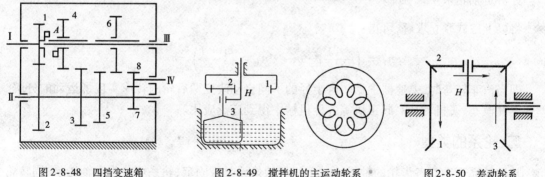

图 2-8-48　四挡变速箱　　　　图 2-8-49　搅拌机的主运动轮系　　　　图 2-8-50　差动轮系

$$\frac{n_1 - n_H}{n_3 - n_H} = -\frac{z_3}{z_1} = -1$$

则：
$$2n_H = n_1 + n_3$$

这种轮系可用作机械式加、减法机构，它具有不受电磁干扰的特点，可用于处理敏感信号，其广泛应用于运算机构、机床和各种补偿装置等机械传动装置中。

同样，利用差动轮系也能实现运动的分解。如图 2-8-51 所示的汽车后桥差速器。当汽车直线行驶时，左右车轮转速相同，差动轮系中的齿轮 1、2-2′、3 之间没有相对运动而构成一个整体，一起随齿轮 4 转动，此时 $n_1 = n_3 = n_4$。

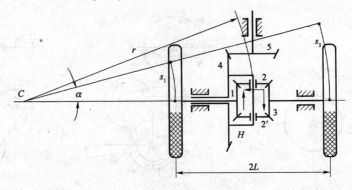

图 2-8-51　汽车后桥差速器

当汽车转弯时，例如向左转弯，为了保证两车轮与地面之间做纯滚动，以减少轮胎的磨损，显然其外侧车轮的转弯半径大于内侧车轮的转弯半径，这就要求外侧车轮的转速必须高于内侧车轮的转速。此时，齿轮 1 与齿轮 3 之间产生差动效果，即可通过差速器将发动机传到齿轮 5 的转速分配给汽车后面的左、右两车轮。如当汽车向左拐弯时，整个汽车可看作绕瞬时回转中心转动，故左、右两车轮滚过的弧长应与两车轮到瞬心的距离成正比，即：

$$\frac{n_1}{n_2} = \frac{s_1}{s_2} = \frac{\alpha(r-L)}{\alpha(r+L)} = \frac{r-L}{r+L}$$

式中：r——平均转弯半径；

　　$2L$——两后轮轮距；

　s_1、s_3——左、右两后轮滚过的弧长；

　　α——转角。

分析差动轮系 1、2-2′、3，且 $n_4 = n_H$，则 $n_1 + n_3 = 2n_H = 2n_4$

分析定轴轮系 4、5，则 $i_{45} = \dfrac{n_4}{n_5} = \dfrac{z_5}{z_4}$

将以上三式联立求解，可得：

$$n_1 = \left(\frac{r-L}{r}\right)\frac{z_5}{z_4}n_5 \qquad n_3 = \left(\frac{r+L}{r}\right)\frac{z_5}{z_4}n_5$$

即当汽车转弯时，差速器根据转弯半径的不同自动改变两后轮的转速实现了运动的分解。差速器在汽车、飞机、船舶、起重机等各种机械中得到广泛应用。

二、轮系的类型

按照轮系运动时各齿轮的轴线相对于机架的位置是否固定，轮系可分为定轴轮系、周转轮系两大类，在实际中也使用这两种轮系组成的混合轮系。

1. 定轴轮系

当轮系运转时，轮系中各个齿轮的几何轴线相对于机架的位置都是固定的，这种轮系称为定轴轮系。如图 2-8-52a)所示，由轴线相互平行的圆柱齿轮组成的定轴轮系，称为轴线平行的平面定轴轮系；如图 2-8-52b)所示，包含有锥齿轮或蜗杆蜗轮传动的定轴轮系，称为轴线不平行的空间定轴轮系。

2. 周转轮系

轮系运转时，至少有一个齿轮的几何轴线是绕其他齿轮固定几何轴线转动的轮系，称为周转轮系。在图2-8-53a)所示的周转轮系中,齿轮1和3以及构件H绕固定轴线OO转动,齿轮2空套在构件H的小轴上。当构件H转动时,齿轮2一方面绕自己的几何轴线O_1O_1自转,同时又随着构件H绕固定轴线OO公转。在周转轮系中,轴线位置变动的齿轮,即又自转又公转的齿轮称为行星轮;支持行星轮的构件称为行星架或系杆;轴线位置固定的齿轮称为中心轮或太阳轮。在图2-8-53中,齿轮1、3为中心轮,齿轮2为行星轮,构件H为行星架。通常,行星轮系是自由度为1的周转轮系;差动轮系是自由度为2的周转轮系。

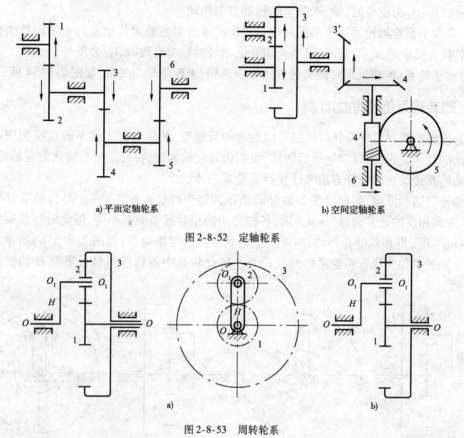

a) 平面定轴轮系　　　　　　　　　　　b) 空间定轴轮系

图2-8-52　定轴轮系

图2-8-53　周转轮系

三、定轴轮系的传动比计算

如图2-8-54所示的定轴轮系,各轮的齿数为z_1、$z_2\cdots$,各轮的转速为n_1、$n_2\cdots$。各轴之间的传动比为:

$$i_{12} = \frac{n_1}{n_2} = -\frac{z_2}{z_1}, i_{23} = \frac{n_2}{n_3} = +\frac{z_3}{z_{2'}}$$

$$i_{34} = \frac{n_3}{n_4} = -\frac{z_4}{z_{3'}}, i_{45} = \frac{n_4}{n_5} = -\frac{z_5}{z_4}$$

则该轮系的传动比为:

$$i_{15} = \frac{n_1}{n_5} = \frac{n_1 \cdot n_2 \cdot n_3 \cdot n_4}{n_2 \cdot n_3 \cdot n_4 \cdot n_5} = i_{12} \cdot i_{23} \cdot i_{34} \cdot i_{45}$$

$$= (-1)^3 \frac{z_2 \cdot z_3 \cdot z_4 \cdot z_5}{z_1 \cdot z_{2'} \cdot z_{3'} \cdot z_4}$$

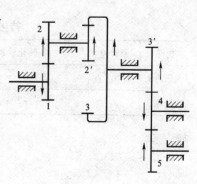

图2-8-54　定轴轮系的传动比计算

上式表明,定轴轮系传动比的大小等于组成该轮系的各对啮合齿轮传动比的连乘积,也等于各对啮合齿轮中所有从动轮齿数的连乘积与所有主动轮齿数连乘积之比。即:

$$i_{AK} = \frac{n_A}{n_K} = \pm \frac{\text{各对啮合齿轮从动轮齿数的连乘积}}{\text{各对啮合齿轮主动轮齿数的连乘积}}$$

说明:

(1)始、末两轮的相对转向关系可以用传动比的正负号表示。i_{AK} 为负号时,始、末两轮的转动方向相反;i_{AK} 为正号时,始、末两轮的转动方向相同。

(2)只有平面定轴轮系适用根据外啮合齿轮的啮合对数确定传动比的正负。外啮合齿轮的啮合对数为偶数时,i_{AK} 为正号;外啮合齿轮的啮合对数为奇数时,i_{AK} 为负号。

(3)对于轮系,推荐采用画箭头的方法来表示始、末两轮转向关系,如图2-8-54所示。

四、周转轮系的传动比计算

因为周转轮系中包含有几何轴线可以运动的行星轮,其传动比显然不能直接利用定轴轮系传动比的计算公式,但可以运用反转法,也叫做转化机构法,将行星轮系转化为定轴轮系,再根据定轴轮系传动比的计算方法来计算行星轮系的传动比。

根据相对运动原理,假想给图2-8-55a)所示的整个行星轮系加上一个与行星架 H 转速大小相等、方向相反的公共转速"$-n_H$"后,各构件间的相对运动关系不变,但此时行星架的转速为"$n_H - n_H = 0$",即相对静止不动,则原行星轮系转化为定轴轮系,如图2-8-55b)所示。这个假想的定轴轮系称为原行星轮系的转化轮系。转化轮系中各构件相对行星架 H 的转速列于表2-8-15。

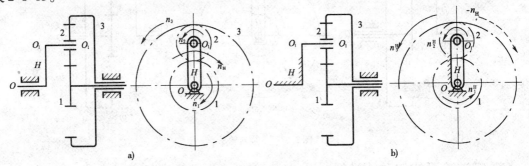

图2-8-55 行星轮系的传动比计算

转化轮系中各构件相对行星架 H 的转速　　　　　　　　　　　表2-8-15

构件	原转速	转化轮系中的转速	构件	原转速	转化轮系中的转速
太阳轮1	n_1	$n_1^H = n_1 - n_H$	太阳轮3	n_3	$n_3^H = n_3 - n_H$
行星轮2	n_2	$n_2^H = n_2 - n_H$	行星架 H	n_H	$n_H^H = n_H - n_H = 0$

则:
$$i_{13}^H = \frac{n_1^H}{n_3^H} = \frac{n_1 - n_H}{n_3 - n_H} = -\frac{z_3}{z_1}$$

说明:

(1) i_{13}^H 是转化轮系的传动比,需要再利用其他条件求解两轮的真实传动比。

(2)转化轮系传动比的正负号并不代表两轮之间的真正转向关系,只表示行星架相对静止时两轮的转向关系,两轮的真正转向关系需画箭头确定。

根据学习和分析,完成以下两个任务:

(1)如图 2-8-56a)所示的钟表传动轮系,E 为擒纵轮,N 为发条盘。当发条 N 驱动齿轮 1 转动时,通过轮系分别使分针 M、秒针 S 和时针 H 以不同的转速运动,以满足钟表的工作要求。已知:$z_1 = 72$,$z_2 = 12$,$z_3 = 64$,$z_4 = 8$,$z_5 = 60$,$z_6 = 8$,$z_7 = 60$,$z_8 = 6$,$z_9 = 8$,$z_{10} = 24$,$z_{11} = 6$,$z_{12} = 24$。求:秒针与分针的传动比 i_{SM};分针与时针的传动比 i_{MH}。

(2)图 2-8-56b)为一简单行星轮系,已知各轮齿数为 $z_1 = 100$,$z_2 = 101$,$z_2{}' = 100$,$z_3 = 99$。求传动比 i_{H1}。

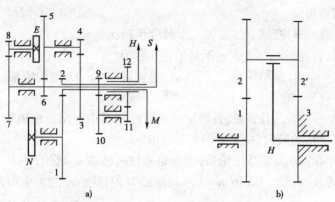

图 2-8-56　钟表传动系和简单行星轮系

解:(1)钟表传动轮系可分解为三个子轮系:秒针轮系 1-2-3-4-5-6-S;分针轮系 1-2-M;时针轮系 1-2-9-10-11-12-H。在每个子轮系中:

$$i_{16} = \frac{n_1}{n_6} = -\frac{z_2 z_4 z_6}{z_1 z_3 z_5} = -\frac{12 \times 8 \times 8}{72 \times 64 \times 60} = -\frac{1}{360} \quad \Rightarrow \quad n_s = n_6 = -360 n_1$$

$$i_{12} = \frac{n_1}{n_2} = -\frac{z_2}{z_1} = -\frac{12}{72} = -\frac{1}{6} \quad \Rightarrow \quad n_M = n_2 = -6 n_1$$

$$i_{1,12} = \frac{n_1}{n_{12}} = -\frac{z_2 z_{10} z_{12}}{z_1 z_9 z_{11}} = -\frac{12 \times 24 \times 24}{72 \times 8 \times 6} = -2 \quad \Rightarrow \quad n_H = n_{12} = -\frac{1}{2} n_1$$

故　　　　　$$i_{SM} = \frac{n_S}{n_M} = 60 \qquad i_{MH} = \frac{n_M}{n_H} = 12$$

(2)在转化轮系中:

$$i_{13}^{H} = \frac{n_1 - n_H}{n_3 - n_H} = (-1)^2 \frac{z_2 z_3}{z_1 z_2{}'} = \frac{z_2 z_3}{z_1 z_2{}'}$$

又 $n_3 = 0$,得　$$\frac{n_1 - n_H}{0 - n_H} = \frac{101 \times 99}{100 \times 100}$$　即　$$i_{1H} = \frac{n_1}{n_H} = 1 - \frac{9999}{10000} = \frac{1}{10000}$$

故　　　　$$i_{H1} = \frac{n_H}{n_1} = 10000$$

从此题可以看出,当行星架 H 转 10000 转时,轮 1 才转 1 转,其转向与行星架的转向相同。可见,只通过两对齿轮传动组成的行星轮系就可获得极大的传动比,这是单对齿轮所达不到的。这种行星轮系可在仪表中用来测量高速转动或作为精密的微调机构。

一、选择题

1.轮系的下列功用中,实现_____必须依靠周转轮系来实现。

A.变速传动 B.分路传动 C.大传动比 D.运动的合成与分解

2.行星轮系的转化轮系传动比为负值,则这两个齿轮转向_____。

A.一定相同 B.一定相反 C.不一定

3.在周转轮系中,凡具有运动几何轴线的齿轮被称为_____。

A.行星轮 B.太阳轮 C.惰轮

4.轮系采用惰轮可_____。

A.变向 B.变速 C.改变传动比

5.轮系运动时,各轮轴线位置固定不动的轮系称为_____。

A.差动轮系 B.定轴轮系 C.行星轮系 D.周转轮系

二、计算题

1.图 2-8-57 为一手摇提升装置,各齿轮的齿数已在图中标出。求该轮系的传动比 i_{15},并指出当提升重物时手柄的转向,在图中用箭头标出。

2.图 2-8-58 所示的锥齿轮行星轮系(差动轮系)中,已知 $z_1=60$,$z_2=40$,$z_2'=z_3=20$,两太阳轮转向相反,转速 $n_1=n_3=120$ r/min。求行星架 H 的转速 n_H 的大小和方向。

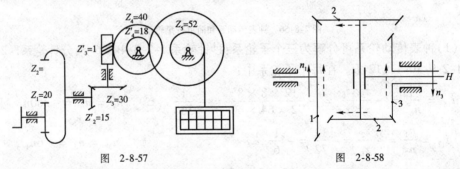

图 2-8-57   图 2-8-58

3.图 2-8-59 所示的锥齿轮行星轮系中,已知 $z_1=20$,$z_2=20$,$z_3=30$,$z_4=45$,$n_1=500$ r/min。求行星架 H 的转速 n_H 的大小和方向。

4.图 2-8-60 所示的某发动机行星减速器,内齿圈 3 与曲轴连接,行星架 H 与螺旋桨连接。已知:$z_1=20$,$z_2=15$,$z_3=50$,中心轮 1 固定不动。求:(1)轮系传动比 i_{3H} 的大小;(2)确定 $n_3=1450$r/min 时,螺旋桨的转速 n_H。

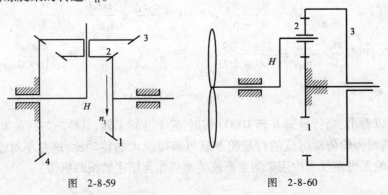

图 2-8-59   图 2-8-60

项目九

分析连接

将两个或两个以上的物体接合在一起的形式称为连接,在机械中,为了便于制造、安装、运输、维修等,广泛地使用了各种连接。

连接可分为两大类:一类是机器在使用中,被连接零件间可以有相对运动的连接,称为动连接,如滑移齿轮与轴;另一类是机器在使用中,被连接零件间不允许产生相对运动的连接,称为静连接。

连接又分为可拆连接和不可拆连接两类。可拆连接是不需毁坏连接中的任意零件就可拆开的连接,一般具有通用性强、可随时更换、维修方便等特点,允许多次重复拆装,常见的有键连接、销连接、螺纹连接、轴间连接和弹性连接(弹簧)等。不可拆连接一般是指必须要毁坏连接中的某一部分才能拆开的连接,具有结构简单、成本低廉、简便易行的特点,常见的有铆接、焊接、胶接等。此外,过盈配合连接是利用孔和轴间的过盈量,将两个零件连成一体的结构,是介于可拆连接和不可拆连接之间的一种连接。过盈配合的优点是结构简单,缺点是配合表面要求加工精度高、表面粗糙度参数值低,成本高。

在机械不能正常工作的情况中,大部分是由于连接失效造成的。因此,连接在机械设计与使用中占有重要地位。

任务一　分析螺纹连接

知识目标

1. 了解常用螺纹的类型、特点和应用。
2. 掌握螺纹连接的基本类型、结构特点和应用。
3. 了解螺纹连接的防松原理、方法和基本结构。

能力目标

1. 能判定机构中螺纹组连接的结构特点和受力情况。
2. 能进行螺栓连接的强度计算。

图 2-9-1 为一钢制液压油缸,油压 $p=1.6\mathrm{MPa}$, $D=160\mathrm{mm}$, $D_0=350\mathrm{mm}$。请设计其密封盖和缸体之间的普通螺栓连接。

一、螺纹的类型

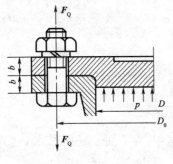

图 2-9-1　钢制液压油缸

螺纹分为内螺纹和外螺纹,二者共同组成螺纹副用于连接和传动。

螺纹的种类很多,按母体形状分为圆柱螺纹和圆锥螺纹;按用途分为连接螺纹和传动螺纹;按牙型截面分为三角形螺纹、矩形螺纹、梯形螺纹和锯齿形螺纹等,其中三角形螺纹间的摩擦力大,自锁性好,多用于连接,后三种用于传动;按螺纹线旋向分为左旋螺纹和右旋螺纹,常用右旋螺纹;按螺旋线数目分为单线螺纹和多线螺纹,单线螺纹多用于连接,多线螺纹多用于传动。

常用螺纹类型见表 2-9-1。

常用螺纹类型　　　　　　　　　　　　　　　　　　表 2-9-1

类型			牙型图	特点及应用
用于连接	三角形螺纹	普通螺纹		牙型角为 60°,牙根较厚,牙根强度较高,同一公称直径,按螺距大小分为粗牙和细牙。一般情况下的连接多用粗牙,细牙用于薄壁零件或受动载的连接,还可用于微调机构的调整。欧美国家采用英制螺纹,牙型角为 55°,尺寸单位为 in,也有粗牙、细牙之分
		管制螺纹		牙型角有 55°和 60°两种,公称直径近似为管子内径,是一种螺纹深度较浅的特殊英制细牙螺纹,密封性好,主要用于压力在 1.57MPa 以下油、水、气等管路的密封连接,有圆柱和圆锥管螺纹两种
用于传动	矩形螺纹			牙型为正方形,牙厚为螺距的一半,传动效率最高,但牙根强度弱,不易精加工。用于传动,未标准化,工程上已逐渐被梯形螺纹所替代
	梯形螺纹			牙型角为 30°,工艺性、对中性好,牙根强度高,传动效率比矩形螺纹略低,广泛用于各种传动
	锯齿形螺纹			工作面的牙型斜角为 3°,非工作面的牙型斜角为 30°,综合了矩形螺纹效率高和梯形螺纹牙根强度高的特点,牙根强度、工艺性、对中性、效率等均比梯形螺纹好,但只能用于单向受力的传动

二、螺纹的主要参数

现以圆柱普通外螺纹为例,如图 2-9-2 所示。

(1)大径(d、D):螺纹的最大直径,与外螺纹牙顶(或内螺纹牙底)相切的圆柱直径,在标准中规定它为螺纹的公称直径。

(2)小径(d_1、D_1):螺纹的最小直径,与外螺纹牙底(或内螺纹牙顶)相切的圆柱直径,常用

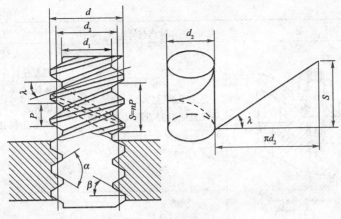

图 2-9-2　螺纹的主要参数

此直径计算螺纹断面强度。

（3）中径$(d_2、D_2)$：通过螺纹轴向剖面内牙型上的沟槽与凸起宽度相等处的假想圆柱直径，中径近似等于螺纹的平均直径，即$d_2 \approx (d_1 + d)/2$。中径是确定螺纹几何参数和配合性质的直径。

（4）牙型角α：轴向剖面内螺纹牙型两侧边的夹角。

（5）牙型斜角/牙侧角β：轴向剖面内螺纹牙型侧边与螺纹轴线的垂线的夹角。

（6）螺距P：在中径线上，相邻两螺纹牙对应点间的轴向距离。

（7）导程S：在同一条螺旋线上，相邻两螺纹牙在中径线上对应点间的轴向距离，由图可知$S = nP$。

（8）螺纹升角λ：在中径圆柱上，螺旋线的切线与垂直于螺纹轴线的平面之间的夹角，由图可知$\tan\lambda = S/\pi d_2$。

三、螺纹连接的基本类型

螺纹连接的基本类型有：螺栓连接、双头螺柱连接、螺钉连接和紧定螺钉连接四种，见表 2-9-2。

螺纹连接的基本类型　　　　　　　　　　　　　　　　　　　　　　表 2-9-2

类型	结 构 图	特点及应用	主要尺寸关系
螺栓连接	普通螺栓连接/受拉螺栓连接 铰制孔螺栓连接/受剪螺栓连接	用于连接两个都不太厚的零件，连接件只需打通孔，无需切制孔螺纹。结构简单，装拆方便 ①普通螺栓连接的螺栓和孔壁间有间隙，孔的加工精度要求低，工作时主要承受拉力，又称受拉螺栓连接； ②铰制孔螺栓连接的螺栓和孔壁间没有间隙，孔需精制（如铰孔），螺栓光杆与铰制孔采用基孔制的过渡配合（H7/m6、H7/n6），工作时主要承受横向载荷，有时还兼起定位作用，又称受剪螺栓连接	螺纹伸出长度： $a = (0.2 \sim 0.3)\,d$ 螺纹余量长度l_1： 静载荷$l_1 \geqslant (0.3 \sim 0.6)\,d$ 变载荷$l_1 \geqslant 0.75d$ 冲击或弯曲载荷$l_1 \geqslant d$ 注意：铰制孔螺栓连接的l_1应尽可能小于a 螺纹轴线到边缘的距离： $e = d + (3 \sim 6)$ mm 普通螺栓连接的孔直径： $d_0 = 1.1\,d$ 铰制孔螺栓连接的孔直径： <table><tr><td>d</td><td>M6 ~ M27</td><td>M30 ~ M48</td></tr><tr><td>d_0</td><td>$(d+1)$ mm</td><td>$(d+2)$ mm</td></tr></table>

类型	结 构 图	特点及应用	主要尺寸关系
双头螺柱连接	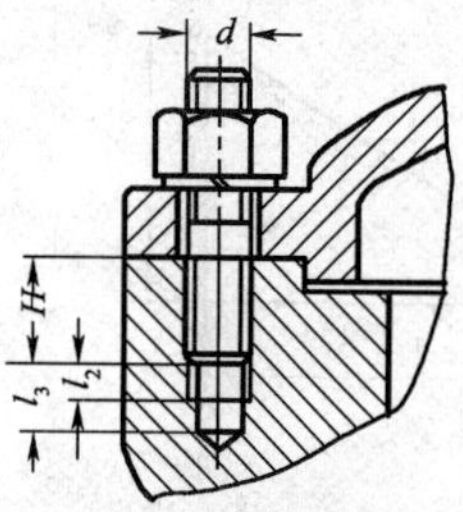	适用于被连接之一太厚不能打通孔且需要经常拆卸的场合。薄件打通孔,厚件打螺纹孔	螺纹旋入深度 H: 钢或青铜 $H = d$; 铸铁 $H = (1.25 \sim 1.5) d$; 铝合金 $H = (1.5 \sim 2.5) d$; 螺纹孔深度 $H_1 = H + (2 \sim 2.5) d$; 钻孔深度 $H_2 = H_1 + (0.5 \sim 1) d$; 其余尺寸同普通螺栓连接
螺钉连接	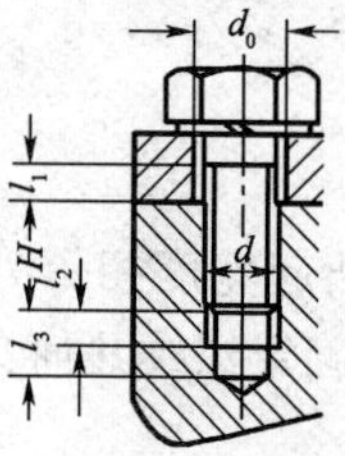	适用于被连接之一太厚不能打通孔且不经常拆卸的场合。薄件打通孔,厚件打螺纹孔。不用螺母,当使用沉头孔时可获得光整的表面	与双头螺柱连接相同
紧定螺栓连接	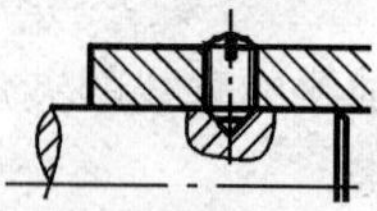	旋入一个零件的螺纹孔中,其末端顶住另一零件的表面或表面凹坑中,以固定两个零件的位置,并可传递不大的载荷	螺钉直径 $d = (0.2 \sim 0.3)$ 轴径 d_s,扭矩大时取大值

除了上表所列连接外,还有自攻螺钉和膨胀螺钉连接等。在螺纹连接中常用的零件有:螺栓、双头螺柱、螺钉、螺母和垫圈等,这些零件的结构形式和尺寸都已标准化,设计时根据具体工作条件及结构特点和受力情况选用。

四、螺纹连接的预紧和防松

1. 螺纹连接的预紧

一般螺纹连接都在装配时必须将螺母拧紧实现螺纹连接的预紧,其目的是为了增加连接的刚度、紧密性和防松能力。对于重要的承受轴向载荷的螺栓连接必须准确控制其预紧力。由于拧紧螺母时主要克服螺纹副的摩擦力矩 T_1 和螺母与支持面间的摩擦力矩 T_2,工程上常用的拧紧力矩 T 计算公式为:

$$T = T_1 + T_2 = KF'd$$

式中:d——螺纹公称直径,mm;

F'——预紧力,N;

K——拧紧力矩系数,N·mm,对于常用钢制 M10 ～ M68 的螺栓,取 $K = 0.2$。

需要控制拧紧力矩时,小批量生产可使用测力矩扳手或定力矩扳手,大批量生产多使用风扳机或气动冲击扳手,如图 2-9-3 所示。

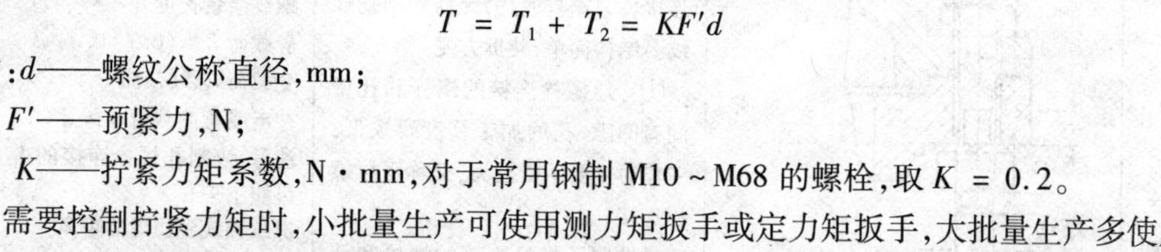

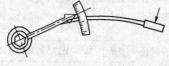

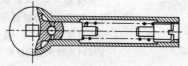

a) 指针式测力矩扳手　　　　b) 定力矩扳手　　　　c) 冲击扳手

图 2-9-3 控制预紧力矩的扳手

2. 螺纹连接的防松

螺纹连接具有自锁性,在静载荷和工作温度变化不大时不会自动松动,但在冲击、振动、变载荷或工作温度变化大时,则可能松动。螺纹连接防松的实质就是防止螺纹副的相对转动。常用的防松方法见表2-9-3。

螺纹连接的防松方法

表2-9-3

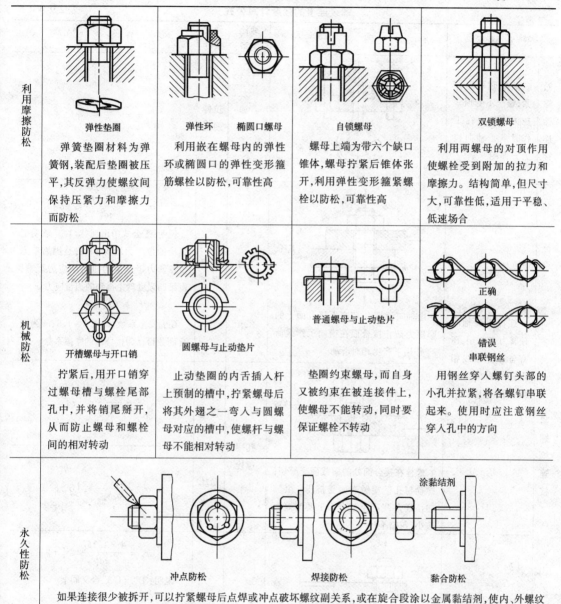

利用摩擦防松			
弹性垫圈	弹性环　椭圆口螺母	自锁螺母	双锁螺母
弹簧垫圈材料为弹簧钢,装配后垫圈被压平,其反弹力使螺纹间力保持压紧力和摩擦力而防松	利用嵌在螺母内的弹性环或椭圆口的弹性变形箍筋螺栓以防松,可靠性高	螺母上端为带六个缺口锥体,螺母拧紧后锥体张开,利用弹性变形箍紧螺栓以防松,可靠性高	利用两螺母的对顶作用使螺栓受到附加的拉力和摩擦力。结构简单,但尺寸大,可靠性低,适用于平稳、低速场合

机械防松			
开槽螺母与开口销	圆螺母与止动垫片	普通螺母与止动垫片	正确　错误　串联钢丝
拧紧后,用开口销穿过螺母槽与螺栓尾部孔中,并将销尾掰开,从而防止螺母和螺栓间的相对转动	止动垫圈的内舌插入杆上预制的槽中,拧紧螺母后将其外翅之一弯入与圆螺母对应的槽中,使螺杆与螺母不能相对转动	垫圈约束螺母,而自身又被约束在被连接件上,使螺母不能转动,同时要保证螺栓不转动	用钢丝穿入螺钉头部的小孔并拉紧,将各螺钉串联起来。使用时应注意钢丝穿入孔中的方向

永久性防松	
冲点防松　焊接防松　黏合防松（涂黏结剂）	
如果连接很少被拆开,可以拧紧螺母后点焊或冲点破坏螺纹副关系,或在旋合段涂以金属黏结剂,使内、外螺纹不能相对运动。这种防松方法方便、可靠,但拆开连接时必须破坏螺纹副。该方法用于有较大冲击、振动及重要连接处	

五、螺纹连接的强度计算

螺栓连接通常都是成组使用的,在进行螺栓强度计算时,先根据螺栓组受力分析找出受力最大的螺栓和它的工作载荷,然后计算这个螺栓的直径,其他受力较小的螺栓也都采用与其相同的尺寸,所以单个螺栓连接强度计算是基础。

单个螺栓需要考虑强度的部位有:螺纹根部剪切、弯曲;螺杆横截面拉伸、扭转等。由于螺栓已标准化,螺纹部分保持与螺杆等强度,因此,计算时只需考虑螺杆横截面的强度。

螺纹连接的强度计算主要是确定螺纹的小径 d_1,然后按标准选取螺纹的公称直径 d。螺纹的小径 d_1,可根据不同情况由表 2-9-4 中的计算公式确定。

螺纹连接的强度计算公式　　　　　　　　　　　　表 2-9-4

受力情况		图　例	螺栓类型	强度条件	计算公式
松螺栓连接	装配时不需拧紧,螺栓不受预紧拉力。只有在工作时承受轴向拉力 F 作用		普通螺栓	拉伸强度	$\sigma = \dfrac{4F}{\pi d_1^2} \leqslant [\sigma]$
紧螺栓连接	螺栓受到轴向预紧力 F' 作用,还有与螺杆轴线相垂直的横向工作载荷 F_s 作用	由轴向预紧力 F' 产生接合面上的摩擦力防止接合面在横向工作载荷 F_s 作用下产生相对滑动	普通螺栓	拉伸强度	$\sigma_e = \dfrac{4 \times 1.3F'}{\pi d_1^2} \leqslant [\sigma]$ 说明:①公式中出现"$\times 1.3$"表明把螺栓的拉应力增大 30%,是因为考虑了预紧力矩产生的扭转切应力影响,由第四强度理论得到的当量应力 σ ②$mfF' \geqslant CF_s$ C 为安全系数,取 $1.1 \sim 1.3$;m 为接合面数目;f 为接合面的摩擦系数
		螺栓在接合面处的横截面受剪切,螺栓与孔壁接触表面受挤压。由轴向预紧力 F' 产生接合面上的摩擦力较小,忽略不计	铰制孔用螺栓	剪切强度	$\tau = \dfrac{4F_s}{\pi d_s^2 m} \leqslant [\tau]$
				挤压强度	$\sigma_{jy} = \dfrac{F_s}{d_s h_{min}} \leqslant [\sigma_{jy}]$
	螺栓受到轴向预紧力 F' 作用,还有轴向工作载荷 F 作用	由于螺栓和被连接件的弹性变形,螺栓受到的总拉力 F_0 = 工作载荷 F + 剩余预紧力 $F'' = (1+K)F$	普通螺栓	拉伸强度	$\sigma_e = \dfrac{4 \times 1.3F_0}{\pi d_1^2} \leqslant [\sigma]$ 说明:①"$\times 1.3$"含义同上 ②$F_0 = (1+K)F$ K 为剩余预紧力系数,取值如下: <table><tr><td colspan="2">连接情况</td><td>K</td></tr><tr><td rowspan="2">紧固</td><td>静载荷</td><td>$0.2 \sim 0.6$</td></tr><tr><td>变载荷</td><td>$0.6 \sim 1$</td></tr><tr><td colspan="2">紧密</td><td>$1.5 \sim 1.8$</td></tr></table>

强度计算时用到的许用应力是由螺栓连接材料或螺栓性能等级决定的。螺栓的常用材料为 Q215、Q235、10、35 和 45 钢，重要场合也可采用 15Cr、40Cr、30CrMnSi、15MnVB 等合金钢，螺母和垫圈的材料一般较螺栓略差。螺纹连接件常用材料的力学性能见表 2-9-5，螺栓性能等级见表 2-9-6。

螺纹连接件常用材料的力学性能　　　　表 2-9-5

钢　号	Q215	Q235	35	45	40Cr
抗拉强度极限 σ_b（MPa）	340 ~ 420	410 ~ 470	540	610	750 ~ 1000
屈服极限 σ_s（MPa）	220	240	320	360	650 ~ 900

螺栓的性能等级　　　　表 2-9-6

性　能　等　级	3.6	4.6	4.8	5.6	5.8	6.8	8.8	9.8	10.9	12.9
抗拉强度极限 σ_b（MPa）	330	400	420	500	520	600	800	900	1040	1220
屈服极限 σ_s（MPa）	190	240	340	300	420	480	640	720	940	1100
最小硬度（HBS）	90	114	124	147	152	181	240	276	304	366

注:1. 规定性能等级的螺栓,在图样上只标注性能等级,不应标出材料牌号。
　　2. 性能等级的标记代号含义:"."前的数字约为抗拉强度极限 σ_b 的 1/100;"."后的数字约为屈强比的 10 倍,即 $(\sigma_s/\sigma_b) \times 10$。

确定螺栓的性能等级后,再查表 2-9-7 选用合适的安全系数,按公式 $[\sigma] = \sigma_s/S$ 计算出许用应力 $[\sigma]$。

普通螺栓连接的安全系数 S　　　　表 2-9-7

控制预紧力		1.2 ~ 1.5				
不控制预紧力	材料	静载荷			变载荷	
		M6 ~ M16	M16 ~ M30	M30 ~ M60	M6 ~ M16	M16 ~ M30
	碳钢	4 ~ 3	3 ~ 2	2 ~ 1.3	10 ~ 6.5	6.5
	合金钢	5 ~ 4	4 ~ 2.5	2.5	7.5 ~ 5	5

对于铰制孔用螺栓连接进行的是剪切强度计算和挤压强度计算,其许用切应力和许用挤压应力见表 2-9-8。

铰制孔用螺栓连接的许用切应力和许用挤压应力　　　　表 2-9-8

载荷性质	静　载　荷	变　载　荷
许用切应力 $[\tau]$	$[\tau] = \sigma_s/2.5$	$[\tau] = \sigma_s/(3.5 \sim 5)$
许用挤压应力 $[\sigma_{jy}]$	钢　$[\sigma_{jy}] = \sigma_s/1.25$ 铸铁 $[\sigma_{jy}] = \sigma_s/(2 \sim 25)$	按静载荷 $[\sigma_{jy}]$ 降低 20% ~ 30%

六、螺栓组连接的结构设计

螺栓组连接的结构设计的目的在于合理确定连接接合面的几何形状和螺栓的布置形式,力求各螺栓和接合面间受力均匀,便于加工和装配。为此,设计时应综合考虑以下几个方面的问题。

(1)螺栓组的布置应尽可能对称,以使接合面受力比较均匀,一般都将接合面设计成对称的简单几何形状,并应使螺栓组的对称中心与接合面的形心重合,如图 2-9-4 所示。分布在同一圆周上的螺栓数,应取为 4、6、8 等易于等分的数目,以便于加工。

（2）当螺栓连接承受弯矩和转矩时，还须将螺栓尽可能地布置在靠近接合面边缘，以减少螺栓中的载荷。如果普通螺栓连接受较大的横向载荷，则可用套筒、键、销等零件来分担横向载荷，以减小螺栓的预紧力和结构尺寸，如图2-9-5所示。

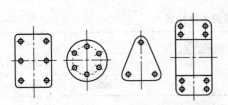

图2-9-4　接合面的几何形状

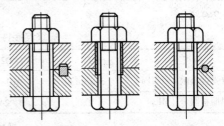

图2-9-5　用键、套筒、销分担横向载荷

（3）在一般情况下，为了安装方便，同一组螺栓中不论其受力大小，均采用同样的材料和规格尺寸，如螺栓直径和长度尺寸等。

（4）螺栓的排列应有合理的间距和边距。螺栓中心线与机体壁之间、螺栓相互之间的距离，要根据扳手活动所需的空间大小来决定，如图2-9-6所示。对于压力容器等紧密性要求较高的重要连接，螺栓间距 t_0 不得大于表2-9-9所推荐的数值。

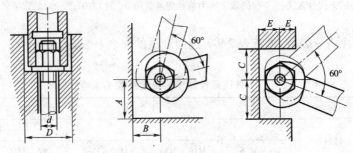

图2-9-6　扳手活动所需的空间

有紧密性要求的螺栓间距 t_{0max} 　　　　　　　　　　　表2-9-9

工作压力 p(MPa)	≤1.6	1.6~4	4~10	10~16	16~20	20~30
螺栓间距 t_{0max}	7d	4.5d	4.5d	4d	3.5d	3d

（5）避免螺栓承受偏心载荷引起的附加弯曲应力。除因制造、安装上的误差及被连接件的变形等因素外，支承面不平或倾斜，都可能引起附加弯曲应力。支承面一般应为加工面，为了减少加工面，常将支承面做成凸台或沉头座。为了适应特殊的支承面，可采用斜垫圈、球面垫圈等，如图2-9-7所示。

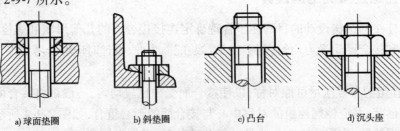

a) 球面垫圈　　　　　b) 斜垫圈　　　　　c) 凸台　　　　　d) 沉头座

图2-9-7　避免承受附加弯曲应力的结构

图 2-9-8 为一钢制液压油缸,油压 $p = 1.6$ MPa, $D = 160$ mm, $D_0 = 350$ mm。请设计其密封盖和缸体之间的普通螺栓连接。

分析:此设计问题就是要回答出"用多少个什么型号的螺栓",需通过螺栓连接的强度计算来确定。

解:(1)确定螺栓工作载荷。

初选螺栓数 $z = 8$,则每个螺栓承受的平均轴向工作载荷 F 为:

$$F = \frac{p\pi D^2/4}{z} = \frac{1.6 \times \pi \times 160^2/4}{8} \approx 4021(\text{N})$$

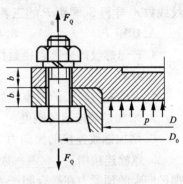

图 2-9-8 钢制液压油缸

(2)确定螺栓所受总载荷。

查表 2-9-4,取剩余预紧力系数 $K = 1.8$,则螺栓所受总载荷 F_0 为:

$$F_0 = (1 + K)F = (1 + 1.8) \times 4021 = 11258.8(\text{N})$$

(3)求螺栓小径。

初选螺栓公称直径 $d \leqslant 16$ mm,性能等级为 6.8 级,查表 2-9-6 和表 2-9-7 得, $\sigma_s = 480$ MPa,采用 45 钢制造,不控制预紧力,安全系数 $[S] = 3.5$。则螺栓材料的许用应力 $[\sigma]$ 为:

$$[\sigma] = \sigma_s/S = 480/3.5 = 137.1(\text{MPa})$$

查表 2-9-4,则螺栓小径 d_1:

$$\sigma_e = \frac{4 \times 1.3 F_0}{\pi d_1^2} \leqslant [\sigma] \Rightarrow \frac{4 \times 1.3 \times 11258.8}{\pi \times d_1^2} \leqslant 137.1$$

解得, $d_1 \geqslant 11.65(\text{mm})$

查国家标准,选用型号为 M16 的螺栓,其小径 $d_1 = 13.835$ mm。

(4)校验螺栓间距。

当初选 8 个 M16 的螺栓时,螺栓间距 $t_0 = \pi D_0/z = \pi \times 350/8 = 137.4$ mm。

查表 2-9-9 得, $t_{0max} = 7d = 7 \times 16 = 112$ mm,此时 $t_0 > t_{0max}$,不满足紧密性间距要求。

将螺栓数增大至 $z = 12$,重新计算螺栓间距 $t_0 = \pi D_0/z = \pi \times 350/12 = 91.6$ mm $< t_{0max}$ 可以满足紧密性间距要求,且强度更好。

故,此钢制液压油缸采用 12 个 M16 的螺栓。

一、选择题

1. 连接螺纹多用_____。自锁性能最好的螺纹是_____。

A. 三角形螺纹　　　　B. 梯形螺纹　　　　　C. 锯齿形螺纹　　　　　D. 矩形螺纹

2. 当两个被连接件之一太厚,不宜制成通孔,且连接需要经常拆装时,宜采用_____。

当两个被连接件之一太厚,不宜制成通孔,且连接不需要经常拆装时,宜采用_____。

当两个被连接件均不太厚,便于制成通孔,常采用_____。

A. 螺钉连接　　　　　B. 螺栓连接　　　　　C. 双头螺栓连接　　　D. 紧定螺钉连接

3. 多线螺纹上相邻两牙在中径圆柱面的母线上对应两点间的轴向距离称为_____。同一螺纹线上相邻两牙在中径圆柱面的母线上对应两点间的轴向距离称为_____。螺纹线数 n、导程 S、螺距 P 的三者之间关系式为_____。

    A. 螺距 P B. 导程 S C. $S = nP$ D. $P = nS$

4. 普通螺纹的公称直径是指螺纹的_____。螺栓的强度是以螺纹的_____来计算的。

    A. 小径   B. 大径   C. 中径

5. 螺纹连接防松的根本目的在于_____。

    A. 增加螺纹连接的刚度   B. 增加螺纹连接的轴向力

    C. 增加螺纹连接的横向力   D. 防止螺纹副的相对转动

6. 螺栓连接中,_____的螺栓杆与孔壁之间没有间隙。螺栓连接中,_____依靠拧紧螺母产生的预紧力在接合间产生摩擦力抵抗横向力。

    A. 普通螺栓连接   B. 铰制孔螺栓连接   C. 无法确定

7. 紧连接螺栓按拉伸强度计算时,考虑到拉伸和扭转的联合作用,应将拉伸载荷增至_____。

    A. 0.3 倍   B. 1.3 倍   C. 1.7 倍   D. 1.59 倍

8. 预紧力为 F_0 的单个紧螺栓连接,受到轴向工作载荷 F 作用:

    螺栓受到的总拉力 $F_\text{总}$ _____ 初始预紧力 F_0 + 轴向工作载荷 F

    螺栓受到的总拉力 $F_\text{总}$ _____ 剩余预紧力 F' + 轴向工作载荷 F

    A. 大于   B. 等于   C. 小于   D. 大于或等于

9. 紧螺栓连接强度计算公式中的系数 1.3 是考虑_____。

    A. 应力集中   B. 拉伸和扭转复合作用   C. 安全系数

10. 普通螺纹的螺旋线的头数越少,_____;头数越多,_____。

    A. 传动性能越好   B. 自锁性能越好

二、简答题

1. 螺纹连接的基本类型有哪些? 各适用于什么场合?

2. 螺纹连接的预紧目的是什么? 常用的预紧方法有哪些?

3. 螺纹连接的防松目的是什么? 按照工作原理有哪三种防松方式? 针对每一种方式写出三种防松方法。

三、计算题

图 2-9-9 中的螺栓连接采用 4 个 M16 螺栓,其小径 $d_1 = 13.825\text{mm}$,许用应力 $[\sigma] = 160\text{MPa}$,已知接合面间摩擦因数 $f = 0.165$,并取可靠系数 $C = 1.2$。试计算允许的横向载荷 F_Σ。

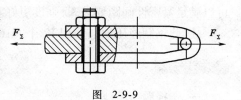

图 2-9-9

任务二   分析轴毂连接

知识目标

1. 了解轴毂连接的类型、特点和应用。

2.掌握平键的选用和强度计算方法。

能力目标

1.能判定机构中轴毂连接的结构特点和受力情况。
2.能初步选用平键并进行强度计算。

任务描述

已知电动机的功率 $P=5.1\text{kW}$,转速 $n=37.7\text{r/min}$,输入轴的直径 $d=60\text{mm}$,轴和联轴器采用平键连接,联轴器轮毂的宽度为 112mm,机器短时间间歇工作。请设计联轴器和输入轴上的平键连接。

知识链接

轴毂连接是指安装在轴上的传动零件(如齿轮、带轮、链轮等)的轮毂与轴之间的连接。轴毂连接的主要类型有键连接、花键连接、销连接、过盈配合连接及型面连接等。

一、键连接

键连接主要用来实现轴和轮毂之间的周向固定,用以传递运动和转矩,有些也兼有轴向固定或轴向移动的作用。

1.键连接的类型

键连接分为松键连接和紧键连接两大类。松键连接的上表面与轮毂键槽底面间有间隙,主要依靠两侧面传递转矩,不影响轴与轮毂的同心精度,拆装方便。松键连接包括普通平键、导向平键、滑键、花键和半圆键五种连接。紧键连接的键有斜面,依靠键的上下面与槽底面之间楔紧后的摩擦力传递转矩,对中性不好,定心精度不高。紧键连接包括楔键和切向键两种连接。常用键连接的结构特点和应用见表 2-9-10。

常用键连接的结构特点和应用　　　　　　　　　　　　　　表 2-9-10

类型		结构特点及应用
平键连接	普通平键	 圆头(A型)　　平头(B型)　　单圆头(C型) A 型键的轴向定位较好,应用广泛,但轴槽端部的应力集中较大; B 型键的轴槽应力集中较小,但轴向定位不好,需用小螺钉把键固定在键槽中; C 型键适用于轴端与轮毂的连接

类型		结构特点及应用
平键连接	导向平键与滑键	 导向平键　　　　　　　　　滑键 导向平键用于轴上零件沿轴向移动距离较小的场合,用螺钉将其固定在轴上的键槽中,键和轮毂的键槽采用间隙配合,键的长度要大于轮毂长度与移动距离之和; 滑键用于轴上零件沿轴向移动距离较大的场合,工作时与轮毂一起沿轴向移动,为使键容易装配,轴上的键槽至少有一端需开通
半圆键		 键在轴槽中能绕其几何中心摆动,以适应轮毂键槽底面的斜度。不能传递轴向力,工艺性较好,轴与轮毂同心精度好;但轴上的键槽较深,对轴的强度削弱较大。主要用于轻载荷、传递转矩不大的锥形轴或轴端的轴与轮毂的连接
楔键		 A 型(方头)普通楔键　　　　　B 型(圆头)普通楔键　　　　　钩头楔键 A 型普通楔键装配时先将键装入轴上键槽中,然后打紧轮毂,但不适于轮毂较大的零件; B 型普通楔键和钩头楔键装配时先将轮毂装到轴上适当位置,然后将键装入并打紧; 楔键主要用于低速、轻载、对同心精度要求不高的场合,轮毂的轴向固定不需要其他零件,可承受单向的轴向载荷

类型	结构特点及应用
切向键	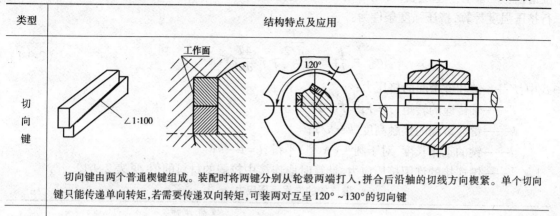 切向键由两个普通楔键组成。装配时将两键分别从轮毂两端打入,拼合后沿轴的切线方向楔紧。单个切向键只能传递单向转矩,若需要传递双向转矩,可装两对互呈 120°~130° 的切向键
花键	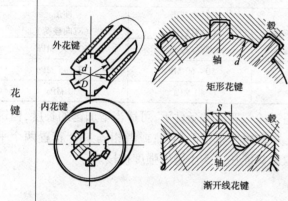矩形花键的定心方式为小径定心,定心精度高,稳定性好,应用很广。可用磨削消除内外花键的热处理变形; 渐开线花键应力集中比矩形花键小,加工方法与齿轮加工相同,加工工艺性较好,易获得较高的精度和互换性。定心方式为齿形定心,具有自动定心、各齿承载均匀。30°渐开线花键承载能力大,适用于转矩较大且轴径也较大的场合。45°渐开线花键承载能力较低,多用于直径较小、载荷较轻或薄壁零件的轴毂连接

2. 平键的选用和强度计算

平键的材料一般选择抗拉强度 $\sigma_b \geqslant 600\text{MPa}$ 的钢材,常用 45 钢。当轮毂材料为有色金属或非金属时,键的材料可用 20 钢或 Q235 钢。

平键是标准件,其主要尺寸是 $b \times h \times L$(键宽×键高×键长)。一般先根据轴径从标准中选择键宽和键高,见表 2-9-11。键长根据轮毂宽度 L_1 确定,静连接时 $L = L_1 - (5 \sim 10)$ mm,动连接时还应考虑移动距离,并符合标准长度系列。

键的主要尺寸 表 2-9-11

轴的公称直径 d	键的公称尺寸 $b \times h$	轴上键槽深度 t	毂上键槽深度 t_1	轴的公称直径 d	键的公称尺寸 $b \times h$	轴上键槽深度 t	毂上键槽深度 t_1
6~8	2×2	1.2	1	>38~44	12×8	5.0	3.3
>8~10	3×3	1.8	1.4	>44~50	14×9	5.5	3.8
>10~12	4×4	2.5	1.8	>50~58	16×10	6.0	4.3
>12~17	5×5	3.0	2.3	>58~65	18×11	7.0	4.4
>17~22	6×6	3.5	2.8	>65~75	20×12	7.5	4.9
>22~30	8×7	4.0	3.3	>75~85	22×14	9.0	5.4
>30~38	10×8	5.0	3.3	>85~95	25×14	9.0	5.4

键长 L:6,8,10,12,14,16,18,20,22,25,28,32,36,40,45,50,56,63,70,80,90,100,110,125,140,…,220,250,280,320,360

普通平键连接的主要失效形式是工作面的压溃,对于导向平键和滑键主要是工作面的过

度磨损。除非有严重过载,否则一般不会出现键的剪断。因此,平键连接的强度计算只需要进行挤压强度计算,挤压强度条件为:

$$\sigma_{jy} = \frac{F}{kl} \approx \frac{\dfrac{T}{d/2}}{h/2 \cdot l} = \frac{4T}{dhl} \leqslant [\sigma_{jy}] \tag{2-9-1}$$

式中:F——键和键槽间的挤压力;

T——轴传递的转矩,$T = Fr = Fd/2$;

k——键与键槽的接触高度,$k \approx h/2$;

l——键的工作长度,对于圆头(A型)平键,$l = L - b$;

$[\sigma_{jy}]$——键连接的许用挤压应力,计算时取连接中较弱的材料的值,见表2-9-12。

键连接的许用挤压应力$[\sigma_{jy}]$　　　　　　　　　　表2-9-12

连接性质	键、轴或轮毂材料	载荷性质		
		静载荷 (单向,变化小的载荷)	轻微冲击 (经常启停)	冲击 (双向载荷)
静连接	钢	120~150 MPa	100~120 MPa	60~90 MPa
	铸铁	70~80 MPa	50~60 MPa	30~45 MPa
动连接	钢	50 MPa	40 MPa	30 MPa

如果校核后,键连接的强度不够,在不超过轮毂宽度的条件下,可适当增加键的长度,但键的长度一般不应超过2.5d,否则载荷沿键长方向的分布很不均匀;或者相隔180°布置两个平键,因考虑制造误差引起的载荷分布不均,双键只能按1.5个键做强度校核。

二、销连接

销连接也是轴与轮毂或两被连接件中的一种常用可拆连接。销连接主要有以下三个作用,如图2-9-10所示。

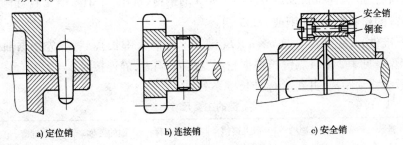

a) 定位销　　　　　　　　b) 连接销　　　　　　　　c) 安全销

图2-9-10　销连接的三个作用

(1)定位销用于固定零件之间的相对位置,是组合加工和装配时的重要辅助零件。定位销通常不受载荷或受很小的载荷。同一接合面上的定位销数目不得少于两个,否则起不到定位作用。

(2)连接销用于轴与轮毂间或其他零件间的连接,并传递不大的载荷。连接销要受到剪切和挤压的作用。

(3)安全销用作安全装置中的过载剪断元件,是安全装置中的重要元件。

销按形状分为圆柱销、圆锥销和异形销三类。圆柱销靠过盈与销孔配合,为保证定位精度和连接的坚固性,不宜经常装拆,主要用于连接或定位。圆锥销具有1:50的锥度,小端直径为标准值,自锁性能好,定位精度高,主要用于定位或连接。圆柱销和圆锥销的销孔均需铰制。

异形销种类很多,包括槽销、开尾圆锥销、螺纹圆锥销、开口销和弹性圆柱销等,其中开口销工作可靠,拆卸方便,常与槽形螺母合用锁定螺纹连接件。

任务实施

已知电动机的功率 $P = 5.1\text{kW}$,转速 $n = 37.7\text{r/min}$,输入轴的直径 $d = 60\text{mm}$,轴和联轴器采用平键连接,联轴器轮毂的宽度为 112mm,机器短时间间歇工作。请设计联轴器和输入轴上的平键连接。

分析:此设计问题就是要回答出"平键的主要尺寸 $b \times h \times l$ 各是多少?",并进行键连接的强度校核。

解:(1)初选平键的类型。初步确定联轴器和输入轴之间的平键为圆头(A 型)普通平键。

(2)初定平键的主要尺寸。根据输入轴的直径 $d = 60\text{mm}$,查表 2-9-11 得,键的截面尺寸 $b \times h = 18\text{ mm} \times 11\text{ mm}$。

联轴器和输入轴之间为静连接,则键的长度 $L = L_1 - 10 = 112 - 10 = 102\text{ mm}$,查表 2-9-11,取标准长度 $l = 100\text{ mm}$。

此时,初选平键的主要尺寸 $b \times h \times l = 18\text{mm} \times 11\text{mm} \times 100\text{mm}$。

(3)平键的强度校核。由已知,机器短时间间歇工作,即为经常启停,有轻微冲击,查表 2-9-12 得,键连接的许用挤压应力 $[\sigma_{jy}] = 100\text{MPa}$。

又已知电动机的功率 $P = 5.1\text{kW}$,转速 $n = 37.7\text{r/min}$,轴传递的转矩 T 为:

$$T = 9550 \frac{P}{n} = 9550 \times \frac{5.1}{37.7} \approx 1291.9\text{N} \cdot \text{m}$$

根据公式 2-9-1,键的挤压应力 σ_{jy} 为:

$$\sigma_{jy} = \frac{4T}{dhl} = \frac{4 \times 1291.9 \times 10^3}{60 \times 11 \times (100 - 18)} \approx 95.5\text{MPa}$$

因为 $\sigma_{jy} \leqslant [\sigma_{jy}]$,所以初选的平键满足强度要求。

故,该联轴器和输入轴上的选用 $b \times h \times l = 18\text{mm} \times 11\text{mm} \times 100\text{mm}$ 的圆头(A 型)普通平键连接。

自我检测

一、选择题

1.选择普通平键时,键的截面尺寸 $b \times h$ 是根据_____选定的。

A.转矩 T B.功率 P C.轴径 d D.轮毂宽度 l

2.键的长度尺寸是_____确定的。

A.按轮毂长度

B.按轮毂长度和标准系列

C.经强度校核后再按标准系列

3.普通平键连接常发生的失效形式是_____。

A.工作面的压溃   B.键的剪断

4.当尺寸 $b \times h \times l$ 相同时,_____普通平键承受挤压面积最小。_____平键多用在轴的端部。

A.A 型(圆头)   B.B 型(方头/平头)   C.C 型(单圆头)

5. 普通平键连接在选定尺寸后,主要验算其_____。

A. 挤压强度　　　　　B. 剪切强度　　　　　C. 弯曲强度　　　　　D. 耐磨性

二、判断题

1. 键连接主要用于轴上零件实现周向固定而传递运动或转矩。　　　　　　　　(　　)

2. 半圆键的工作表面是上、下面。　　　　　　　　　　　　　　　　　　　(　　)

3. 平键的三个尺寸都是按轴径在标准中选定的。　　　　　　　　　　　　　(　　)

4. 楔键连接对轴上零件不能作为轴向固定。　　　　　　　　　　　　　　　(　　)

5. 平键连接的主要失效形式是互相楔紧的工作面受剪切而破坏。　　　　　　(　　)

任务三　分析轴间连接

知识目标

1. 了解联轴器和离合器的功用、主要类型和特点。

2. 了解联轴器的选用联轴器的原则和步骤。

能力目标

能初步分析轴间连接的类型和工作原理。

任务描述

根据观察和分析,请回答下面的问题:

自行车的后轮轴和链轮轴之间采用什么装置连接? 试说明采用该装置的原因。

知识链接

在机械连接中,联轴器和离合器都是用来连接两轴,使两轴一起转动并传递转矩的装置。所不同的是:联轴器只能保持两轴的接合,若想两轴分离则必须停机;而离合器却可在机器运转中,随时地根据需要将两轴的接合或分离。

一、联轴器

联轴器所连接的两轴,由于制造及安装误差、受载变形、温度变化和机座下沉等原因,往往很难保证严格对中,两轴间会产生轴线的径向、轴向、角度或综合位移,如图 2-9-11 所示。因此,要求联轴器在传递运动和转矩的同时,还应具有一定范围内的补偿两轴间偏移和缓冲吸振的能力。否则,在联轴器、轴和轴承中就会产生附加载荷,甚至引起强烈振动,从而破坏机器的正常工作。

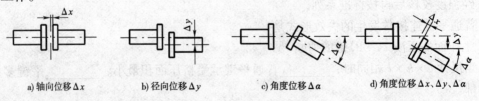

a) 轴向位移 Δx　　　　b) 径向位移 Δy　　　　c) 角度位移 $\Delta \alpha$　　　　d) 角度位移 Δx、Δy、$\Delta \alpha$

图 2-9-11　两轴间的位移形式

联轴器的类型很多,通常分为刚性联轴器、无弹性元件的可移式联轴器和弹性联轴器三大类。常用的联轴器类型见表 2-9-13。

类型		结 构 图 示	特点及应用
刚性联轴器	套筒联轴器	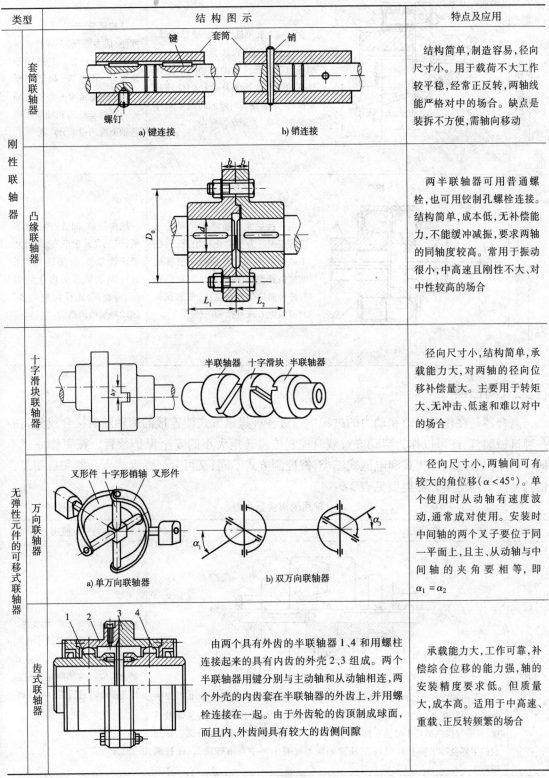	结构简单,制造容易,径向尺寸小。用于载荷不大工作较平稳,经常正反转,两轴线能严格对中的场合。缺点是装拆不方便,需轴向移动
	凸缘联轴器		两半联轴器可用普通螺栓,也可用铰制孔螺栓连接。结构简单,成本低,无补偿能力,不能缓冲减振,要求两轴的同轴度较高。常用于振动很小,中高速且刚性不大、对中性较高的场合
无弹性元件的可移式联轴器	十字滑块联轴器		径向尺寸小,结构简单,承载能力大,对两轴的径向位移补偿量大。主要用于转矩大、无冲击、低速和难以对中的场合
	万向联轴器		径向尺寸小,两轴间可有较大的角位移($\alpha < 45°$)。单个使用时从动轴有速度波动,通常成对使用。安装时中间轴的两个叉子要位于同一平面上,且主、从动轴与中间轴的夹角要相等,即 $\alpha_1 = \alpha_2$
	齿式联轴器		由两个具有外齿的半联轴器 1、4 和用螺柱连接起来的具有内齿的外壳 2、3 组成。两个半联轴器用键分别与主动轴和从动轴相连,两个外壳的内齿套在半联轴器的外齿上,并用螺栓连接在一起。由于外齿轮的齿顶制成球面,而且内、外齿间具有较大的齿侧间隙	承载能力大,工作可靠,补偿综合位移的能力强,轴的安装精度要求低。但质量大,成本高。适用于中高速、重载、正反转频繁的场合

类型	结构图示	特点及应用
弹性联轴器 — 弹性套柱销联轴器	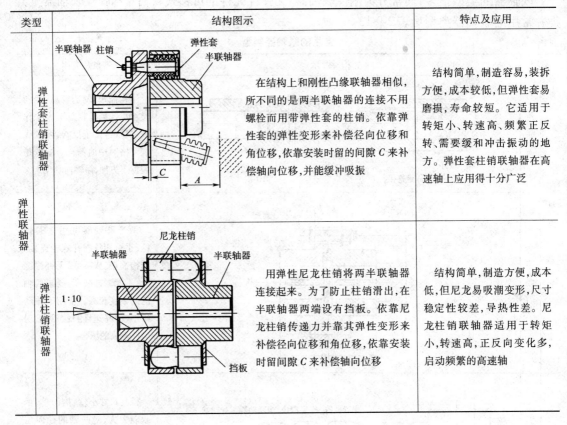 在结构上和刚性凸缘联轴器相似，所不同的是两半联轴器的连接不用螺栓而用带弹性套的柱销。依靠弹性套的弹性变形来补偿径向位移和角位移，依靠安装时留的间隙 C 来补偿轴向位移，并能缓冲吸振	结构简单，制造容易，装拆方便，成本较低，但弹性套易磨损，寿命较短。它适用于转矩小、转速高、频繁正反转、需要缓和冲击振动的地方。弹性套柱销联轴器在高速轴上应用得十分广泛
弹性柱销联轴器	用弹性尼龙柱销将两半联轴器连接起来。为了防止柱销滑出，在半联轴器两端设有挡板。依靠尼龙柱销传递力并靠其弹性变形来补偿径向位移和角位移，依靠安装时留间隙 C 来补偿轴向位移	结构简单，制造方便，成本低，但尼龙易吸潮变形，尺寸稳定性较差，导热性差。尼龙柱销联轴器适用于转矩小，转速高，正反向变化多，启动频繁的高速轴

二、离合器

离合器是在传递运动和动力的过程中通过各种操纵方式使连接的两轴随时接合或分离的一种机械装置，还可以作为启动或过载时控制传递转矩大小的安全保护装置。按工作原理不同，可分为牙嵌式、摩擦式和电磁式三类；按控制方式不同，又可分为操纵式离合器和自动离合器两类。常用的离合器类型见表 2-9-14。

常用的离合器类型　　　　　　　　　　　　　　　　　　表 2-9-14

类型	结构图示	特点及应用
牙嵌式离合器	主要由端面带齿的两个半离合器 1、2 组成，通过齿面接触来传递转矩。半离合器 1 固定在主动轴上，可动的半离合器 2 用导向平键（或花键）与从动轴连接，并通过操纵滑环 4 使它做轴向移动，以实现离合器的接合与分离。在固定的半离合器中装有对中环 3，从动轴端可在对中环中自由转动，以保持两轴对中	常用牙型有三角形、矩形、梯形和锯齿形。为减小齿间冲击，延长齿的寿命，牙嵌式离合器应在两轴静止或转速相差很小时进行接合或分离

类型	结 构 图 示	特点及应用
摩擦式离合器	 多盘摩擦离合器有两组摩擦片:主动轴 1 与外壳 2 相连,外壳 2 内装有一组外摩擦片 4,外摩擦片 4 与外壳一起转动,其内孔不与任何零件接触。从动轴 10 与套筒 9 相连,套筒上装有一组内摩擦片 5,套筒 9 和内摩擦片 5 随从动轴 10 一起转动。滑环 7 由操纵机构控制,当滑环 7 向左移动时,杠杆 8 绕支点顺时针转动,通过压板 3 将两组摩擦片压紧,实现接合;当滑环 7 向右移动时则实现分离。摩擦片间的压力由螺母 6 调节	有单盘式、多盘式和圆锥式。利用主、从动半离合器摩擦片接触面间的摩擦力传递转矩,为提高传递转矩的能力,通常采用多片摩擦片。可在不停车或主、从动轴转速差较大的情况下进行接合与分离,并且较为平稳,冲击、振动小,且可在过载时因摩擦片间打滑而起到过载保护的作用。但在接合过程中会引起摩擦片的发热
安全离合器		端面带牙的离合器左半 2 和右半 3,靠弹簧 1 嵌合压紧以传递转矩。当从动轴 4 上的载荷过大时,牙面 5 上产生的轴向分力将超过弹簧的压力,而迫使离合器发生跳跃式的滑动,使从动轴 4 自动停转。调节螺母 6 可改变弹簧压力,从而改变离合器传递转矩的大小
		在过载时自动分离,中断转矩的传递,可防止其他重要零件被破坏,起安全保护作用
超越离合器		内星滚柱式超越离合器中星轮 1 与主动轴相连,顺时针回转,滚柱 3 受摩擦力作用滚向狭窄部位被楔紧,带动外环 2 随星轮 1 同向回转,离合器接合;星轮 1 逆时针回转时,滚柱 3 滚向宽敞部位,外环 2 不与星轮 1 同转,离合器自动分离(即处于超越状态)。滚柱一般为 3～8 个。弹簧 4 起均载作用	超越离合器只能传递单向转矩,结构尺寸小,工作时没有噪声,宜于高速传动,但制造精度要求较高

任务实施

根据观察和分析,请回答下面的问题:

自行车的后轮轴和链轮轴之间采用什么装置连接?试说明采用该装置的原因。

答:自行车的后轮轴和链轮轴之间采用超越离合器相连,多数是棘轮式超越离合器,也有用内星滚柱式超越离合器的。采用超越离合器的原因是在向前蹬自行车时,离合器处于接合状态,使链轮轴的运动和动力传递到后轮轴上;但当向后蹬自行车时,离合器就处于分离状态,后轮轴不再获得链轮的动力,自行车只是依靠惯性向前行进。

自我检测

一、选择题

1._____能够在不停车的情况下,使两轴或两个轴上的零件接合或分离。

A. 联轴器　　　　　　　B. 离合器　　　　　　　C. 制动器

2._____对被连接的两轴有严格的对中性要求。

A. 凸缘联轴器　　　　　B. 齿式联轴器　　　　　C. 万向联轴器

3. 万向联轴器属于_____。

A. 固定式刚性联轴器　　　　　　　　B. 可移式刚性联轴器

C. 无弹性元件挠性联轴器　　　　　　D. 有弹性元件挠性联轴器

4. 十字轴式万向联轴器允许两轴间的最大夹角可达_____。

A. 45°　　　　　　B. 15°　　　　　　C. 60°　　　　　　D. 30°

5. 两个被连接轴之间存在较大的径向偏移时,可采用_____联轴器。_____联轴器是弹性联轴器的一种。若两被连接轴有较大的综合位移,宜选用_____联轴器。

A. 齿轮　　　　　　B. 凸缘　　　　　　C. 套筒

D. 万向　　　　　　E. 尼龙柱销

6. 十字滑块联轴器允许轴线具有_____位移。

A. 轴向　　　　　　B. 径向　　　　　　C. 角　　　　　　D. 综合位移

7. 离合器与联轴器的不同点为_____。

A. 过载保护　　　　　　　　　　　B. 补偿两轴间的位移

C. 可以将两轴的运动和载荷随时脱离和接合　　D. 以上都有

8. 万向联轴器的主要缺点是_____。

A. 结构复杂　　　　　　　　　　　B. 能传递的转矩很小

C. 从动轴角速度有周期性变化　　　D. 能传递的转矩很大

9. 两轴对中性差,工作中有一定冲击振动时,宜选用_____联轴器。

A. 刚性固定式　　　B. 刚性补偿式　　　C. 弹性　　　　　D. 安全

10. 凸缘联轴器和弹性柱销联轴器的型号是按_____确定的。

A. 许用应力　　　　B. 计算转矩　　　　C. 许用功率

二、计算题

一凸缘联轴器由铸铁 HT200 制成,传递的转矩 $T = 800\text{N} \cdot \text{m}$,用 8 个普通螺栓连接,均布在直径 $D = 180\text{mm}$ 的圆周上,螺栓材料为 Q235,每侧凸缘厚度 $\delta = 23\text{mm}$,摩擦因数 $f = 0.15$,可靠性系数 $C = 1.2$,安全因数 $S = 4$,通过计算选定螺栓。

项目十

分析轴系零部件

轴、轴承和轴上零件等组成的工作部件总称为轴系。轴系是机器中重要的组成部分,常用的轴系零部件包括轴、轴承以及相关的连接件等。

任务一 分 析 轴

任务描述

根据观察和分析,请回答以下问题:

(1)自行车的前轴、中轴和后轴所承受载荷相同吗? 它们各属于什么类型的轴?

(2)在多级减速器中,低速轴的直径为什么比高速轴的直径大?

知识链接

轴是组成机器的重要零件之一,其作用主要是支持轴上零件(如齿轮、皮带轮等),保证每个轴上零件在轴上有确定位置,从而传递运动和动力。

一、轴的分类

根据轴的承载情况不同,轴有以下三种类型:

(1)转轴——同时承受弯矩和扭矩的轴,如图2-10-1中减速器的输入轴Ⅰ和输出轴Ⅱ。

(2)心轴——只承受弯矩的轴,如图2-10-1中火车轮轴和自行车前轮轴。心轴又分为转动心轴和固定心轴。

(3)传动轴——只承受扭矩的轴,如图2-10-1中减速器的电动机轴、汽车变速器与后桥之间的传动轴。

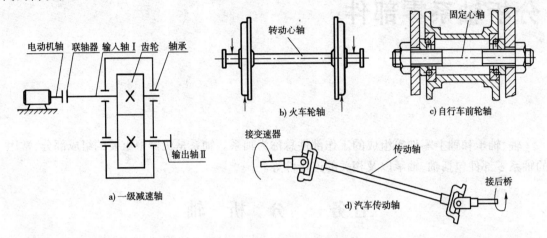

图2-10-1　轴的承载类型

根据轴线形状不同,轴可分为直轴、曲轴和挠性轴。直轴又可分为截面相等的光轴和截面分段变化的阶梯轴。曲轴常用于往复式机械中(如曲柄压力机、内燃机等)和行星轮系中。挠性轴可以将扭转和旋转运动灵活地传到任何所需的位置,但不能承受弯矩,常用于操纵机构、仪表和医疗设备等。此外,轴还可分为实心轴和空心轴,如图2-10-2所示。

一般机械中,圆截面的阶梯轴应用最广泛。这种阶梯轴加工方便,各轴段截面直径不同,一般两端小、中间粗,符合等强度设计原则,并便于轴上零件的装拆和固定。

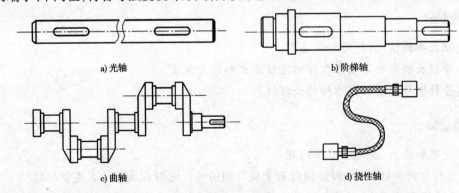

图2-10-2　轴线形状

二、轴的材料

轴的材料是决定轴承载能力的重要因素之一,轴的常用材料有碳钢、合金钢和球墨铸铁。选择轴的材料应考虑工作条件对轴提出的强度、刚度、韧性、耐磨性、耐腐蚀性等方面要求,同时还应考虑制造的工艺性及经济性。钢轴毛坯多是轧制圆钢或锻件;大尺寸或形状复杂的轴坯采用铸钢或球墨铸铁的铸件。

碳钢比合金钢价格便宜,对应力集中的敏感性低,应用广泛。常用作轴的 35 钢~50 钢等优质中碳钢,其中 45 钢最为常用。为保证力学性能,一般应进行调质或正火处理;有耐磨性要求的轴段应进行表面淬火及低温回火处理。受载较小或不重要的轴也可采用 Q215、Q235 和 Q275 等普通碳素结构钢制造。

合金钢比碳钢具有更高的力学性能和热处理性能,但其对应力集中的敏感性强,价格也较贵,因此多用于高速、重载及要求耐磨、高温或低温等特殊条件的场合。在设计合金钢轴的结构时,应采取措施减小应力集中,并且在加工时要尽量减小表面粗糙度。常用的合金钢有 20Cr、40Cr 和 40MnB 等。但由于在常温下合金钢与碳钢的弹性模量相差很小,因此,用合金钢代替碳素钢并不能提高轴的刚度。

球墨铸铁适于制造成形轴(如曲轴、凸轮轴等),它具有价廉、强度较高、切削性好、良好的耐磨性、吸振性以及对应力集中的敏感性低等优点,但铸铁件品质不易控制,可靠性较差,常用的球墨铸铁有 QT400 – 10、QT600 – 2 等。

三、轴的结构

图 2-10-3 为阶梯轴的典型结构,轴上安装旋转零件的轴段称为轴头,安装轴承的轴段称为轴颈,连接轴头和轴颈部分的非配合轴段称为轴身。

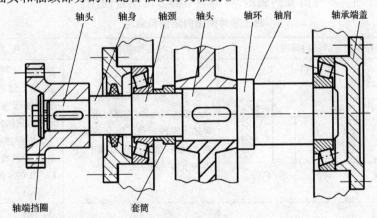

图 2-10-3 阶梯轴的典型结构

轴的结构设计就是确定轴的外形和全部结构尺寸。影响轴结构设计的因素很多,设计时应针对不同情况具体分析。但轴的结构设计原则上应满足以下要求:

(1)轴上零件要有准确的位置和可靠的相对固定。

(2)轴要具有良好的结构工艺性,便于加工和拆装。

(3)轴通常在交变应力下工作,多数因疲劳而失效,应尽可能提高轴的疲劳强度。

(4)轴要满足其使用功能,其强度和刚度要达到工作要求,轴段各部分尺寸要充分考虑和轴上零件的装配关系。

1. 轴上零件的周向定位与固定

周向定位与固定的目的是为了限制轴上零件相对于轴转动和保证同心度,可靠地传递运动和转矩,避免轴上零件的与轴发生相对转动。常用的轴上零件的周向定位与固定方法有销、键、花键、过盈配合和紧定螺钉连接等,其中以键和花键连接应用最广,如图 2-10-4 所示。

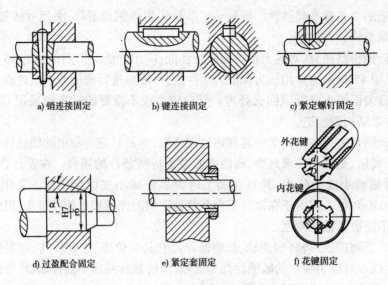

a) 销连接固定　　　　　b) 键连接固定　　　　　c) 紧定螺钉固定

外花键

内花键

d) 过盈配合固定　　　　e) 紧定套固定　　　　f) 花键固定

图 2-10-4　轴上零件的周向定位与固定

2. 轴上零件的轴向定位和固定

轴向定位和固定的目的是为了限制轴上零件沿轴向窜动。常见的轴向定位和固定方法见表 2-10-1，为保证轴上零件沿轴向固定，可将表中的方法组合使用。

轴上零件的轴向定位和固定　　　　　　　　　表 2-10-1

轴向定位和固定的结构简图	特点和应用	注 意 要 点
轴环与轴肩 $R < R_1$　　$R < C_1$	简单可靠，不需附加零件，能承受较大轴向力，广泛应用于各种轴上零件定位。但会使轴颈增大，阶梯处形成应力集中，且不利于加工和装配	为保证零件与定位面靠紧，轴上过渡圆角半径应小于零件圆角半径或倒角，轴环和轴肩的定位高度则要大于零件圆角半径或倒角。一般轴环和轴肩的定位高度 $h = (0.07 \sim 0.1)d$，轴环宽度 $b = 1.4h$
套筒	简单可靠，套筒的结构和尺寸可视需要灵活设计，简化了轴的结构且不削弱轴的强度。常用于轴上两个近距离零件间的相对固定。不宜用于高速轴	为确保固定可靠，与轴上零件相配合的轴段长度应比轮毂宽度略短，一般 $l = B - (1 \sim 3)\,\mathrm{mm}$
圆螺母及止动垫圈	固定可靠，可承受较大轴向力，能实现轴上零件的间隙调整。常用于轴端处	为减小对轴端强度的削弱，常采用细牙螺纹。为防松，圆螺母必须和止动垫圈同时使用，或使用双螺母

轴向定位和固定的结构简图	特点和应用	注意要点
弹性挡圈	结构紧凑简单,拆装方便,但受力较小,且轴上切槽将引起应力集中。常用于轴承的固定	车槽尺寸要有较高精度,否则可能出现与被固定零件间存在间隙或弹性挡圈装不进槽内
紧定螺钉	结构简单,但承受轴向力较小,不适于高速场合	—
轴端挡圈	工作可靠,结构简单,能承受较大轴向力,应用广泛。只用于轴端。若轴端为锥面,则有消除间隙和高定心精度,适于有振动、冲击及转速较高场合	应采用止动垫片等防松措施

3. 轴的结构工艺性

为保证轴的结构具有良好的加工工艺性,应注意以下几点:

(1)轴的形状应力求简单,便于加工,阶梯级数尽可能少。阶梯轴的各段轴径不宜相差过大,一般在 5 ~ 10mm 之间,可减少加工量和应力集中。

(2)轴上各段的键槽、圆角半径、倒角、中心孔等尺寸尽可能统一,可减少换刀次数。

(3)在磨削和车螺纹的轴段应有砂轮越程槽和螺纹退刀槽,以保证加工长度完整,如图 2-10-5 所示。

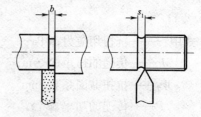

图 2-10-5　螺纹退刀槽和砂轮越程槽

(4)轴上有多处键槽时,一般应使各键槽位于同一母线上,尽量采取同一规格尺寸,以减少装夹和换刀次数。

(5)轴上零件多数都是标准零件,如滚动轴承、联轴器、圆螺母等,因此与标准零件配合处的轴段尺寸必须符合标准零件的标准尺寸系列。其他轴段的直径应尽量取整数,便于加工和检验。

为保证轴的结构具有良好的装配工艺性,应注意以下几点:

(1)为便于零件装拆,轴端应倒角。

(2)为了便于零件装配,常采用直径从两端向中间逐渐增大的阶梯轴,使轴上零件经过的轴段直径小于其孔径。

(3)轴肩高度要便于滚动轴承的拆卸,有轴向固定作用的轴肩按规定选取。

4.提高轴的疲劳强度措施

轴的应力集中会严重削弱轴的疲劳强度，因此轴的结构应尽量避免或减小应力集中，可考虑以下几点：

（1）合理布置轴上零件，合理分布载荷，以减小轴的载荷，传动件应尽量靠近轴承，尽量避免用悬臂的支承形式。

（2）阶梯轴相邻轴段直径不宜相差太大，过渡圆角半径不宜太小，加大轴肩处的过渡圆角半径和减小轴肩高度，也可采用凹切圆角或过渡肩环，都可以减少应力集中。

（3）尽量避免在轴上开横孔、凹槽和加工螺纹。

（4）尽量避免多个引起应力集中的结构出现在同一截面处。

（5）提高轴的表面质量、降低表面粗糙度，可以提高轴的疲劳强度和承载能力。可采用滚压、喷丸或渗碳、氮化、高频淬火等表面强化处理方法，提高轴的疲劳强度。

四、轴的强度计算

轴的强度计算基本方法有两种：按扭转强度计算；按弯扭合成强度计算。

1.按扭转强度计算

这种计算只需知道扭矩的大小，常用于精确计算传动轴的最小直径和初步估算转轴的最小直径。

实心圆轴的扭转强度条件为：

$$\tau = \frac{M_n}{W_T} \approx \frac{9550 \dfrac{P}{n}}{0.2 d^3} \leq [\tau] \tag{2-10-1}$$

由此得到轴的最小直径为：

$$d \geq \sqrt[3]{\frac{9550P}{0.2[\tau]n}} = C \sqrt[3]{\frac{P}{n}} \tag{2-10-2}$$

式中：τ——抗扭切应力，MPa；

M_n——传递的扭矩，N·m；

W_T——抗扭截面系数，mm^3。其中，实心圆轴 $W_T = \pi d^3 / 16 \approx 0.2 d^3$；

P——传递的功率，kW；

n——转速，r/min；

d——轴的最小直径，mm；

$[\tau]$——轴材料的许用扭转切应力，MPa；

C——计算常数，取决于轴的材料和承载情况。

轴常用材料的 C 和 $[\tau]$ 见表 2-10-2。当轴所承受扭矩较小或弯矩相对转矩很小、载荷平稳、轴向载荷较小或为零时，C 取较小值，$[\tau]$ 取较大值。

轴常用材料的 C 和 $[\tau]$ 值　　　　　　　　　　　表 2-10-2

轴 的 材 料	Q235、20	35	45	40Cr、35SiMn
$[\tau]$（MPa）	12~20	20~35	30~40	40~52
C	160~135	135~118	118~107	107~98

2.按弯扭合成强度计算

这种方法应在轴的结构设计完成后进行，用来判断轴的强度是否满足要求，结构和尺寸是否需要修改。对于一般用途的轴,按弯扭合成强度计算校核轴径已是精确的强度计算方法。

由第三强度理论可知,实心圆轴的弯扭合成强度条件为:

$$\sigma_e = \frac{M_e}{W} \approx \frac{\sqrt{M^2 + (\alpha M_n)^2}}{0.1d^3} \leqslant [\sigma_{-1}]_b \tag{2-10-3}$$

由此得到轴的危险截面最小直径为:

$$d \geqslant \sqrt[3]{\frac{\sqrt{M^2 + (\alpha M_n)^2}}{0.1[\sigma_{-1}]_b}} \tag{2-10-4}$$

式中:σ_e——弯扭合成当量应力,MPa;

M_e——弯扭合成当量弯矩,N·mm,$M_e = \sqrt{M^2 + (\alpha M_n)^2}$,其中 M 为危险截面的合成弯矩,$M = \sqrt{M_H^2 + M_V^2}$,M_H、M_V 分别为水平面和垂直面的弯矩;

W——抗弯截面系数,mm³,其中实心圆轴 $W = \pi d^3/32 \approx 0.1d^3$;

α——第三强度理论的扭矩折合系数,对于大小和方向不变的稳定转矩,$\alpha = [\sigma_{-1}]_b / [\sigma_{+1}]_b \approx 0.3$;对于脉动循环变化或变化规律不清的转矩,$\alpha = [\sigma_{-1}]_b / [\sigma_0]_b \approx 0.59$;对于频繁正反转的轴,$\alpha \approx 1$。

轴材料在各种情况下的许用弯曲应力取值见表 2-10-3。

轴的许用弯曲应力(MPa)　　　　　　表 2-10-3

应力状态 轴的材料	静应力状态 拉伸强度极限 σ_b	静应力状态 $[\sigma_{+1}]_b$	脉动循环应力状态 $[\sigma_0]_b$	对称循环应力状态 $[\sigma_{-1}]_b$
碳钢	400	130	70	40
	500	170	75	45
	600	200	95	55
	700	230	110	65
合金钢	800	270	130	75
	900	300	140	80
	1000	330	150	90
	1200	400	180	110
铸钢	400	100	50	30
	500	120	70	40

需要指出,如果在所计算的轴段上开有单键槽时,应将求得的轴径增大 3%;开有双键槽时,增大 7%。若计算出的轴径大于结构设计初步估算的轴径,表明结构图中轴的强度不够,必须对轴的结构作局部修改并重新计算,直到合格为止;若计算出的轴径小于结构设计初步估算的轴径,考虑轴的刚度和工艺性因素,一般以结构设计的轴径为准。

对于重载、尺寸受限和重要的转轴,尚需进一步做疲劳强度安全系数校核,其计算方法可参考有关设计手册。

任务实施

(1)自行车的前轴、中轴和后轴所承受载荷相同吗?它们各属于什么类型的轴?

答:自行车的前轴只承受弯矩,属于固定心轴;中轴和后轴承受弯矩和扭矩,属于转轴。

（2）在多级减速器中，低速轴的直径为什么比高速轴的直径大？

答：根据 $d \geqslant \sqrt[3]{\dfrac{9550P}{0.2[\tau]n}} = C\sqrt[3]{\dfrac{P}{n}}$，忽略功率损耗，一般高速轴和低速轴采用相同材料制造，则轴径与转速成反比，所以在多级减速器中，低速轴的直径比高速轴的直径大。

自我检测

一、选择题

1. 自行车的前轴为_____；自行车的中轴和后轴为_____；火车车厢的车轮轴为_____。

    A. 心轴   B. 转轴   C. 传动轴   D. 阶梯轴

2. 当采用套筒、轴端挡圈做轴向定位时，为了使零件的端面靠紧紧定定位面，安装零件的轴段长度应_____零件轮毂的宽度。

    为使零件轴向定位可靠，轴的倒角或圆角半径应_____零件轮毂的倒角或圆角半径。

    A. 大于   B. 等于   C. 小于   D. 不确定

3. 在轴的初步计算中，确定轴的直径的依据是_____。

    A. 螺纹的应力集中   B. 扭转切应力

    C. 安全因素   D. 载荷变化与冲击

4. 对于工作时正反转频繁的转轴，其轴的计算公式 $M_e = \sqrt{M^2 + (\alpha T)^2}$ 中的折合系数 α 应取_____。

    A. 0.3   B. 0.6   C. 1   D. 2

5. 为了提高钢的刚度，应采取_____的措施。

    A. 用合金钢代替碳钢   B. 用球墨铸铁代替碳钢

    C. 提高轴的表面质量   D. 加大轴径

6. 当轴上的零件要承受较大的轴向力时，采用_____定位较好。

    A. 圆螺母   B. 紧定螺钉   C. 弹性挡圈   D. 套筒

7. 增大轴在截面变化处的圆角半径，有利于_____。

    A. 轴上定位   B. 加工

    C. 降低应力集中，提高轴的疲劳强度   D. 安装

二、判断题

1. 心轴在工作时只承受弯曲作用。   （   ）

2. 为了保证轮毂在阶梯轴上的轴向固定可靠，轴头的长度必须大于轮毂的长度。   （   ）

3. 采用力学性能好的合金钢材料，可以提高轴的刚度。   （   ）

4. 弹性挡圈和紧定螺钉适用于轴向力较小的场合。   （   ）

5. 用扭转强度条件初步确定的轴径是阶梯轴的最大轴径。   （   ）

三、简答题

1. 试写出轴上零件的六种轴向固定方法。

2. 试写出轴上零件的五种周向定位方法。

3. 轴的结构工艺性有哪些要求？在轴的结构设计方面，减小应力集中的措施有哪些？

4. 在轴的制造工艺方面，提高轴的疲劳强度的措施有哪些？

5. 轴的作用是什么？按承载情况，轴分为哪几类？每类轴举 1～2 个实例。

四、图形分析题

1. 根据承载情况,下列各轴分别为哪种类型?如图 2-10-6 所示。

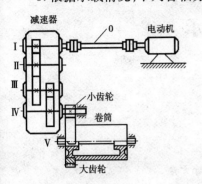

图 2-10-6

轴号	类 型
0 轴	
I 轴	
II 轴	
III 轴	
IV 轴	
V 轴	

2. 图 2-10-7 轴系结构中画圈部分为错误结构,请在表中说明错误原因。

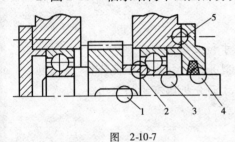

图 2-10-7

序号	错 误 原 因
1	
2	
3	
4	
5	

3. 请用圆圈序号标出图 2-10-8 所示轴系结构的错误,并加以简单描述(注:不考虑轴承的润滑方式、倒角和圆角。提示:共有 10 处错误)。

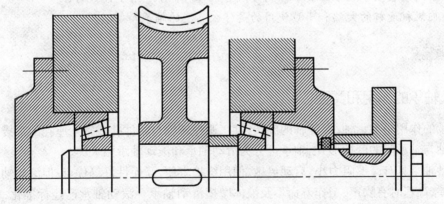

图 2-10-8

序号	错 误 原 因	序号	错 误 原 因
1		6	
2		7	
3		8	
4		9	
5		10	

任务二 分 析 轴 承

任务描述

根据观察和分析,请回答以下问题:
(1)说明滚动轴承代号 7312AC/P6、62203、62/22/P4 的含义。
(2)常用滚动轴承轴系的支承结构形式有哪三种?各适用于什么场合?
(3)内燃机连杆的大端和小端使用的是什么类型的轴承?

知识链接

一、轴承的作用和类型

轴承的作用是支承轴,保证轴的旋转精度,避免转轴与箱体孔或轴承座孔的直接摩擦和磨损。按轴与轴承间的摩擦形式,轴承可分为滑动轴承和滚动轴承两大类。

滚动轴承具有摩擦阻力小、启动灵敏、使用维护方便、互换性好等优点;但滚动轴承的抗冲击能力差,高速时有噪声,工作寿命不及液体摩擦滑动轴承。滚动轴承已经标准化,由专门轴承厂大量制造。通常,在滚动轴承和滑动轴承都满足使用要求时,宜优先选用滚动轴承。

滑动轴承结构简单、制造和装拆方便、承载能力高、耐冲击,运转平稳,旋转精度高,尤其是液体润滑状态下的动、静压滑动轴承优点更加突出。因此,在低速、有冲击和恶劣工况下的机械(如水泥搅拌机、破碎机等)或高速、重载、高精度机械(如航空发动机、天文望远镜、精密机床、汽轮机、内燃机、轧钢机、雷达等)中得到广泛应用。滑动轴承的缺点是维护复杂,对润滑条件要求高等。

二、滚动轴承的构造和类型

如图 2-10-9 所示,滚动轴承由内圈、外圈、滚动体和保持架四部分组成。内外圈都设有滚道,以限制滚动体轴向移动。轴承工作时,滚动体在内外圈滚道间滚动,形成滚动接触来支承回转轴和传递载荷。内圈与轴颈配合,外圈安装在轴承座或机座内。滚动体是滚动轴承必不可少的元件,滚动体的常见形状如图 2-10-10 所示。保持架把滚动体隔开,以免滚动体之间直接接触产生较大的相对滑动摩擦而磨损。

由于滚动体与内外圈之间是点或线接触,接触应力较大。因此,滚动体与内外圈均用强度高,耐磨性好的滚动轴承钢,如 GCr15、GCr15SiMn 制造。保持架多用软钢冲压后经铆接和焊接而成,或用铜合金、铝合金或塑料等。

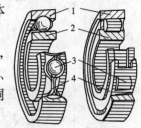

图 2-10-9 滚动轴承的构造
1-外圈;2-内圈;3-滚动体;4-保持架

按滚动体的形状不同,滚动轴承可分为球轴承和滚子轴承两大类。球轴承的滚动体与内外圈为点接触,承载能力和刚度都较低,且不耐冲击,但制造容易,极限转速高,价廉,应用普遍;滚子轴承的滚动体与内外圈为线接触,有较高的承载能力、刚度和耐冲击能力,但制造

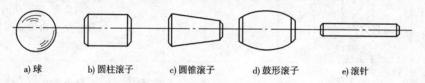

| a) 球 | b) 圆柱滚子 | c) 圆锥滚子 | d) 鼓形滚子 | e) 滚针 |

图 2-10-10 滚动体的种类

工艺复杂,价格高。

按承载方向或公称接触角 α 的大小,滚动轴承可分为向心轴承和推力轴承两大类,见表 2-10-4。公称接触角 α 是指滚动体与外圈接触处的法线与径向平面之间的夹角,是滚动轴承的一个重要参数。公称接触角 α 越大,滚动轴承所能承受的轴向力越大,即公称接触角 α 的大小表征了滚动轴承承受轴向载荷的能力。

各类球轴承的公称接触角 表 2-10-4

轴承类型	向 心 轴 承		推 力 轴 承	
	径向接触	向心角接触	推力角接触	轴向接触
公称接触角 α	α = 0°	0° < α ≤ 45°	45° < α < 90°	α = 90°
图 例				

常用滚动轴承的类型和特性见表 2-10-5。表中,极限转速指在一定的载荷和润滑条件下允许的最高转速;允许角偏差指在正常工作条件下轴承内外圈的最大夹角。

305

轴承名称 类型代号	结 构 简 图	承载方向	极限 转速	允许 角偏差	主要特性和应用
调心球轴承 1			中	2°～3°	双列球,能自动调心;主要承受径向载荷,同时也可承受少量的双向轴向载荷。适用于多支点和弯曲刚度不足的轴及难以对中的轴
调心滚子轴承 2			低	0.5°～2°	双列鼓形滚子,耐振动及冲击,能自动调心;能承受很大的径向载荷和少量轴向载荷。适用于其他轴承不能胜任的重载或振动场合
推力调心滚子 轴承 2			低	1.5°～3°	能承受很大的轴向载荷和少量径向载荷,能自动调心。主要用于承受轴向重载和要求调心的场合
圆锥滚子轴承 3			中	2′	能承受较大的径向和轴向联合载荷。内外圈可分离,拆装方便,通常成对使用,游隙可调。主要用于重型机械中的斜齿轮轴和锥齿轮轴
推力球轴承 5			低	不允许	只能承受轴向载荷且作用线必须与轴线重合的载荷。单列承受单向推力,双列承受双向推力。适用于轴向载荷大、转速低的场合
深沟球轴承 6			高	8′～16′	主要承受径向载荷,也可承受一定量的轴向载荷,摩擦系数最小。适用于刚性较大和转速高的轴
角接触球轴承 7			较高	2′～10′	能承受径向载荷和单向轴向载荷。公称接触角有 15°、25°、40° 三种。适用于刚性较大、跨距不大的轴。通常成对使用,可以分装于两个支点或同装于一个支点上

轴承名称 类型代号		结 构 简 图	承载方向	极限 转速	允许 角偏差	主要特性和应用
圆柱滚子轴承	外圈无挡边 N			较高	2′~4′	能承受较大的径向载荷,不能承受轴向载荷。承载能力大,耐冲击,内外圈只允许有极小的相对偏转。轴承内外圈可分离,还有外圈单挡边(NF)、内圈单挡边(NJ)等结构形式。适用于刚性很大,支承座孔对中良好的轴。常用于受外力弯曲较小的固定短轴或因发热使轴伸长的机件
	内圈无挡边 NU					
滚针轴承	有内圈 NA			低	不允许	只能承受径向载荷,承载能力很大,径向尺寸特小,一般无保持架,极限转速低;不允许有角偏差;轴承内外圈可分离,可以不带内圈(RNA)。适用于径向载荷很大而径向安装尺寸受限制与刚度的场合

三、滚动轴承的代号

滚动轴承用量极大,类型繁多。为便于组织生产和选用,国标规定了一般用途的滚动轴承代号编制方法。滚动轴承的代号用字母和数字表示,由基本代号、前置代号和后置代号三部分构成,详见表2-10-6。

滚动轴承的代号构成　　　　　　　　　　　　表2-10-6

前置代号	基 本 代 号				后 置 代 号						
		尺寸系列代号									
成套轴承部件代号	类型代号	宽度系列代号	外径系列代号	内径代号	内部结构代号	密封防尘与外圈形状变化代号	保持架结构及材料变化代号	轴承材料变化代号	公差等级代号	游隙代号	配置代号 其他

1. 基本代号

基本代号是轴承代号的主体,表示轴承的基本类型、结构和尺寸。对于一般用途的轴承,没有特殊改变,公差等级为/P0级时,只用基本代号表示即可。

(1)类型代号——用数字或字母表示轴承类型,常用轴承类型代号见表2-10-5。

(2)尺寸系列代号——由宽度系列代号和直径系列代号组成,用两位数字表示。宽度系列是指内外径相同的轴承有不同的宽度。直径系列代号是指内径相同的轴承有不同的外径。

(3)内径代号——用两位数字表示轴承的内圈孔径尺寸,表示方法见表2-10-7。

轴承公称内径 （mm）	内径代号	示例
10、12、15、17	00、01、02、03	深沟球轴承 6201，内径 $d=12\text{mm}$
22～480 （22、28、32 除外）	用公称内径除以 5 得的商数表示。当商数只有个位数时，需在十位数处用 0 占位	深沟球轴承 6210，内径 $d=10\times 5=50\text{mm}$
≥500	用公称内径毫米数直接表示，并在与尺寸系列代号之间用"/"隔开	深沟球轴承 637/500，内径 $d=500\text{mm}$
22、28、32		深沟球轴承 62/28，内径 $d=28\text{mm}$
0.6～10（不包括10）		深沟球轴承 618/2.5，内径 $d=2.5\text{mm}$

2. 前置代号

前置代号用字母表示，加在基本代号前面，用以说明成套轴承部件的特点，一般轴承无需作此说明，前置代号可以省略。

3. 后置代号

后置代号用字母及数字表示，用以说明轴承在结构形状、尺寸公差、技术要求等方面的改变，排列顺序见表 2-10-6。

（1）内部结构代号——表示轴承内部结构变化。例如，角接触球轴承有 C、AC、A、B 之分，分别表示公称接触角 $\alpha=15°$、$25°$、$30°$、$40°$。

（2）公差等级代号——表示轴承的精度等级。按精度等级由低到高，共有/P0、/P6、/P6X、/P5、/P4、/P2 六个代号，"/P0 级"可省略不标。

（3）游隙代号——游隙是滚动轴承内部的内外圈与滚动体之间留有的相对位移量。按径向游隙量由小到大，共有/C1、/C2、/C0、/C3、/C4、/C5 六个代号，"/C0"省略不标。

四、滚动轴承的组合设计

为了保证轴能正常工作，除了要正确选择轴承的类型和尺寸外，应正确地对轴承进行组合设计。轴承的组合设计与轴承的外围部件、使用要求及现场条件等因素有关，要正确处理轴承的配置、紧固、调整、拆装、润滑和密封等问题。

1. 滚动轴承的固定

（1）滚动轴承的周向固定。滚动轴承的周向固定是通过选择适当的配合来实现的。由于滚动轴承是标准件，其内圈与轴颈的配合采用基孔制，外圈与轴承座孔的配合采用基轴制。转动圈整圈受载，配合应紧些；固定圈局部受载，为使工作时受载部位有所变化以提高寿命，配合应松些。载荷大、转速高、工作温度高时采用紧一些的配合，经常装拆或游动圈则采用较松的配合。一般机械，轴颈的公差常取 n6、m6、k6 和 js6，轴承座孔的公差常取 J6、J7、H7 和 G7。

（2）滚动轴承内外圈的轴向固定。为了保证轴和轴上零件的轴向位置并能承受轴向力，轴承内圈与轴之间以及外圈与轴承座孔之间均应有可靠的轴向固定。常用轴承内外圈的轴向固定方式见表 2-10-8。

表 2-10-8

固 定 方 式	简 图	特 点
内外圈单向固定： ①外圈端盖固定 ②内圈轴肩定位	垫片	结构简单,紧固可靠,调整方便
内外圈双向固定： ①弹性挡圈固定 ②外圈端盖固定 ③内圈轴肩定位	孔用弹性挡圈 轴用弹性挡圈	弹性挡圈结构简单,拆装方便,占用空间小,多用于向心轴承,但只能承受较小的轴向载荷,且车槽尺寸要有较高精度
内外圈双向固定： ①外圈套筒挡肩固定 ②外圈端盖固定 ③内圈轴肩定位 ④内圈圆螺母固定	套筒	箱体不用加工台阶孔,用垫片可调整轴系的轴向位置,装配工艺性好。但增加了一个要求加工精度较高的套筒零件。轴端螺纹对强度影响不大,但螺纹若处于轴的中间段则对轴的强度削弱较大,应力集中严重
外圈双向固定： ①外圈箱体挡肩固定 ②外圈端盖固定 内圈单向固定 内圈轴肩定位		结构简单,工作可靠,但箱体加工复杂
内外圈单向固定： ①外圈调节压盖固定 ②内圈轴肩定位		便于调节轴承游隙,用于角接触轴承的轴向固定和调节。利用端盖上的调节螺钉改变调节压盖及轴承外圈的轴向位置来实现调整,调整后用螺母锁紧防松。这种方式适于轴向力不太大的场合

2.滚动轴承的轴系支承结构

滚动轴承的轴系支承应使轴能正常传递载荷而不发生轴向窜动及轴受热膨胀后卡死等现象。滚动轴承的轴系支承结构常用以下三种:

(1)双支点单向固定。如图2-10-11所示,每个轴承内外圈沿轴向只有一个方向受到约束,两个轴承联合起来防止轴的轴向窜动。这种结构简单,易于安装调整,适用于工作温度变化不大,一般工作温度≤70℃且支点跨距≤400mm的短轴。用于间隙c是考虑轴受热伸长所留的间隙。对于深沟球轴承,一般预留$c = 0.25 \sim 0.4$mm,制图时不要画出。对于角接触轴承,应将间隙留在轴承内部,一般靠增减端盖与箱体之间垫片厚度来调整轴承的游隙和轴向位置。

(2)单支点双向固定。如图2-10-12所示,一个轴承内外圈均双向固定,承受双向轴向载荷;另一个轴承只对内圈进行双向固定,外圈在轴承座孔内可以轴向游动,是补偿轴的热膨胀的游动端。若是用内外圈可分离的圆柱滚子轴承和滚针轴承,则内外圈都要双向固定,游动面在圆柱滚子或滚针与外圈接触处。这种支承结构适用于工作温度较高或跨矩较大的轴。对于深沟球轴承的游动端,轴承外圈端面与端盖端面之间应留有$3 \sim 8$mm的间隙,制图时应画出。

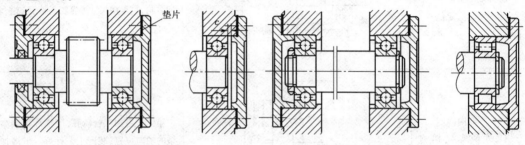

图2-10-11　双支点单向固定　　　　　　图2-10-12　单支点单向固定

(3)双支点游动。如图2-10-13所示,两个轴承均可轴向游动,多用于人字齿轮传动的高速轴。由于齿轮左右两侧螺旋角的加工误差,使其不易达到完全对称以及人字齿轮间的相互限位作用,只能先固定低速轴,而高速轴采用双支点游动支承,起到自动调位的作用,以防止人字齿两侧受力不均或齿轮卡死。

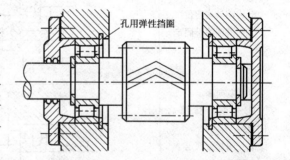

图2-10-13　双支点游动

3.滚动轴承的调整

(1)轴承间隙的调整。为保证轴承正常工作,装配轴承时一般要留出适当的轴向间隙。常用的轴承间隙调整方法有:依靠增减端盖与箱体接合面间垫片的厚度进行调整;利用端盖上的调节螺钉改变可调压盖及轴承外圈的轴向位置来实现调整,调整后用螺母锁紧防松;依靠增减轴承端面和端盖间的调整环厚度进行调整。

(2)角接触轴承的预紧。角接触轴承一般必须在轴向预紧条件下才能正常工作。预紧是指在轴承装入轴承座孔和轴上后,使滚动体和套圈滚道间处于适当的轴向预压紧状态。预紧的目的在于提高轴的支承刚度和旋转精度。预紧分为定压预紧和定位预紧两种。定压预紧通过调整弹簧的压缩量使轴承的轴向负荷在使用过程中保持不变。定位预紧是指利用轴承内外圈之间加垫片或磨窄内外圈,使得轴承内外圈相对位置不变的方法,如图2-10-14所示。

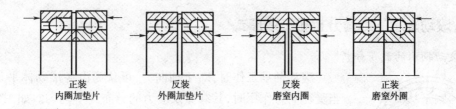

正装	反装	反装	正装
内圈加垫片	外圈加垫片	磨窄内圈	磨窄外圈

图2-10-14　定位预紧方法

（3）轴系的轴向位置调整。有些传动零件在安装时要求处于准确的轴向工作位置,例如,圆锥齿轮传动中要求两个齿轮的锥顶重合才能保证正确啮合。如图2-10-15所示采用套杯结构,将轴承装在套杯中,调整垫片就可使齿轮处于准确的轴向工作位置。

4.滚动轴承的拆装

滚动轴承的安装和拆卸也是轴承组合设计中应考虑的重要内容。安装滚动轴承时,首先仔细检查配合表面,确认无问题时,用煤油或汽油把配合表面清洗干净,涂上润滑剂。对于中小型轴承,可用手锤通过装配套管打入轴颈,如图2-10-16a)所示。对于较大尺寸的轴承,为装配方便,可先将轴承放入热油中加热,然后用压力机对内圈加力后将轴承套装在轴颈上。滚动轴承内圈的拆卸一般用带钩爪的轴承拆卸器,如图2-10-16b)所示。注意轴肩高度固定时应不大于内圈高度,留出安装拆卸器的空间。

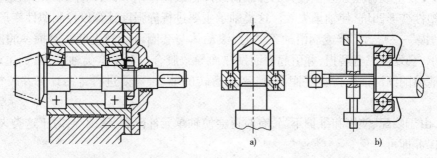

a)　　　　　　b)

图2-10-15　圆锥齿轮啮合位置的调整　　　　图2-10-16　轴承的装拆

5.滚动轴承的润滑和密封

滚动轴承的润滑的主要目的是减少摩擦与磨损,同时也有吸振、冷却、防锈和密封等作用。常用的润滑剂有润滑油和润滑脂两种。通常以轴承内径 d 和转速 n 的乘积作为选择润滑方式的参考依据,可以参考相关手册。

滚动轴承的密封的作用是防止外界灰尘、水分等进入轴承,并阻止轴承内润滑剂流失。密封方法可分为接触式密封和非接触式密封两大类,如图2-10-17、图2-10-18所示。

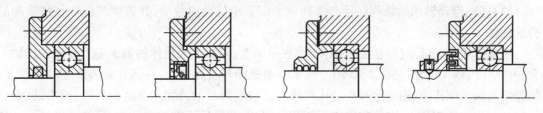

图2-10-17　接触式密封　　　　　　　　　图2-10-18　非接触式密封

五、滚动轴承的载荷分析和失效形式

1.滚动轴承的载荷分析

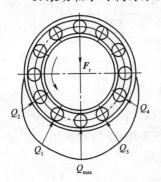

图 2-10-19 滚动轴承的受载情况

滚动轴承工作时,对于轴向力,可认为由各滚动体平均分担;当受径向力作用时,其载荷及应力的分布则不均匀。如图 2-10-19所示的深沟球轴承为例,此时只有下半圈滚动体受载。当滚动体进入承载区后,所受载荷由零逐渐增大至 Q_{max},然后再逐渐减小到零,其上的接触载荷和接触应力是周期性变化的。转动套圈的受载情形与滚动体类似。对于固定套圈,处于承载区内的半圈受载,按其位置不同所受载荷不同,就其上某一点而言,滚动体滚过一次,受载一次,接触载荷与接触应力按稳定的脉动循环变化。

2.滚动轴承的失效形式

(1)疲劳点蚀——轴承元件在循环变化的接触载荷和接触应力作用下工作一段时间后,滚动体和内外圈滚道表面产生疲劳点蚀,使轴承出现较强烈的振动和噪声。对于在一般载荷、转速、良好的润滑和维护条件下工作的轴承,疲劳点蚀是其主要的失效形式。这类轴承主要对其进行寿命计算。

(2)塑性变形——对于不回转、转速很低或间歇摆动的轴承,由于应力循环变化的次数较少,一般不会发生疲劳点蚀。在较大的静载荷或冲击载荷作用下,滚动体或套圈滚道上将出现不均匀的塑性变形凹坑,使轴承失效。这类轴承主要进行静强度计算以控制塑性变形。

(3)磨损——密封不严或润滑油不洁时,滚动体与套圈可能产生磨粒磨损。润滑不充分或高速轴承,会发生黏着磨损,并引起表面发热而导致胶合。对于这类轴承,除要注意合理的密封和以清洁的润滑油保持良好润滑外,高速运转的轴承,需要进行寿命计算并校核其极限转速。

此外,由于装配、使用和维护不当,有时还会使轴承元件碎裂、锈蚀等,对于这类失效,只要注意维护保养即可避免。

六、滑动轴承

1.滑动轴承的分类

按所能承受的载荷方向,滑动轴承可分为径向滑动轴承和推力滑动轴承。

按润滑状态,滑动轴承又可分为液体摩擦滑动轴承和非液体摩擦滑动轴承两类。前者润滑油膜将摩擦表面完全隔开,轴颈和轴瓦表面不发生直接接触;后者轴颈与轴瓦间的润滑油膜很薄,无法将摩擦表面完全隔开,局部金属直接接触,这种摩擦状态在一般滑动轴承中最常见。

2.滑动轴承的结构

(1)径向滑动轴承的结构。径向滑动轴承用于承受径向载荷,其典型结构有整体式和剖分式两种。

①整体式滑动轴承(亦称整体轴瓦)。在机体上、箱体上或整体的轴承座上直接镗出轴承孔,并在孔内镶入轴套,见图 2-10-20。轴承座用螺栓与机座连接,顶部有安装油杯的螺纹孔,轴套压入轴承座孔内,轴套上开有油孔和油沟以输送润滑油。优点是结构简单、成本低;缺点是轴颈只能从端部装入,安装和维修不便,而且轴承磨损后不能调整间隙,只能更换轴套。整体式滑动轴承常用于低速、轻载、间歇工作的机械。

②剖分式滑动轴承(亦称剖分轴瓦)。由轴承座、轴承盖、两半轴瓦、润滑装置等组成,图 2-10-21 为轴承盖与轴承座用 2～4 个双头螺柱连接,不重要的轴承也可以不装轴瓦。为便于装配时对中和防止轴承盖和轴承座受力后横向错动,轴承盖和轴承座的剖分面制成阶梯形。剖分面的选择原则是保证径向载荷的作用线不超出剖分面垂直中心线左右 35°。剖分式滑动轴承装拆方便,轴瓦磨损后可通过减薄剖分面处的垫片厚度而调整间隙,因此应用广泛。

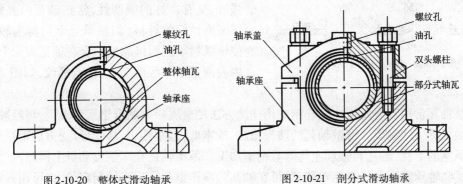

图 2-10-20 整体式滑动轴承　　　　图 2-10-21 剖分式滑动轴承

(2)推力滑动轴承的结构。推力滑动轴承用于承受轴向载荷。它是靠轴的端面或轴肩、轴环的端面向推力支承面传递轴向载荷的。按止推轴颈支承面的形式不同,分为实心、空心、单环和多环四种。图 2-10-22a)为实心式轴颈,轴旋转时,接触端面上从中心至边缘的线速度越来越大,端面外缘的磨损大于中心处,造成轴颈和轴瓦间压力分布不均,并不利于润滑。机器中多采用空心轴颈或环形结构,如图 2-10-22b)～图 2-10-22d)所示。当载荷较大或轴受双向载荷时,可采用多环结构。

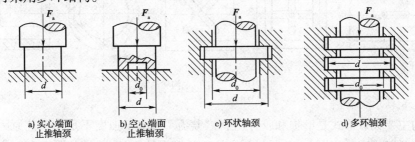

a) 实心端面　　　b) 空心端面　　　c) 环状轴颈　　　d) 多环轴颈
　止推轴颈　　　　止推轴颈

图 2-10-22 推力轴承结构形状

3. 轴瓦的结构

轴瓦(包括轴套、轴承衬)是轴承中的重要零件,轴瓦与轴颈直接接触并相对滑动,其工作面既是承载面又是摩擦面,其结构形式和性能将直接影响轴承的寿命、效率和承载能力。径向滑动轴承轴瓦的结构有整体式、剖分式和分块式三种,见图 2-10-23。

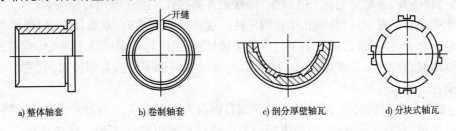

a) 整体轴套　　　b) 卷制轴套　　　c) 剖分厚壁轴瓦　　　d) 分块式轴瓦

图 2-10-23 轴瓦结构

(1)整体式轴瓦(轴套)用于整体式滑动轴承,按材料和制造方法不同,可分为整体轴套和卷制轴套两种。

(2)剖分式轴瓦用于剖分式滑动轴承,由上下两半组成,有厚壁轴瓦和薄壁轴瓦之分。

(3)分块式轴瓦用于大型滑动轴承,为了便于运输、装配和调整。

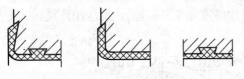

图 2-10-24　厚壁轴瓦内表面结构

厚壁轴瓦用铸造方法制造,为使轴瓦既有一定的强度,又有良好的减磨性,常在轴瓦内表面浇注一层减磨性好的材料(如轴承合金),称为轴承衬。为使轴承衬牢固而可靠地贴合在轴瓦表面上,在轴瓦内表面预制一些榫头、沟槽或螺纹,如图 2-10-24 所示。

薄壁轴瓦常用双金属板连续轧制或用烧结方法使金属粉末贴合于钢带表面,再经冲裁、弯曲及精加工等工序制成。薄壁轴瓦的质量稳定,成本低;但刚性小,易变形,受力后轴瓦形状取决于轴承座的形状,轴瓦和轴承座均需要精密加工。薄壁轴瓦在车辆发动机上得到广泛应用。

轴瓦和轴承座不允许有相对移动,可在轴瓦两端作出凸缘用于轴向定位,也可用紧定螺钉或定位销将其固定在轴承座上。

为使润滑油均布于轴瓦工作表面,轴瓦上设有油孔、油沟,一般开在非承载区。油沟长度要适宜,过短,润滑油不能流到整个接触表面;过长,会使润滑油从轴瓦端部流失,一般取轴瓦长度的 80%。一些重型机器的轴瓦上开设油室使润滑空间增大,并有储油和保证稳定供油的作用,如图 2-10-25 所示。

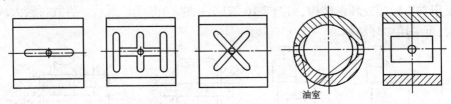

图 2-10-25　油孔、油沟和油室

4. 轴瓦和轴承衬材料

轴瓦的主要失效形式是磨损和胶合(俗称"烧瓦"),由于强度不足和工艺原因,有时也会出现轴承衬脱落等现象。因此,轴瓦材料应具备摩擦系数小,有足够的强度和一定的塑性,耐腐蚀,抗胶合,导热性好等性能。常用的轴瓦和轴承衬材料有金属材料、粉末冶金材料和非金属材料三大类。

(1)金属滑动轴承材料包括轴承合金、青铜、铸铁等。轴承合金又称白合金或巴氏合金,是锡、铅、锑、铜的合金统称,可分为锡基和铅基两种。其塑性、跑合性和抗胶合性较好,但机械强度较低,价格高,通常把它贴合在软钢、铸铁或青铜的轴瓦上作轴承衬使用。

青铜主要有锡青铜、铅青铜和铝青铜三种。这种材料硬度高,承载能力、耐磨性和导热性均高于轴承合金,应用最普遍。为节约有色金属材料,也可将青铜浇注在钢或铸铁底瓦上。

铸铁质脆,硬度高,价廉,易于加工,可以把轴瓦和轴承座做成整体使用,只适用于轻载低速和不受冲击载荷的场合。

(2)粉末合金材料又称金属陶瓷,将铁或青铜粉末与石墨等均匀混合后高压成型,再经过高温烧结而成,具有多孔组织,组织内部空隙占总体积的 10% ~ 35%。孔隙内可以储存润滑油,常称为含油轴承。使用前将其浸入润滑油,运转时由于油的热膨胀和轴颈抽吸作用使油自动进入润滑表面。这种轴承一次浸油,可长时间使用,常用于不便于加油的场合,也可防止油污染环境。

(3)非金属滑动轴承材料以塑料用的最多,其次是石墨、橡胶、木材等。

任务实施

(1)说明滚动轴承代号 7312AC/P6、62203、62/22/P4 的含义。

答:

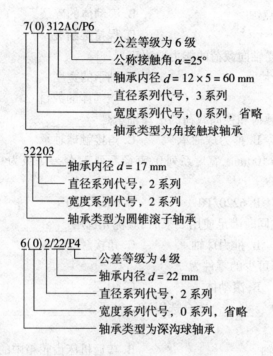

(2)常用滚动轴承轴系的支承结构形式有哪三种?各适用于什么场合?

答:常用滚动轴承轴系的支承结构形式有以下三种:

①双支点单向固定。

②单支点双向固定。

③双支点游动。

双支点单向固定适用于工作温度变化不大,一般工作温度≤70℃且支点跨距≤400mm 的短轴。单支点双向固定适用于工作温度较高或跨距较大的轴。双支点游动多用于人字齿轮传动的高速轴。

(3)内燃机连杆的大端和小端使用的是什么类型的轴承?

答:内燃机连杆的大端和曲轴配合,为了便于拆卸,采用了剖分式轴瓦;连杆的小端和活塞销配合,采用了整体式轴瓦。

自我检测

一、选择题

1.下列类型的轴承中,_____必须成对使用。

A. 深沟球轴承　　　　B. 推力球轴承　　　　C. 角接触球轴承　　　　D. 圆柱滚子轴承

2. 角接触球轴承和圆锥滚子轴承的轴向承载能力随公称接触角 α 的增大而_____。

A. 增大　　　　　　B. 减小　　　　　　C. 不变

3. 一般运转的滚动轴承设计时要进行轴承寿命计算,主要为了防止轴承元件_____。

A. 断裂　　　　B. 疲劳点蚀　　　　C. 胶合　　　　　D. 塑性变形

4. 对于径向接触轴承,基本额定动载荷是指_____。

A. 纯径向载荷　　　B. 纯轴向载荷　　　C. 载荷的径向分量　　　D. 载荷的轴向分量

5. 在正常条件下,滚动轴承的主要失效形式是_____。

A. 工作表面的疲劳点蚀　　　　　　B. 滚动体的碎裂

C. 滚道磨损　　　　　　　　　　　D. 保持架断裂

6. 推力轴承所能承受轴向载荷的能力取决于_____。

A. 公称接触角 α 的大小　　　　　　B. 轴承的宽度

C. 轴承的精度　　　　　　　　　　D. 滚动体的数目

7. 可同时承受轴向载荷和径向载荷的滚动轴承是_____。

A. 圆柱滚子轴承　　　B. 推力球轴承　　　C. 角接触球轴承

8. 深沟球轴承,内径 100mm,宽度系列 0,直径系列 2,公差等级为 0 级,游隙 0 组,其代号为_____。

A. 60220　　　　　　B. 6220/P0　　　　　C. 60220/P0　　　　　D. 6220

9. 从经济性考虑,在同时满足使用要求时,应优先选用_____。

A. 深沟球轴承　　　B. 推力球轴承　　　C. 角接触球轴承　　　D. 圆柱滚子轴承

10. 滚动轴承中必不可少的零件为_____。

A. 保持架　　　　B. 滚动体　　　　C. 内圈　　　　　D. 外圈

11. 下列场合的轴中,_____适合选用滚动轴承,_____、_____、_____适合选用滑动轴承。

A. 大型发电机转子轴　　　　　　B. 普通机床齿轮箱中的各转轴

C. 水泥搅拌机的滚筒轴　　　　　D. 高精度精密磨床主轴

二、判断题

1. 球轴承的寿命指数为 10/3。　　　　　　　　　　　　　　　　　　　　　(　)

2. 载荷大且受冲击时,宜采用球轴承。　　　　　　　　　　　　　　　　　　(　)

3. 滚动轴承的内圈与轴径、外圈与座孔之间均采用基孔制配合。　　　　　　　(　)

4. 轴承 6207 主要承受轴向载荷。　　　　　　　　　　　　　　　　　　　　(　)

5. 为了便于轴承的拆卸,轴承内圈的高度应高于轴肩或轴环的高度。　　　　　(　)

三、简答题

1. 轴承的作用是什么?滚动轴承和滑动轴承各有什么特点?

2. 说明下列滚动轴承代号的含义:6210、N210、7210、30310/P5、51210。

3. 滚动轴承有哪些失效形式?针对每种失效形式应进行何种计算?

4. 为什么机器中多采用空心轴颈或环形结构端面的推力滑动轴承?

5. 常用滑动轴承材料有哪些,适用于什么场合?

尺寸小于或等于 500mm 的轴的基本偏差数值（摘自 GB/T 1800.3—1998）

基本偏差（μm）

基本尺寸(mm)	上偏差 es												下偏差 ei																			
	所有公差等级												j			k		所有公差等级														
	a	b	c	cd	d	e	ef	f	fg	g	h	js	5~6	7	8	4~7	≤3 >7	m	n	p	r	s	t	u	v	x	y	z	za	zb	zc
≤3	−270	−140	−60	−34	−20	−14	−10	−6	−4	−2	0		−2	−4	−6	0	0	+2	+4	+6	+10	+14	−	+18	−	+20	−	+26	+32	+40	+60
3~6	−270	−140	−70	−46	−30	−20	−14	−10	−6	−4	0		−2	−4	−	+1	0	+4	+8	+12	+15	+19	−	+23	−	+28	−	+35	+42	+50	+80
6~10	−280	−150	−80	−56	−40	−25	−18	−13	−8	−5	0		−2	−5	−	+1	0	+6	+10	+15	+19	+23	−	+28	−	+34	−	+42	+52	+67	+97
10~14	−290	−150	−95	−	−50	−32	−	−16	−	−6	0		−3	−6	−	+1	0	+7	+12	+18	+23	+28	−	+33	−	+40	−	+50	+64	+90	+130
14~18	−290	−150	−95	−	−50	−32	−	−16	−	−6	0		−3	−6	−	+1	0	+7	+12	+18	+23	+28	−	+33	+39	+45	−	+60	+77	+108	+150
18~24	−300	−160	−110	−	−65	−40	−	−20	−	−7	0		−4	−8	−	+2	0	+8	+15	+22	+28	+35	−	+41	+47	+54	+63	+73	+98	+136	+188
24~30	−300	−160	−110	−	−65	−40	−	−20	−	−7	0		−4	−8	−	+2	0	+8	+15	+22	+28	+35	+41	+48	+55	+64	+75	+88	+118	+160	+218
30~40	−310	−170	−120	−	−80	−50	−	−25	−	−9	0		−5	−10	−	+2	0	+9	+17	+26	+34	+43	+48	+60	+68	+80	+94	+112	+148	+200	+274
40~50	−320	−180	−130	−	−80	−50	−	−25	−	−9	0		−5	−10	−	+2	0	+9	+17	+26	+34	+43	+54	+70	+81	+97	+114	+136	+180	+242	+325
50~65	−340	−190	−140	−	−100	−60	−	−30	−	−10	0		−7	−12	−	+2	0	+11	+20	+32	+41	+53	+66	+87	+102	+122	+144	+172	+226	+300	+405
65~80	−360	−200	−150	−	−100	−60	−	−30	−	−10	0		−7	−12	−	+2	0	+11	+20	+32	+43	+59	+75	+102	+120	+146	+174	+210	+274	+360	+480
80~100	−380	−220	−170	−	−120	−72	−	−36	−	−12	0		−9	−15	−	+3	0	+13	+23	+37	+51	+71	+91	+124	+146	+178	+214	+258	+335	+445	+585
100~120	−410	−240	−180	−	−120	−72	−	−36	−	−12	0		−9	−15	−	+3	0	+13	+23	+37	+54	+79	+104	+144	+172	+210	+256	+310	+400	+525	+690
120~140	−460	−260	−200	−	−145	−85	−	−43	−	−14	0		−11	−18	−	+3	0	+15	+27	+43	+63	+92	+122	+170	+202	+248	+300	+365	+470	+620	+800
140~160	−520	−280	−210	−	−145	−85	−	−43	−	−14	0		−11	−18	−	+3	0	+15	+27	+43	+65	+100	+134	+190	+228	+280	+340	+415	+535	+700	+900
160~180	−580	−310	−230	−	−145	−85	−	−43	−	−14	0		−11	−18	−	+3	0	+15	+27	+43	+68	+108	+146	+210	+252	+310	+380	+465	+600	+780	+1000
180~200	−660	−340	−240	−	−170	−100	−	−50	−	−15	0		−13	−21	−	+4	0	+17	+31	+50	+77	+122	+166	+236	+284	+350	+425	+520	+670	+880	+1150
200~225	−740	−380	−260	−	−170	−100	−	−50	−	−15	0		−13	−21	−	+4	0	+17	+31	+50	+80	+130	+180	+258	+310	+385	+470	+575	+740	+960	+1250
225~250	−820	−420	−280	−	−170	−100	−	−50	−	−15	0		−13	−21	−	+4	0	+17	+31	+50	+84	+140	+196	+284	+340	+425	+520	+640	+820	+1050	+1350
250~280	−920	−480	−300	−	−190	−110	−	−56	−	−17	0		−16	−26	−	+4	0	+20	+34	+56	+94	+158	+218	+315	+385	+475	+580	+710	+920	+1200	+1550
280~315	−1050	−540	−330	−	−190	−110	−	−56	−	−17	0		−16	−26	−	+4	0	+20	+34	+56	+98	+170	+240	+350	+425	+525	+650	+790	+1000	+1300	+1700
315~355	−1200	−600	−360	−	−210	−125	−	−62	−	−18	0		−18	−28	−	+4	0	+21	+37	+62	+108	+190	+268	+390	+475	+590	+730	+900	+1150	+1500	+1900
355~400	−1350	−680	−400	−	−210	−125	−	−62	−	−18	0		−18	−28	−	+4	0	+21	+37	+62	+114	+208	+294	+435	+530	+660	+820	+1000	+1300	+1650	+2100
400~450	−1500	−760	−440	−	−230	−135	−	−68	−	−20	0		−20	−32	−	+5	0	+23	+40	+68	+126	+232	+330	+490	+595	+740	+920	+1100	+1450	+1850	+2400
450~500	−1650	−840	−480	−	−230	−135	−	−68	−	−20	0		−20	−32	−	+5	0	+23	+40	+68	+132	+252	+360	+540	+660	+820	+1000	+1250	+1600	+2100	+2600

js 列偏差 = ±IT/2

注：1. 基本尺寸≤1mm 时，基本偏差 a 和 b 均不采用。
2. 对 IT7～IT11，若 IT 的数值为奇数，则取 js = ±(IT−1)/2。

尺寸小于或等于 500mm 的孔的基本偏差数值（摘自 GB/T 1800.3—1998）

单位：μm

基本尺寸(mm)	下偏差 EI A	B	C	CD	D	E	EF	F	FG	G	H	JS	基本偏差 ES J6	J7	J8	K≤8	K>8	M≤8	M>8	N≤8	N>8	上偏差 ES P	R	S	T	U	V	X	Y	Z	ZA	ZB	ZC	Δ(μm) IT3	IT4	IT5	IT6	IT7	IT8
≤3	+270	+140	+60	+34	+20	+14	+10	+6	+4	+2	0	±IT/2	+2	+4	+6	0	0	−2	−2	−4	0	−6	−10	−14	—	−18	—	−20	—	−26	−32	−40	−60	0	0	0	0	0	0
3~6	+270	+140	+70	+46	+30	+20	+14	+10	+6	+4	0		+5	+6	+10	−1+Δ	−1	−4+Δ	−4	−8+Δ	0	−12	−15	−19	—	−23	—	−28	—	−35	−42	−50	−80	1	1.5	1	3	4	6
6~10	+280	+150	+80	+56	+40	+25	+18	+13	+8	+5	0		+5	+8	+12	−1+Δ	−1	−6+Δ	−6	−10+Δ	0	−15	−19	−23	—	−28	—	−34	—	−42	−52	−67	−97	1	1.5	2	3	6	7
10~14	+290	+150	+95	—	+50	+32	—	+16	—	+6	0		+6	+10	+15	−1+Δ	−1	−7+Δ	−7	−12+Δ	0	−18	−23	−28	—	−33	—	−40	—	−50	−64	−90	−130	1	2	3	3	7	9
14~18	+290	+150	+95	—	+50	+32	—	+16	—	+6	0		+6	+10	+15	−1+Δ	−1	−7+Δ	−7	−12+Δ	0	−18	−23	−28	—	−33	−39	−45	—	−60	−77	−108	−150	1	2	3	3	7	9
18~24	+300	+160	+110	—	+65	+40	—	+20	—	+7	0		+8	+12	+20	−2+Δ	−2	−8+Δ	−8	−15+Δ	0	−22	−28	−35	—	−41	−47	−54	−65	−73	−98	−136	−188	1.5	2	3	4	8	12
24~30	+300	+160	+110	—	+65	+40	—	+20	—	+7	0		+8	+12	+20	−2+Δ	−2	−8+Δ	−8	−15+Δ	0	−22	−28	−35	−41	−48	−55	−64	−75	−88	−118	−160	−218	1.5	2	3	4	8	12
30~40	+310	+170	+120	—	+80	+50	—	+25	—	+9	0		+10	+14	+24	−2+Δ	−2	−9+Δ	−9	−17+Δ	0	−26	−34	−43	−48	−60	−68	−80	−94	−112	−148	−200	−274	1.5	3	4	5	9	14
40~50	+320	+180	+130	—	+80	+50	—	+25	—	+9	0		+10	+14	+24	−2+Δ	−2	−9+Δ	−9	−17+Δ	0	−26	−34	−43	−54	−70	−81	−95	−114	−136	−180	−242	−325	1.5	3	4	5	9	14
50~65	+340	+190	+140	—	+100	+60	—	+30	—	+10	0		+13	+18	+28	−2+Δ	−2	−11+Δ	−11	−20+Δ	0	−32	−41	−53	−66	−87	−102	−122	−144	−172	−226	−300	−405	2	3	5	6	11	16
65~80	+360	+200	+150	—	+100	+60	—	+30	—	+10	0		+13	+18	+28	−2+Δ	−2	−11+Δ	−11	−20+Δ	0	−32	−43	−59	−75	−102	−120	−146	−174	−210	−274	−360	−480	2	3	5	6	11	16
80~100	+380	+220	+170	—	+120	+72	—	+36	—	+12	0		+16	+22	+34	−3+Δ	−3	−13+Δ	−13	−23+Δ	0	−37	−51	−71	−91	−124	−146	−178	−214	−258	−335	−445	−585	2	4	5	7	13	19
100~120	+410	+240	+180	—	+120	+72	—	+36	—	+12	0		+16	+22	+34	−3+Δ	−3	−13+Δ	−13	−23+Δ	0	−37	−54	−79	−104	−144	−172	−210	−254	−310	−400	−525	−690	2	4	5	7	13	19
120~140	+460	+260	+200	—	+145	+85	—	+43	—	+14	0		+18	+26	+41	−3+Δ	−3	−15+Δ	−15	−27+Δ	0	−43	−63	−92	−122	−170	−202	−248	−300	−365	−470	−620	−800	3	4	6	7	15	23
140~160	+520	+280	+210	—	+145	+85	—	+43	—	+14	0		+18	+26	+41	−3+Δ	−3	−15+Δ	−15	−27+Δ	0	−43	−65	−100	−134	−190	−228	−280	−340	−415	−535	−700	−900	3	4	6	7	15	23
160~180	+580	+310	+230	—	+145	+85	—	+43	—	+14	0		+18	+26	+41	−3+Δ	−3	−15+Δ	−15	−27+Δ	0	−43	−68	−108	−146	−210	−252	−310	−380	−465	−600	−780	−1000	3	4	6	7	15	23
180~200	+660	+340	+240	—	+170	+100	—	+50	—	+15	0		+22	+30	+47	−4+Δ	−4	−17+Δ	−17	−31+Δ	0	−50	−77	−122	−166	−236	−284	−350	−425	−520	−670	−880	−1150	3	4	6	9	17	26
200~225	+740	+380	+260	—	+170	+100	—	+50	—	+15	0		+22	+30	+47	−4+Δ	−4	−17+Δ	−17	−31+Δ	0	−50	−80	−130	−180	−258	−310	−385	−470	−575	−740	−960	−1250	3	4	6	9	17	26
225~250	+820	+420	+280	—	+170	+100	—	+50	—	+15	0		+22	+30	+47	−4+Δ	−4	−17+Δ	−17	−31+Δ	0	−50	−84	−140	−196	−284	−340	−425	−520	−640	−820	−1050	−1350	3	4	6	9	17	26
250~280	+920	+480	+300	—	+190	+110	—	+56	—	+17	0		+25	+36	+55	−4+Δ	−4	−20+Δ	−20	−34+Δ	0	−56	−94	−158	−218	−315	−385	−475	−580	−710	−920	−1200	−1550	4	4	7	9	20	29
280~315	+1050	+540	+330	—	+190	+110	—	+56	—	+17	0		+25	+36	+55	−4+Δ	−4	−20+Δ	−20	−34+Δ	0	−56	−98	−170	−240	−350	−425	−525	−650	−790	−1000	−1300	−1700	4	4	7	9	20	29
315~355	+1200	+600	+360	—	+210	+125	—	+62	—	+18	0		+29	+39	+60	−4+Δ	−4	−21+Δ	−21	−37+Δ	0	−62	−108	−190	−268	−390	−475	−590	−730	−900	−1150	−1500	−1900	4	5	7	11	21	32
355~400	+1350	+680	+400	—	+210	+125	—	+62	—	+18	0		+29	+39	+60	−4+Δ	−4	−21+Δ	−21	−37+Δ	0	−62	−114	−208	−294	−435	−530	−660	−820	−1000	−1300	−1650	−2100	4	5	7	11	21	32
400~450	+1500	+760	+440	—	+230	+135	—	+68	—	+20	0		+33	+43	+66	−5+Δ	−5	−23+Δ	−23	−40+Δ	0	−68	−126	−232	−330	−490	−595	−740	−920	−1100	−1450	−1850	−2400	5	5	7	13	23	34
450~500	+1650	+840	+480	—	+230	+135	—	+68	—	+20	0		+33	+43	+66	−5+Δ	−5	−23+Δ	−23	−40+Δ	0	−68	−132	−252	−360	−540	−660	−820	−1000	−1250	−1600	−2100	−2600	5	5	7	13	23	34

下偏差 EI 为所有公差等级。JS 偏差 = ±IT/2。

注：
1. 基本尺寸<1mm 时，基本偏差 A 和 B 及 <IT8 的 N 均不采用。
2. 对 IT7~IT11，若 IT 的数值为奇数，则取 JS = ±(IT−1)/2。
3. ≤IT7 的 P~ZC 的基本偏差值 ≥IT7 的数值上 +Δ；>IT8 的 N 基本偏差=0。
4. ≤IT8 的 K、M、N 和 ≤IT7 的 P~ZC，所需 Δ 值从表内右侧栏选取。例如，6~10mm 的 P6，Δ=3，ES = −15+3 = −12μm。
5. 特殊情况：当基本尺寸在 250~315mm 时，M6 的 ES = −9μm（代替 −11μm）。

参 考 文 献

[1] 王纪安. 工程材料与材料成形工艺[M]. 北京:高等教育出版社,2000.
[2] 丁德全. 金属工艺学[M]. 北京:机械工业出版社,2000.
[3] 王英杰. 金属工艺学[M]. 北京:高等教育出版社,2001.
[4] 罗会昌. 金属工艺学[M]. 北京:高等教育出版社,2000.
[5] 柴鹏飞. 机械设计基础[M]. 北京:机械工业出版社,2005.
[6] 王世辉. 机械设计基础[M]. 重庆:重庆大学出版社,2005.
[7] 王宁侠,魏引焕. 机械设计基础[M]. 北京:机械工业出版社,2005.
[8] 谭放鸣. 机械设计基础[M]. 北京:化学工业出版社,2005.
[9] 林约利,程芝苏. 简明金属热处理工手册[G]. 上海:上海科学技术出版社,2003.
[10] 隋明阳. 机械设计基础[M]. 北京:机械工业出版社,2002.
[11] 金大鹰. 机械制图[M]. 北京:机械工业出版社,2002.
[12] 范顺成. 机械设计基础[M]. 北京:机械工业出版社,2002.
[13] 胡家秀. 机械设计基础[M]. 北京:机械工业出版社,2001.
[14] 陈海魁. 机械基础[M]. 3版. 北京:中国劳动社会保障出版社,2001.
[15] 吕永智. 公差配合与技术测量[M]. 北京:机械工业出版社,2001.
[16] 赵祥主. 机械基础[M]. 北京:高等教育出版社,2001.
[17] 单小君. 金属材料与热处理[M]. 北京:中国劳动社会保障出版社,2006.
[18] 吴国华. 金属切削机床[M]. 北京:机械工业出版社,2003.
[19] 禹加宽、周祥基. 工程力学[M]. 北京:北京理工大学出版社,2006.
[20] 张秉荣. 工程力学[M]. 北京:机械工业出版社,2007.